高等学校规划教材

建筑安全防火设计

蒙慧玲　主　编

周　健　副主编

牟秀泉　主　审

中国建筑工业出版社

图书在版编目（CIP）数据

建筑安全防火设计/蒙慧玲主编．—北京：中国建筑工业出版社，2017.11
高等学校规划教材
ISBN 978-7-112-21340-5

Ⅰ.①建… Ⅱ.①蒙… Ⅲ.①建筑设计-防火-高等学校-教材 Ⅳ.①TU892

中国版本图书馆 CIP 数据核字（2017）第 252975 号

建筑安全防火设计是建筑学和城乡规划专业的基础专业课程，是建筑师、规划师必备的知识和技能。随着我国对建筑安全防火的重视程度和监管力度的加大，以及国家注册消防工程师制度的推进，建筑安全防火设计课程在建筑学专业、城乡规划专业的本科教学以及备考注册消防工程师的培训中发挥着重要的作用。设计、建造防火安全的建筑物是建筑师、城乡规划师以及相关执业人员的职业责任和法律责任。《建筑安全防火设计》是培养未来建筑师、规划师、消防工程师的兼具创新性和实用性的教材。

本书内容主要包括建筑安全防火设计基础、建筑耐火设计、建筑总平面和建筑平面防火设计、安全疏散和避难设计、地下空间防火设计、建筑装修防火设计、建筑防排烟设计、建筑灭火设备设施、火灾自动报警系统和消防供配电。

本书的资料一方面来源于现行各类各专业的消防安全和防火设计规范，另一方面来源于消防工程学最新科研成果及相关工程实践经验总结。

本书可作为建筑学、城乡规划、室内设计、环境艺术等专业的教材，也可作为安全工程学、消防工程学等专业的教学参考书，同时还可供防火审查部门、工程设计相关的专业人员学习参考。

如需本书课件请与责编联系：524633479@qq.com。

责任编辑：张 健 陈 桦 杜 洁 王 磊
责任校对：李欣慰 关 健

高等学校规划教材
建筑安全防火设计
蒙慧玲 主 编
周 健 副主编
牟秀泉 主 审
*
中国建筑工业出版社出版、发行（北京海淀三里河路 9 号）
各地新华书店、建筑书店经销
北京红光制版公司制版
廊坊市海涛印刷有限公司印刷
*
开本：787×1092 毫米 1/16 印张：17 字数：375 千字
2018 年 1 月第一版 2018 年 1 月第一次印刷
定价：**36.00** 元（赠课件）
ISBN 978-7-112-21340-5
（31025）

前　言

建筑安全防火设计是建筑学专业和城乡规划专业本科教学的基础学科之一，也是建筑设计的重要组成部分。

编写这本教材是在对现行规范充分理解和掌握的基础上，结合建筑学专业课程设计及建筑设计的需要，对教材的内容和结构进行有机编排的，理论结合实际，规范结合解释，便于学习和理解。

本书由河南大学蒙慧玲任主编、同济大学周健任副主编。各章执笔：河南大学蒙慧玲编写第1章、第3章、第5章、第8章、第9章，同济大学周健编写第4章、第6章，河南大学司丽霞编写第2章、吴卫华编写第7章，开封市消防支队常保卫编写第10章，北京天恒工程建设工程有限公司韩艳波编写第11章。全书由蒙慧玲统稿，由山西省建筑设计研究院教授级高级工程师、国家一级注册建筑师、国家注册城市规划师牟秀泉主审。

本书编写的目的是为了教学需要，在编写过程中参阅了大量的相关教材、专业书籍及期刊文献等资料，在此谨向被引用的作者表示衷心感谢！在编写过程中，河南大学研究生张小丽、徐翔，本科生宗慧宁、于菲等同学为本书的编写做了很多工作，在此一并表示感谢。

由于作者学识有限，书中难免存在一些遗漏和不足之处，恳请使用本书的读者和有关专家提出宝贵意见和建议，以利于今后的充实和提高。

目　录

第 1 章　建筑安全防火设计基础

1.1　火灾及其危害

自人类的祖先学会并利用火以来，火成为人类赖以生存和发展必不可少的一种自然力。火增强了人类的生存能力和生活质量，促进了人类文明进步和社会发展。随着人类社会生产力不断进步和生活、生产的现代化程度不断提高，火的使用范围和领域在不断扩大、用火技术在不断提高、火的使用方法和操作手段也越来越简单易行。从生活起居到航天航空，从制衣炼铁到造飞机导弹，火在国民经济和社会发展中起着非常重要的作用。从人类生存和发展的角度上说，人类一天也离不开火，没有火的正确使用也就没有人类文明的发展和社会的进步。

凡事都具有两面性，火的使用在一定程度上也有其巨大的破坏性和潜在的危险性。若对火的使用不当或失去控制将会产生严重的负面影响，也就是说当火在具备燃烧条件的空间自由发展，就会四处蔓延，给人类的生活、生产乃至生命安全带来破坏性甚至毁灭性的伤害，这就是自然和人类社会的一种主要灾害——火灾。

火灾是常发性灾害中发生频率较高的灾害之一。根据国家标准，火灾是指在时间或空间上失去控制的燃烧。

火灾会吞噬人类多年的创造成果和财富积累，火灾会使千百年的树木、广袤的植被顷刻间化为乌有，火灾使大量珍贵的文物资料、古建筑、古籍等珍奇异宝毁于一旦，火灾会无情夺取人的生命，给人的生命安全和身心健康造成难以恢复的痛苦和伤害。

1.1.1　火灾危害及其原因

1. 火灾的危害

火灾会给人类和社会带来很多危害，主要表现在以下几个方面：

(1) 危害生命安全

建筑火灾会对人的生命安全构成严重威胁。一场大火会造成几人甚至几百人丧失生命。例如，2015 年 8 月 12 日，位于天津市滨海新区天津港的瑞海国际物流有限公司危险品仓库发生火灾爆炸事故，共计造成 165 人遇难，8 人失踪，798 人受伤。

建筑火灾对人员生命的威胁主要来自以下几个方面：

一是可燃的建筑材料。可燃材料燃烧时产生并释放出大量的高温烟气和火焰，火场中的高温、高热对人的身体和肌肤，尤其对呼吸道系统会造成严重的灼伤，严重者会致人休克甚至死亡。根据火灾统计数据，火灾中因燃烧热造成人员死亡的人数约占整个火灾中死亡人数的20%左右。

二是建筑内可燃材料燃烧所产生的一氧化碳（CO）、硫化氢（H_2S）、氰化氢（HCN）等有毒有害气体。火灾时，吸入这些烟气会使人在短时间内产生头痛、恶心，造成呼吸道阻塞窒息和神经系统功能紊乱等症状，威胁生命安全甚至导致直接死亡。在所有火灾中，约有80%的人死于火灾烟气。

三是在建筑火灾发展的充分燃烧阶段，建筑构件达到了耐火极限，导致建筑整体或局部坍塌，造成的人员伤亡。

（2）造成经济损失

火灾造成的经济损失主要以建筑火灾损失为主，主要体现在以下几个方面：

首先，火灾烧毁建筑物内的财物，破坏设备设施，甚至会因火势蔓延使整幢建筑物整体毁坏或化为灰烬。例如，2015年3月4日，昆明市官渡区彩云北路东盟联丰农产品商贸中心发生一起火灾，现场过火面积3300余平方米，50余间商铺被烧毁，火灾造成9人死亡，10人受伤，直接经济损失超过850万元。

其次，建筑火灾产生的高温高热，将造成建筑结构的破坏，严重的会引起建筑物的整体倒塌。例如，2015年1月2日，位于黑龙江省哈尔滨市道外区太古头道街的北方南勋陶瓷大市场的三层仓库起火，过火面积1.1万平方米。发生火灾的仓库位于一栋层数为11层的居民楼内，其中1～3层为仓库，4～11层为居民楼。在该起火灾扑救的过程中，起火建筑多次坍塌，坍塌面积3000平方米，造成5名消防员遇难、14人受伤，直接经济损失5913万元。

第三，扑救建筑火灾所用的水、干粉、泡沫等灭火剂所带来的资源浪费和财物损失。使用灭火剂不仅本身是一种资源损耗，而且灭火之后将使建筑物内的财物和设备遭受到水渍、污染等的侵蚀而遭受损失或遭到损坏。

第四，巨大的间接经济损失。建筑物发生火灾后，因后期的修建或重建、人员的善后安置、生产经营停业等，在一定程度和范围内也会造成很大的间接损失。

（3）破坏文明成果

一些历史保护建筑、文化遗址一旦发生火灾，除了会造成人员伤亡和财产损失，大量文物、典籍、古建筑等稀世珍宝将面临被烧毁的威胁。由于古建筑物不具有再生性，因此造成的损失无法挽回。如1985年4月坐落在甘南高原上的拉卜楞寺大经堂发生火灾，连同正在展出的1000多件珍贵文物，被无情大火毁于一旦。国际上，如2008年2月10日韩国首尔标志性建筑、具有600多年的一号国宝崇礼门（也叫南大门）被人纵火，城门楼阁被大火焚烧殆尽，木质建筑构架整体坍塌，整个南大门烧得只剩下四根大柱子，大火焚毁了95%的瓦片。

（4）影响社会稳定

当重要的公共建筑、人群密集的建筑物发生火灾时，会在很大范围内甚至国际范围内引起关注，并造成一定程度的负面效应，影响社会的稳定。如2015年8月12日，天津港瑞海公司危险品仓库特别重大火灾爆炸事故。此次事故造成165人遇难、8人失踪、798人受伤住院治疗，304幢建筑物、12428辆商品汽车、7533个集装箱受损。事故共造成直接经济损失人民币68.66亿元。由于此起火灾爆炸事故原因复杂，还涉及严重的违法行为：无视安全生产主体责任，严重违反天津市城市总体规划和滨海新区控制性详细规划，违法建设危险货物堆场，违法经营、违规储存危险货物；弄虚作假、违法违规进行安全审查、评价和验收，提供虚假证明文件等违法行为。同时，又存在安全管理极其混乱，安全隐患长期存在等问题。因此，火灾事故的认定及责任追究受到了广泛的社会关注，造成了很大的社会影响。

从许多火灾案例可以看出，当学校、宾馆、医院、办公楼等公共场所发生群死群伤的火灾事故，或者涉及粮食、能源、资源等国计民生的重要工业建筑发生火灾时，还会对民众造成很大的心理恐慌。家庭是社会的细胞，居民家庭遭遇火灾，群众的利益遭受损害，也将在一定范围内造成负面影响，影响民众的安全感，对社会的和谐和稳定造成一定的威胁。

（5）破坏生态环境

火灾造成的危害不仅表现在毁坏财物、给人的生命造成伤害，而且还会破坏生态环境。如，2015 年 7 月 26 日，中国石油庆阳石化公司（即甘肃庆阳石化）常压装置渣油换热器发生泄漏着火，事故共造成 3 人死亡，4 人烫伤。甘肃庆阳石化主要以石油炼制、石油助剂和石油化工为主，主要产品有汽油、煤油、柴油、石油液化气、聚丙烯、MTBE（甲基叔丁基醚）、活性炭以及甘草酸系列产品等。这些物质流散会对该区域的水土造成很大的污染，破坏区域内的生态环境。同样，森林火灾的发生，还会使大量的动植物遭遇灭绝，生态的破坏会再次引起环境的恶化从而导致洪涝灾害或干旱少雨多风沙等气候异常，甚至引发饥荒和疾病的流行，对人类的生存安全和健康发展造成严重的威胁。

2. 火灾及其原因

从本质上说，火是燃烧反应的一种形式，是可燃物与氧化剂之间发生的一种化学反应，在燃烧过程中通常会发出大量的热，有些燃烧还伴有火焰、发光和发烟现象。燃烧过程中燃烧区的温度较高，使其中白炽的固体粒子和某些不稳定（或受激发）的中间物质分子内电子发生能级跃迁，从而发出各种波长的光。发光的气相燃烧区就是火焰，它是燃烧过程中最明显的标志。由于燃烧不完全等原因，会使产物中产生一些小颗粒，这样就形成了烟。

燃烧可分为有焰燃烧和无焰燃烧。通常看到的明火都是有焰燃烧，但有些固体发生表面燃烧时，有发光发热的现象，但并没有火焰产生，这种燃烧方式为无焰燃烧。着火是可燃物发生燃烧的起始阶段。对于火灾防治来说，研究着火过程对防止起火具有非常重要的意义。燃烧的发生和发展，必须具备三个必要条件，即可燃物、助燃物（氧化剂）、引火源（温度）。若有一个条件不具备，那么燃烧就不会发生（如图 1-1 所示）。

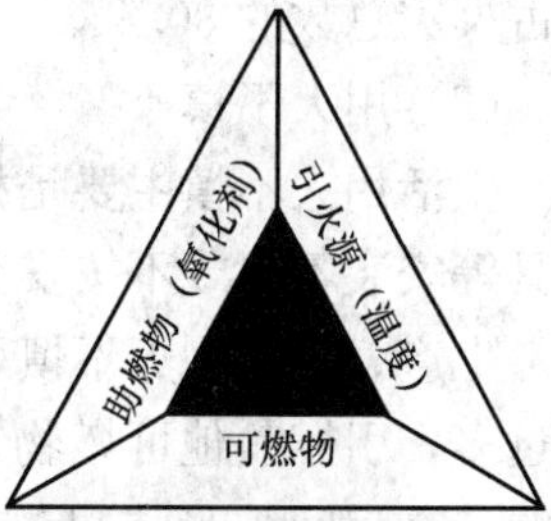

助燃物（氧化剂）
引火源（温度）
可燃物

图 1-1　着火三角形

通常来说，可燃物和氧化剂是经常存在的，使它们开始相互反应，关键在于提供足够的温度；可燃物与氧化剂之间的氧化反应不是直接进行的，而是经过在高温中生成的活性基团和原子等中间物质，通过连锁反应进行的。如果消除活性

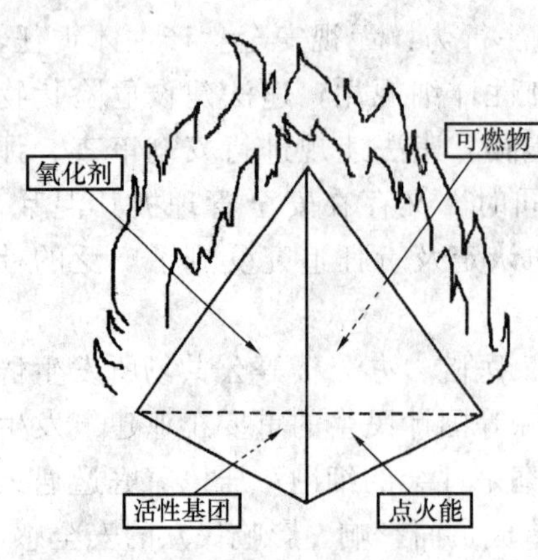

图1-2 燃烧的条件

基团，链反应中断，连续的燃烧过程就会停止，燃烧的4个条件间的关系如图1-2所示。凡是具备燃烧条件的地方，如果用火不当，或者由于其他原因，造成了燃烧区域不受限制地向外扩展，或者在人们根本不希望燃烧的时间或空间内发生了燃烧，就会造成不必要的损失和破坏。

火灾是灾害的一种。导致火灾的发生既有自然因素，又有许多人为因素。分析起火原因，了解火灾发生的特点，是有效控火、防止和减少火灾危害的前提。综合近年来我国建筑火灾统计数据和火灾形势看，火灾的发生有着深刻的主观和客观上的原因，归纳起来主要表现在以下几个方面：

（1）电气引发火灾

据有关资料显示，在全国的火灾统计中，由各种诱因引发的电气火灾一直居于各类火灾原因的首位，每年都在10万起以上，占全年火灾总数的30%左右。

电气火灾的成因主要表现在：接头接触不良导致电阻增大，发热起火；可燃油浸变压器油温过高导致起火；高压开关的油断路器中，由于油量过高或过低引起爆炸起火；熔断器熔体熔断时产生电火花，引燃周围可燃物；使用电加热装置时，不慎放入高温易爆物品导致爆炸起火；机械撞击损坏线路，导致漏电起火；设备过载导致线路温度升高，在线路散热条件不好时，经过长时间的热量集聚，导致电缆起火或引燃周围可燃物；照明灯具的内部漏电或发热引起燃烧，或引燃周围可燃物等。例如，2012年4月9日发生在东莞建晖纸厂的一起特大火灾。相关资料表明，这起火灾是近年来广东省规模最大、也是扑救难度最大、耗时最长的一次火灾。造成此起火灾的原因是用电负荷过载，致使地下电缆发生爆炸，引燃两个仓库的印刷用纸。

2016年全国共接报火灾31.2万起，其中因违反电气安装使用规定等引发的火灾占火灾总数的30.4%。

（2）用火不慎

生活用火不慎主要是指城乡居民家庭生活用火不慎。例如，炊事用燃气灶具、器具等安装不当或不按安全技术规程的要求使用而引发的火灾事故。

生产、生活用火不慎引发的火灾主要表现为：用易燃液体引火或灶前堆放柴草过多，引燃其他可燃物；用液化气、煤气等气体燃料时，因各种原因造成气体泄漏，在房间内形成可燃性混合气体，遇明火发生爆炸起火；家庭炒菜炸食品，油锅过热起火；未完全熄灭的燃料灰随意倾倒，引燃其他可燃物；夏季驱蚊，蚊香摆放不当或点火生烟时无人看管；停电时使用明火照明，不慎靠近可燃物，引起火灾；烟囱积油高温起火。例如，2016年5月21日，大连市长兴岛经济开发区三堂村三堂街292号发生火灾，位于一家商店二楼的补习班着火，造成三名六年级学生死亡。起火部位为“小博士”商店一楼东侧的厨房，起火原因为商店经营业主使用电炒锅加热至油温过高着火后，因处置不当，致使带火的高温油洒落，引燃周围可燃物继而引发火灾。

2016 年因生活、生产用火不慎引发的火灾占到全国火灾总数的 17.5%。

(3) 吸烟

因乱扔烟蒂、无意间落下的烟灰以及忘记熄灭烟蒂和点燃烟后未熄灭的火柴梗等引起可燃物燃烧进而引发的火灾事故，在建筑火灾中占有相当大的比重。

由香烟引起的火灾，主要以引燃固体可燃物，尤其是引燃床上用品、衣服织物、室内装潢、家具摆设等居多。据有关试验，烧着的烟头温度范围从 288℃（不吸时香烟表面的温度）到 732℃（吸烟时香烟中心的温度）。一支香烟停放在一个平面上可连续点燃 24min。炽热的香烟温度从理论上讲足以引起大多数可燃固体以及可燃液体、气体的燃烧。

公安部消防局的统计数据显示：2015 年 1 月至 11 月，全国共发生火灾 16392 起，平均每 10 起火灾中就有 1 起由烟头引起。2016 年全国因吸烟引发的火灾占到了火灾总数的 5.2%。

(4) 生产作业不慎

因违反生产安全制度引起的火灾，主要表现为：在易燃易爆的车间内动用明火，引起爆炸起火；将性质相抵触的物品混存在一起，引起燃烧爆炸；在用气焊焊接和切割时，飞迸出的大量火星和熔渣，因未采取有效的防火措施，引燃周围可燃物；在机器运转过程中，不按时加油润滑，或者没有清除附在机器轴承上面的杂质、废物，使机器该部位摩擦发热，引起附着物起火；化工生产设备失修，出现可燃气体，以及易燃、可燃液体跑、冒、滴、漏，遇到明火燃烧或爆炸等。

生产作业不慎引发的火灾案例如：2016 年 10 月 16 日，位于南海区桂城平西工业区的佛山市南海区佛胜鞋厂发生较大火灾事故，造成 4 人死亡。经查实，佛胜鞋厂消防安全主体责任不落实，内部安全管理混乱，喷漆房多时不清理，到处油垢，物品随意放置，导致水帘喷漆柜照明线路短路喷溅的熔珠引燃油垢等可燃物起火。2016 年上半年全国火灾统计数据表明，生产作业不慎引发的火灾占全国上半年火灾总数的 2.6%。

(5) 玩火

玩火也是引发火灾的一个主要原因之一。尤其是未成年人因缺乏看管，玩火取乐；燃放烟花爆竹也属于玩火的范畴。我国每年因儿童玩火引发的火灾事故呈逐年上升趋势，据 2004 年国家统计局和公安部消防局的一项联合调查显示，近四成的中小学校没有进行过消防安全教育，有 30%的学生对火灾危害性缺乏认识，40%的学生有玩火经历。例如，2016 年 2 月 18 日 14 时许发生在内蒙古呼和浩特市沙尔沁镇牌楼板村的火灾，就是因 5 名儿童在玉米秸秆堆放处玩火引发的。此次火灾共造成 3 名儿童死亡。2016 年上半年全国火灾统计数据表明，因玩火引发的火灾占到了全国上半年火灾总数的 4.1%。

(6) 纵火

纵火主要是指以人为放火的方式引发的火灾，纵火造成的人员伤亡仅次于用火不慎。纵火通常为当事人经过一定的策划和准备，因而往往缺乏初期救助，火灾发展迅速，后果严重。根据火灾燃烧学的基本原理，只要同时满足物质燃烧的三要素，即引火源、可燃物和助燃剂就会发生燃烧。如果建筑布局不合理，建筑材料选用不当，对火种或易燃易爆危险物品控制不力，都有可能构成引发人为纵火的事件。

（7）气象等自然因素引起的火灾

因大风、降水、高温以及雷电等气象条件的变化而引发的火灾事故在全年火灾事故中也占有一定的比例。

1）雷击

雷电导致的火灾原因大体上有三种：一是雷电直接击在建筑物上发生热效应、机械效应作用等；二是雷电产生静电感应作用和电磁感应作用；三是高电位电波沿着电气线路或金属管道系统侵入建筑物内部。在雷击较多的地区，建筑物上如果没有设置可靠的防雷保护设施，便有可能发生雷击起火。

2）自燃

自燃是指在没有明火的情况下，物质受空气氧化或外界温度、湿度的影响，经过长时间的发热和蓄热，逐渐达到自燃点而发生燃烧的现象。如大量积压在库房里的油纸、油布、漆布、油绸及其制品等，若通风条件差，内部积热不易散失，很容易发生自燃。高温也能引发自燃。对于存在自燃起火危险的物品，高温环境有利于其自然氧化，从而引起燃烧；在高温环境下长期堆放散热不畅而造成的受热也会自燃起火。

3）静电

静电通常是由摩擦、撞击而产生的。因静电放电引起的火灾事故屡见不鲜。如易燃、可燃液体在塑料管中流动，由于摩擦产生静电，引起易燃、可燃液体燃烧爆炸；输送易燃液体流速过大，无导除静电设施或者导除静电设施不良，致使大量静电荷积聚，产生火花，引起爆炸起火；在大量有爆炸性混合气体存在的地点，身上穿的化纤织物、鞋等与地面摩擦产生的静电能够引起爆炸性混合气体的爆炸等。

燃油特别是航空煤油在受冲击时最容易产生静电，蒸气或气体在管道内高速流动或由阀门、缝隙高速喷出时可产生气体静电，飞机库内维修人员穿的高电阻的鞋靴、衣服因摩擦会产生人体静电，另外液体和固体摩擦也会产生静电。

4）大风、降水及地震

大风是影响火灾发生的重要因素。大风引发火灾主要表现在，大风可能吹倒建筑物、刮倒电线杆或者吹断树木、电线等，引起燃烧，而且还可以作为火的媒介，将某处的飞火吹落至别处，导致燃烧扩大或产生新的火源，引发新的火灾。降水引发的火灾主要表现在，由于降水增大了空气湿度，使自燃物质的湿度增大，加速了自燃物质的氧化而引起燃烧；降雨量增大，尤其是出现暴雨的时候，由于降水具有突发性、来势猛、强度大及局地性强等特点，往往会在短时间内积聚大量的雨水，如果排水不畅，则可能造成局部积水或形成局部洪涝，使电气线路和设备短路，引起火灾。发生地震时，由于急于疏散，人们往往来不及切断电源、熄灭火源以及处理好易燃、易爆生产装置和危险物品，因而引发火灾事故。

1.1.2 火灾的分类

根据火灾发生的场合和燃烧对象，火灾可分为森林火灾、草原火灾、建筑火灾、交通工具火灾、矿山火灾、石油化工火灾等。建筑火灾根据不同的需要，可以按不同的方式进行分类。

1. 根据燃烧对象的性质

按照《火灾分类》GB/T 4986—2008 的规定，火灾分为 A、B、C、D、E、F 六类。

A 类火灾：固体物质火灾。这种物质通常具有有机物质性质，一般在燃烧时能产生灼热的余烬。例如，化学、人造纤维及其织物，纸张，棉、毛、丝、麻及其织物，天然橡胶及其制品等火灾。

B 类火灾：液体或可熔化固体物质火灾。例如，汽油、煤油、机油、溶剂油、樟脑油、沥青、蜡等火灾。

C 类火灾：气体火灾。例如，液化石油气、水煤气、甲烷、乙炔、环氧乙炔等火灾。

D 类火灾：金属火灾。例如，钾、钠、锶、钙、锂等火灾。

E 类火灾：带电火灾。物体带电燃烧的火灾。例如，变压器等电气设备火灾。

F 类火灾：烹饪器具内的烹饪物（如动物油脂或植物油脂）火灾。

2. 按照火灾事故所造成的灾害损失程度分类

依据国务院 2007 年 4 月 9 日颁布的《生产安全事故报告和调查处理条件》（国务院令 493 号）中规定的生产安全事故等级标准，消防部门将火灾相应地分为特别重大火灾、重大火灾、较大火灾和一般火灾四个等级，见表 1-1。

火灾等级的划分标准 **表 1-1**

火灾等级	重伤人数	死亡人数	直接财产损失（亿元）
特别重大火灾	$n \geqslant 100$	$n \geqslant 30$	$m \geqslant 1$
重大火灾	$50 \leqslant n < 100$	$10 \leqslant n < 30$	$0.5 \leqslant m < 1$
较大火灾	$10 \leqslant n < 50$	$3 \leqslant n < 10$	$0.1 \leqslant m < 0.5$
一般火灾	$n < 10$	$n < 3$	$n < 0.1$

1.2 火灾的发展及蔓延的机理与途径

1.2.1 建筑火灾蔓延的传热方式

通常情况下，火灾的发生和发展都有一个由小到大、由发展到熄灭的过程，了解清楚不同的环境和燃烧条件下火灾呈现出的不同特点，才更有利于指导建筑防火设计，达到更好的被动防火设计目的。

热量的传递有热传导、热对流和热辐射三种基本方式。建筑火灾中，燃烧物质所放出的热能通常是以上三种方式进行传播，并影响火势的蔓延和扩大。热传播的形式与起火部位，火源，建筑材料，燃烧空间的大小、形状、开口、通风，燃烧物品的性质、数量、分布等因素有关。

1. 热传导

热传导又称导热，导热是由不同的质点（分子、原子、自由电子）在热运动中引起的热能传递现象，属于接触传热。在固体、液体和气体中均能产生导热现象，但其机理却并不相同。固体导热是由于相邻分子发生的碰撞和自由电子迁移所引起的热能传递；在液体中的导热是通过平衡位置间歇移动着的分子振动引起的；在气体中则是通过分子无规则运动时互相碰撞而导热。

在建筑工程中，由密实固体材料构成的建筑墙体、楼板和屋顶，通常可以认为通过这些材料的传热是导热过程。不同物质的导热能力各异，通常用导热系数 λ（或导热率 k）来表示，材料的导热系数 λ 值的大小直接关系到导热传热量，是一个非常重要的热物理参数。材料或物质的导热系数的大小受多种因素的影响，如，材料的组成成分或者结构、材料干密度、材料的含湿量等。常用建筑材料的导热率见表 1-2 所示。

对于起火的场所，导热率大的材料，由于受到高温作用能迅速加热，又会很快地把热能传导出去，在这种情况下，就有可能引起没有直接受到火的作用的易燃、可燃物发生燃烧，从而导致火势的进一步扩大或火灾的蔓延。

一些常用材料的导热系数 **表 1-2**

材　料	干密度 ρ_0(kg/m^3)	导热系数 λ [W/(m·K)]	材　料	干密度 ρ_0(kg/m^3)	导热系数 λ [W/(m·K)]
钢筋混凝土	2500	1.74	水泥砂浆	1800	0.93
矿棉、岩棉、玻璃棉板	80～200 80 以下	0.045 0.050	聚氨酯硬泡沫塑料	30	0.033
矿棉、岩棉、玻璃棉毡	70～200 70 以下	0.045 0.050	橡木、枫树(热流方向垂直木纹)	700	0.17
矿棉、岩棉、玻璃棉松散料	70～120 70 以下	0.045 0.050	橡木、枫树(热流方向顺木纹)	700	0.35
灰砂砖砌体	1900	1.10	平板玻璃	2500	0.76
空心砖砌体	1400	0.58	玻璃钢	1800	0.52
石灰石膏砂浆	1500	0.76	青铜	8000	64.0

2. 热对流

热对流又称对流。对流是由于温度不同的各部分流体之间发生相对运动、互相掺和而传递热能。因此，对流换热只发生在流体之中或者固体表面和与其紧邻的运动流体之间。对流换热作为热传递的另一种形式，在火灾的发展和蔓延中起着非常重要的作用，它在整个火灾过程中都存在，在大多数火灾中，热对流主要是由温度差引起的密度差驱动产生的。火灾中流动的热物质是燃烧产生的气体产物，环境中的空气也被加热，膨胀变轻后产生向上的运动，促进火灾烟气的蔓延。

在不存在强迫对流的火灾过程中，伴随着对流换热的气体运动是由浮力控制的，同时浮力还影响着扩散火焰的形状和行为。因受摩擦力的影响，在紧贴固体壁面处有一平行于固体壁面流动的液体薄层，称为层流边界层，如图 1-3 所示为固体表面与其紧邻的流体对流传热的情况。对流换热的强弱主要取决于对流边界层内的换热与流体运动发生的原因、流体运动状况、流体与固体壁面温差、流体的物理特性、固体壁面的形状、大小及位置等因素。

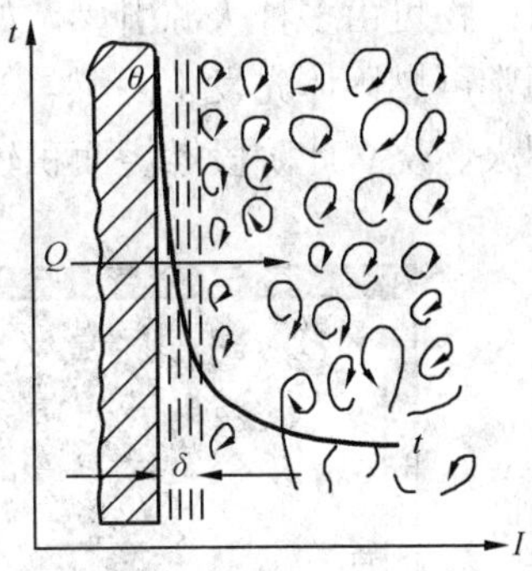
图 1-3　对流换热

建筑物发生火灾后，高温烟气和火焰在传播和蔓延过程中，一般来说，通风口的面积越大，对流换热的速度越大；通风口所处位置越高，对流换热速度越快。热对流对初期火灾的发展起着重要的作用。

3. 热辐射

辐射是物体通过电磁波来传递能量的方式。凡是温度高于绝对零度的物体，由于物体原子中的电子振动或激发，不论它们的温度高低都在不间断地从表面向外界空间辐射不同波长的电磁波。与导热和对流不同的是，电磁波的传播不需要任何中间介质，也不需要冷、热物体的直接接触，它是电磁波形式的能量传递，像可见光一样，可以被物体表面吸收、反射等。如图 1-4 所示为辐射热的吸收、反射与投射。

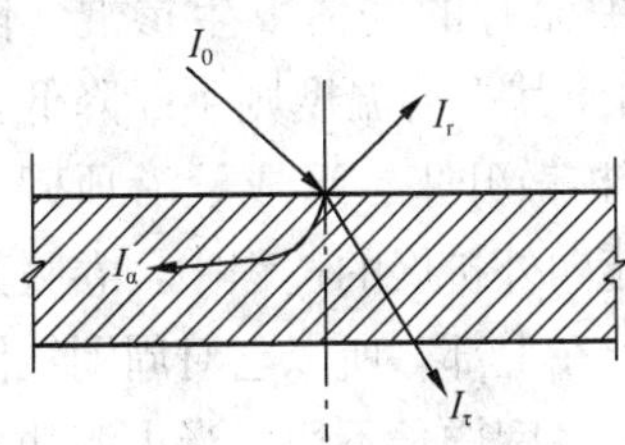
图 1-4　辐射热的吸收、反射与投射

各种物体对不同波长的辐射热的吸收、反射及投射性能不同，这不仅取决于材料的材质、分子结构、表面光洁程度等因素，对于短波辐射热还与物体表面的颜色有关。火场上的火焰、烟气都是辐射热能，其强弱取决于燃烧物质的热值和火焰温度。物质的热值越大，火焰温度越高，辐射热也越强。当建筑物顶棚下的烟气温度接近 600℃时，地板平面上的可燃物就会发生轰燃现象，火灾进入充分发展阶段。同时，辐射传热的大小还与物体间的相互位置有关，即接收辐射热的表面与辐射路径是垂直还是平行有很大的关系。这也是在确定防火间距时要重点考虑火灾的热辐射作用的原因。辐射热作用于附近的物体上，能否引起可燃物着火，还要看热源的温度、距离和角度。

1.2.2　建筑火灾发展的过程

建筑物大都有多个内部空间，通常称之为“室”。对建筑火灾而言，包括一两个房间在内的火灾是建筑物火灾的基本形式。火灾最初发生在某个房间或某个部位，相邻房间或区域以及整栋建筑的火灾是由此蔓延发展而来的（如图 1-5 所示为双室火灾发展过程）。

1. 火灾的发展过程

图 1-5 所示某房间内某种可燃物燃烧后火灾发展的过程。火灾初期发展阶段，可燃物是影响火灾严重性与持续时间的决定性因素。在一般建筑火灾中，初始火源大多数是固体可燃物，当然也存在气体和液体起火的情况，但较为少见。固体

可燃物可由多种火源引燃，如掉在织物上的烟头、可燃物附近异常发热的电器等，通常可燃固体先发生阴燃，当其达到一定温度或形成合适的条件时，阴燃便转为明火燃烧。此阶段燃烧面积较小，只局限于着火点处的可燃物燃烧。

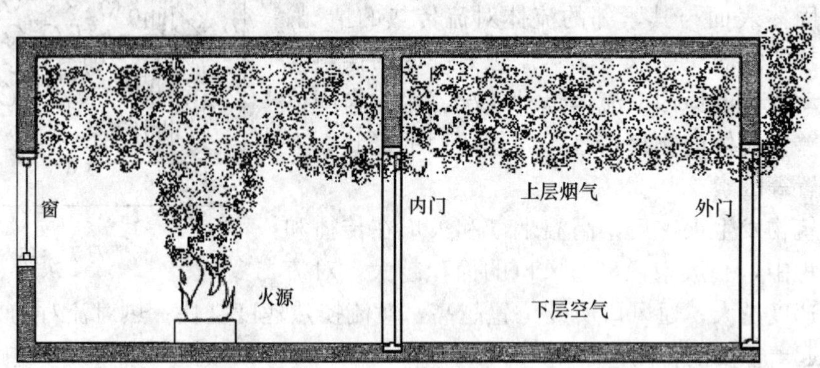

图 1-5　双室火灾发展过程示意图

明火出现后，燃烧速率大大增加，放出的热量和热烟气迅速增多，在对流、辐射传热的作用下，在可燃物上方形成温度较高、不断上升的火羽流。周围相对静止的空气受到卷吸作用不断进入羽流内，并与羽流中原有的气体发生掺混。随着高度的增加，羽流向上运动，总的质量流量不断增加而其平均温度则不断降低。

当羽流受到房间顶棚阻挡后，便在顶棚下方向四面扩散开来，形成了沿顶棚表面平行流动的较薄的热烟气层，即顶棚射流。在顶棚射流向外扩展的过程中，卷吸其下方的空气。然而由于其温度高于冷空气的温度，容易浮在上部，所以它对周围气体的卷吸能力比垂直上升的羽流小得多，这使得顶棚射流的厚度增长不快。当火源功率较大或受限空间的高度较低时，火焰甚至可以直接撞击在顶棚上。这时在顶棚之下不仅有烟气的流动，还有火焰的传播，从而使火势得到进一步的蔓延。

当顶棚射流受到房间墙壁的阻挡，便开始沿墙壁转向下流，但由于烟气温度仍较高，它将只下降不长的距离便又转向上浮。重新上升的热烟气先在墙壁附近积聚起来，达到了一定厚度时又会慢慢向室内中部扩展，不久就会在顶棚下方形成逐渐增厚的热烟气层。在顶棚射流卷吸热烟气的作用下，贴近顶棚附近的温度越来越高。

如果着火房间有通向外部的开口，则当烟气层的厚度超过开口的拱腹（即开口上边缘到顶棚的隔墙）高度时，烟气便可由此流到室外。拱腹越高，形成的烟气层越厚。开口不仅起着向外排烟的作用，而且起着向里吸入新鲜空气的作用，因而开口的大小、高度、位置、数量等都对室内燃烧状况有着重要的影响。烟气从开口排出后，可能进入外界环境中，也可能进入建筑物的走廊或与起火房间相邻的房间。当辐射传热很强时，离起火物较远的可燃物也会被引燃，火势将进一步增强，室内温度继续升高。火灾转化为一种极为猛烈的燃烧，即轰燃，室内的可燃物基本上都开始燃烧，从而引起更大规模或整个建筑物火灾。

2. 火灾发展的主要阶段

（1）火灾初期增长阶段

初期增长阶段从出现明火算起，此阶段火区体积不大，其燃烧状况类似于敞开环境中的燃烧，如果没有外来干预，火区将逐渐增大，或者是火焰在原先的着火物体上扩展开来，也或者是起火点附近的其他物体被引燃。在此阶段，由于总的热释放速率不高，除着火物附近及火焰处的局部温度较高，室内的平均温度还比较低。

这一阶段，由于可燃物性能、分布和通风、散热等条件的影响，燃烧的发展大多比较缓慢，有可能形成火灾，也可能自行熄灭。如图 1-6 所示为室内火灾温度一时间曲线。如果房间的通风足够好，火区将继续增大，逐渐达到燃烧状况与房间边界的相互作用变得非常重要的阶段，即轰燃阶段。

(2) 火灾充分发展阶段

在建筑室内火灾持续燃烧一定时间后，燃烧范围不断扩大，火场温度继续升高，当房间内温度达到 400～600℃时，室内所有可燃物都将着火燃烧，火焰基本上充满全室。当燃烧释放的热量在室内逐渐积累及燃烧速率急剧增加到一定程度，火灾燃烧瞬间进入轰燃。由图 1-6 可知，轰燃相应于温度曲线陡升的一小段，与火灾的其他阶段相比，所占的时间比较短。

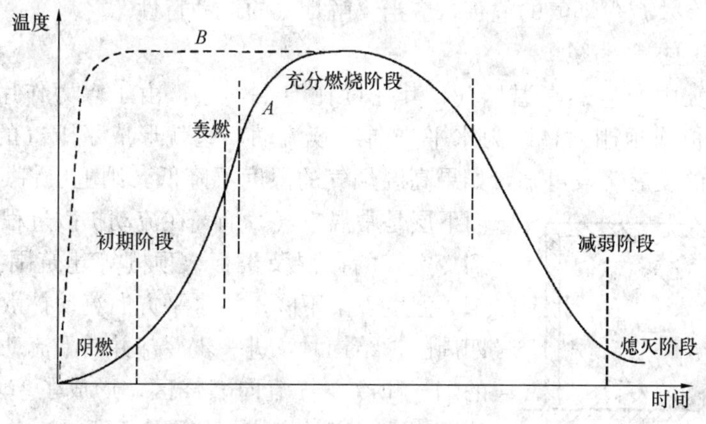

图 1-6 建筑室内火灾的温度-时间曲线

火灾燃烧进入轰燃阶段后，燃烧强度仍在增加，热释放速率逐渐达到某一最大值，室内温度经常会升到 800～1000℃，此时标志着室内火灾进入全面发展阶段。因而，火焰和高温在火风压的作用下，会从房间的门窗、洞口等处大量喷涌出，沿走廊、顶棚迅速向水平方向蔓延扩展。高温火焰和烟气还会携带着相当多的可燃成分从起火室向邻近房间或相邻建筑物蔓延。同时，由于烟囱效应的作用，火势会通过竖向管井、共享空间等向上蔓延。火灾产生的高温会严重地损坏室内的设备及建筑物本身的结构，甚至造成建筑物的部分损坏或全部毁坏。此时，室内尚未逃出的人员是极难生还的。但不是每个火场都会出现轰燃，大空间建筑、比较潮湿场所的火灾就不易发生轰燃。

(3) 火灾衰减阶段

在火灾全面发展阶段的后期，室内可燃物的数量减少，可燃物的挥发成分大量消耗致使燃烧速率减小，燃烧强度减弱，明火燃烧无法维持，温度逐渐下降，火区逐渐冷却。由于燃烧放出的热量不会很快散失，室内平均温度仍然较高，并在焦炭附近还会存在局部的高温。一般认为，此阶段是从室内平均温度降到其峰值的80%左右时开始的。直到室内外温度达到平衡为止，火完全熄灭。

以上火灾的发展阶段是室内火灾的自然发展过程，没有涉及人员扑救的行为。实际上，一旦室内发生火灾，通常会伴有人为的灭火行动或自动灭火设施的启动，这些行为都可改变火灾的发展进程。如果轰燃前期能将火扑灭，就可以有效地保护人员的生命安全和室内财产的安全，因此火灾初期的探测报警、及时扑救具有重要的意义。

若火灾尚未发展到减弱阶段就被扑灭，可燃物中还会含有较多的可燃挥发分，而火区周围的温度在一段时间内还会比较高，可燃挥发分可能继续析出。如果达到了合适的温度与浓度，还会再次出现有焰燃烧，即灭火后的“死灰复燃”。

1.2.3 建筑火灾的烟气蔓延

在建筑火灾中，烟气可由起火区域向非着火区域蔓延，那些与起火区相连的走廊、楼梯及电梯井等处都将会充入烟气。烟气流动的方向通常是火势蔓延的一个主要方向。一般情况下，500℃以上热烟气所到之处，遇到可燃物都有可能引起燃烧。为了有效减少烟气的危害，应当了解烟气的运动特性。

1. 烟气的扩散路线

建筑火灾中产生的高温烟气，其密度比冷空气小，由于浮力作用向上升起，遇到水平楼板或顶棚时，改为水平方向继续流动，这就形成了烟气的水平扩散。由上述火灾的发展阶段可知，如果高温烟气的温度不降低，则上层将是高温烟气，而下层是常温空气。烟气在流动扩散过程中，由于受到冷空气的掺混及楼板、顶棚等建筑围护结构的冷却，温度逐渐下降；沿水平方向流动扩散的烟气碰到四周围护结构时，进一步冷却并向下流动。逐渐冷却的烟气和冷空气流向燃烧区，形成了室内的自然对流，加速火灾的燃烧（如图1-7所示）。

图1-7 着火房间内的自然对流

烟气扩散流动速度与烟气温度和流动方向有关。烟气在水平方向的扩散流动速度较小，在火灾初期为0.1～0.3m/s，在火灾中期为0.5～0.8m/s。烟气在垂直方向的扩散流动速度较大，通常为1～5m/s。在楼梯间或管道竖井中，由于烟囱效应产生的抽力，烟气上升流动速度很大，可达6～8m/s，甚至更大。

当高层建筑发生火灾时，烟气在其内的流动扩散一般有三条路径：第一条是从着火房间→走廊→楼梯间→上部各楼层→室外，这也是最主要的一条路径；第二条是着火房间→室外；第三条是着火房间→相邻上层房间→室外。

2. 烟气流动的驱动力

烟气流动的驱动力包括室内外温差引起的烟囱效应、燃气的浮力和膨胀力、外界风的影响、通风空调系统风机影响以及电梯的活塞效应等。本节重点讨论烟囱效应和风对烟气运动的影响，对于烟气运动的其他驱动力只作简要说明。

（1）烟囱效应

当建筑物的室内外存在温差时，室内外空气的密度也随之出现差值，不同密度空气之间将引发浮力驱动的流动。若室内空气的密度比室外空气的密度小，即室内温度高于室外，便会产生使气体向上运动的浮力。建筑物越高，这种流动越强。建筑物中的竖井，如楼梯井、电梯井、竖直的机械管道及通信槽等，是发生这种现象的主要场所。在竖井中，由于浮力作用产生的气体运动十分显著，这就是烟囱效应（Stack effect），烟囱效应是建筑火灾中烟气流动的主要因素。如图 1-8 所示为建筑物中正烟囱效应引起烟气流动的过程。

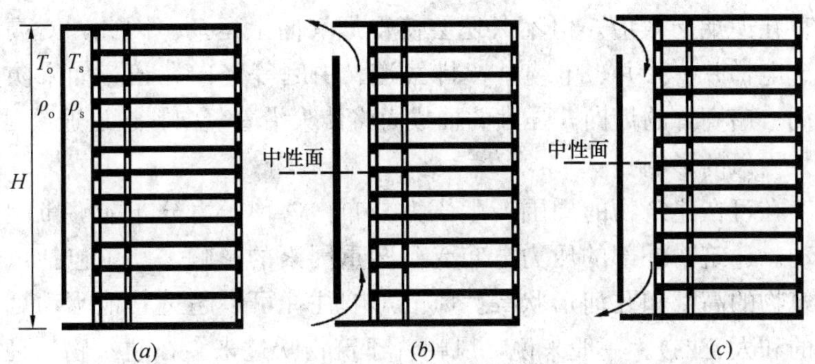

图 1-8　建筑物中正烟囱效应引起的烟气流动

（a）仅有下部开口；（b）$T_{in}>T_{out}$；（c）$T_{in}<T_{out}$

首先讨论仅有下部开口的竖井，如图 1-8（a）。设竖井高度为 H，内外温度分别为 T_s 和 T_o，ρ_s 和 ρ_o 分别为空气在温度 T_s 和 T_o 时的密度，g 是重力加速度，对于一般建筑物的高度而言，g 为常数。如果在地板平面的大气压力为 P_o，则在该建筑内部和外部高 H 处的压力分别为：

$$P_s(H)=P_o-\rho_s gH \tag{1-1}$$

及

$$P_o(H)=P_o-\rho_o gH \tag{1-2}$$

因而，在竖井顶部的内外压力差为：

$$\Delta P_{so}=(\rho_o-\rho_s)gH \tag{1-3}$$

当竖井内部温度比外部高时，其内部压力也会比外部高。如果竖井的上部和下部都有开口，就会产生纯的向上流动，且在 $P_0=P_s$ 的高度形成压力中性平面，见图 1-8（b）。通过与前面类似的分析可知，在中性面之上任意高度 h 处的内外压差为：

$$\Delta P_{so}=(\rho_o-\rho_s)gh \tag{1-4}$$

如果建筑物的外部温度比内部温度高，例如在盛夏季节安装空调的建筑内的气体是向下运动的，如图 1-8（c）所示。一般将内部气流上升的现象称为正烟囱效应，将内部气流下降的现象称为逆烟囱效应。

在正烟囱效应情况下，低于中性面火源产生的烟气将与建筑物内的空气一起流入竖井，并沿竖井上升。一旦升到中性面以上，烟气便可由竖井流出来，进入建筑物的上部楼层。楼层间的缝隙也可使烟气流向着火层上部的楼层。如果楼层间的缝隙可以忽略，则中性面以下的楼层，除了着火层外都将没有烟气。但如果楼层间的缝隙很大，则直接流进着火层上一层的烟气将比流入中性面下其他楼层的要多，如图 1-8（a）所示。

若中性面以上的楼层发生火灾，由正烟囱效应产生的空气流动可限制烟气的流动，空气从竖井流进着火层能够阻止烟气流进竖井，见图 1-8（b）。不过楼层间的缝隙却可引起少量烟气流动。如果着火层的燃烧强烈，热烟气的浮力克服了竖井内的烟囱效应，则烟气仍可进入竖井继而流入上部楼层，见图 1-8（c）。逆烟囱效应的空气流可使较冷的烟气向下运动，但在烟气较热的情况下浮力较大，即使楼内起初存在逆烟囱效应，但不久还会使得烟气向上运动。因此，对高层建筑中的楼梯间、电梯井、天井、电缆井、排气道、中庭等竖向孔道，如果防火处理不当，就形同一座高耸的烟囱，强大的抽拔力将使火沿着竖向孔道迅速蔓延。

（2）外界风的影响

风的存在可在建筑物的周围产生压力分布，这种压力分布能够影响建筑物内的烟气流动。建筑物外部的压力分布受到多重因素的影响，其中包括风的速度和方向、建筑物的高度和几何形状等。风的影响往往可以超过其他驱动烟气运动的力（自然的和人工的）。一般来说，风朝着建筑物吹过来会在建筑物的迎风侧产生较高滞止压力，这可增强建筑物内的烟气向下风方向的流动，压力差的大小与风速的平方成正比，即

$$P_w = \frac{1}{2}(C_w \rho_o V^2) \tag{1-5}$$

式中　P_w——风作用到建筑物表面的压力（Pa）；

C_w——无量纲风压系数；

ρ_o——空气的密度，（kg/m³）；

V——风速，（m/s）。

使用空气温度表示上述公式可写为

$$P_w = 177 C_w V^2 / T_o \tag{1-6}$$

式中　T_o——环境温度（K）。

该公式表明，若温度为 293K 的风以 7m/s 的速度吹到建筑物表面，将产生 29.6C_w（通常风压系数 C_w 的值在－0.80～＋0.80 之间，迎风墙为正，背风墙为负）的压力差，显然它会影响到建筑物内燃烧或烟囱效应引起的烟气流动。

通常风压系数 C_w 的大小决定于建筑物的几何形状及当地的挡风状况，并且在墙壁表面的不同部位有不同的值。表 1-3 给出了附近没有障碍物时矩形建筑物前后壁面上压力系数的平均值。

矩形建筑物各壁面的平均压力系数　　**表 1-3**

建筑物的高宽比	建筑物的长宽比	风向角（α）	不同壁面上的风压系数			
			正面	背面	侧面	侧面
$H/W \leqslant 0.5$	$1 < L/W \leqslant 1.5$	0°	+0.7	−0.2	−0.5	−0.5
		90°	−0.5	−0.5	+0.7	−0.2
	$1.5 < L/W \leqslant 4$	0°	+0.7	−0.25	−0.6	−0.6
		90°	−0.5	−0.5	+0.7	−0.1

续表

建筑物的高宽比	建筑物的长宽比	风向角 (α)	不同壁面上的风压系数			
			正面	背面	侧面	侧面
$0.5<H/W\leqslant1.5$	$1<L/W\leqslant1.5$	0°	+0.7	−0.25	−0.6	−0.6
		90°	−0.6	−0.5	+0.7	−0.25
	$1.5<L/W\leqslant4$	0°	+0.7	−0.3	−0.7	−0.7
		90°	−0.5	−0.5	+0.7	−0.1
$1.5<H/W\leqslant6$	$1<L/W\leqslant1.5$	0°	+0.8	−0.25	−0.8	−0.8
		90°	−0.8	−0.8	+0.8	−0.25
	$1.5<L/W\leqslant4$	0°	+0.7	−0.4	−0.7	−0.7
		90°	−0.5	−0.5	+0.8	−0.1

注：H 为屋顶高度，L 为建筑物的长边，W 为建筑物的短边。

由风引起的建筑物两个侧面的压力差为

$$\Delta P_{\mathrm{w}}=\frac{1}{2}(C_{\mathrm{w1}}-C_{\mathrm{w2}})\rho_{\mathrm{o}}V^{2} \tag{1-7}$$

式中 C_{w1}——迎风墙的压力系数；

C_{w2}——背风墙的压力系数。

一栋建筑与其他建筑毗连状态及该建筑本身的几何形状对其表面的压力分布有着重要影响。当高层建筑的下部建有附属裙房时，其周围风的流动形式将更复杂。随着风的速度与方向的变化，裙房房顶表面的压力分布也将发生很大的改变。在一定的风向条件下，裙房可以依靠房顶排烟口的自然通风来排除烟气，但当风向改变时，房顶上的通风口附近可能是压力较高的区域，这时就不能依靠自然通风把烟气排到室外。

(3) 火灾燃气的浮力与膨胀力

此处的火灾燃气指的是由燃烧刚生成的高温烟气。这种烟气处于火源区附近，其密度比常温气体低得多，因而具有较大的浮力。在火灾充分发展阶段，着火房间窗口两侧的压力分布可用分析烟囱效应的方法分析，此处不再作进一步的讨论。

建筑火灾中，燃烧释放的热量使得燃气明显膨胀并引起气体运动。若着火房间只有一个小的墙壁开口与建筑物其他部分相连时，燃气将从开口的上半部流出，外界空气将从开口下半部流进。

当燃气温度达到 600℃时，其体积约膨胀到原体积的 3 倍。若着火房间的门窗开着，由于流动面积较大，燃气膨胀引起的开口处的压差较小可以忽略。但是如果着火房间没有开口或开口很小，并假定其中有足够多的氧气支持较长时间的燃烧，则燃气膨胀引起的压差就比较重要了。

(4) 空调系统对烟气流动的影响

为了调节室内热环境，现代建筑大都安装了取暖、通风和空气调节系统（简称 HVAC）。在这种情况下，即使引风机不启动，HVAC 的管道也能起到通风网的作用。在各种烟气流动驱动力（特别是烟囱效应）的作用下，烟气将会沿着管道流动，从而加速火灾烟气或火焰在整个建筑物内的蔓延。若此时 HVAC 系统在工作，通风网的影响还会加强。当火灾发生在建筑物中没人的区域，HVAC 系统能将烟气传播到有人的区域。

当建筑物的局部区域发生火灾后，火灾烟气会通过 HVAC 系统送到建筑物的其他部位，从而使得尚未发生火灾的空间也受到烟气的影响。这种情况下，应及时关闭 HVAC 系统以避免烟气扩散并中断向着火区域提供新鲜的空气，并能防止机械作用下烟气进入回风管的现象，但并不能避免由于压差等因素引起的烟气沿通风管道的扩散。

图 1-9 所示为某个安装有 HVAC 系统的剧场，在有火与无火情况下室内气体流动的状况。因此，在有火的情况下，烟气羽流的形状发生明显的变化，部分烟气开始向 HVAC 系统的回风口流动。

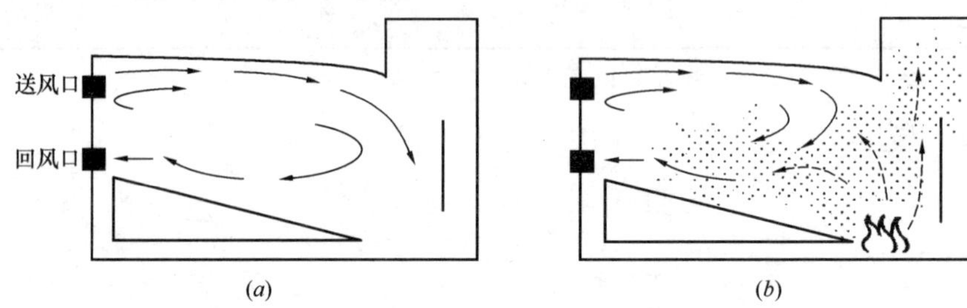

图 1-9　某装有 HVAC 系统建筑中的气流流动情况

(a) 无火灾情况下；(b) 发生火灾时

（5）电梯的活塞效应

电梯在电梯井中运行时，能够使井内出现瞬时压力变化，这称为电梯的活塞效应。电梯的活塞效应能够在较短时间内影响电梯附近门厅和房间的烟气流动方向和速度。如图 1-10 所示，向下运行的电梯使得电梯以下空间向外排气，电梯以上空间向内吸气。由活塞效应引起的电梯上方与外界的压差 ΔP_{so} 为

$$\Delta P_{so}=\frac{\rho}{2}\left[\frac{A_s V}{N_a C A_e + C_c A_a\left[1+(N_a/N_b)^2\right]^{\frac{1}{2}}}\right]^2 \tag{1-8}$$

式中　ρ——电梯井内空气密度（kg/m^3）；

A_s——电梯井的截面积（m^2）；

V——电梯的速度（m/s）；

N_a——电梯以上的楼层数；

N_b——电梯以下的楼层数；

C——建筑物缝隙的流通系数；

A_e——在每层中电梯井与外界的有效流通面积（m^2）；

C_c——电梯周围的流体的流通系数（无量纲）。

A_a——电梯周围的自由流通面积（m^2）。

对于一个可通行两部电梯的电梯井，若只有一部电梯运行，C_c 的取值为 0.94；两部电梯并行运行时，C_c 的取值为 0.83。一部电梯在单电梯井中运行时产生的压力系数与两部电梯一起运行的压力系数大致相同。为了简单起见，方程（1-8）中

忽略浮力、风、烟囱效应及通风系统的影响。

对于图 1-10 所示的流动系统，在每一楼层中，从电梯井到外界包括 3 个串连通道，其有效流动面积 A_e 为：

$$A_e = \left(\frac{1}{A_{rs}^2} + \frac{1}{A_{ir}^2} + \frac{1}{A_{oi}^2}\right)^{-1/2} \quad (1\text{-}9)$$

式中 A_e——有效流通面积（m^2）；

A_{rs}——门厅与电梯井的缝隙面积（m^2）；

A_{ir}——房间与门厅的缝隙面积（m^2）；

A_{oi}——外界与房间的缝隙面积（m^2）。

参照烟囱效应的讨论方法，门厅与建筑物内部房间之间的压差可表示为

$$\Delta P_{ri} = \Delta P_{so}(A_e/A_{ir})^2 \quad (1\text{-}10)$$

式中 ΔP_{ri}——门厅与房间的压差（Pa）；

ΔP_{so}——电梯井与外界的压差（Pa）。

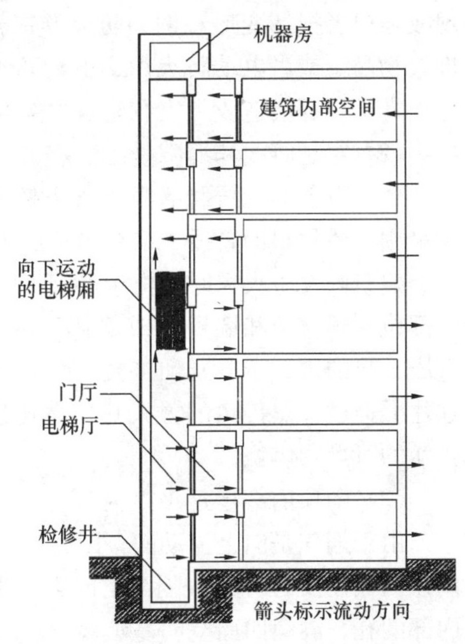

图 1-10 电梯向下运动时引起的气体流动

3. 烟气蔓延的途径

火灾时，烟气沿着水平方向和垂直方向流动。烟气在建筑物中蔓延的途径主要有：内外墙上的门、窗洞口，房间隔墙，空心构件及结构中的间层、孔洞或空腔，闷顶，楼梯间，各种竖井管道，楼板上的孔洞以及穿越楼板、墙体的管线和缝隙等。

对于主体为耐火结构的建筑来说，造成火灾烟气蔓延的主要原因有：

① 未设有效的防火分区。没有划分合理的防火分区，没设置防火墙及相应的防火门等形成控制火灾的区域空间，火灾在未受限制的条件下蔓延。

② 洞口处的分隔处理不完善。如在管道穿孔处未采用防火封堵材料进行密封处理，或普通防火卷帘无水幕保护，使得火灾烟气及火焰穿越防火分隔区域蔓延。

③ 防火隔墙和房间隔墙未砌至顶板。装设顶棚的建筑，顶棚在房间与房间、房间与走廊之间没有进行彻底分隔，形成连通的空间，火灾时极易引发高温烟气在顶棚内部空间的蔓延。

④ 采用可燃构件与装饰物。火灾通过可燃的隔墙、顶棚、装饰织物等蔓延。

⑤ 通过竖井的蔓延。建筑中的楼梯间、电梯井、空调系统的管道井等都是火灾及其烟气蔓延的主要竖向通道，这些竖井往往贯穿整个建筑物，若未作完善的防火分隔，建筑物发生火灾就可以蔓延到建筑的其他楼层。

概括地讲，火灾烟气的主要蔓延途径有：

（1）通过孔、洞等开口蔓延

建筑物与外界相通的开口大体上可分为竖直开口和水平开口，前者如墙上的门、窗洞口，后者如房间顶棚或地板上的水平开口等。建筑物发生火灾时，在建筑内部，火灾可以通过诸如可燃的木质户门、无水幕保护的普通卷帘、未用不燃

材料封堵的管道穿孔等处实现水平蔓延。此外，一些防火设施未能正常启动或出现故障或者损坏变形，例如防火卷帘箱开口、导轨等受热变形，或者因卷帘下方堆放物品，或者电动防火门、电动防火卷帘等因无人操作手动启动装置等导致无法正常下降都会造成火灾在建筑内部的蔓延。

（2）穿越管线和缝隙蔓延

建筑设备的管线和缝隙等若未按规定设防火阀及采用防火密封材料封堵，或者采用可燃材料的管线，都容易造成火灾及烟气的蔓延。

建筑内发生火灾时，由于热烟气的上升，室内上部空间处于较高压力状态下，该部位穿越楼板和墙壁（或墙体）的管线和缝隙很容易把火焰、烟气传播出去，造成火势的进一步蔓延和扩大。而且，穿过房间的金属管线在火灾高温的作用下，往往会通过导热传热的方式将热量传递到相邻房间或区域一侧，从而引起与管线接触的可燃物燃烧。

（3）闷顶内部蔓延

由于烟气是向上流动的，因此顶棚上的人孔、通风口等都是烟火进入的通道。闷顶内往往没有防火分隔，空间大，很容易造成火灾在水平方向的蔓延，并通过内部的孔、洞向四周空间蔓延。

（4）沿外墙面蔓延

在外墙面，高温热烟气流会促使火焰蹿出窗口并紧靠外墙外边界壁面的层流边界层向上部楼层和区域蔓延和扩散。首先，由于火焰与外墙面之间的空气受热逃逸形成负压，周围冷空气的压力致使烟火贴墙面向上流动，使火焰或高温烟气蔓延到上部楼层。另一方面，由于火焰贴附外墙面向上部楼层蔓延，致使热量透过墙体引燃起火层上部楼层房间内的易燃、可燃物；同时，火焰贴附着外墙面向上部蔓延时也会引燃外墙可燃的外保温材料或沿着外墙的空腔向上蔓延，引燃上部楼层房间内的易燃、可燃物。

建筑物发生火灾后，火焰和烟气往往会从起火房间窗口向外喷出，并沿着窗槛墙经窗口向上逐层蔓延。建筑火灾及烟气沿建筑物外墙壁的蔓延程度，受建筑物的外墙窗口的形状、数量、窗洞口的大小以及窗框和窗扇的材料等因素的影响。

（5）通过竖井蔓延

由前面的烟气流动的驱动力的分析可知，电梯井、楼梯间、设备管道井、垃圾井等竖井，是形成烟囱效应的主要通道。楼梯间、楼梯井等若没有设置防烟前室或者防火分隔不完善，建筑中的通风竖井、管道井、电缆井、垃圾井等竖井没有完全封堵或封堵不完善等，建筑物一旦发生火灾，则这些井道形成一座座竖向“烟囱”，对火灾烟气及火焰有抽拔的作用，从而导致火灾迅速向上部蔓延。

1.3 建筑安全防火设计基本概念

1.3.1 火灾荷载

火灾荷载是衡量建筑物室内所容纳可燃物数量多少的一个参数，是研究火灾发生、发展及其控制的重要因素。在建筑物发生火灾时，火灾荷载直接决定着火灾持续时间和室内温度的变化。因而，在进行建筑防火设计时，首先要掌握火灾荷载的概念，合理确定火灾荷载的数值。

建筑物内的可燃物可分为固定可燃物和容载可燃物两类。固定可燃物是指墙壁、顶棚、木柱、木地板等构件的材料及装修装饰、门窗、固定家具等所采用的可燃材料及构配件。容载可燃物是指家具、书籍、衣服、装饰织物、寝具等构成的可燃物。固定可燃物的数量可以通过建筑设计及装修装饰图纸准确地计算得到；容载可燃物因物品的数量、品种、材质等变化很大难以准确计算，一般由调查统计来确定。

由于建筑物中可燃物的种类繁多，可燃物组分变化很大，热值也不固定，不同的材料在完全燃烧时的燃烧发热量也各不同。因此，为了便于研究火灾燃烧热值，实际计算中通常根据燃烧热值把某种材料换算为等效发热量的木材，用等效木材的重量表示可燃物的数量，即等效可燃物量。为了便于研究火灾特性及合理选择火灾防控技术与措施，把火灾荷载定义为火灾范围内单位地板面积的等效可燃物量，计算如下

$$q=\Sigma G_i H_i / H_0 A=\Sigma Q_i / H_0 A \tag{1-11}$$

式中 q——火灾荷载（kg/m^2）；

G_i——某种可燃物质量（kg）；

H_i——某种可燃物单位质量发热量（MJ/kg）；

H_0——单位质量木材的发热量（MJ/kg）；

A——火灾范围内的地板面积（m^2）；

ΣQ_i——火灾范围内所有可燃物的总发热量（MJ）。

1.3.2 建筑高度

由于建筑物的屋面形式不同，建筑高度的计算应符合下列规定：

（1）建筑屋面为坡屋面时，建筑高度应为建筑室外设计地面至其檐口与屋脊的平均高度（见图 1-11）。

（2）建筑屋面为平屋面（包括有女儿墙的平屋面）时，建筑高度应为建筑室外设计地面至其屋面面层的高度（见图 1-12）。

（3）同一座建筑有多种形式的屋面时，建筑高度应按上述方法分别计算后，取其中最大值（见图 1-13）。

（4）对于台阶式地坪，当位于不同高程地坪上的同一建筑之间有防火墙分隔，各自有符合规范规定的安全出口，且可沿建筑的两个长边设置贯通式或尽头式消防车道时，可分别计算各自的建筑高度。否则应按其中建筑高度最大者确定该建筑的建筑高度（见图 1-14）。

（5）局部突出屋顶的瞭望塔、

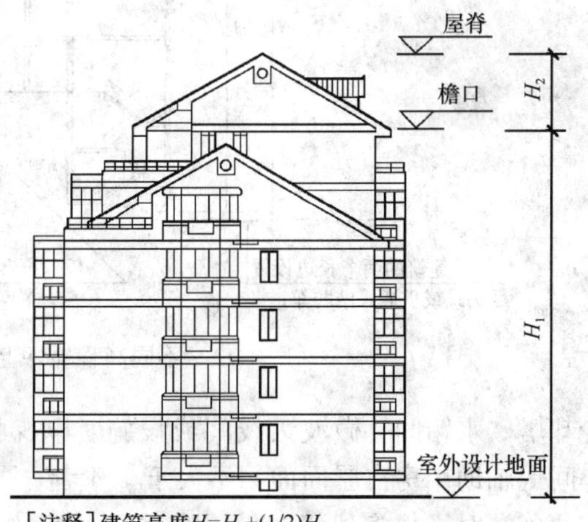

图 1-11 坡屋顶建筑的建筑高度计算

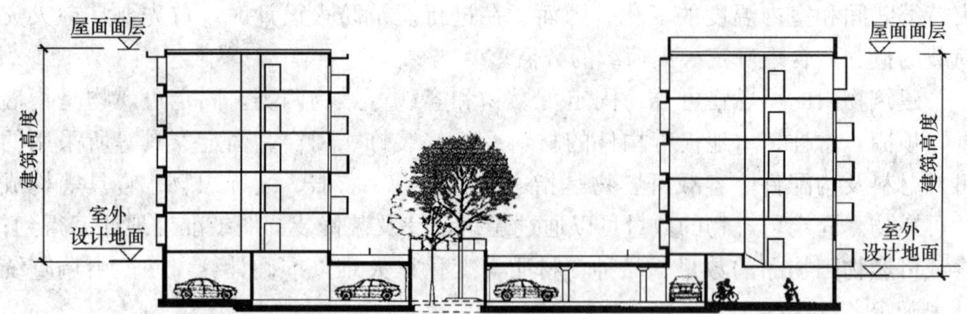

图 1-12 屋面为平屋面是建筑高度的计算

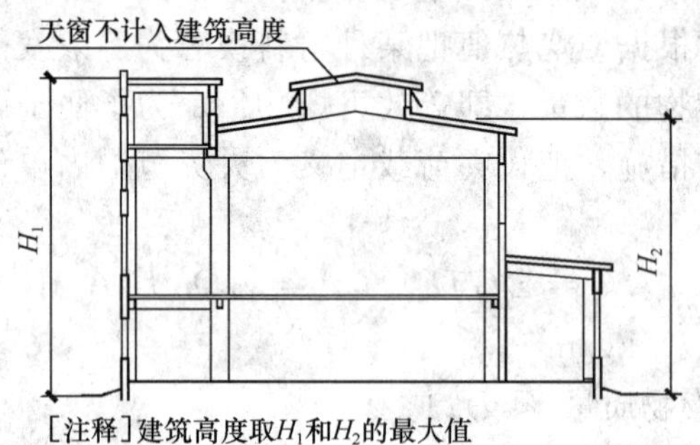

图 1-13 多种屋面形式的建筑高度计算

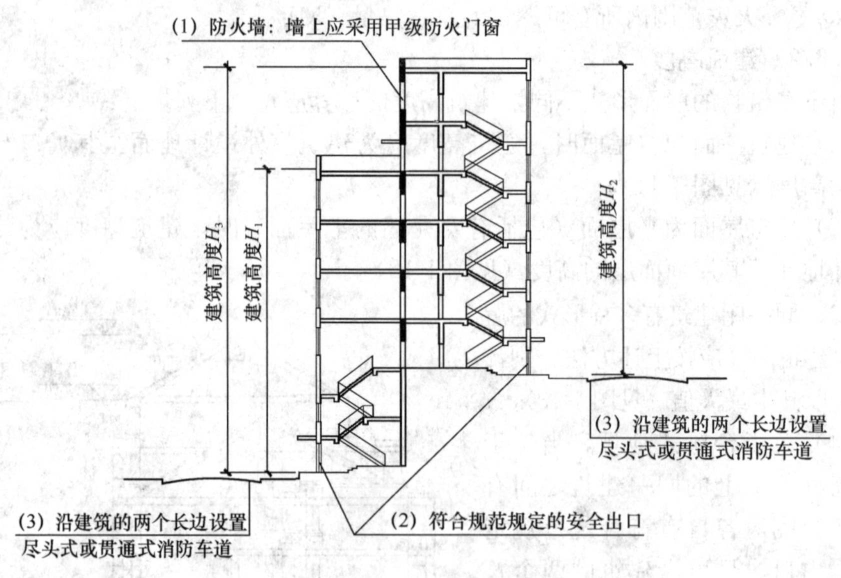

图 1-14 不同高程地坪上建筑高度的计算

冷却塔、水箱间、微波天线间或设施、电梯机房、排风和排烟机房以及楼梯出口小间等辅助用房占屋面面积不大于 1/4 者，可不计入建筑高度（见图 1-15）。

(6) 对于住宅建筑，设置在底部且室内高度不大于 2.2m 的自行车库、储藏室、敞开空间，室内外高差或建筑的地下或半地下室的顶板面高出室外设计地面的高度不大于 1.5m 的部分，可不计入建筑高度（见图 1-15）。

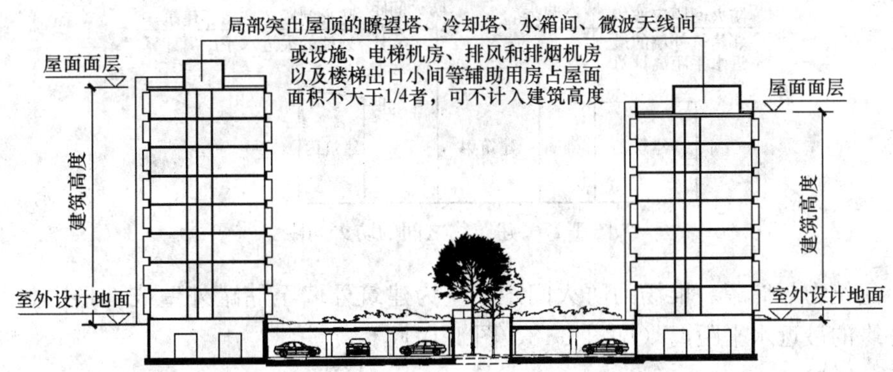

图 1-15　局部突出屋顶小间的建筑高度计算

1.3.3　建筑层数

建筑层数应按建筑的自然层数计算，下列空间可不计入建筑层数：

室内顶板面高出室外设计地面的高度不大于 1.5m 的地下或半地下室；设置在建筑底部且室内高度不大于 2.2m 的自行车库、储藏室、敞开空间；建筑屋顶上突出的局部设备用房、出屋面的楼梯间等。如图 1-16 所示。

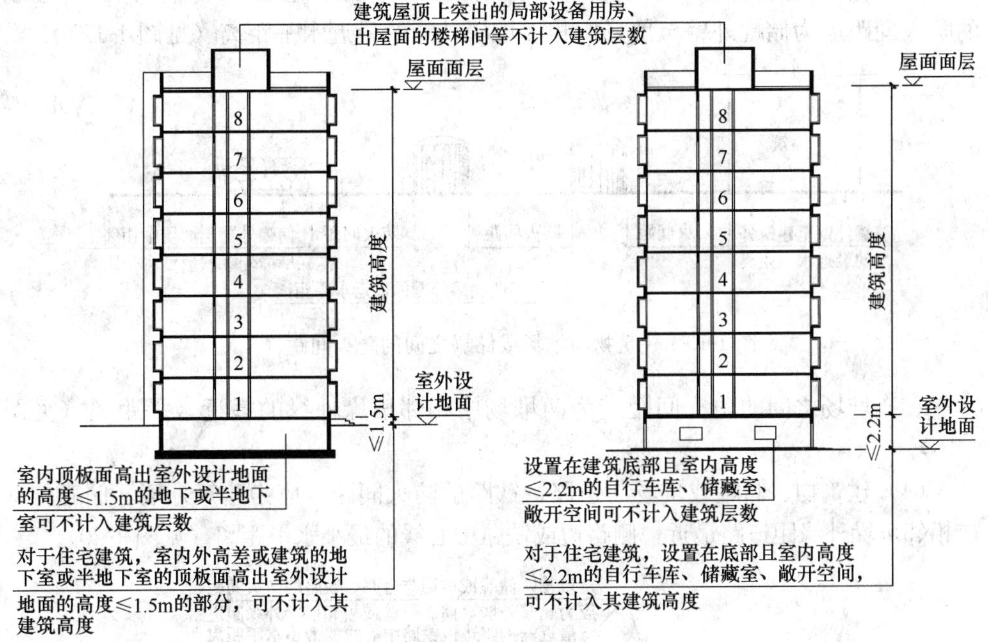

图 1-16　建筑层数的确定

1.3.4　建筑防火间距

防火间距是不同建筑间的空间间隔，既是防止在建筑火灾燃烧过程中发生蔓延的间隔，也是保证灭火救援行动既方便又安全的空间。防火间距的计算方法应符合下列规定：

（1）建筑物之间的防火间距应按相邻建筑外墙的最近水平距离计算，当外墙有凸出的可燃或难燃构件时，应从其凸出部分外缘算起（见图 1-17）。

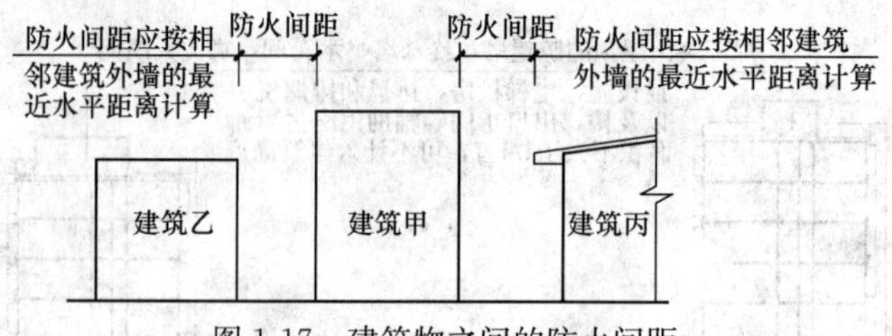

图 1-17　建筑物之间的防火间距

建筑物与储罐、堆场的防火间距，应为建筑外墙至储罐外壁或堆场中相邻堆垛外缘的最近水平距离（见图 1-18、图 1-19）。

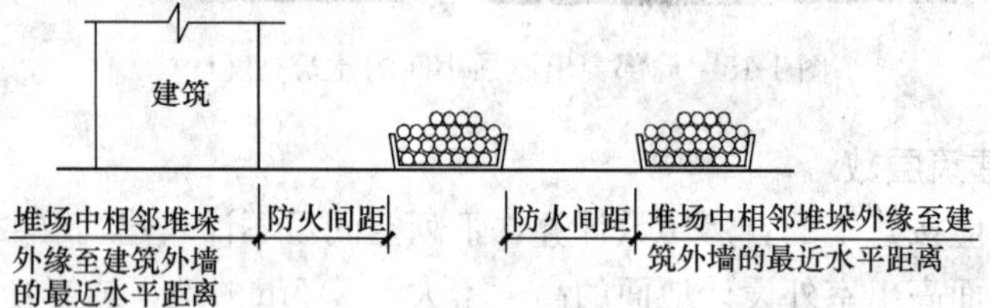

图 1-18　建筑物与堆场或储罐之间的防火间距（一）

（2）储罐之间的防火间距应为相邻两储罐外壁的最近水平距离。储罐与堆场的防火间距应为储罐外壁至堆场中相邻堆垛外缘的最近水平距离（见图 1-19）。

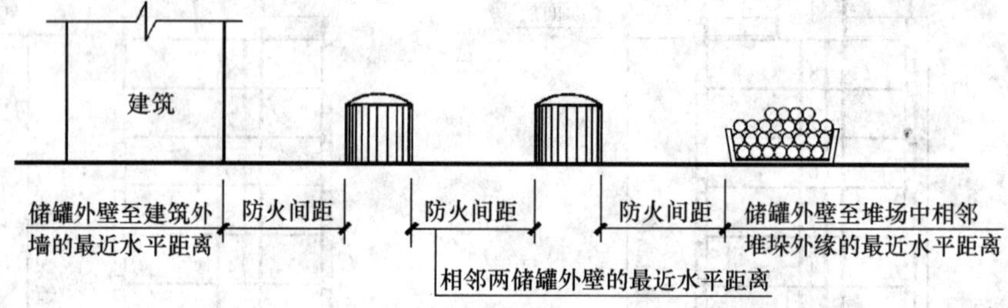

图 1-19　建筑物与堆场或储罐之间的防火间距（二）

（3）堆场之间的防火间距应为两堆场中相邻堆垛外缘的最近水平距离（见图 1-18）。

（4）建筑物、储罐或堆场与道路、铁路的防火间距，应为建筑外墙、储罐外壁或相邻堆垛外缘距道路最近一侧路边或铁路中心线的最小水平距离（见图 1-20）。

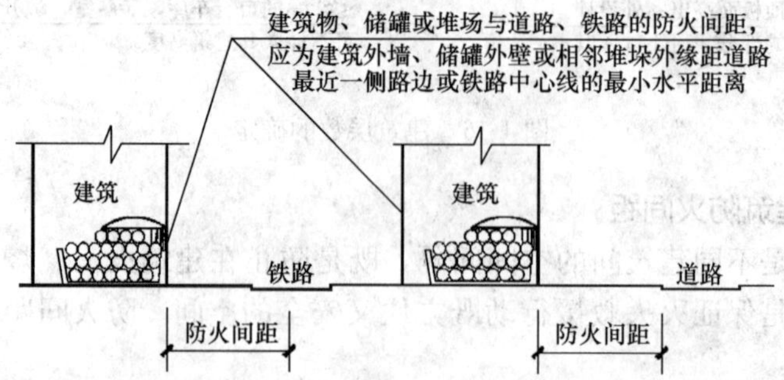

图 1-20　建筑物、储罐或堆场与道路、铁路之间的防火间距

（5）变压器之间的防火间距应为相邻变压器外壁的最近水平距离（见图 1-21）。变压器与建筑物、储罐或堆场的防火间距，应为变压器外壁至建筑外墙、储罐外壁或相邻堆垛外缘的最近水平距离。

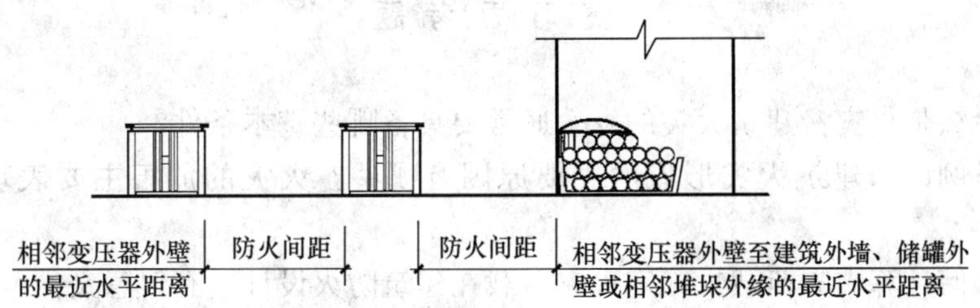

图 1-21 建筑物与变压器及变压器之间的防火间距

1.3.5 建筑安全防火设计基本术语

（1）高层建筑：建筑高度大于 27m 的住宅建筑和建筑高度大于 24m 的非单层厂房、仓库和其他民用建筑。

（2）裙房：在高层建筑主体投影范围外，与建筑主体相连且建筑高度不大于 24m 的附属建筑。

（3）重要公共建筑：发生火灾可能造成重大人员伤亡、财产损失和严重社会影响的公共建筑。

（4）商业服务网点：设置在住宅建筑的首层或首层及二层，每个分隔单元建筑面积不大于 300m^{2}的商店、邮政所、储蓄所、理发店等小型营业性用房。

（5）半地下室：房间地面低于室外设计地面的平均高度大于该房间平均净高 1/3，且不大于 1/2 者。

（6）地下室：房间地面低于室外设计地面的平均高度大于该房间平均净高 1/2者。

（7）防火墙：防止火灾蔓延至相邻建筑或相邻水平防火分区且耐火极限不低于 3h 的不燃性墙体。

（8）防火隔墙：建筑内防止火灾蔓延至相邻区域且耐火极限不低于规定要求的不燃性墙体。

（9）避难层（间）：建筑内用于人员暂时躲避火灾及其烟气危害的楼层（房间）。

（10）封闭楼梯间：在楼梯间入口处设置门，以防止火灾的烟和热气进入的楼梯间。

（11）防烟楼梯间：在楼梯间入口处设置防烟的前室、开敞式阳台或凹廊（统称前室）等设施，且通向前室和楼梯间的门均为防火门，以防止火灾的烟和热气进入的楼梯间。

（12）避难走道：采取防烟措施且两侧设置耐火极限不低于 3h 的防火隔墙，用于人员安全通行至室外的走道。

（13）防火分区：在建筑内部采用防火墙、楼板及其他防火分隔设施分隔而成，能在一定时间内防止火灾向同一建筑的其余部分蔓延的局部空间。

(14) 闪点：在规定的试验条件下，可燃性液体或固体表面产生的蒸气与空气形成的混合物，遇火源能够闪燃的液体或固体的最低温度（采用闭杯法测定）。

复习思考题

1. 什么是火灾？建筑火灾的发生通常要具备哪些基本条件？

2. 举例说明建筑火灾形成的主要原因有哪些？火灾的危害主要表现在哪些方面？

3. 如何计算火灾荷载？确定火灾荷载在建筑防火设计中有何意义？

4. 如何计算建筑物的高度？

5. 熟练掌握不同建（构）筑物之间建筑防火间距的计算方法。

第 2 章　建筑分类与耐火设计

2.1　建筑分类

建筑物有多种分类方式，按其使用性质分为民用建筑、工业建筑和农业建筑；按材料及其结构形式可分为木结构、砖木结构、砌体结构、钢结构、钢筋混凝土结构建筑等；按其高度和层数可分为单层、多层及高层建筑等。

2.1.1　按建筑的使用性质分类

建筑物按其使用性质分为民用建筑、工业建筑和农业建筑。

1. 民用建筑

按照《建筑设计防火规范》GB 50016—2014，根据民用建筑高度和层数，民用建筑可分为单层、多层民用建筑和高层民用建筑。其中，高层民用建筑根据其建筑高度、使用功能和楼层的建筑面积可分为一类和二类。民用建筑的分类参见表 2-1。

民用建筑的分类　　表 2-1

名称	高层民用建筑		单、多层民用建筑
	一类	二类	
住宅建筑	建筑高度大于 54m 的住宅建筑（包括设置商业服务网点的住宅建筑）	建筑高度大于 27m，但不大于 54m 的住宅建筑（包括设置商业服务网点的住宅建筑）	建筑高度不大于 27m 的住宅建筑（包括设置商业服务网点的住宅建筑）
公共建筑	1. 建筑高度大于 50m 的公共建筑； 2. 建筑高度 24m 以上部分任一楼层建筑面积大于 1000m² 的商店、展览、电信、邮政、财贸金融建筑和其他多种功能组合的建筑； 3. 医疗建筑、重要公共建筑； 4. 省级及以上的广播电视和防灾指挥调度建筑、网局级和省级电力调度建筑； 5. 藏书超过 100 万册的图书馆、书库	除一类高层公共建筑外的其他高层公共建筑	1. 建筑高度大于 24m 的单层公共建筑； 2. 建筑高度不大于 24m 的其他公共建筑

注：① 表中未列入的建筑，其类别应根据本表类比确定。
② 除另有规定外，宿舍、公寓等非住宅类居住建筑的防火要求，应符合有关公共建筑的规定。
③ 除规范另有规定外裙房的防火要求应符合规范有关高层民用建筑的规定。

上表中，住宅建筑是指供单身或家庭成员短期或长期居住使用的建筑。公共建筑是指供人们进行各种公共活动的建筑，包括文教建筑、办公建筑、科研建筑、体育建筑、商业建筑、医疗建筑、交通建筑、观演建筑、展览建筑、园林建筑、托幼建筑及综合类建筑等。

2. 工业、农业建筑

工业建筑即工业生产性建筑，主要包括生产厂房、辅助生产厂房等。工业建筑按其使用性质，分为加工、生产类厂房和仓库类库房两大类。

农业建筑是指农副业生产建筑，包括温室、粮仓、牲畜饲养场、农副业产品加工厂、烤烟房、蚕房等建筑。

以上建筑都为生产性厂房或仓库建筑，根据生产中使用或产生的物质性质及其数量等因素划分，厂房又可分为甲、乙、丙、丁、戊类厂房；仓库根据储存物品的性质和储存物品中的可燃物数量等因素划分，可分为甲、乙、丙、丁、戊类仓库。

2.1.2　按建筑的结构分类

按建筑的结构形式和建造材料的构成，可分为木结构、砌体结构、砖木结构、钢筋混凝土结构、钢结构以及钢筋混凝土结构等。

1. 木结构

木结构是指主要的承重构件是木材的建筑。

2. 砖木结构

砖木结构指主要承重构件用砖石和木材做成，如采用砖或石作为墙体材料，楼板和屋盖采用木质构件的建筑。

3. 砌体结构

砌体结构也称为混合结构。这种结构是以普通黏土砖、页岩砖、灰砂砖、混凝土多孔砖或承重混凝土空心小砌块等材料砌筑的墙体或柱作为竖向承重构件，水平承重构件是钢筋混凝土楼板及屋面板。

4. 钢筋混凝土结构

这种结构的主要承重构件，如梁、柱、楼板、屋面板等采用钢筋混凝土构件，以砖或其他轻质材料砌块作为墙体等围护构件的结构形式。如大板建筑、装配式框架板材建筑、大模板建筑以及滑模建筑、升板建筑等工业化方法建造的建筑。

5. 钢结构

钢结构主体由型钢和钢板等制成的钢梁、钢柱、钢桁架等构件组成，其主要各构件或部件之间通常采用焊缝、螺栓或铆钉连接。因其自重较轻，且施工简便，广泛应用于大型厂房、场馆、超高层等领域，是主要建筑结构类型之一。

6. 钢筋混凝土结构

一般是指由钢筋混凝土筒体或剪力墙以及钢框架组成抗侧力体系，以刚度很大的钢筋混凝土部分承受风力和地震作用，钢框架主要承受竖向荷载的结构。

7. 其他结构

如生土建筑、充气建筑及塑料建筑等。

2.1.3　按建筑高度分类

建筑按高度可分为单层建筑、多层建筑和高层建筑。

1. 单层、多层建筑

单层、多层建筑是指建筑高度不大于27m的住宅建筑（包括设置商业服务网点的住宅建筑）、建筑高度不大于24m的（或建筑高度大于24m，但为单层的）公共建筑和工业建筑。

2. 高层建筑

高层建筑是指建筑高度大于27m的住宅建筑（包括设置商业服务网点的住宅建筑）和建筑高度大于24m的非单层建筑。我国把建筑高度超过100m的高层建筑称为超高层建筑。

2.2 建筑构件的燃烧性能和耐火极限

建筑构件主要包括建筑物的墙、柱、梁、楼板、门、窗等。一般来说，建筑构件的耐火性能包括构件的燃烧性能与构件的耐火极限。耐火建筑构配件在火灾中起着阻止火势蔓延、延长支撑时间的作用。

2.2.1 建筑构件的燃烧性能

建筑构件的燃烧性能，主要是指组成建筑构件材料的燃烧性能。建筑材料的燃烧性能分为三类，即不燃性、难燃性和可燃性。

（1）不燃性构件

不燃性构件由不燃烧材料组成，如砖、天然石材、人工石材、金属等材料制作的建筑构件为不燃性构件。不燃烧材料是指在空气中受到火烧或高温作用时，不起火、不微燃、不碳化的材料。

（2）难燃性构件

难燃性构件指用难燃烧材料组成，如沥青混凝土、经过防火处理的木材、木板条抹灰等做成的构件或用燃烧材料做成而用非燃烧材料做保护层的构件。难燃烧材料是指在空气中受到火烧或高温作用时，难起火、难微燃、难碳化，当火源移走后，燃烧或微燃立即停止的材料，如刨花板和经过防火处理的有机材料。

（3）可燃性构件

可燃性构件是用燃烧材料，如木材、纸板、胶合板等材料制作的建筑构件。燃烧材料是指在空气中受到火烧或高温作用时立即起火或微燃，且火源移走后仍继续燃烧或微燃的材料，如木材等。

为确保建筑物在受到火灾危害时能够在一定的时间内不垮塌，并阻止、延缓火灾的蔓延，建筑构件多采用不燃烧材料或难燃材料制作。这些材料在受到火或高温作用时，不会被引燃或很难被引燃，从而降低了结构在短时间内被破坏的可能性。这些材料主要有混凝土、陶粒、钢材、珍珠岩、石膏、粉煤灰、炉渣及一些经过阻燃处理的有机材料等不燃或难燃材料。为了减少或不增加建筑物的火灾荷载，选用建筑构件时，尽可能选择由这些材料制作的构件。

2.2.2 建筑构件的耐火极限

1. 耐火极限的概念

耐火极限是在标准耐火试验条件下，建筑构件、配件或结构从受到火的作用时起，至失去支持能力、完整性或失去隔热性时止所用的时间，用小时（h）表示。

试验时炉内温度的上升随时间而变化，并按下式控制：

$$T - T_0 = 345\lg(8t + 1) \tag{2-1}$$

式中　t——试验所经历的时间，min；

T——t 时刻的炉内温度，℃；

T_0——试验开始时的炉内温度，℃。

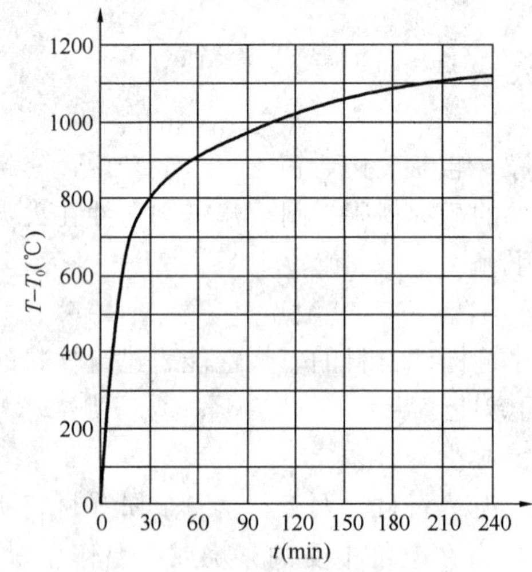

图 2-1　国际标准火灾曲线

若 T_0 与室温不等时，$\Delta T = T - T_0$ 不得大于 20℃。图 2-1 为国际标准时间-温度标准曲线图。

耐火极限的判定如下：

（1）失去支持能力：非承重构件失去支持能力的表现为自身解体或垮塌；梁、楼板等受弯承重构件，挠曲率发生突变，为失去支持能力的情况，当简支钢筋混凝土梁、楼板和预应力钢筋混凝土板跨总挠度值分别达到试件计算长度的 2%、3.5%和 5%时，则表明试件失去支持能力。

（2）完整性破坏：楼板、隔墙等具有分隔作用的构件，在试验中，当出现穿透裂缝或穿火的孔隙时，表明试件的完整性被破坏。

（3）失去隔火作用：具有防火分隔作用的构件，试验中背火面测点测得的平均温升超过初始平均温度 140℃；或背火面测温点任一测点位置的温升超过初始温度（包括移动热电偶）180℃（初始温度应是试验开始时背火面的初始平均温度），则表明试件失去隔火能力。

这里的“标准耐火试验条件”是指符合国家标准规定的耐火试验条件。对于升温条件，不同使用性质和功能的建筑，火灾类型可能不同，因而在建筑构配件的标准耐火性能测定过程中，受火条件也有所不同，需要根据实际的火灾类型确定不同标准的升温条件。

例如，我国对于以纤维类火灾为主的建筑构件耐火试验主要参照 ISO834 标准规定的时间—温度标准曲线进行试验；对于石油化工建筑、通行大型车辆的隧道等以烃类为主的场所，结构的耐火极限则需采用碳氢时间－温度曲线（即 RABT 和 HC 标准升温曲线）等相适应的升温曲线进行试验测定。对于不同类型的建筑构件，耐火极限的判定标准不一样，比如非承重墙体，其耐火极限测定主要考察该墙体在试验条件下的完整性能和隔热性能；而柱的耐火极限测定则主要考察其在试验条件下的承载力和稳定性能。因此，对于不同的建筑结构或构配件，耐火极限的判定标准和所代表的含义也不完全一致。

2. 影响建筑构件耐火极限的要素

在建筑火灾中，耐火的构配件起着阻止火势蔓延扩大、延长建筑物支撑时间的作用。建筑构配件的耐火性能直接决定着建筑物在火灾中的失稳和倒塌的时间。影响建筑构配件耐火性能的因素较多，主要有材料本身的属性、构配件的耐火特性、材料与结构间的构造方式、标准所规定的试验条件、材料的老化性能、火灾种类和使用环境要求等。

（1）材料本身的属性

材料本身的属性是构配件耐火性能主要的内在影响因素，决定其用途和适用性。如果材料本身就不具备防火性能甚至是可燃材料，就会在高温或火的作用下出现燃烧和烟气，建筑物中的可燃物越多，燃烧时释热量就越大，火灾带来的危害就越严重。

建筑材料的种类繁多，在火灾燃烧中可燃固体包括建筑物中的构件、材料、某些工厂的原材料及室内物品等，它们大多是由人工聚合物和木材制成或构成。

可燃建筑材料在一定的外部热量作用下，物质发生热分解，生成可燃挥发分和固定碳；若挥发分达到燃点或受到点火源的作用，即发生明火燃烧。而稳定明火的建立，又可向固体燃烧面反馈热量，使其热分解加速、热释放速率加大、火场温度急剧升温，从而引燃附近其他可燃物，使火灾进入轰燃阶段。有些可燃材料受热后，先熔化为液体，由液体蒸发生成可燃蒸气，再以燃料气的形式发生气相燃烧，使对流和辐射换热加强。若有足够的可燃物，则会引发更为猛烈的燃烧。同时，产生大量的浓烟并释放出大量的有毒、有害性气体。

建筑材料对火灾的影响主要表现在四个方面：①影响点燃和轰燃的速度；②造成火焰的连续蔓延；③助长火灾的热温度；④产生浓烟及有毒气体。在其他条件相同的条件下，材料的属性决定了构配件的耐火极限。

（2）建筑构配件结构特性

构配件的受力特性决定其结构特性，在其他条件相同时，不同的结构处理和构造做法会使建筑构配件的耐火极限不同。比如在对节点处理时，采取焊接、铆接、螺钉连接等不同的连接方式，构配件的耐火性能就会出现较大的差异；在构件的支承方式上采用简支座和固定支座，两者的耐火极限也会不同。不同的结构形式，如网架结构、桁架结构、钢结构和组合结构等，以及断面或截面的规则程度不同等都会影响到建筑构配件的耐火极限。结构越复杂，高温时结构的温度应力分布和变化越复杂，火灾隐患越大。

因此，构配件的结构特性决定了防火保护措施和技术的选择方案。

（3）材料与结构间的构造方式

材料与结构间的构造方式取决于材料自身的属性和基材的结构特性，即使使用品质优良的材料，构造方式不恰当也同样难以起到应有的防火作用。如厚涂型结构防火涂料在使用厚度超过一定范围后就需要用钢丝网来提升涂层与构件之间附着力；薄涂型和超薄型防火涂料若在一定厚度范围内耐火极限达不到工程要求，而增加厚度并不一定能提高耐火极限时，则可采用在涂层内包裹建筑纤维布的办法来增强已发泡涂层的附着力，提高耐火极限，满足工程的防火要求。

(4) 标准所规定的试验条件

标准规定的耐火性能试验与所选择的执行标准有关，其中包括试件的制作和养护条件、使用场合、升温条件、试验炉压力条件、受力情况、判定指标等。在试件不变的情况下，试验条件要求苛刻，耐火极限越低。虽然这些条件属于外在因素，但却是必要条件，任何一项条件不满足，都会影响到试验结果的科学性和准确性。不同建筑构配件由于在建筑中所起的作用不同，因而在试验条件上有一定的差别，由此得出的耐火极限也有所不同。

(5) 材料的老化性能

建筑中的各种构配件在工程中发挥了一定的作用，但其能否持久地发挥作用则取决于所使用的材料是否具有良好的耐久性和较长的使用寿命，尤其是以化学建材制成的构配件、防火涂料所保护的结构构件等，在使用过程中受使用年限、环境温湿度、气候条件及振动等各种因素的影响最为突出。因此，在防火材料的选用上尽量选用抗老化性能良好的无机材料或那些具有长期使用经验的防火材料做防火保护。

(6) 火灾种类和使用环境要求

由前面章节的分析可知，建筑物中可燃物种类决定了火灾场合的燃烧类型，由不同的火灾种类得出的构配件的耐火极限是不同的。构配件所在环境决定了其在耐火试验时应遵循的火灾试验条件，应对建筑物可能发生的火灾类型进行充分的考虑和分析。现有的已经掌握的火灾种类有：普通建筑纤维类火灾、电力火灾、石油化工火灾、隧道火灾、地铁火灾、海上建（构）筑物、储油罐区火灾、油田火灾等。

2.3　建筑耐火等级

耐火等级是衡量建筑物耐火程度的分级标准，是建筑设计防火技术措施中最基本的措施之一。确定建筑物的耐火等级时，应根据建筑物的使用性质、重要程度、规模大小、建筑高度、火灾危险性及火灾扑救难度等，对不同的建筑物提出不同的耐火等级要求。选定建筑物耐火等级的目的在于使不同用途的建筑物具有与之相适应的耐火安全储备，既利于消防安全又利于节约基本建设投资。

2.3.1　建筑耐火等级的确定

在防火设计中，建筑整体的耐火性能是保证建筑结构在火灾时不发生较大破坏的根本，单一建筑结构构件的燃烧性能和耐火极限是确定建筑整体耐火性能的基础。建筑的耐火等级是由组成建筑物的墙、柱、梁、屋顶承重构件和顶棚等主要构件的燃烧性能和耐火极限决定的，共分为四级。民用建筑的耐火分级是为了便于根据建筑自身结构的防火性能来确定该建筑的其他防火要求。相反，根据这个分级及其对应建筑构件的耐火性能，也可以用来确定既有建筑的耐火等级，从而提出相应的防火保护或改造措施。

建筑整体的耐火性能是保证建筑结构在火灾时不发生较大破坏的根本，而单一建筑结构构件的燃烧性能和耐火极限是确定建筑整体耐火性能的基础。在建筑耐火极限的分级中，建筑构件的耐火性能是以楼板的耐火极限为基准，再根据其他构件在建筑物中的重要性和耐火性能可能的目标值调整后确定的。楼板的耐火极限确定之后，根据其他结构构件在结构中所起的作用以及耐火等级的要求，通过建筑结构中力的传递过程，从而确定其耐火极限时间。凡比楼板重要的构件，其耐火极限都应有相应的提高。因此，将耐火等级为一级的建筑楼板的耐火极限定为1.5h，二级建筑物楼板的耐火极限定为1h，三级民用建筑楼板的耐火极限定为0.5h，三级工业建筑楼板的耐火极限则为0.75h，四级为0.5h。火灾统计数据显示，在1.5h以内扑灭的火灾占总数的88%；在1.0h以内扑灭的占80%。

除了建筑构件的耐火极限外，燃烧性能也是确定建筑构件耐火等级的决定条件。一般来说，一级耐火等级的建筑构件全部应为不燃性构件，比如钢筋混凝土结构或砖混结构；二级耐火等级建筑和一级耐火等级建筑基本上相似，但有些构件的耐火极限相应降低一些；三级耐火等级建筑的部分构件可以采用难燃性构件；四级耐火等级建筑的构件除了防火墙，对其他构件的燃烧性能的要求相对较低，可采用难燃性或可燃性构件。

2.3.2 厂房和仓库的耐火等级

厂房、仓库主要是指除了火药、炸药及其制品的厂房（仓库）、花炮厂房（仓库）、炼油厂之外的厂房和仓库。厂房和仓库的耐火等级可分为一、二、三、四级，相应建筑构件的燃烧性能和耐火极限见表2-2。

不同耐火等级厂房和仓库建筑构件的燃烧性能和耐火极限（h）　表2-2

构件名称		耐火等级			
		一级	二级	三级	四级
墙	防火墙	不燃性 3.00	不燃性 3.00	不燃性 3.00	不燃性 3.00
	承重墙	不燃性 3.00	不燃性 2.50	不燃性 2.00	难燃性 0.50
	楼梯间、前室的墙，电梯井的墙	不燃性 2.00	不燃性 2.00	不燃性 1.50	难燃性 0.50
	疏散走道两侧的隔墙	不燃性 1.00	不燃性 1.00	不燃性 0.50	难燃性 0.25
	非承重外墙，房间隔墙	不燃性 0.75	不燃性 0.50	难燃性 0.50	难燃性 0.25
柱		不燃性 3.00	不燃性 2.50	不燃性 2.00	难燃性 0.50
梁		不燃性 2.00	不燃性 1.50	不燃性 1.00	难燃性 0.50
楼板		不燃性 1.50	不燃性 1.00	不燃性 0.75	难燃性 0.50
屋顶承重构件		不燃性 1.50	不燃性 1.00	难燃性 0.50	可燃性
疏散楼梯		不燃性 1.50	不燃性 1.00	不燃性 0.75	可燃性
顶棚（包括顶棚搁栅）		不燃性 0.25	难燃性 0.25	难燃性 0.15	可燃性

注：二级耐火等级建筑内采用不燃材料的顶棚，其耐火极限不限。

厂房、仓库的耐火等级、建筑面积、层数等与其生产或储存物品的火灾危险性类别有着密切的关系。在具体的设计、使用时都应结合厂房、仓库的具体防火等级要求进行选择和确定。因此，对表2-2做如下补充说明：

(1) 对于甲、乙类的厂房或仓库，由于其生产或储存物品的火灾危险性大，因此，甲、乙类厂房和甲、乙、丙类仓库内的防火墙，其耐火极限不应低于4.00h；对于高层厂房，甲、乙类厂房的耐火等级不应低于二级。

(2) 建筑面积不大于300m²的独立甲、乙类单层厂房可采用三级耐火等级的建筑，单、多层丙类厂房和多层丁、戊类厂房的耐火等级不应低于三级。

(3) 使用或产生丙类液体的厂房和有火花、赤热表面、明火的丁类厂房，其耐火等级均不应低于二级；当为建筑面积不大于500m²的单层丙类厂房或建筑面积不大于1000m²的单层丁类厂房时，可采用三级耐火等级的建筑。使用或储存特殊贵重的机器、仪表、仪器等设备或物品的建筑，其耐火等级不应低于二级。

(4) 高架仓库、高层仓库、甲类仓库、多层乙类仓库和储存可燃液体的多层丙类仓库，其耐火等级不应低于二级。单层乙类仓库，单、多层丙类仓库和多层丁、戊类仓库，其耐火等级不应低于三级。

(5) 对于屋顶承重构件来说，一、二级耐火等级厂房（仓库）的屋面板应采用不燃材料。屋面防水层宜采用不燃、难燃材料，当采用可燃防水材料且铺设在可燃、难燃保温材料上时，防水材料或可燃、难燃保温材料应采用不燃烧材料作为防护层。

二级耐火等级多层厂房和多层仓库内采用预应力钢筋混凝土的楼板，其耐火极限不应低于0.75h。一、二级耐火等级厂房（仓库）的上人平屋顶，其屋面板的耐火极限分别不应低于1.50h和1.00h。

(6) 二级耐火等级厂房（仓库）内的房间隔墙，当采用难燃性墙体时，其耐火极限应提高0.25h。除甲、乙类仓库和高层仓库外，一、二级耐火等级建筑的非承重外墙，当采用不燃性墙体时，其耐火极限不应低于0.25h；当采用难燃性墙体时，不应低于0.50h。

4层及4层以下的一、二级耐火等级丁、戊类地上厂房（仓库）的非承重外墙，当采用不燃性墙体时，其耐火极限不限。

(7) 预制钢筋混凝土构件的节点外露部位，应采取防火保护措施，且节点的耐火极限不应低于相应构件的耐火极限。

2.3.3 民用建筑的耐火等级

民用建筑的耐火等级分为一、二、三、四级。除《建筑设计防火规范》GB 50016—2014（以下简称《建规》）另有规定外，不同耐火等级建筑相应构件的燃烧性能和耐火极限不应低于表2-3的规定。

不同耐火等级建筑相应构件的燃烧性能和耐火极限（h） **表2-3**

构件名称		耐火等级			
		一级	二级	三级	四级
墙	防火墙	不燃性 3.00	不燃性 3.00	不燃性 3.00	不燃性 3.00
	承重墙	不燃性 3.00	不燃性 2.50	不燃性 2.00	难燃性 0.50
	非承重外墙	不燃性 1.00	不燃性 1.00	不燃性 0.50	可燃性

续表

构件名称		耐火等级			
		一级	二级	三级	四级
墙	楼梯间和前室的墙 电梯井的墙 住宅建筑单元之间的墙和分户墙	不燃性 2.00	不燃性 2.00	不燃性 1.50	难燃性 0.50
	疏散走道两侧的隔墙	不燃性 1.00	不燃性 1.00	不燃性 0.50	难燃性 0.25
	房间隔墙	不燃性 0.75	不燃性 0.50	难燃性 0.50	难燃性 0.25
柱		不燃性 3.00	不燃性 2.50	不燃性 2.00	难燃 性 0.50
梁		不燃性 2.00	不燃性 1.50	不燃性 1.00	难燃性 0.50
楼板		不燃性 1.50	不燃性 1.00	不燃性 0.50	可燃性
屋顶承重构件		不燃性 1.50	不燃性 1.00	可燃性 0.50	可燃性
疏散楼梯		不燃性 1.50	不燃性 1.00	不燃性 0.50	可燃性
顶棚（包括顶棚搁栅）		不燃性 0.25	难燃性 0.25	难燃性 0.15	可燃性

注：① 除另有规定外，以木柱承重且墙体采用不燃材料的建筑，其耐火等级应按四级确定。

② 住宅建筑构件的耐火极限和燃烧性能可按现行国家标准《住宅建筑规范》GB 50368 的规定执行。

对于表 2-3 做如下补充说明：

（1）一、二级耐火等级建筑的屋面板应采用不燃材料。屋面防水层宜采用不燃、难燃材料，当采用可燃防水材料且铺设在可燃、难燃保温材料上时，防水材料或可燃、难燃保温材料应采用不燃材料作防护层。

（2）二级耐火等级建筑内采用难燃性墙体的房间隔墙，其耐火极限不应低于 0.75h；当房间的建筑面积不大于 100m^{2}时，房间隔墙可采用耐火极限不低于 0.50h 的难燃性墙体或耐火极限不低于 0.30h 的不燃性墙体。二级耐火等级多层住宅建筑内采用预应力钢筋混凝土的楼板，其耐火极限不应低于 0.75h。

（3）二级耐火等级建筑内采用不燃材料的顶棚，其耐火极限不限。三级耐火等级的医疗建筑、中小学校的教学建筑、老年人建筑及托儿所、幼儿园的儿童用房和儿童游乐厅等儿童活动场所的顶棚，应采用不燃材料；当采用难燃材料时，其耐火极限不应低于 0.25h。二、三级耐火等级建筑内门厅、走道的顶棚应采用不燃材料。

（4）建筑内预制钢筋混凝土构件的节点外露部位，应采取防火保护措施，且节点的耐火极限不应低于相应构件的耐火极限。

民用建筑的耐火等级根据其建筑高度、使用功能、重要性和火灾扑救难度等确定，一些性质重要、火灾扑救难度大、火灾危险性大的民用建筑，还应达到最低耐火等级要求。如：

（1）地下或半地下建筑（室）和一类高层建筑的耐火等级不应低于一级；

（2）单、多层重要公共建筑和二类高层建筑的耐火等级不应低于二级；

（3）建筑高度大于 100m 的民用建筑，其楼板的耐火极限不应低于 2.00h。一、二级耐火等级建筑的上人平屋顶，其屋面板的耐火极限分别不应低于 1.50h 和 1.00h。

2.3.4　汽车库、修车库、停车场的耐火等级

1. 基本概念

（1）汽车库：是指用于停放由内燃机驱动且无轨道的客车、货车、工程车等汽车的建筑物。

（2）修车库：是指用于保养、修理由内燃机驱动且无轨道的客车、货车、工程车等汽车的建（构）筑物。

（3）停车场：是指专用停放由内燃机驱动且无轨道的客车、货车、工程车等汽车的露天场地或构筑物。

（4）地下汽车库：是指地下室内地坪面与室外地坪面的高度之差大于该层车库净高 1/2 的汽车库。

（5）半地下汽车库：是指地下室内地坪面与室外地坪面的高度之差大于该层车库净高 1/3 且不大于 1/2 的汽车库。

（6）高层汽车库：是指建筑高度大于 24m 的汽车库或设在高层建筑内地面层以上楼层的汽车库。

2. 汽车库、修车库、停车场分类

汽车库、修车库、停车场根据停车（车位）数量和总建筑面积分为四类，如表 2-4 所示。汽车库、修车库、停车场的分类按照停车数量的多少划分是符合我国国情的，因为汽车库、修车库、停车场建筑发生火灾后确定火灾损失的大小，是按烧毁车库中车辆的多少确定的。按停车数量划分车库类别，可便于按类别提出车库的耐火等级、防火间距、防火分隔、消防给水、火灾报警等要求。

汽车库、修车库、停车场的分类　　表 2-4

名称		Ⅰ	Ⅱ	Ⅲ	Ⅳ
汽车库	停车数量（辆）	>300	151～300	51～150	≤50
	总建筑面积 S（m^2）	S>10000	5000<S≤10000	2000<S≤5000	S≤2000
修车库	车位数（个）	>15	6～15	3～5	≤2
	总建筑面积 S（m^2）	S>3000	1000<S≤3000	500<S≤1000	S≤500
停车场	停车数量（辆）	>400	251～400	101～250	≤100

注：① 当屋面露天停车场与下部汽车库共用汽车坡道时，其停车数量应计算在停车库的车辆总数内。

② 室外坡道、屋面露天停车场的建筑面积可不计入汽车库的建筑面积之内。

③ 公交汽车库的建筑面积可按本表的规定值增加 2.0 倍。

3. 汽车库、修车库耐火等级的确定

建筑物的耐火等级决定着建筑抗御火灾的能力，耐火等级是由相应构件的耐火极限和燃烧性能决定的，必须明确汽车库、修车库的耐火等级分类以及构件的燃烧性能和耐火极限，才能更好地确定其规模。汽车库、修车库的耐火等级应分为一级、二级和三级，其构件的燃烧性能和耐火极限均不应低于表 2-5 的规定。

汽车库、修车库构件的燃烧性能和耐火极限（h） 表 2-5

建筑构件名称		耐火等级		
		一级	二级	三级
墙	防火墙	不燃性 3.00	不燃性 3.00	不燃性 3.00
	承重墙	不燃性 3.00	不燃性 2.50	不燃性 2.00
	楼梯间和前室的墙、防火隔墙	不燃性 2.00	不燃性 2.00	不燃性 2.00
	隔墙、非承重外墙	不燃性 1.00	不燃性 1.00	不燃性 0.50
柱		不燃性 3.00	不燃性 2.50	不燃性 2.00
梁		不燃性 2.00	不燃性 1.50	难燃性 1.00
楼板		不燃性 1.50	不燃性 1.00	不燃性 0.50
疏散楼梯、坡道		不燃性 1.50	不燃性 1.00	不燃性 1.00
屋顶承重构件		不燃性 1.50	不燃性 1.00	可燃性 0.50
顶棚（包括顶棚搁栅）		不燃性 0.25	不燃性 0.25	难燃性 0.15

注：预制钢筋混凝土构件的节点缝隙和金属承重构件的外露部位应加设防火保护层，其耐火极限不应低于表中相应构件的规定。

地下、半地下和高层汽车库的耐火等级应为一级；甲、乙类物品运输车的汽车库、修车库和Ⅰ类汽车库、修车库的耐火等级应为一级；Ⅱ、Ⅲ类汽车库、修车库的耐火等级不应低于二级；Ⅳ类汽车库、修车库的耐火等级不应低于三级。

2.4 混凝土构件的耐火性能

混凝土是指以水泥、骨料（如砂、石）和水为主要原料，也可加入外加剂（如减水剂、缓凝剂、防水剂、膨胀剂、着色剂、防冻剂等）和矿物掺合料等原材料，经拌和、成型、养护等工艺制成的硬化后具有强度的工程材料。混凝土现已发展成为用途最广、用量最大的土木工程材料。

2.4.1 混凝土的温度变形

混凝土与其他材料一样，也会出现热胀冷缩变形现象。混凝土的温度膨胀系数约为 10×10^{-6}/℃，当温度升降 1℃时，1m 厚的混凝土将产生 0.01mm 的膨胀或收缩变形。对于大体积混凝土工程来说，由于混凝土的导热能力较低，水泥水化产生的大量水化热将在内部蓄积，使混凝土内部温度升高。与大气接触的混凝土表面散热快，温度较低，这样就会造成混凝土内部和表面出现较大的温度差（可达 50～80℃），在内部约束应力和外部约束应力作用下就可能产生热变形温度裂缝。另外，当温度升降引起的骨料体积变化与水泥石体积变化相差较大时，也将产生具有破坏性的内应力，造成混凝土裂缝和剥落。

对于大体积混凝土工程，须采取措施减小混凝土的内外温差，以防止混凝土温度裂缝。如选用低热水泥、预先冷却原材料、掺入缓凝剂降低水泥水化速度、在混凝土中埋设冷却水管导出内部水化热、设置温度变形缝等措施。

2.4.2　混凝土在高温下的抗压强度

大量试验结果表明，混凝土在热作用下，受压强度随温度的上升基本上呈直线下降。在温度低于 300℃时，温度对混凝土强度的影响不大。在部分试验中，当温度低于 300℃时混凝土的抗压强度甚至还会出现高于常温下混凝土强度的现象。当温度达 600℃时，混凝土的抗压强度仅是常温下强度的 45%；而当温度上升到 1000℃时，混凝土的抗压强度值趋于零（如图 2-2 所示）。混凝土的抗压强度随着时间与温度的变化如图 2-3 所示。

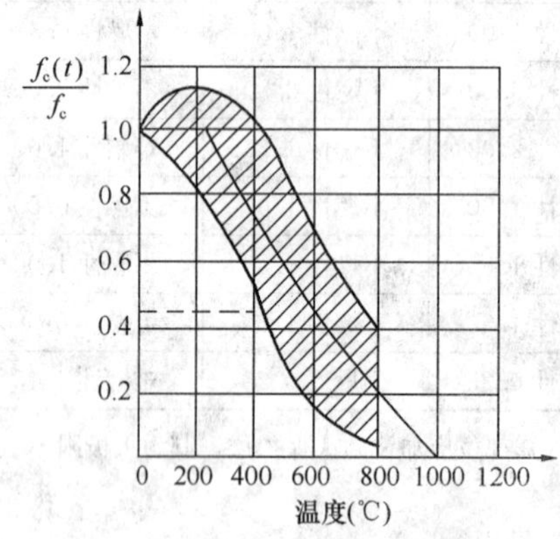

图 2-2　混凝土抗压强度随温度的变化

图 2-3　混凝土强度随温度与时间的变化

2.4.3　混凝土的抗拉强度

工程中通常所说的强度即材料的实际强度。强度是指材料抵抗外力破坏的能力，以材料在外力作用失去承载能力时的极限应力来表示，亦称极限强度。根据混凝土所受外力的作用方式，混凝土的强度可分为抗压强度、抗拉强度、抗剪强度和抗弯强度。强度作为混凝土材料的主要力学性质，在一般的结构设计中，抗拉强度是混凝土在正常使用阶段计算的重要物理指标之一，它的特征值高低直接影响构件的开裂、变形和钢筋锈蚀等性能。

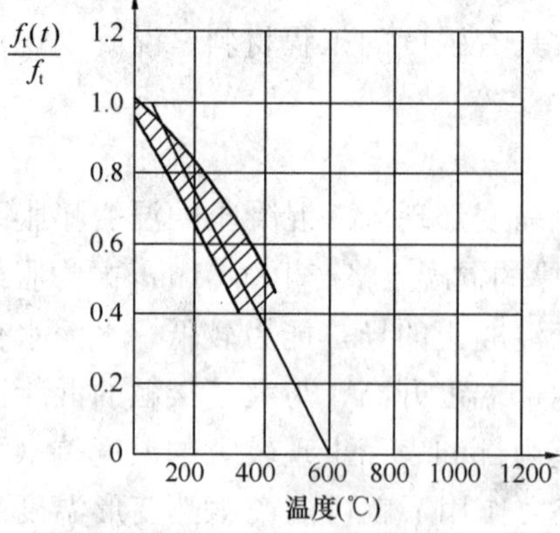

图 2-4　混凝土抗拉强度随温度的变化

在建筑防火设计中，混凝土的抗拉强度更为重要。由前面的分析及图 2-4 可知，在火灾高温的作用下，构件过早地开裂将会使钢筋直接暴露于火中，并由此产生过大的变形。如图 2-4 所示为混凝土抗拉强度随温度上升而下降的实测曲线图。图中纵坐标为高温抗拉强度与常温抗拉强度的比值，横坐标为温度值。试验结果表明，混凝土抗拉强度在 50℃～600℃之间的下降规律基本上可用一直线表示，当温度达到600℃时，混凝土的抗拉强度为0。与抗压相比，混凝土的抗拉强度对温度的敏感度更高。

2.4.4　弹性模量的变化

材料在极限应力作用下会破坏而失去使用功能，在非极限应力作用下则会发生某种变形。弹性是指材料在应力作用下产生变形，外力取消后，材料变形即可消失并能完全恢复原来形状的性质。当外力取消瞬间即可完全消失的变形称为弹性变形。明显具有弹性变形特征的材料称为弹性材料。在弹性范围内，应力和应变成正比，比例常数称为弹性模量，它是衡量材料抗变形能力的重要指标。弹性模量越大，材料越不易变形，即刚度越好。

混凝土的弹性模量是结构计算的一个重要指标。图2-5为混凝土在高温作用下弹性模量随温度变化的实测图，试验结果表明，混凝土的弹性模量同样会随着温度的上升而迅速降低。由图可以看出，当温度低于50℃时，混凝土的弹性模量基本没有下降；当温度在50℃～200℃之间时，混凝土的弹性模量下降最为明显；而在200℃～400℃之间时，弹性模量的下降速度逐渐减缓，在400℃～600℃时弹性模量的变化幅度很小，600℃时的弹性模量基本上接近0。图中，纵坐标为热弹性模量$E_c(t)$与常温下的弹性模量E_c之比；横坐标为温度值。

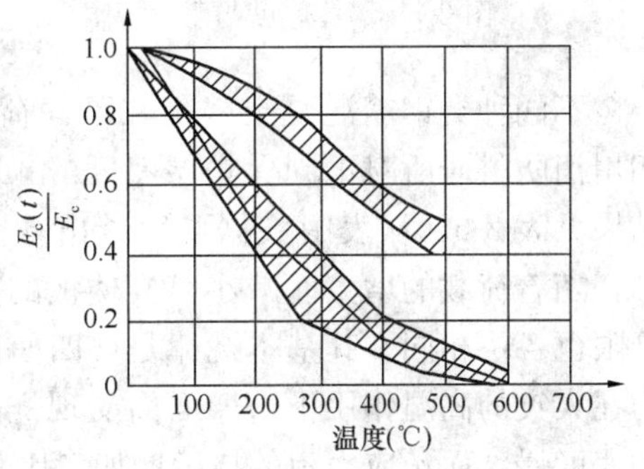

图2-5　混凝土的弹性模量随温度的变化

2.4.5　保护层厚度对混凝土构件耐火性能的影响

为了有效预防火灾，必须掌握混凝土保护层厚度对构件耐火性能的影响，即混凝土构件内部温度梯度的变化。图2-6所示为混凝土构件在不同保护层厚度下，受到高温作用后内部温度的变化状态。由图可以看出，在一定的时间内，混凝土构件的保护层厚度越大，构件内部受到高温作用的影响越小；保护层厚度越薄，构件内部温升变化越快。混凝土构件内部温度随着保护层厚度的增加由表及里呈递减状态。由此可知，适当加大受拉区混凝土构件的保护层厚度，可以有效地降低钢筋温度、提高混凝土构件耐火性能。

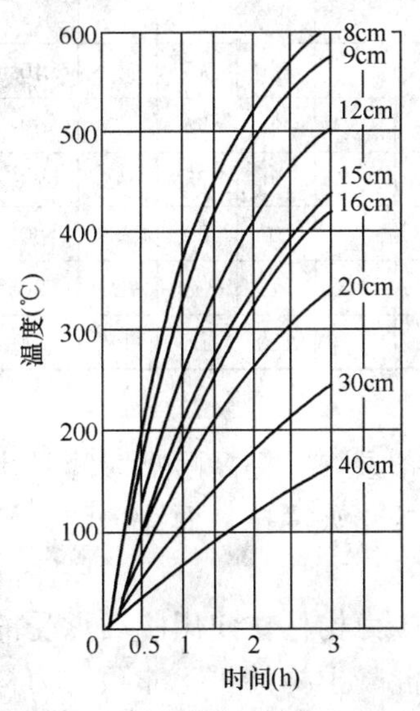

图2-6　混凝土保护层厚度、受火时间与内部温度的关系

大量研究表明，建筑构件的耐火极限与构件的材料性能、构件尺寸、保护层厚度、构件在结构中的连接方式等有着密切的关系。如图2-7所示为钢筋混凝土墙（含砖墙）的耐火极限与其厚度的关系，由图可知，钢筋混凝土墙体的耐火极限与其厚度成正比增加的。图2-8为钢筋混凝土梁的保护层厚度与其耐火极限的关系，由图可以看出，钢筋混凝土梁的耐火极限随其主筋保护层厚度成正比例增加。

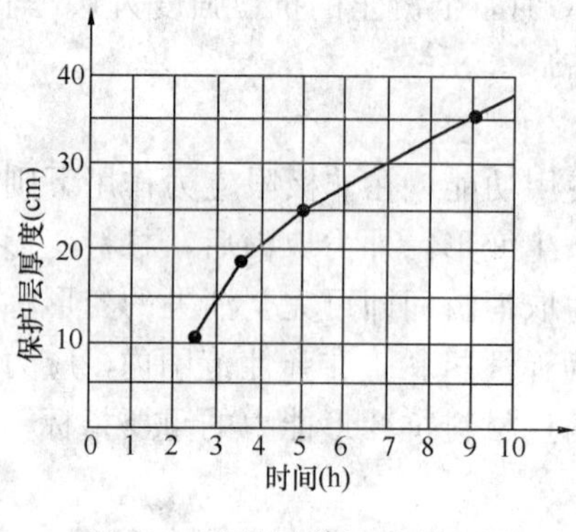

图 2-7　墙体厚度与耐火极限

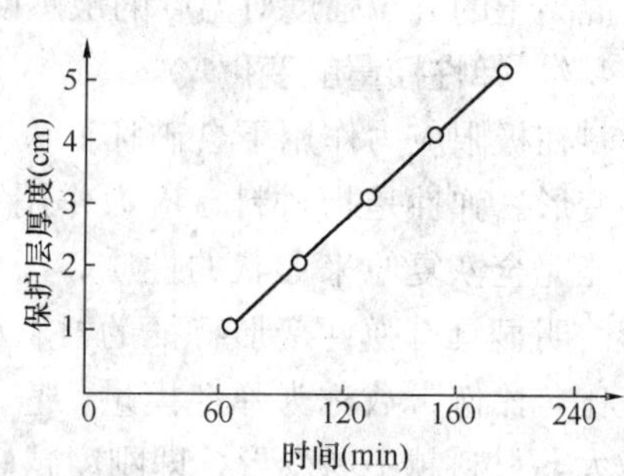

图 2-8　梁的主筋保护层厚度与耐火极限

不同种类钢筋混凝土楼板在不同荷载及保护层厚度下的耐火极限也不相同。四川消防科研所对不同保护层厚度的预应力钢筋混凝土楼板做了耐火试验，测试结果见表 2-6，从表中数据可以看出，楼板耐火极限随着保护层厚度的增加而增加，随着荷载的增大而减小；当楼板的支承方式或布置状态改变时，构件的耐火极限也各不相同。其基本规律是：四面简支现浇板＞非预应力板＞预应力板。因为在火灾的高温作用下，四面简支现浇板的挠度比非预应力和预应力板挠度的增加速度慢，而预应力板的挠度增加又比非预应力板的慢。

三种板的耐火极限比较　　　**表 2-6**

楼板种类 \ 保护层厚度(cm) \ 耐火极限(min) \ 荷载(kN/m²)		0	1.0	1.5	2.0	2.5	2.6	3.0	4.0	4.6	5.0
预应力多孔板（标准荷载 2.6kN/m²）	1	60	45	35	30		25①				
	2	70	60	50	45		40①				
	3	80	70	60	55		50①				
圆孔空心板（标准荷载 2.5kN/m²）	1	80	70	65	60	55①		50	45		40
	2	110	95	85	75	70①		60	55		50
	3	120	110	100	95	90①		80	75		70
四面简支板（标准荷载 4.6kN/m²）	1	170	150	135	125	110		100	90	85①	80
	2	200	170	150	135	120		110	100	90①	90
	3	250	215	180	145	130		120	115	110①	100

① 设计荷载值。

由表可见，适当增厚预应力钢筋混凝土楼板的保护层，对提高耐火时间是十分有效的。在客观条件允许的情况下，也可以在楼板的受火（拉）面涂覆防火涂料，以较大幅度延长构件的耐火时间。

对于钢筋混凝土构件，在同等配筋的情况下，预应力构件在使用阶段承受的荷载要大于非预应力构件。因此，一般情况下预应力混凝土构件要比非预应力构件的耐火时间短。即在受高温作用时，预应力钢筋是处于高应力状态，而高应力状态一定会导致钢筋在高温下的徐变。例如，常温状态下低碳冷拔钢丝强度为

600N/mm²，当温度达到300℃时，预应力几乎全部消失，而此时构件的刚度则降低至常温状态下的2/3左右。

2.4.6　高温时钢筋混凝土的破坏

钢筋混凝土的粘结力，主要是由混凝土凝结时将钢筋紧紧握裹而产生的摩擦力、钢筋表面凹凸不平而产生的机械咬合力，以及钢筋与混凝土接触表面的相互胶结力所组成。粘结力与钢筋表面的粗糙程度有很大的关系。

当钢筋混凝土受到高温时，钢筋与混凝土的粘结力要随着温度的升高而降低。试验表明，光面钢筋在100℃时，粘结力降低约25%；200℃时，降低约45%；250℃时，降低约60%；而在450℃时，粘结力几乎完全消失。但非光面钢筋在450℃时才降低约25%。原因在于，光面钢筋与混凝土之间的粘结力主要取决于摩擦力和胶结力。在高温作用下，混凝土中水分排出，出现干缩的微裂缝，混凝土的抗拉强度急剧降低，二者的摩擦力与胶结力迅速降低。而非光面钢筋与混凝土的粘结力，主要取决于钢筋表面螺纹与混凝土之间的咬合力。在250℃以下时，由于混凝土抗压强度的增加，二者之同的咬合力降低较小；随着温度继续升高，混凝土被拉出裂缝，粘结力逐渐降低。

另一方面，钢筋混凝土受火情况不同，耐火时间也不同。对于一面受火的钢筋混凝土板来说，随着温度的升高，钢筋由荷载引起的蠕变不断加大，350℃以上时更加明显。蠕变加大，使钢筋截面减小，构件中部挠度加大，受火面混凝土裂缝加宽，使受力主筋直接受火作用承载能力降低；同时，混凝土在300℃～400℃时强度下降，最终导致钢筋混凝土完全失去承载能力而破坏。

2.5　钢结构耐火设计

2.5.1　钢材在高温下的物理力学性能

钢材与混凝土、砖石、木材等材料相比，在物理力学性能上具有许多优点，如品质均匀、抗拉、抗压、抗弯和抗剪强度均较高；塑性和韧性好，具有一定的弹性和塑性变形能力，可以承受较大的冲击与振动荷载，工艺性能好，可通过焊接、铆接、机械连接等多种方式进行连接与施工。

1. 钢材在高温作用下的强度

结构钢材在常温下的抗拉性能很好，但在高温条件下存在强度降低和蠕变现象。对建筑用钢而言，钢材的强度是随温度的升高而逐渐下降的，图2-9给出了钢材强度随温度变化的试验曲线，图中纵坐标γ代表热作用下的强度与常温强度之比，横坐标为温度值。由

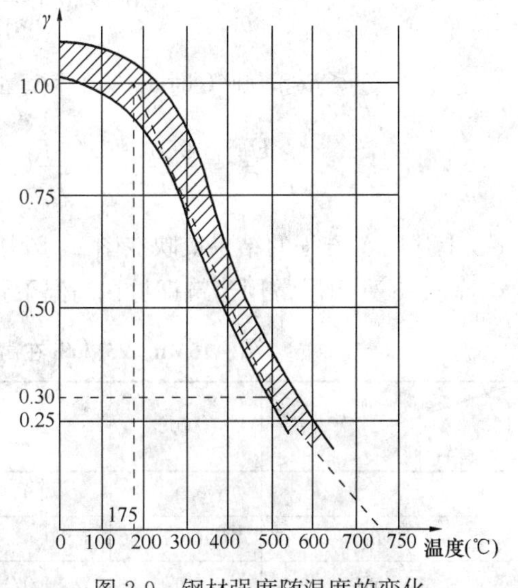

图2-9　钢材强度随温度的变化

图可知，当温度小于175℃时，受热钢材强度略有升高，在260℃以下强度不变，260℃～280℃开始下降；达到400℃时，屈服现象消失，强度明显降低；达到450℃～500℃时，钢材内部再结晶使强度快速下降，温度为500℃时，受热钢材强度仅为其常温强度的30%；随着温度的进一步升高（如，当温度达到750℃）时，钢材将会失去承载力。如图2-9所示为钢材的强度随温度的变化。从高温作用的时间看，钢梁遇火15～20min后就急剧软化，这样便可使建筑物整体失去稳定而破坏。蠕变在较低温度时也会发生，但温度越高蠕变越明显。表2-7列出了常用建筑钢材16Mn和25MnSi在高温下屈服强度降低的系数。

16Mn、25MnSi钢材在高温下屈服强度降低系数 **表2-7**

温度（℃） 钢材品种	100	200	250	300	350	400	450	500
16Mn	0.90	0.84	0.82	0.77	0.64	(0.64)	(0.54)	(0.43)
25MnSi	0.93	0.88	0.84	0.82	0.71	(0.66)	(0.56)	(0.44)

注：钢材加热至400℃时，屈服平台小时，表中括号内的值是根据$\sigma_s=0.5\sigma_b$算出的。

2. 钢材的弹性模量

弹性模量反映钢材抵抗变形的能力，它是计算钢结构在受力条件下结构变形能力的重要指标，其值越大，在相同应力下产生的弹性变形越小。土木工程中常用低碳钢的弹性模量为$2.0\times10^5\sim2.1\times10^5$MPa，弹性极限为180～200MPa。在火灾及高温作用下，钢材的弹性模量会随着温度升高而连续下降。在0℃～1000℃范围内，钢材弹性模量的变化可用两个方程描述。

其中，当0℃$<T\leqslant$600℃时，热弹性模量E_T与普通弹性模量E的比值方程为：

$$\frac{E_T}{E}=1.0+\frac{T}{2000\log e\left(\frac{T}{1100}\right)}(0℃\leqslant T\leqslant 600℃) \tag{2-2}$$

当600℃$<T\leqslant$1000℃时，热弹性模量E_t与普通弹性模量E的比值方程为：

$$\frac{E_T}{E}=\frac{960-0.69T}{T-53.5}(600℃\leqslant T\leqslant 1000℃) \tag{2-3}$$

上述两个方程的结果反映在图2-10中。

表2-8列出了常用建筑钢材在高温下弹性模量的降低系数。

A_3、16Mn、25MnSi在高温下弹性模量降低系数 **表2-8**

温度（℃） 钢材品种	100	200	300	400	500
A_3	0.98	0.95	0.91	083	068
16Mn	1.00	0.94	0.95	0.83	0.65
25MnSi	0.97	0.93	0.93	083	0.68

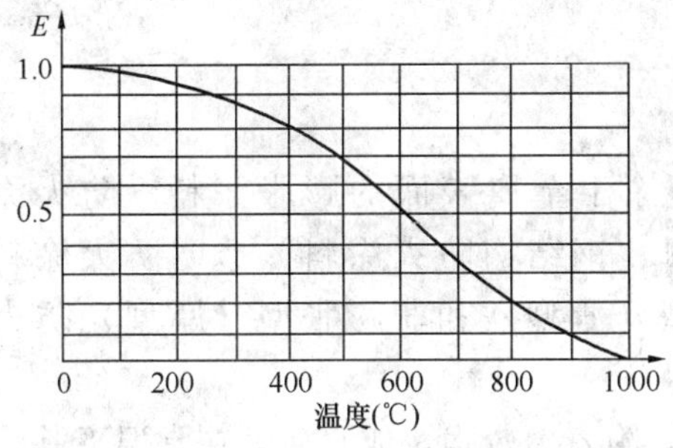

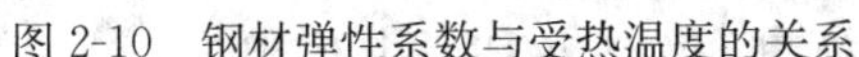

图 2-10 钢材弹性系数与受热温度的关系

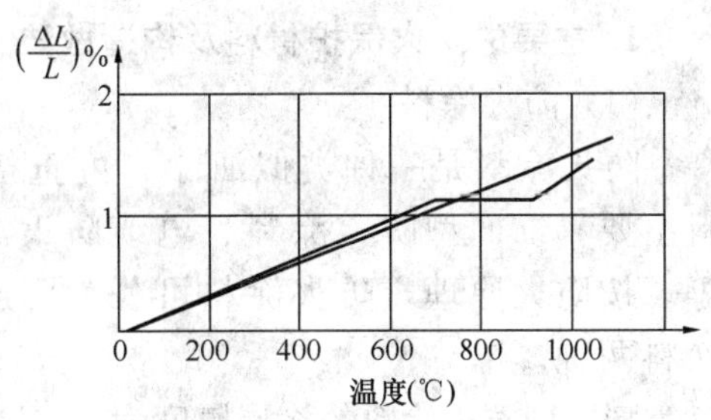

图 2-11 钢材的热膨胀

3. 热膨胀系数

钢材在高温作用下产生膨胀，如图 2-11 所示，当温度在 0℃ < T ≤ 600℃时，钢材的热膨胀系数与温度成正比，钢材的热膨胀系数 α_s 可采用如下常数：

$$\alpha_s = 1.4 \times 10^{-5}[\text{m}/(\text{m} \cdot ℃)] \tag{2-4}$$

2.5.2 钢结构的耐火特性

钢材虽然是不燃材料，但并不表明钢材具有能够抵抗火灾的能力，钢材在火灾发生及高温条件下将失去原有的性能和承载能力。因为在火灾及高温条件下，裸露的钢结构会在几分钟内发生倒塌破坏。钢筋或型钢保护层对构件耐火极限的影响见表 2-9。

钢材防火保护层对构件耐火极限的影响　　表 2-9

构件名称	规格(mm)	保护层厚度(mm)	耐火极限(h)
钢筋混凝土圆孔空心板	3300×600×180	10	0.9
	3300×600×200	30	1.5
预应力钢筋混凝土圆孔板	3300×600×90	10	0.4
	3300×600×110	30	0.85
无保护层钢柱	—	0	0.25
砂浆保护层钢柱	—	50	1.35
防火涂料保护层钢柱	—	25	2
无保护层钢梁	—	0	0.25
防火涂料保护层的钢梁	—	15	1.50

耐火试验和大量的火灾案例表明，以失去支承能力为标准，无保护层时，钢柱和钢屋架的耐火极限只有 0.25h，而裸露钢梁的耐火极限仅为 0.15h。因此，为了提高钢结构耐火极限，必须充分掌握钢材在不同场合的使用及其结构形式，并做好相应的防火设计。如在火灾危险性大、又不宜用水扑救的火灾场合，由于火灾燃烧速度快、热量大、温度高，对无保护的金属结构柱和梁的威胁较大，因而对使用和储存甲、乙、丙类液体或可燃气体的厂房和仓库钢结构的使用要有所限制。对于火灾危险性较低的场所也要考虑局部高温或火焰，如可燃液体或可燃气体燃烧所产生的辐射热或火焰对建筑金属构件的影响，应采取必要的保护措施。

2.5.3　钢结构防火保护

1. 主要的防火保护材料及构造做法

（1）防火涂料

防火涂料是一种类似油漆、可直接喷涂于金属表面的膨胀涂料。防火涂料主要有饰面型防火涂料、电缆防火涂料、钢结构防火涂料、透明防火涂料等。按防火原理，防火涂料可分为膨胀型（薄型）和非膨胀型（厚型）防火涂料两种。

膨胀型防火涂料的涂层厚度为 2～7mm，附着力较强，成膜后，在常温下其粘结和硬化与普通油漆相似，并有一定的装饰效果。在火焰或高温作用下，涂层发生膨胀炭化，形成一种比原来厚度大几十倍甚至几百倍的不燃的海绵状的炭质层，它可以切断外界火源对基材的加热，从而起到阻燃作用。

非膨胀型防火涂料的涂层厚度一般为 8～50mm，密度小、强度低，喷涂后再用装饰面层隔护，耐火极限可达 0.5～3.0h。

由于钢结构防火涂料在使用过程中还存在一定的缺陷和不足，对于钢结构或其他金属结构的防火隔热保护，应首先考虑采用砖石、砂浆、防火板等无机耐火材料包覆的方式，通过对相应部位的金属结构进行防火保护，以达到规范规定的相应耐火等级建筑对该结构的耐火极限要求。

（2）混凝土

混凝土作为钢构件的防火保护材料，主要基于其具有以下特性：

1）混凝土可以延缓金属构件的升温，而且可承受与其面积和刚度成比例的一部分荷载。

2）根据耐火试验，耐火性能最佳的粗集料为石灰岩碎石集料；花岗岩、砂岩和硬煤渣集料次之；由石英和燧石颗粒组成的粗集料最差。

3）混凝土防火性能的主要决定因素是其厚度。

采用混凝土作为钢结构的防火保护时，一般采用普通混凝土、轻质混凝土或加气混凝土。混凝土现浇法是钢结构防火保护最为可靠的方法。钢结构现浇法防火保护的优点是防护材料费用低，对金属件有一定的防锈作用，无接缝，耐冲击性能好，表面装饰方便，可以预制。现浇法因为支模、浇筑、养护等使得施工周期长，用普通混凝土时，自重较大。

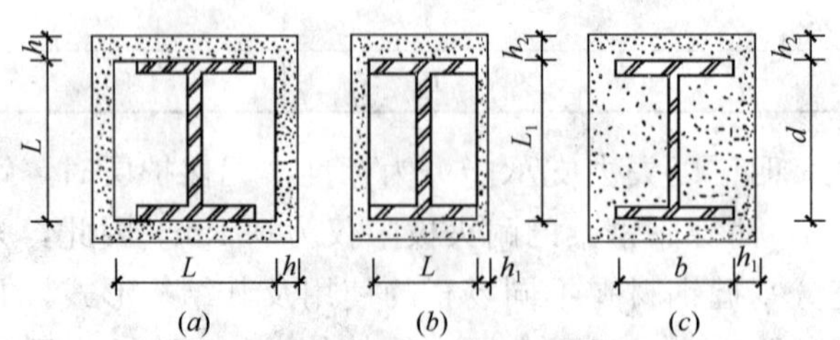

图 2-12　H 形钢柱混凝土防火保护层
（a）正方形截面四边宽度相同；（b）长方形截面宽度不同；（c）长方形截面混凝土灌满

现浇施工采用组合钢模，用钢管加扣件作抱箍。浇灌时每隔 1.5～2.0m 设一道门子板，用振动棒振实。为保证混凝土层断面尺寸的准确，应先在柱脚四周地坪上弹出保护层外边线，浇灌高 50mm 的定位底盘作为模板基准，模板上部位置则用厚 65mm 的小垫块控制。如图 2-12 所示为 H 形钢柱混凝土防火层的构造做法。

(3) 石膏

石膏胶凝材料在土木工程中的应用历史悠久，石膏及其制品具有许多优良的性能，如轻质、节能、防火、吸声等。石膏具有良好的耐火性能表现在，当其暴露在高温下时，可释放出结晶水而被火灾的热量所汽化（每蒸发 1kg 的水，吸收 232.4×10^4J 的热）。如，当加热温度为 65℃～75℃时，二水石膏开始脱水；当温度升至 107℃～170℃时，二水石膏脱去部分结晶水而成为熟石膏；当加热温度为 170℃～200℃时，石膏继续脱水成为可溶性硬石膏；当加热温度升至 200℃～250℃时，石膏中残留很少的水，凝结硬化非常缓慢；当加热温度高于 400℃时，石膏完全失去水分成为不溶性硬石膏；当温度高于 800℃时，部分石膏分解出的氧化钙起催化作用，具有凝结硬化的性能；当温度高于 1600℃时，石膏中的硫酸钙（$CaSO_4$）全部分解为石灰。所以，火灾中石膏一直保持相对稳定的状态，直至被完全煅烧脱水为止。

石膏作为防火材料，既可做成板材（分普通和加筋两类）粘贴于钢构件表面，也可制成灰浆喷涂或涂刷到钢构件表面上。普通石膏板和加筋石膏板在热工性能上差别不大，加筋石膏板的结构整体性比前者有一定的提高。石膏板重量轻，施工速度快，操作简便，表面平整，不需专用机械，可做装饰层。石膏灰浆既可机械喷涂，也可手工涂刷。喷涂施工时，把混合干料加水拌合，密度为 2.4～4.0kg/m³。当这种涂层暴露于火灾时，大量的热被石膏的结晶水所吸收，加上其中轻骨料的绝热性能，使耐火性能更为优越。如图 2-13 所示为石膏防火保护层的几种做法。

(4) 矿物纤维

矿物纤维是最有效的轻质防火材料，其原材料为岩石或矿渣，在 1371℃高温下制成。矿物纤维类建筑防火隔热材料主要特点是作为隔热填料的矿物纤维对涂层强度可起到增强作用，具有良好的防火、隔热、吸音作用，同时具有良好的抗化学侵蚀性能。矿物纤维涂料是由无机纤维、水泥类胶结料以及少量的掺合料配成，混合料中还掺有空气凝固剂、水化凝固剂和陶瓷凝固剂。矿棉板和岩棉板的导热系数小，能够在 600℃的环境温度下使用。矿棉板（岩棉板）的厚度和密度越大，耐火性能越高。当矿棉板的厚度为 63.5mm 时，耐火极限可达 2.00h。

由于矿棉板（岩棉板）的质量轻，因此加工和施工的工艺简单：可以采用电阻焊焊在翼缘板内侧的销钉上；也可用电阻焊焊在翼缘板外侧的销钉上（距边缘 20mm）；或者用薄钢带固定在柱的角铁形固定件上，图 2-14 所示为矿棉板的固定

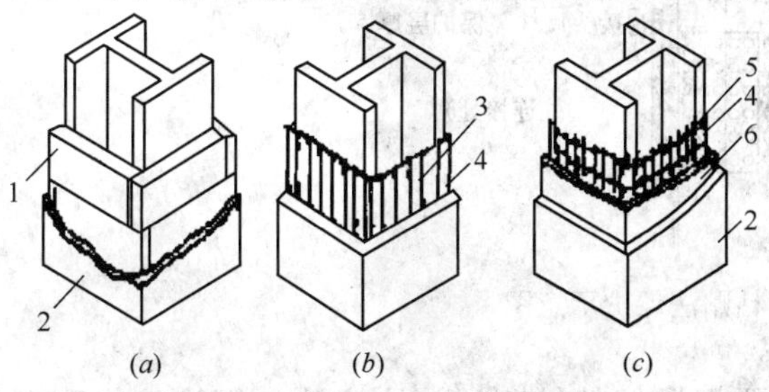

图 2-13 石膏防火保护层的几种做法

1—圆孔石膏板；2—装饰层；3—钢丝网或其他基层；4—角钢；5—钢筋网；6—石膏抹灰层

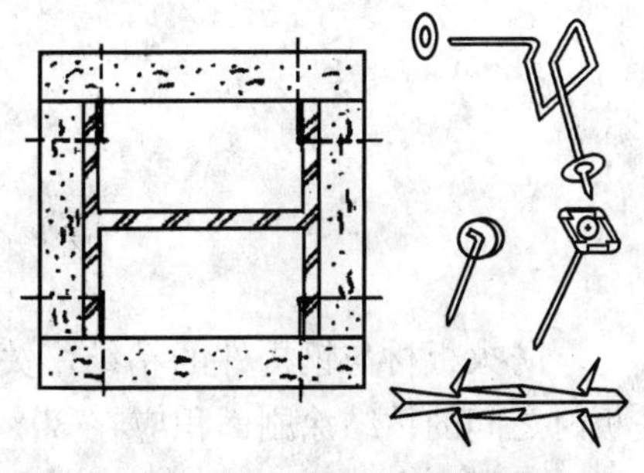

图 2-14 矿棉板的固定方法和固定件

件及其固定方法。

2. 钢结构的其他防火保护工艺

钢材的防火措施除了前面述及的现浇法外，也采用包覆的办法，即用防火涂料或不燃性板材将钢构件包裹起来，阻隔火焰和高温的传递，以推迟钢结构的升温速度。根据钢结构耐火等级要求不同，采用的防火材料不同，施工方法随之而异。常用的不燃性板材主要有混凝土、石膏板、硅酸钙板、硅石板、矿棉板、珍珠岩板、岩棉板等，通过胶粘剂或圆钉、钢箍等方式进行固定。

(1) 喷涂法

喷涂法是目前钢结构防火保护使用最多的方法，可分为直接喷涂和先在工字形钢构件上焊接钢丝网，而将防火保护材料喷涂在钢丝网上，形成中空层的方法。喷涂材料一般用岩棉、矿棉等绝热性材料。喷涂法的优点是价格低，适合于形状复杂的钢构件，施工快，并可形成装饰层。其缺点是养护、清扫麻烦，涂层厚度难于掌握，表面平整度及喷涂质量会受工人技术水平的不同而有差异。

喷涂法最为关键的技术要点是要严格控制喷涂厚度，每次喷涂厚度不得超过 20mm，否则会出现滑落或剥落现象；其次是养护条件，在一周之内不得使喷涂结构发生振动，否则会发生剥落或造成日后剥落。

(2) 粘贴法

粘贴法的主要防火材料为石棉板、矿棉板及轻质石膏等。先将石棉硅酸钙、矿棉、轻质石膏等防火保护材料预制成板材，用粘结剂粘贴在钢结构构件上，当构件的结合部有螺栓、铆钉等不平整时，可先在螺栓、铆钉等附近粘垫衬板材，然后将保护板材再粘到垫衬板材上。图 2-15 为钢结构防火保护的粘贴法图示。

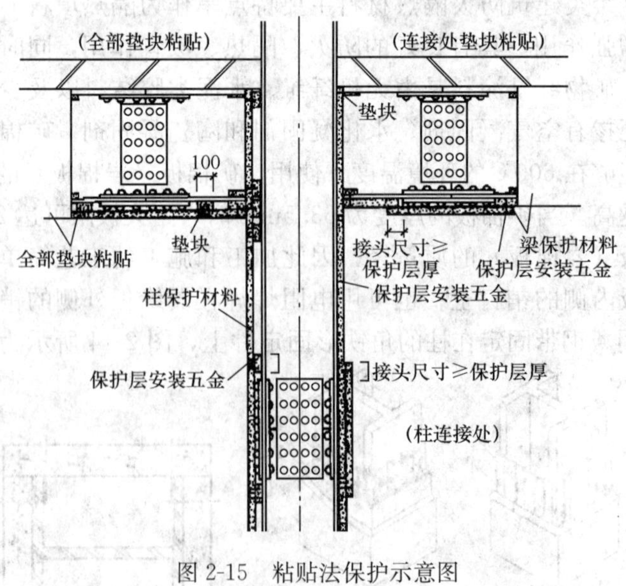

图 2-15　粘贴法保护示意图

防火板材与钢构件的粘结，关键要把握好粘结剂的涂刷方法。钢构件与防火板材之间的粘结涂刷面积应在 30%以上，且涂成不少于 3 条带状，下层垫板与上层板之间应全面涂刷，不应采用金属件加强。粘贴法的优点是材质、厚度等易掌握，对周围无污染，损坏后容易修复；对于质地好的石棉硅酸钙板，也可以直接用作装饰层，而不需要再做饰面层。由于这些材料本身强度低，吸水性较强，成型板材不耐撞击，易受潮吸水，降低粘结剂的粘结强度，因此矿棉板材及石膏系列板材在钢结构防火保护中的使用较少。

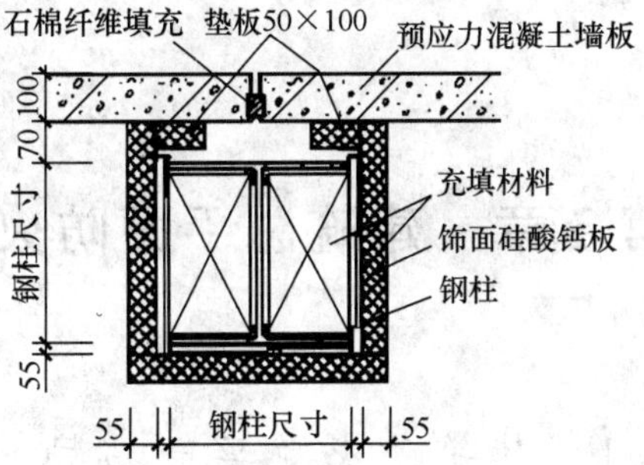

图 2-16　钢柱的组合法防火保护

(3) 组合法

组合法是用两种及以上的防火保护材料组合成的防火保护措施。例如，将预应力混凝土幕墙及蒸压轻质混凝土板作为防火保护材料的一部分加以利用，既可加快施工周期，又可以减少费用。这种方法尤其适用于超高层建筑物，既可以减少外部作业带来的施工危险，还可减少粉尘等对空气和环境的污染。如图 2-16 所示为钢结构构件的组合法防火保护。

(4) 顶棚法

顶棚法是采用轻质、薄型、耐火的材料制作顶棚，使顶棚具有一定的防火性能。这种做法可以省去钢桁架、钢网架、钢屋面等的防火保护层（但主梁还须做防火保护层）；若是采用滑槽式连接，可有效防止防火保护板的热变形。

复习思考题

1. 如何判定材料的燃烧性能？
2. 什么是建筑构件的耐火极限？
3. 建筑物中哪类建筑构件的耐火极限要求最高？
4. 不同耐火等级的厂房，其最多允许建筑层数有何区别？
5. 楼板在建筑物耐火等级的划分中有何重要意义？
6. 如何确定既有建筑的耐火等级？

第 3 章　建筑总平面防火设计

3.1　建筑防火总平面布局

建筑总平面布局不仅会影响周围的环境和人们的生活，而且对建筑自身及相邻建筑物的使用功能和安全都有较大的影响，是建筑安全防火设计的一个重要内容。建筑的总平面布局应满足城市规划和消防安全的要求。一般要根据建筑物的使用性质、生产经营规模、建筑高度、体量及火灾危险性等，合理确定其建筑位置、防火间距、消防车道和消防车操作场地及消防水源等。

3.1.1　建筑选址

1. 周围环境

各类建筑在规划建设时，要考虑周围环境的相互影响。特别是工厂、仓库在选址时，既要考虑本单位的安全，又要考虑临近企业和民用建筑使用的安全。生产、储存和装卸易燃易爆危险品的工厂、仓库和专用车站、码头，必须设置在城市的边缘或者相对独立的安全地带。易燃、易爆气体和液体的充装站、供应站、调压站，应当设置在合理的位置，并符合防火防爆要求。民用建筑不宜布置在甲、乙类厂（库）房，甲、乙、丙类液体储罐，可燃气体储罐和可燃材料堆场的附近。

2. 主导风向

散发可燃气体、可燃蒸汽和可燃粉尘的车间、装置等，宜布置在明火或散发火花地点的常年主导风向的下风向或侧风向。液化石油气储罐区宜布置在本单位或本地区全年最小频率风向的上风侧，并选择通风良好的地点独立设置。易燃材料的露天堆场宜设置在天然水源充足的地方，并宜布置在本单位或本地区全年最小频率风向的上风侧。

3. 地势条件

建筑选址时，还要充分考虑和利用自然地形、地势条件。如，存放甲、乙、丙类液体的仓库宜布置在地势较低的地方，以免火灾对周围环境造成威胁；若布置在地势较高处，则应采取防止液体流散的措施。乙炔站等遇水产生可燃气体，容易发生火灾爆炸的企业，严禁布置在可能被水淹没的地方。生产和储存爆炸物品的企业应利用地形，选择多面环山、附近没有建筑的地方。

3.1.2　建筑总平面布局

1. 合理布置建筑

建筑总平面的布局，应根据各建筑物的使用性质、规模、火灾危险性，以及所处的环境、地形、风向等因素合理布置和设置防火间距，以消除或减少建筑物之间及其与周边环境的相互影响和火灾危害。

2. 合理划分功能区域

规模较大的企业要根据实际需要，合理划分生产区、储存区（包括露天储存区）、生产辅助设施区、行政办公和生活福利区等。同一企业内，若有不同火灾危险的生产建筑，则应尽量将火灾危险性相同或相近的建筑集中布置，以利于采取防火防爆措施，便于安全管理。易燃、易爆的工厂和仓库的生产区、储存区内不得修建办公楼、宿舍等民用建筑。

3.2 建筑的防火间距

防火间距是防止着火建筑在一定时间内引燃相邻建筑，便于消防扑救的间隔距离。防火间距是针对相邻建筑设置的，不同建筑物之间的这个间隔，既是防止在建筑火灾燃烧过程中发生蔓延的间隔，也是一个为保证灭火救援行动既方便又安全的空间。

建筑物起火后，建筑内的火势会在热对流和热辐射的作用下迅速扩大，在建筑物外部则会因强烈的热辐射作用对周围建筑物构成威胁。火场辐射热的强度取决于火灾规模的大小、持续时间的长短，以及与邻近建筑物的距离及风速、风向等因素。通过设置防火间距可以防止火灾在相邻建（构）筑物之间相互蔓延，合理利用和节约土地，并为人员疏散、消防人员的救援和灭火提供条件，以减少建（构）筑物对相邻建筑及其使用者造成强烈的辐射和烟气影响。

3.2.1 影响防火间距的因素

影响防火间距的因素较多，条件各异。如热辐射、热对流、风向、风速、外墙材料的燃烧性能及其开口面积大小、室内堆放的可燃物种类及数量、相邻建筑物的高度、室内消防设施情况、着火时的气温及湿度、消防车到达的时间及扑救情况等，对防火间距的设置都有一定影响。

在确定防火间距时，主要考虑飞火、热对流和热辐射等的作用。其中，火灾的热辐射作用是主要方式。热辐射强度与灭火救援力量、火灾延续时间、可燃物的性质和数量、相对外墙开口面积的大小、建筑物的长度和高度以及气象条件等有关。对于周围存在露天可燃物堆放场所时，还应考虑飞火的影响。飞火与风力、火焰高度有关，在大风情况下，从火场飞出的“火团”可达数十米至数百米。

在确定建筑间的防火间距时，应综合考虑灭火救援需要、防止火势向邻近建筑蔓延扩大、节约用地等因素以及灭火救援力量、火灾实例和灭火救援的经验教训。

（1）热辐射

火灾高温辐射热是影响防火间距的主要因素。当火灾发展到充分燃烧阶段时，火焰温度及火灾烟气的温度达到最高数值，其辐射强度及作用的范围也最大，高温烟气及火焰辐射也最为强烈，能够引燃的可燃物波及的范围更大，若伴有飞火则火灾危险性越大。

（2）热对流

对流换热是火灾高温烟气和火焰通过门窗洞口等途径向外传播的一个主要方式。热对流受外界风速、风向的影响较大。无风时，因热气流的温度在离开窗口后会大幅度降低，热对流对相邻建筑物构成的威胁不是很大；若外界的风速、风向有利于火灾高温烟气和火焰的蔓延，则热气流冲出窗口后，火焰及高温烟气会向上部楼层蔓延和传播，引燃窗口附近的易燃、可燃物。

（3）建筑物外墙门窗洞口的面积

建筑物外墙开口面积越大，发生火灾后，在可燃物的种类和数量都相同的条件下，由于通风好、燃烧快、火焰温度高，因而热辐射强度大。相邻建筑物接受的热辐射越多，越容易引燃上部楼层（空间）的可燃物，从而引起火灾向上部楼层（空间）的蔓延。

（4）建筑物的可燃物种类和数量

可燃物种类不同，在一定时间内燃烧火焰的温度也不同。如汽油、苯、丙酮等易燃液体，燃烧速度比木材快，发热量也比木材大，因而热辐射也比木材强。一般情况下，可燃物的数量与发热量成正比关系。

（5）风速

外界风力能够加速可燃物的燃烧，促使火灾加快蔓延。尤其是露天火灾中，风能使燃烧的颗粒和碎片等飞散到数十米远的地方，强风时则更甚。风也是影响火灾扑救的一个重要自然因素。

（6）相邻建筑物的高度

火灾通常都是从下部向上部蔓延。两座相邻建筑，当较高建筑高出较低建筑的部位着火时，对较低建筑的影响较小，而相邻较高建筑正对部位着火时，则容易相互影响。特别是当屋顶承重构件毁坏塌落、火焰穿出房顶时，对相邻较高建筑的威胁更大。实测数据表明，较低建筑物着火时对较高建筑物辐射角在30°～45°之间时，其辐射强度最大。

（7）建筑物内消防设施水平

建筑物内设有火灾自动报警装置和较完善的其他消防设施时，能将火灾扑灭在初期阶段。这样不仅可以减少火灾对建筑物造成较大损失，而且很大程度上减少了火灾蔓延到附近其他建筑物的条件。因此，在防火条件和建筑物防火间距大体相同的情况下，设有完善消防设施的建筑物比消防设施不完善的建筑物的安全性要高。

（8）灭火时间

建筑物发生火灾后，火场温度随着火灾延续时间及可燃物量的变化而不同。可燃物的量越充足、火灾延续时间越长，火场温度增加越高，热辐射强度也越高，对邻近建筑物造成的威胁越大，火灾蔓延到相邻建筑物的可能性越大。

3.2.2 防火间距的设置原则

防火间距均为建筑间的最小间距要求，有条件时，设计师要根据建筑的体量、火灾危险性和实际条件等因素，尽可能加大建筑间的防火间距。

影响防火间距的因素较多，条件各异。在确定建筑间的防火间距时，应综合考虑建筑火灾的热辐射强度与消防救援力量、火灾持续时间、可燃物的性质和数量及其分布、外墙开口的数量、形状及其相对开口的面积大小、建筑物的长度和高度以及气象条件、节约用地等影响因素。由火灾的发展和蔓延过程可知，火灾产生的热辐射强度是影响建筑防火间距的主要因素。但实际工程设计中，防火间距主要根据当前的消防扑救力量，并结合火灾实例和消防灭火的实际经验来确定。

1. 防止火灾蔓延

根据火灾发生后产生的辐射热对相邻建筑的影响，一般不考虑飞火、风速等因素。火灾实例表明，一、二级耐火等级的多层建筑，保持6～10m的防火间距，在有消防队进行扑救的情况下，一般不会蔓延到相邻建筑物。因此，根据建筑的实际情况，将一、二级耐火等级多层建筑之间的防火间距定为6m；其他三、四级耐火等级的民用建筑之间的防火间距，因耐火等级低，受热辐射作用易着火而致火势蔓延，其防火间距在一、二级耐火等级建筑的要求基础上有所增加。

2. 保障灭火救援场地需要

防火间距还应满足消防车的最大工作回转半径和扑救场地的需要。建筑物高度不同，需使用的消防车不同，操作场地也就不同。对单、多层建筑来说，使用普通消防车即可；对于高层建筑，考虑到扑救高层建筑需要使用曲臂车、云梯登高消防车等车辆，为满足消防车辆通行、停靠、操作的需要，结合实践经验，规定一、二级耐火等级高层建筑之间的防火间距不应小于13m。

3. 节约土地资源

确定建筑之间的防火间距时，既要综合考虑防止火灾向邻近建筑蔓延扩大和灭火救援的需要，以及建筑在改建和扩建过程中，不可避免地会遇到一些诸如用地限制等具体困难；同时，也要考虑节约用地的因素，如果设置的防火间距过大，就会造成土地资源的浪费。

3.2.3 各类建筑之间的防火间距

1. 民用建筑的防火间距

由前面相关章节的介绍及分析可知，建筑物起火后，因热对流和热辐射的作用，火灾在建筑物内部蔓延扩大，在建筑物外部则因强烈的热辐射作用也会对其周围建筑物构成一定的威胁。建筑物之间的距离越近，着火建筑对其邻近建筑物构成的威胁越大，火灾蔓延扩大的危险性越高。因此，建筑物间应保持一定的防火间距。《建筑设计防火规范》GB 50016—2014规定，民用建筑之间的防火间距不应小于表3-1的规定（如图3-1所示）。

对表3-1作如下补充：

（1）民用建筑与单独建造的变电站的防火间距应按表3-3中有关室外变、配电站的规定，民用建筑与燃油、燃气或燃煤锅炉房的防火间距应按表3-3中有关丁类厂房的规定。但与单独建造的终端变电站的防火间距、与单台蒸汽锅炉的蒸发量不大于4t/h或单台热水锅炉的额定热功率不大于2.8MW的燃煤锅炉房的防火间距，可根据变电站、锅炉房的耐火等级按表3-1的规定确定。

（2）民用建筑与10kV及以下的预装式变电站的防火间距不应小于3m。

民用建筑之间的防火间距（m）　　　表 3-1

建筑类别		高层民用建筑	裙房和其他民用建筑		
		一、二级	一、二级	三级	四级
高层民用建筑	一、二级	13	9	11	14
裙房和其他民用建筑	一、二级	9	6	7	9
	三级	11	7	8	10
	四级	14	9	10	12

注：① 相邻两座单、多层建筑，当相邻外墙为不燃性墙体且无外露的可燃性屋檐，每面外墙上无防火保护的门、窗、洞口不正对开设且该门、窗、洞口的面积之和不大于外墙面积的 5%时，其防火间距可按本表的规定减少 25%。

② 两座建筑相邻较高一面外墙为防火墙，或高出相邻较低一座一、二级耐火等级建筑的屋面 15m 及以下范围内的外墙为防火墙时，其防火间距不限（如图 3-2 所示）。

③ 相邻两座高度相同的一、二级耐火等级建筑中相邻任一侧外墙为防火墙，屋顶的耐火极限不低于 1.00h 时，其防火间距不限。

④ 相邻两座建筑中较低一座建筑的耐火等级不低于二级，相邻较低一面外墙为防火墙且屋顶无天窗，屋顶的耐火极限不低于 1.00h 时，其防火间距不应小于 3.5m；对于高层建筑，不应小于 4m（如图 3-3 所示）。

⑤ 相邻两座建筑中较低一座建筑的耐火等级不低于二级且屋顶无天窗，相邻较高一面外墙高出较低一座建筑的屋面 15m 及以下范围内的开口部位设置甲级防火门、窗，或设置符合现行国家标准《自动喷水灭火系统设计规范》GB 50084—2001 规定的防火分隔水幕或《建筑设计防火规范》GB 50016—2014 有关防火卷帘时，其防火间距不应小于 3.5m；对于高层建筑，不应小于 4m（如图 3-4 所示）。

⑥ 相邻建筑通过连廊、天桥或底部的建筑物等连接时，其间距不应小于本表的规定（如图 3-5 所示）。

⑦ 耐火等级低于四级的既有建筑，其耐火等级可按四级确定。

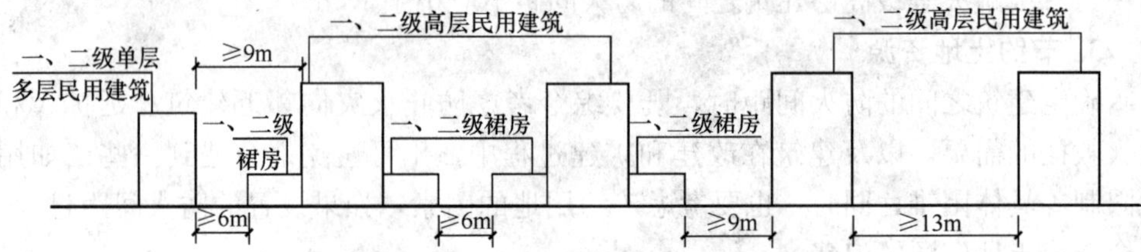

图 3-1　一、二级耐火等级建筑之间的间距

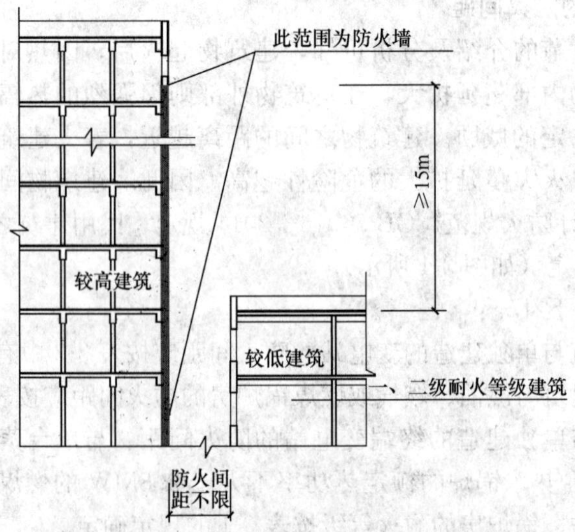

图 3-2　相邻高低两座建筑防火间距不限的要求

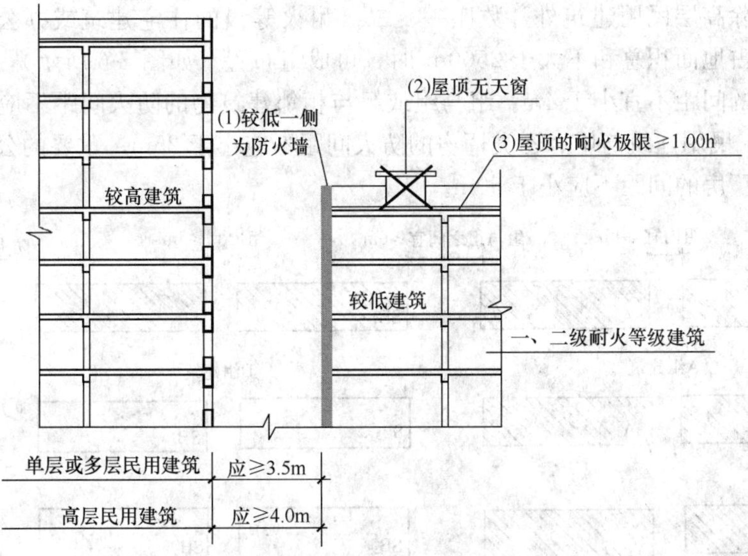

图 3-3　相邻高低两座建筑防火间距相应减小的要求

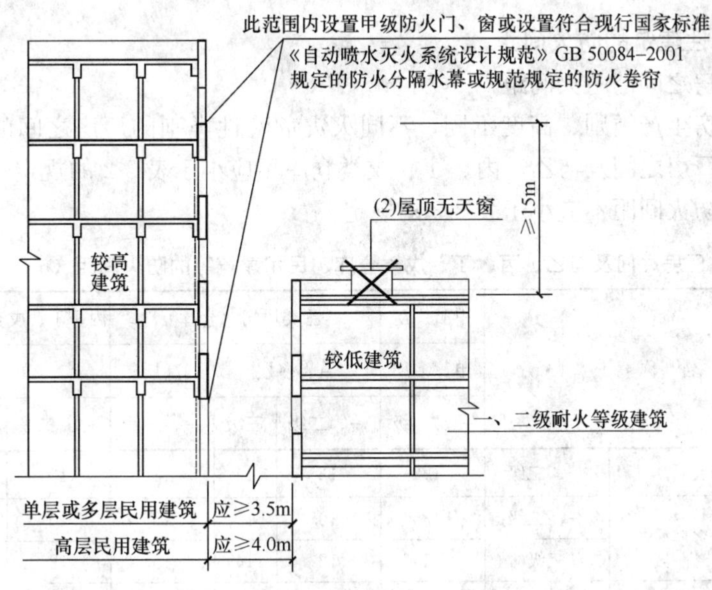

图 3-4　相邻高低两座建筑之间的防火间距的要求

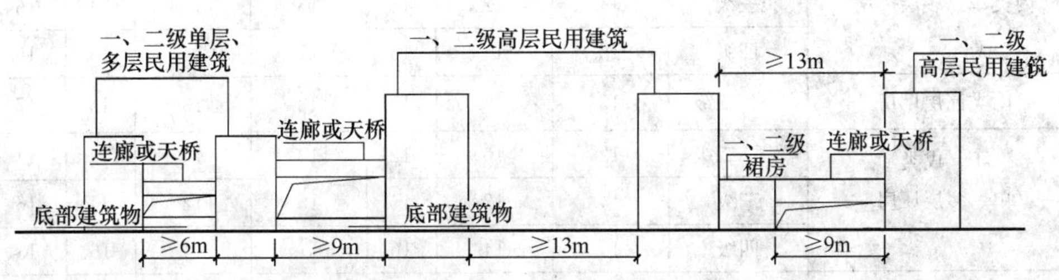

图 3-5　相邻建筑通过连廊、天桥或底部的建筑等连接时的防火间距

（3）除高层民用建筑外，数座一、二级耐火等级的住宅建筑或办公建筑，当建筑物的占地面积总和不大于2500m²时，可成组布置（如图3-6所示），但组内建筑物之间的间距不宜小于4m。组与组或组与相邻建筑物的防火间距不应小于表3-1的规定。民用建筑与甲、乙类厂房的防火间距不应小于25m；重要的公共建筑与甲、乙类厂房的间距不应小于50m。

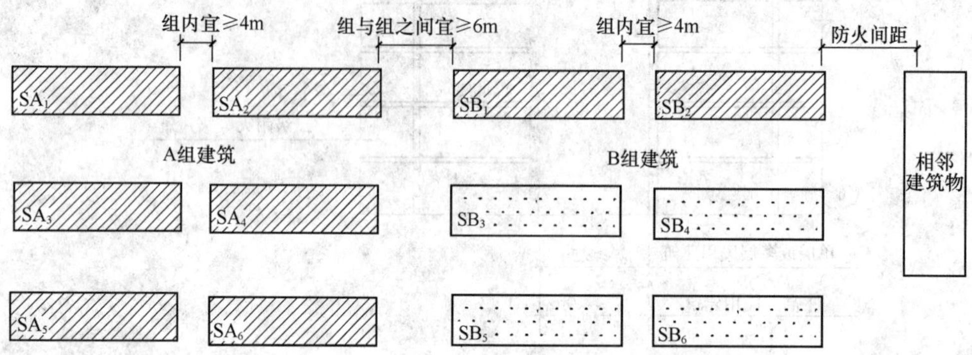

图3-6　住宅建筑或办公建筑成组布置时的防火间距

2. 生产性建筑的防火间距

（1）厂房之间的防火间距

由于厂房生产类别、高度不同，不同火灾危险性类别的厂房之间的防火间距有所区别。厂房之间及与乙、丙、丁、戊类仓库不应小于表3-2的规定，厂房与民用建筑等的防火间距不应小于表3-3的规定。

厂房之间及与乙、丙、丁、戊类仓库、民用建筑等的防火间距（m）　　**表3-2**

名　称		甲类厂房	乙类厂房（仓库）			丙、丁、戊类厂房（仓库）		
		单、多层	单、多层		高层	单、多层		
		一、二级	一、二级	三级	一、二级	一、二级	三级	四级
甲类单、多层厂房	一、二级	12	12	14	13	12	14	16
乙类单、多层	一、二级	12	10	12	13	10	12	14
	三级	14	12	14	15	12	14	16
乙类高层厂房	一、二级	13	13	15	13	13	15	17
丙类单、多层厂房	一、二级	12	10	12	13	10	12	14
	三级	14	12	14	15	12	14	16
	四级	16	14	16	17	14	16	18
丙类高层厂房	一、二级	13	13	15	13	13	15	17
丁、戊类单、多层厂房	一、二级	12	10	12	13	10	12	14
	三级	14	12	14	15	12	14	16
	四级	16	14	16	17	14	16	18
丁、戊类高层厂房	一、二级	13	13	15	13	13	15	17

续表

名称		甲类厂房	乙类厂房（仓库）			丙、丁、戊类厂房（仓库）		
		单、多层	单、多层		高层	单、多层		
		一、二级	一、二级	三级	一、二级	一、二级	三级	四级
室外变、配电站变压器总油量（t）	≥5 且≤10					12	15	20
	>10 且≤50	25	25	25	25	15	20	25
	>50					20	25	30

厂房与民用建筑等的防火间距（m） **表 3-3**

名称		民用建筑				
		裙房，单、多层			高层	
		一、二级	三级	四级	一类	二类
甲类单、多层厂房	一、二级					
乙类单、多层厂房	一、二级		25		50	
	三　级					
乙类高层厂房	一、二级					
丙类单、多层厂房	一、二级	10	12	14	20	15
	三　级	12	14	16	25	20
	四　级	14	16	18		
丙类高层厂房	一、二级	13	15	17	20	15
丁、戊类单、多层	一、二级	10	12	14	15	13
	三　级	12	14	16	18	15
	四　级	14	16	18		
丁、戊类高层厂房	一、二级	13	15	17	15	13
室外变、配电站变压器总油量（t）	≥5 且≤10	15	20	25	20	
	>10 且≤50	20	25	30	25	
	>50	25	30	35	30	

注：① 乙类厂房与重要公共建筑的防火间距不宜小于 50m；与明火或散发火花地点不宜小于 30m。单、多层戊类厂房之间及与戊类仓库的防火间距可按本表的规定减少 2m，与民用建筑的防火间距可将戊类厂房等同民用建筑按表 3-1 的规定执行。为丙、丁、戊类厂房服务而单独设置的生活用房应按民用建筑确定，与所属厂房的防火间距不应小于 6m。确需相邻布置时，应符合本表注②、③的规定。

② 两座厂房相邻较高一面外墙为防火墙时，或相邻两座高度相同的一、二级耐火等级建筑中相邻一侧外墙为防火墙时且屋顶的耐火极限不低于 1.00h 时，其防火间距不限，但甲类厂房之间不应小于 4m。两座丙、丁、戊类厂房相邻两面外墙均为不燃性墙体，当无外露的可燃性屋檐，每面外墙上的门、窗、洞口面积之和各不大于外墙面积的 5%，且门、窗、洞口不正对开设时，其防火间距可按本表的规定减少 25%。甲、乙类厂房（仓库）不应与《建筑防火设计规范》规定厂房外的其他建筑贴邻。

③ 两座一、二级耐火等级的厂房，当相邻较低一面外墙为防火墙且较低一座厂房的屋顶无天窗，屋顶的耐火极限不低于 1.00h，或相邻较高一面外墙的门、窗等开口部位设置甲级防火门、窗或防火分隔水幕或设置符合规范要求的防火卷帘时，甲、乙类厂房之间的防火间距不应小于 6m；丙、丁、戊类厂房之间的防火间距不应小于 4m。

④ 发电厂内的主变压器，其油量可按单台确定。

⑤ 耐火等级低于四级的既有厂房，其耐火等级可按四级确定。

⑥ 当丙、丁、戊类厂房与丙、丁、戊类仓库相邻时，应符合本表注②、③的规定。

对表 3-2、表 3-3 做如下几点补充说明：

1）甲类厂房与重要公共建筑的防火间距不应小于 50m，与明火或散发火花地点的防火间距不应小于 30m（如图 3-7 所示）。

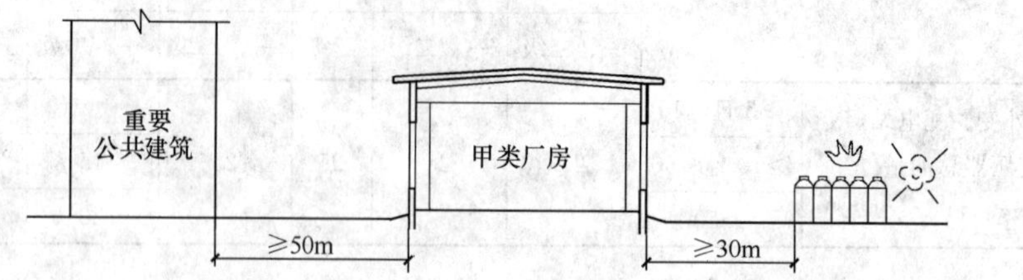

图 3-7　甲类厂房与重要公共建筑及明火或散发火花地点的防火间距

2）散发可燃气体、可燃蒸气的甲类厂房与铁路、道路等的防火间距不应小于表 3-4 的规定，但甲类厂房所属厂内铁路装卸线当有安全措施时，防火间距不受表 3-4 规定的限制，如图 3-8、图 3-9 所示。

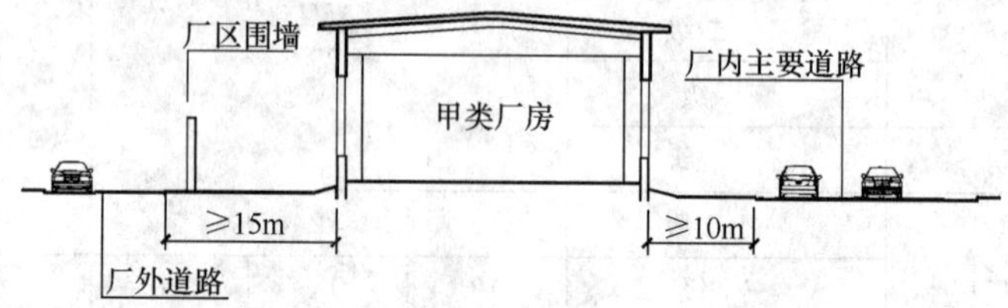

图 3-8　甲类厂房与铁路、道路的防火 间距（一）

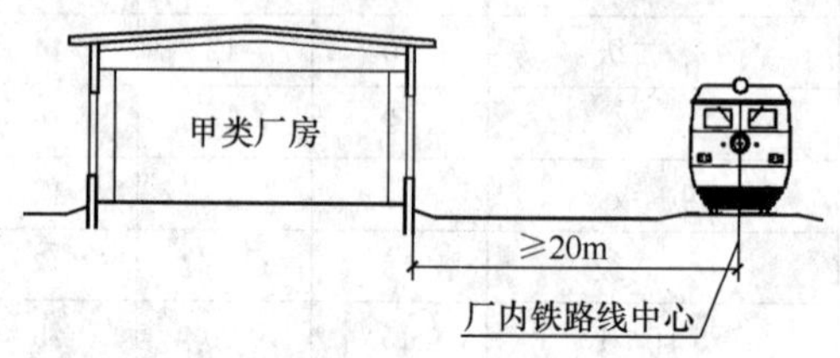

图 3-9　甲类厂房与铁路、道路的防火 间距（二）

散发可燃气体、可燃蒸气的甲类厂房与铁路、道路等的防火间距（m）　表 3-4

名称	厂外铁路线中心线	厂内铁路线中心线	厂外道路路边	厂内道路路边	
				主要	次要
甲类厂房	30	20	15	10	5

3）高层厂房与甲、乙、丙类液体储罐，可燃、助燃气体储罐，液化石油气储罐，可燃材料堆场（除煤和焦炭场外）的防火间距，应符合甲、乙、丙类液体储罐、气体储罐（区）和可燃材料堆场的相关规范，且不应小于 13m。

4）丙、丁、戊类厂房与民用建筑的耐火等级均为一、二级时，丙、丁、戊类厂房与民用建筑的防火间距可适当减小。但当较高一面外墙为无门、窗、洞口的防火墙，或比相邻较低一座建筑屋面高 15m 及以下范围内的外墙为无门、窗、洞口的防火墙时，其防火间距不限；相邻较低一面外墙为防火墙，且屋顶无天窗、屋顶的耐火极限不低于 1.00h，或相邻较高一面外墙为防火墙，且墙上开口部位采取了防火措施，其防火间距可适当减小，但不应小于 4m。

5）厂房外附设化学易燃物品的设备，其外壁与相邻厂房室外附设设备的外壁或相邻厂房外墙的防火间距，不应小于表 3-2 的规定。用不燃材料制作的室外设备，可按一、二级耐火等级建筑确定。厂区围墙与厂区内建筑的间距不宜小于 5m，围墙两侧建筑的间距应满足相应建筑的防火间距要求。

6）总容量不大于 15m³ 的丙类液体储罐，当直埋于厂房外墙外，且面向储罐一面 4.0m 范围内的外墙为防火墙时，其防火间距不限。

7）一级汽车加油站、一级汽车加气站和一级汽车加油加气合建站不应布置在城市建成区内。

8）电力系统电压为 35kV～500kV 且每台变压器容量不小于 10MV·A 的室外变、配电站以及工业企业的变压器总油量大于 5t 的室外降压变电站，与其他建筑的防火间距不应小于表 3-2、表 3-3 和表 3-5 的相关规定。

（2）仓库之间的防火间距

甲类仓库之间及与其他建筑、明火或散发火花地点、铁路、道路等的防火间距应符合表 3-5 的规定。

甲类仓库之间及与其他建筑、明火或散发火花地点、铁路、道路等的防火间距（m）　表 3-5

<table>
<tr><th colspan="2" rowspan="3">名称</th><th colspan="4">甲类仓库（储量，t）</th></tr>
<tr><th colspan="2">甲类储存物品第 3、4 项</th><th colspan="2">甲类储存物品第 1、2、5、6 项</th></tr>
<tr><th>≤5</th><th>>5</th><th>≤10</th><th>>10</th></tr>
<tr><td colspan="2">高层民用建筑、重要公共建筑</td><td colspan="4">50</td></tr>
<tr><td colspan="2">裙房、其他民用建筑、明火或散发火花地点</td><td>30</td><td>40</td><td>25</td><td>30</td></tr>
<tr><td colspan="2">甲类仓库</td><td>20</td><td>20</td><td>20</td><td>20</td></tr>
<tr><td rowspan="3">厂房和乙、丙、丁、戊类仓库</td><td>一、二级</td><td>15</td><td>20</td><td>12</td><td>15</td></tr>
<tr><td>三级</td><td>20</td><td>25</td><td>15</td><td>20</td></tr>
<tr><td>四级</td><td>25</td><td>30</td><td>20</td><td>25</td></tr>
<tr><td colspan="2">电力系统电压为 35kV～500kV 且每台变压器容量≥10MV·A 的室外变、配电站，工业企业的变压器总油量>5t 的室外降压变电站</td><td>30</td><td>40</td><td>25</td><td>30</td></tr>
<tr><td colspan="2">厂外铁路线中心线</td><td colspan="4">40</td></tr>
<tr><td colspan="2">厂内铁路线中心线</td><td colspan="4">30</td></tr>
<tr><td colspan="2">厂外道路路边</td><td colspan="4">20</td></tr>
<tr><td rowspan="2">厂内道路路边</td><td>主要</td><td colspan="4">10</td></tr>
<tr><td>次要</td><td colspan="4">5</td></tr>
</table>

注：甲类仓库之间的防火间距，当第 3、4 项物品储量不大于 2t，第 1、2、5、6 项物品储量不大于 5t 时，不应小于 12m，甲类仓库与高层仓库的防火间距不应小于 13m。

除了《建筑设计防火规范》GB 50016—2014 另有规定者外，乙、丙、丁、戊类仓库之间及与民用建筑的防火间距，不应小于表 3-6 的规定。

乙、丙、丁、戊类仓库之间及与民用建筑的防火间距（m）　　表 3-6

<table>
<tr><th colspan="3" rowspan="3">名　称</th><th colspan="3">乙类仓库</th><th colspan="4">丙类仓库</th><th colspan="4">丁、戊类仓库</th></tr>
<tr><th colspan="2">单、多层</th><th>高层</th><th colspan="3">单、多层</th><th>高层</th><th colspan="3">单、多层</th><th>高层</th></tr>
<tr><th>一、二级</th><th>三级</th><th>一、二级</th><th>一、二级</th><th>三级</th><th>四级</th><th>一、二级</th><th>一、二级</th><th>三级</th><th>四级</th><th>一、二级</th></tr>
<tr><td rowspan="4">乙、丙、丁、戊类仓库</td><td rowspan="3">单、多层</td><td>一、二级</td><td>10</td><td>12</td><td>13</td><td>10</td><td>12</td><td>14</td><td>13</td><td>10</td><td>12</td><td>14</td><td>13</td></tr>
<tr><td>三　级</td><td>12</td><td>14</td><td>15</td><td>12</td><td>14</td><td>16</td><td>15</td><td>12</td><td>14</td><td>16</td><td>15</td></tr>
<tr><td>四　级</td><td>14</td><td>16</td><td>17</td><td>14</td><td>16</td><td>18</td><td>17</td><td>14</td><td>16</td><td>18</td><td>17</td></tr>
<tr><td>高　层</td><td>一、二级</td><td>13</td><td>15</td><td>13</td><td>13</td><td>15</td><td>17</td><td>13</td><td>13</td><td>15</td><td>17</td><td>13</td></tr>
<tr><td rowspan="5">民用建筑</td><td rowspan="3">裙房，单、多层</td><td>一、二级</td><td colspan="3" rowspan="3">25</td><td>10</td><td>12</td><td>14</td><td>13</td><td>10</td><td>12</td><td>14</td><td>13</td></tr>
<tr><td>三　级</td><td>12</td><td>14</td><td>16</td><td>15</td><td>12</td><td>14</td><td>16</td><td>15</td></tr>
<tr><td>四　级</td><td>14</td><td>16</td><td>18</td><td>17</td><td>14</td><td>16</td><td>18</td><td>17</td></tr>
<tr><td rowspan="2">高　层</td><td>一　类</td><td colspan="3" rowspan="2">50</td><td>20</td><td>25</td><td>25</td><td>20</td><td>15</td><td>18</td><td>18</td><td>15</td></tr>
<tr><td>二　类</td><td>15</td><td>20</td><td>20</td><td>15</td><td>13</td><td>15</td><td>15</td><td>13</td></tr>
</table>

注：① 单、多层戊类仓库之间的防火间距，可按本表的规定减少 2m。

② 两座仓库的相邻外墙均为防火墙时，防火间距可以减小，但丙类仓库不应小于 6m；丁、戊类仓库不应小于 4m。两座仓库相邻较高一面外墙为防火墙，或相邻两座高度相同的一、二级耐火等级建筑中相邻任一侧外墙为防火墙且屋顶的耐火极限不低于 1.00h，且总占地面积不大于《建筑设计防火规范》GB 50016—2014 中“仓库的层数和面积”中一座仓库的最大允许占地面积规定时，其防火间距不限。

③ 除乙类第 6 项物品外的乙类仓库，与民用建筑的防火间距不宜小于 25m，与重要公共建筑的防火间距不应小于 50m，与铁路、道路等的防火间距不宜小于表 3-5 中甲类仓库与铁路、道路等的防火间距。

对于表 3-6 做如下补充说明：

丁、戊类仓库与民用建筑的耐火等级均为一、二级时，仓库与民用建筑的防火间距可适当减小。

但当较高一面外墙为无门、窗、洞口的防火墙，或比相邻较低一座建筑屋面高 15m 及以下范围内的外墙为无门、窗、洞口的防火墙时，其防火间距不限。相邻较低一面外墙为防火墙，且屋顶无天窗或洞口、屋顶耐火极限不低于 1.00h，或相邻较高一面外墙为防火墙，且墙上开口部位采取了防火措施，其防火间距可适当减小，但不应小于 4m。

3. 汽车库的防火间距

由于汽车主要使用易燃、可燃液体为燃料，在停车或修车时，往往因各种原因容易引起火灾，造成损失。特别是对于Ⅰ、Ⅱ类停车库、汽车修车库，通常停放车辆数量较大，车辆进出频繁，火灾隐患和火灾危险性大；修车库内还常常使用、存放具有不同火灾燃烧性能的各种有机溶剂（如润滑油、油漆）等易燃物品，并有电焊等明火作业，火灾危险性大。因此，根据《汽车库、修车库、停车场设计防火规范》GB 50067—2014 的规定，汽车库、修车库、停车场之间及汽车库、修车库、停车场与除甲类物品仓库外的其他建筑物之间的防火间距应符合表 3-7 的要求。

车库之间及与除甲类物品的库房外的其他建筑物之间的防火间距（m） 表 3-7

名称和耐火等级	汽车库、修车库		厂房、仓库、民用建筑		
	一、二级	三级	一、二级	三级	四级
一二级汽车库、修车库	10	12	10	12	14
三级汽车库、修车库	12	14	12	14	16
停车场	6	8	6	8	10

注：① 防火间距应按相邻建筑物外墙的最近距离算起，如外墙有凸出的可燃物构件，则应从其凸出部分外缘算起，停车场从靠近建筑物的最近停车位置边缘算起。

② 高层汽车库与其他建筑物，汽车库、修车库与高层建筑的防火间距应按本表增加 3m；汽车库、修车库与甲类厂房的防火间距应按本表增加 2m。

对于表 3-7 做如下的补充说明：

汽车库、修车库之间或汽车库、修车库与其他一二级耐火等级建筑之间的防火间距可适当减少，但应符合下列规定：

（1）当两座建筑相邻较高一面外墙为无门、窗、洞口的防火墙或当较高一面外墙比较低一座一、二级耐火等级建筑屋面 15m 及以下范围内的外墙为无门、窗、洞口的防火墙时，其防火间距不限。

（2）相邻两座建筑中，当较高一座建筑的外墙，与相邻低建筑等高以下范围内的墙为无门、窗、洞口的防火墙时，其防火间距可按本表的规定值减少 50%。

（3）相邻的两座一、二级耐火等级建筑，当较高一面外墙的耐火极限不低于 2.00h，墙上开口部位设置甲级防火门、窗或耐火极限不低于 2.00h 的防火卷帘、水幕等防火设施时，其防火间距可减小，但不应小于 4m。

（4）相邻的两座一、二级耐火等级建筑，当较低一座建筑屋顶无开口，屋顶的耐火极限不低于 1.00h 时，且较低一面外墙为防火墙时，其防火间距可减小，但不应小于 4m。

（5）停车场与相邻一、二级耐火等级建筑之间，当相邻建筑的外墙为无门、窗、洞口的防火墙，或比停车部位高 15m 范围以下的外墙均为无门、窗、洞口的防火墙时，防火间距可不限。

下列情况下，汽车库、修车库之间或汽车库、修车库与其他一二级耐火等级建筑之间的防火间距相应增加或符合其他相关规范要求。

（1）甲、乙类物品运输车的汽车库、修车库、停车场与民用建筑的防火间距不应小于 25m，与重要公共建筑的防火间距不应小于 50m。甲类物品运输车的汽车库、修车库、停车场与明火或散发火花地点的防火间距不应小于 30m，与厂房、仓库的防火间距应按表 3-7 的规定值增加 2m。

（2）停车场的汽车宜分组停放，每组的停车数量不宜大于 50 辆，组之间的防火间距不应小于 6m。屋面停车区域与建筑其他部分或相邻其他建筑物的防火间距，应按地面停车场与建筑的防火间距确定。

4. 防火间距不足时的技术措施

建筑之间的防火间距由于场地等原因，难以满足国家有关消防技术规范规定的间距的要求时，可根据建筑物的实际情况采取一些相应的补偿措施，以满足规范的要求。

（1）改变建筑物内的生产和使用性质，尽量降低建筑物的火灾危险性，改变房屋部分结构的耐火性能，提高建筑物的耐火等级。

（2）调整生产厂房的部分工艺流程，限制库房内储存物品的数量，提高部分构件的耐火极限和燃烧性能。

（3）将建筑物的普通外墙改为防火墙或减少相邻建筑的开口面积，如开设门窗，应采取防火门窗或加防火水幕保护。

（4）拆除部分耐火等级低、占地面积小、使用价值低且与新建筑物相邻的陈旧建筑物。

（5）设置独立的室外防火墙。在设置防火墙时，应兼顾通风排烟和破拆扑救，切忌盲目设置，顾此失彼等。

3.3　消防车道与救援场地

3.3.1　消防车道

消防车道是供消防车灭火时通行的道路。设置消防车道的目的在于，一旦发生火灾，可确保消防车畅通无阻，迅速到达火场，为及时扑灭火灾创造条件。消防车道可以利用交通道路，但在通行的净高度、净宽度、地面承载力、转弯半径等方面应满足消防车通行与停靠的需求，并保证畅通。室外消火栓的保护半径在150m 左右，一般按规定设在城市道路两旁，故街区内的道路中心线间的距离不宜大于 160m。

消防车道的设置应根据当地消防部队使用的消防车辆的外形尺寸、载重、转弯半径等消防车技术参数，以及建筑物的体量大小、周围通行条件等因素确定。

1. 环形消防车道

对于那些建筑高度高、体量大、功能复杂、扑救困难的建筑应设环形消防车道。沿街的高层建筑，其街道的交通道路可作为环形车道的一部分（如图 3-10 所示）。

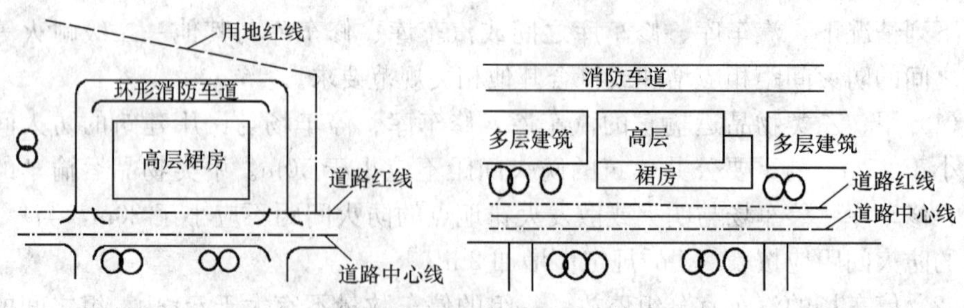

图 3-10　消防车道设置示意图

高层民用建筑，超过 3000 个座位的体育馆，超过 2000 个座位的会堂，占地面积大于 $3000m^2$ 的商店建筑、展览建筑等单、多层公共建筑应设置环形消防车道，确有困难时，可沿建筑的两个长边设置消防车道；对于高层住宅建筑和山坡地或河道边临空建造的高层民用建筑，可沿建筑的一个长边设置消防车道，但该长边所在建筑立面应为消防车登高操作面（如图 3-11 所示）。

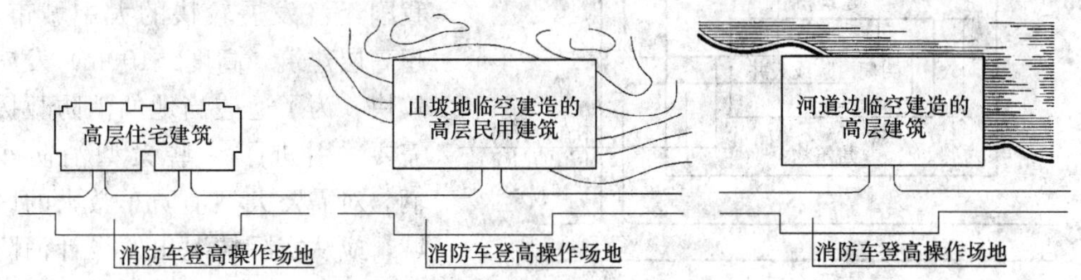

图 3-11 山坡地或河道边临空建造的高层民用建筑消防车道的设置

工厂、仓库区内应设置消防车道。高层厂房，占地面积大于 3000m² 的甲、乙、丙类厂房和占地面积大于 1500m² 的乙、丙类仓库，应设置环形消防车道，确有困难时，应沿建筑物的两个长边设置消防车道。环形消防车道至少应有两处与其他车道连通。必要时还应设置与环形车道相连的中间车道，且道路设置应考虑大型车辆的转弯半径。周围应设环形车道的建筑参见表 3-8。

周围应设置环形车道的建筑 **表 3-8**

建筑类型		设置要求
民用建筑	单、多层公共建筑	>3000 座的体育馆
		>2000 座的会堂
		占地面积>3000m² 的商店、展览建筑
	高层建筑	均应设置
厂房	单、多层厂房	占地面积>3000m² 的甲、乙、丙类厂房
	高层厂房	均应设置
仓库		占地面积>1500m² 的乙、丙类仓库

2. 穿过建筑的消防车道

在住宅小区的建设和管理中，存在小区内道路宽度、承载能力或净空不能满足消防车通行需要的情况，给灭火救援带来不便。因此，为了日常使用方便和消防人员快速便捷地进入建筑内救火，小区的道路设计要考虑消防车的通行需要。

对于一些使用功能多、面积大、建筑长度长的建筑，如 L 形、U 形、Ⅲ 形、口形建筑，当建筑物沿街道部分的长度大于 150m 或总长度大于 220m 时，应设置穿过建筑物的消防车道。确有困难时，应设置环形消防车道。

有封闭内院或天井的建筑物，当内院或天井的短边长度大于 24m 时，宜设置进入内院或天井的消防车道（如图 3-12 所示）；当该建筑物沿街时，应设置连通街道和内院的人行通道（可利用楼梯间），其间距不宜大于 80m（如图 3-13 所示）。在穿过建筑物或进入建筑物内院的消防车道两侧，不应设置影响消防车通行或人员安全疏散的设施。

3. 尽头式消防车道

当建筑和场所的周边受地形环境条件限制，难以设置环形消防车道或与其他

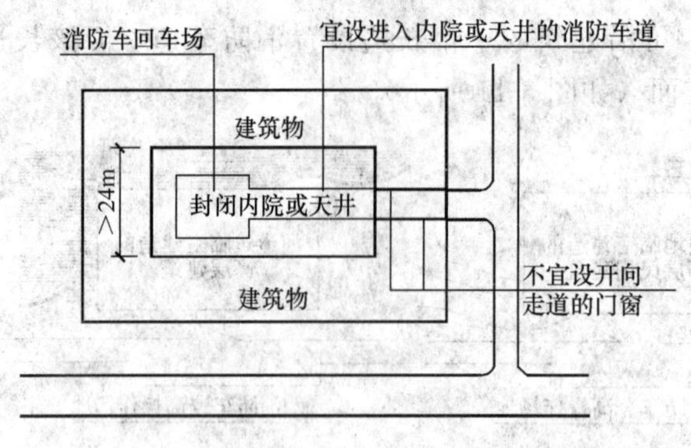

图 3-12　封闭内院或天井的消防车道

道路连通的消防车道时，可设置尽头式消防车道。同时，考虑在我国经济发展较快的大中城市，超高层建筑（高度>100m）发展较快，为了适应当地的消防救援需要，引进了一些大型消防车辆。对需要大型消防车救火的区域，应从实际情况出发设计消防车道，还应注意设置尽头式消防车回车场（如图 3-13 所示）。

尽头式消防车道应设置回车道或回车场，回车场的面积不应小于 12m×12m；对于高层建筑，不宜小于 15m×15m；供重型消防车使用时，不宜小于 18m×18m。

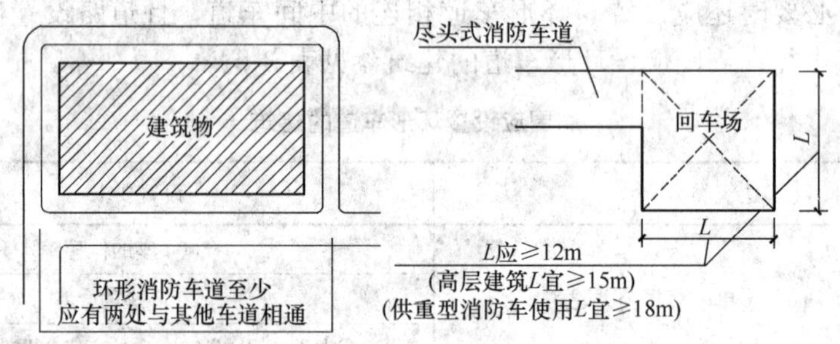

图 3-13　回车场的设置

4. 消防水源地消防车道

由于消防车的吸水高度一般不大于 6m，吸水管长度也有一定限制，而多数天然水源与市政道路的距离难以满足消防车快速就近取水的要求，消防水池的设置有时也受地形限制难以在建筑物附近就近设置或难以设置在可通行消防车的道路附近。因此，对于这些情况，均要设置可接近水源的专门消防车道，方便消防车应急取水供应火场。

考虑到建筑物发生火灾时，高层建筑高位消防水箱的水只够供水 10min，消防车内的水也不能满足一起火灾的全部用水量；许多规模较大的工业与民用建筑，可燃物多，火灾持续时间长，火灾一旦进入充分发展阶段，就要保证持续灭火所需的全部用水量。因此，设有消防车取水口的天然水源（江、河、湖、海、水库等），应设置消防车到达取水口的消防车道和消防车回车场或回车道。

供消防车取水的天然水源和消防水池应设置消防车道。消防车道的边缘距离取水点不宜大于 2m（如图 3-14 所示）。

5. 消防车道的技术要求

（1）消防车道的净宽度和净空高度

为保证消防车道能够满足消防车通行和扑救建筑火灾的需要，根据目前国内在役各种消防车辆的外形尺寸，按照单车道并考虑消防车快速通行需要，消防车

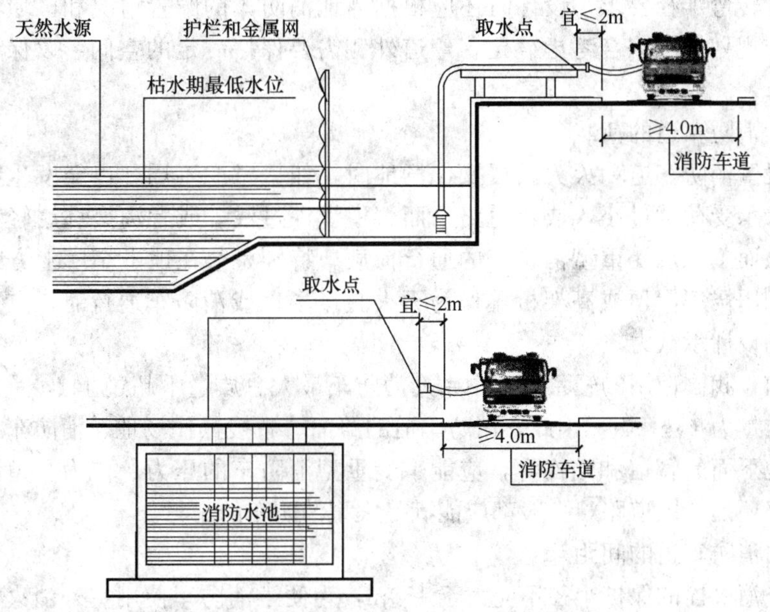

图 3-14 供消防车取水的天然水源和消防水池

道的净宽度和净空高度均不应小于 4.0m，消防车道的坡度不宜大于 8%。消防车道靠建筑外墙一侧的边缘距离建筑外墙不宜小于 5m；消防车道的边缘距离可燃材料堆垛不应小于 5m。消防车道与建筑之间不应设置妨碍消防车操作的树木、架空管线等障碍物，如图 3-15 所示为消防车道的设置要求。

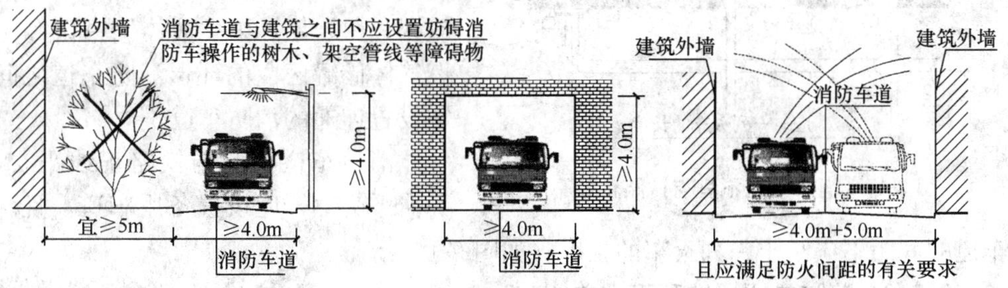

图 3-15 消防车道的设置要求

消防车道可利用城乡、厂区道路等，但该道路应满足消防车通行、转弯和停靠的要求。对于一些需要使用或穿过特种消防车辆的建筑物、道路桥梁，还应根据实际情况增加消防车道的净宽度与净空高度。

(2) 消防车道转弯半径

消防车的转弯半径是指消防车回转时消防车的前轮外侧循圆曲线行走轨迹的半径。消防车道的转弯半径应满足消防车转弯的要求。

由于当前在城市或某些区域内的消防车道，大多数需要利用城市道路或居住小区内的公共道路，而消防车的转弯半径一般均较大。目前，我国在役普通消防车的转弯半径为 9m，登高车的转弯半径为 12m，一些特种车辆的转弯半径为 16～20m。因此，无论是专用消防车道还是兼作消防车道的其他道路或公路，均应满足消防车的转弯半径要求，设计时还应根据当地消防车的配置情况和区域内的建筑物建设与规划情况综合考虑确定，弯道外侧需要保持一定的空间，以保证消防车紧急通行。

（3）消防车道的荷载

在设置消防车道和灭火救援操作场地时，如果考虑不周，也会发生路面或场地的设计承受荷载过小，或者道路下面管道埋深过浅，或者沟渠选用轻型盖板等情况，从而不能承受重型消防车的通行荷载。特别是，在地下车库上方或有些情况需要利用裙房屋顶或高架桥等作为灭火救援场地或消防车通行时，更要认真核算相应的设计承载力。

目前，我国使用的轻系列、中系列消防车最大总质量不超过 11t，重系列消防车的总质量为 15～50t。因此，消防车道的路面、救援操作场地、消防车道和救援操作场地下面的管道和暗沟等，应能承受重型消防车的压力。作为车道，不管是市政道路还是小区道路，一般都应能满足大型消防车的通行。

（4）消防车道的间距

室外消火栓的保护半径不应大于 150m，为便于消防车使用室外消火栓供水灭火，同时考虑消防队火灾扑救作业面展开的工艺要求，室外消火栓一般均设在城市道路两旁。因此，消防车道的间距应为 160m。

其中，占地面积大于 30000m^2 的可燃材料堆场，应设置与环形消防车道相通的中间消防车道，消防车道的间距不宜大于 150m。液化石油气储罐区，甲、乙、丙类液体储罐区和可燃气体储罐区内的环形消防车道之间宜设置连通的消防车道。

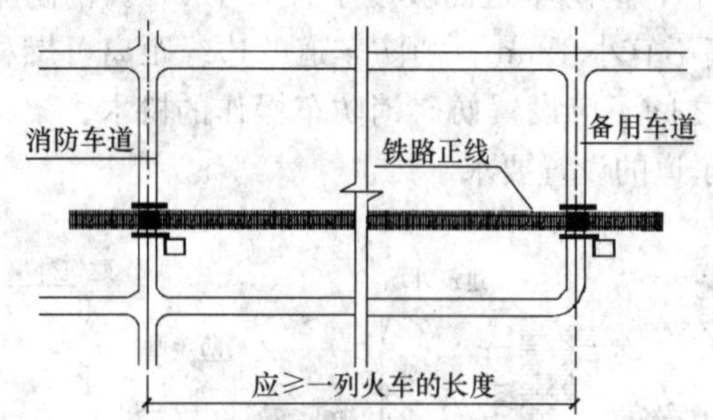

图 3-16　消防车道不宜与铁路正线平交

消防车道不宜与铁路正线平交，确需平交时，应设置备用车道，且两车道的间距不应小于一列火车的长度（如图 3-16 所示）。

3.3.2　消防救援场地和灭火救援窗

为满足扑救建筑火灾和救助高层建筑中遇困人员需要的基本要求，对于高层建筑，特别是布置有裙房的高层建筑，要认真考虑合理布置，确保登高消防车能够靠近高层主体建筑，便于登高消防车开展灭火救援。由于建筑场地受多方面因素限制，消防车登高操作场地的设计要尽量利用建筑周围地面，使建筑周边具有更多的救援场地，特别是在建筑物的长边方向。高层建筑应至少沿一个长边或周边长度的 1/4 且不小于一个长边长度的底边连续布置消防车登高操作场地，该范围内的裙房进深不应大于 4m（如图 3-17 所示）。

建筑高度不大于 50m 的建筑，连续布置消防车登高操作场地确有困难时，可间隔布置，但间隔距离不宜大于 30m，且消防车登高操作场地的总长度仍应符合上述规定。

消防车登高操作场地的设计应符合下列规定：

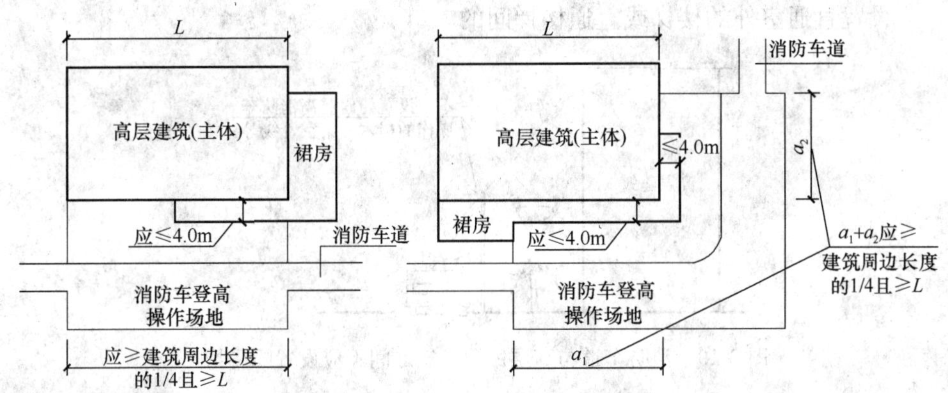

图 3-17　消防车登高操作场地设计

（1）场地的长度和宽度分别不应小于 15m 和 10m。对于建筑高度大于 50m 的建筑，场地的长度和宽度分别不应小于 20m 和 10m。

（2）场地及其下面的建筑结构、管道和暗沟等，应能承受重型消防车的压力；场地应与消防车道连通，场地靠建筑外墙一侧的边缘距离建筑外墙不宜小于 5m，且不应大于 10m，场地的坡度不宜大于 3%。

（3）厂房、仓库、公共建筑的外墙应在每层的适当位置设置可供消防救援人员进入的窗口。窗口净高度和净宽度均不应小于 1.0m，下沿距室内地面不宜大于 1.2m，间距不宜大于 20m 且每个防火分区不应少于 2 个，设置位置应与消防车登高操作场地相对应。窗口的玻璃应易于破碎，并应设置可在室外易于识别的明显标志（如图 3-18 所示）。

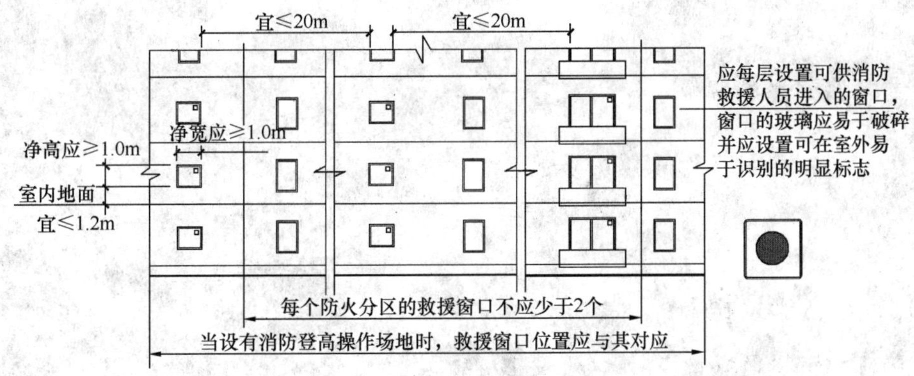

图 3-18　消防救援窗口设计（立面）

3.3.3　消防车操作空间

消防车的操作空间应根据建筑的实际高度合理控制。场地与厂房、仓库、民用建筑之间不应设置妨碍消防车操作的树木、架空管线等障碍物和车库出入口（如图 3-19 所示）。同时，灭火时消防员一般要通过建筑物直通室外的楼梯间或出入口，从楼梯间进入着火层对该层及其上、下部楼层进行内攻灭火和搜索救人。对于埋深较深或地下面积大的地下建筑，还有必要结合消防电梯的设置。因此，为使消防员能尽快安全到达着火层，建筑物与消防车登高操作场地相对应的范围内，应设置直通室外的楼梯或直通楼梯间的入口。

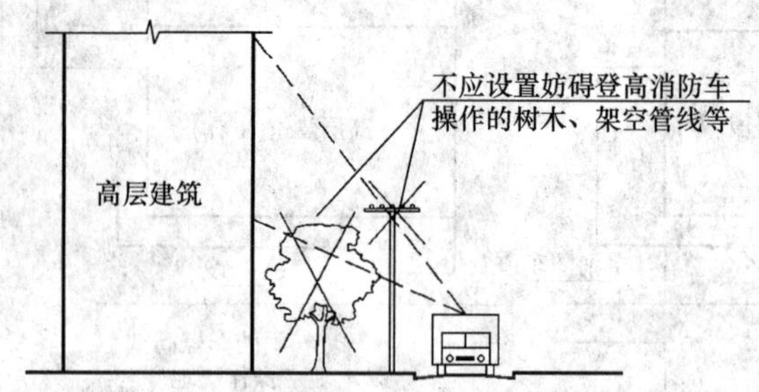

图3-19　消防车道与高层民用建筑之间不应设置障碍物

复习思考题

1. 建筑选址在建筑总平面防火设计中有何作用？为确保建筑总平面布局的消防安全，在总平面布置时应注意处理好哪些问题？

2. 什么是防火间距？防火间距应如何计算？

3. 影响防火间距的因素有哪些？防火间距是根据什么原则来确定的？

4. 汽车库与低、多层民用建筑、高层民用建筑之间的防火间距是多少？

5. 哪些场所或建筑（物）需要设置消防通道？消防通道应符合哪些性能要求？

6. 设置消防车登高操作场地应符合什么规定？有何意义？

第 4 章　建筑平面防火设计

当建筑物中某一房间或部位发生火灾，火焰及烟气会通过门、窗、洞口等开口，或者沿着楼板、墙壁等构件的烧损部位以及楼梯间、电梯井、管道井等竖井，以对流、辐射或导热的方式向其他区域和空间蔓延扩大，最终可能导致整座建筑物遭受火灾的损害或破坏。因此，一座建筑在建设时，既要考虑城市的规划及其在城市中的设置位置，单体建筑，除了考虑满足功能需求的划分外，还应根据建筑的耐火等级、火灾危险性、使用性质和火灾扑救等因素，对建筑物内部空间进行合理布置，以防止火灾和烟气在建筑内部蔓延扩大，确保火灾时的人员安全，减少财产损失。

4.1　建筑平面防火布置

4.1.1　建筑平面布置原则

同一建筑内设置多种使用功能场所时，不同使用功能场所之间应进行防火分隔，该建筑及其各功能场所的防火设计应根据《建规》GB 50016—2014 的相关规定确定。通过合理组合布置建筑内不同用途的房间以及疏散走道、疏散楼梯间等，可以将火灾危险性大的空间相对集中并方便划分为不同的防火分区，或将这样的空间布置在对建筑结构、人员疏散影响较小的部位等，以尽量降低火灾的危害。建筑平面的布置应符合下列基本原则：

（1）建筑内部某部位着火时，能限制火灾和烟气在（或通过）建筑内部和外部的蔓延，并为人员疏散、消防人员的救援和灭火提供保护。

（2）建筑物内部某处发生火灾时，减少邻近（上下层、水平相邻空间）分隔区域受到强烈辐射热和烟气的影响。

（3）消防人员能方便进行救援、利用灭火设施进行作战活动。

（4）有火灾或爆炸危险的建筑设备部位，能防止对人员和贵重设备造成影响或危害；或采取措施防止发生火灾或爆炸，及时控制灾害的蔓延扩大。

（5）除为满足民用建筑使用功能所设置的附属库房外，民用建筑内不应设置生产车间和其他库房。经营、存放和使用甲、乙类火灾危险性物品的商店、作坊或储藏间，严禁附设在民用建筑内。

4.1.2　设备用房的布置

由于建筑规模的扩大、用电负荷的增加和集中供热的需要，建筑所需锅炉的蒸发量和变配电设备越来越大。但锅炉在运行过程中又存在较大火灾危险，发生事故后的危害也较大，特别是燃油、燃气锅炉，容易发生燃烧爆炸事故。油浸变压器由于存有大量可燃油品，发生故障产生电弧时，将使变压器内的绝缘油迅速发生热分解，析出氢气、甲烷、乙烯等可燃气体，压力骤增，造成外壳爆裂而大量喷油，或者析出的可燃气体与空气混合形成爆炸性混合物，在电弧或火花的作用下极易引起燃烧爆炸。变压器爆裂后，将随高温变压器油的流淌而蔓延，容易形成大范围的火灾。因此，在建筑防火设计中应根据房间的使用性质和火灾危险性合理布置。

1. 锅炉房、变压器室

燃油或燃气锅炉、油浸变压器、充有可燃油的高压电容器和多油开关等，宜设置在建筑外的专用房间内；确需贴邻民用建筑布置时，应采用防火墙与所贴邻的建筑分隔，且不应贴邻人员密集场所，该专用房间的耐火等级不应低于二级；确需布置在民用建筑内时，不应布置在人员密集场所的上一层、下一层或贴邻（如图 4-1 所示），并应符合下列规定。

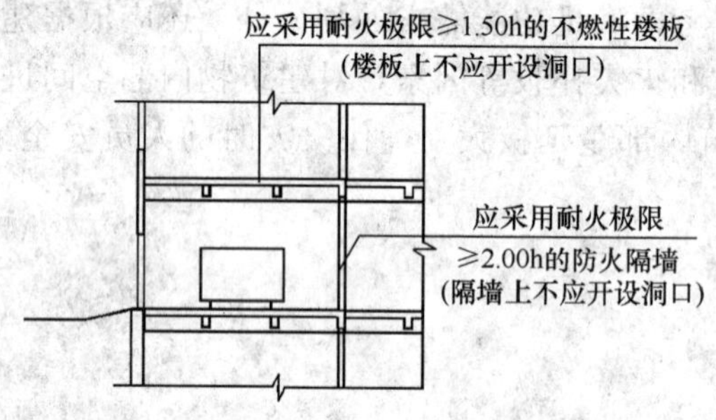

图 4-1　锅炉房、变压器室确需布置在民用建筑内时的防火要求

（1）燃油或燃气锅炉房、变压器室应设置在首层或地下一层的靠外墙部位（如图 4-2、图 4-3 所示），但常（负）压燃油或燃气锅炉可设置在地下二层或屋顶上。设置在屋顶上的常（负）压燃气锅炉，距离通向屋面的安全出口不应小于 6m。采用相对密度（与空气密度的比值）不小于 0.75 的可燃气体为燃料的锅炉，不得设置在地下或半地下。

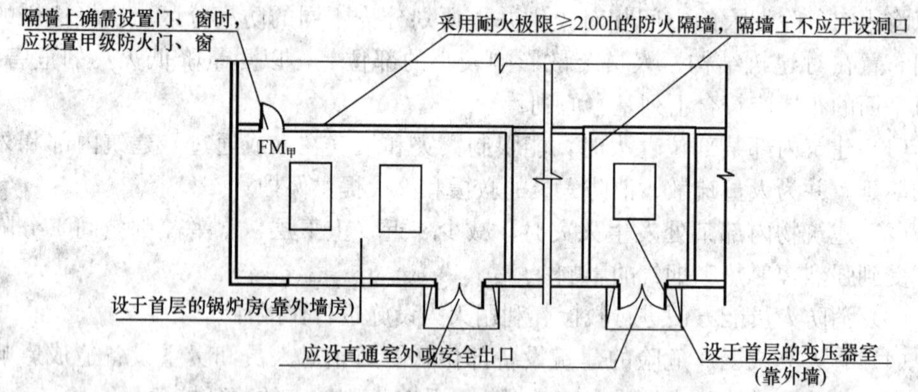

图 4-2　锅炉房、变压器室确需布置在民用建筑内首层时的防火要求

（2）锅炉房、变压器室的疏散门均应直通室外或安全出口。

（3）锅炉房、变压器室等与其他部位之间应采用耐火极限不低于 2.00h 的防火隔墙和 1.50h 的不燃性楼板分隔。在隔墙和楼板上不应开设洞口，确需在隔墙上设置门、窗时，应采用甲级防火门、窗。

（4）锅炉房内设置储油间时，其总储存量不应大于 $1m^3$，且储油间应采用耐火极限不低于 3.00h 的防火隔墙与锅炉间分隔；确需在防火隔墙上设置门时，应采用甲级防火门。

（5）变压器室之间、变压器室与配电室之间，应设置耐火极限不低于 2.00h 的防火隔墙。

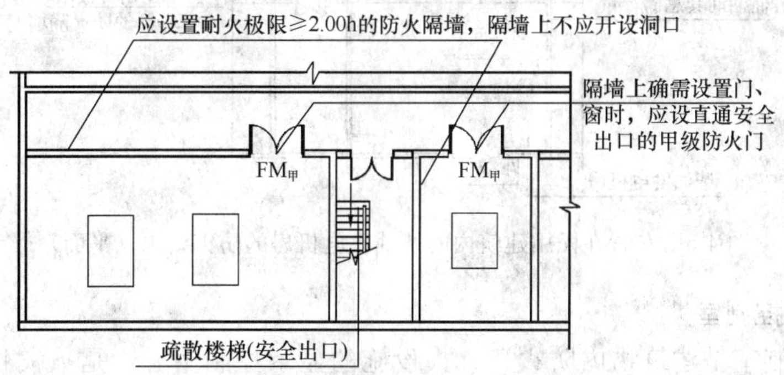

图 4-3 锅炉房、变压器室确需布置在民用建筑内地下层时的防火要求

（6）油浸变压器、多油开关室、高压电容器室，应设置防止油品流散的设施。油浸变压器下面应设置能储存变压器全部油量的事故储油设施。

（7）应设置火灾报警装置。应设置与锅炉、变压器、电容器和多油开关等的容量及建筑规模相适应的灭火设施，当建筑内其他部位设置自动喷水灭火系统时，应设置自动喷水灭火系统。

（8）锅炉的容量应符合现行国家标准《锅炉房设计规范》GB 50041 的规定。油浸变压器的总容量不应大于 1260kV·A，单台容量不应大于 630kV·A。

（9）燃气锅炉房应设置爆炸泄压设施。燃油或燃气锅炉房应设置独立的通风系统，并应符合《建筑设计防火规范》GB 50016—2014 中供暖、通风和空气调节系统的相关规定。

2. 柴油发电机房

布置在民用建筑内的柴油发电机房应符合下列规定：

（1）宜布置在首层或地下一、二层（如图 4-4 所示）。

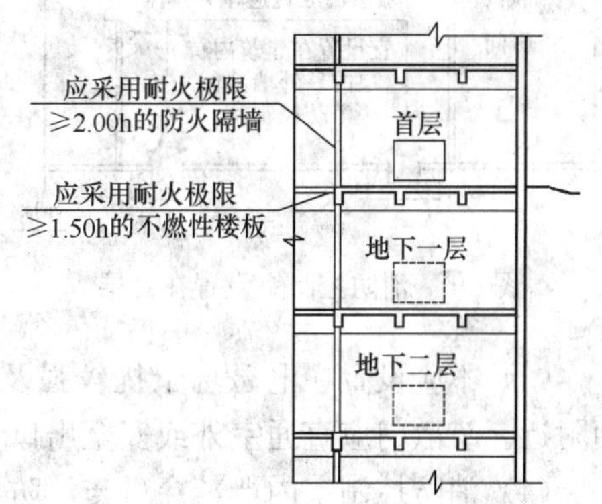

图 4-4 布置在民用建筑内的柴油发电机房的防火要求（剖面）

（2）不应布置在人员密集场所的上一层、下一层或贴邻。

（3）应采用耐火极限不低于 2.00h 的防火隔墙和 1.50h 的不燃性楼板与其他部位分隔，门应采用甲级防火门。

（4）机房内设置储油间时，其总储存量不应大于 1m^3，储油间应采用耐火极限不低于 3.00h 的防火隔墙与发电机间分隔；确需在防火隔墙上开门时，应设置甲级防火门（如图 4-5 所示）。

（5）应设置火灾报警装置。

（6）应设置与柴油发电机容量和建筑规模相适应的灭火设施，当建筑内其他部位设置自动喷水灭火系统时，机房应设置自动喷水灭火系统。

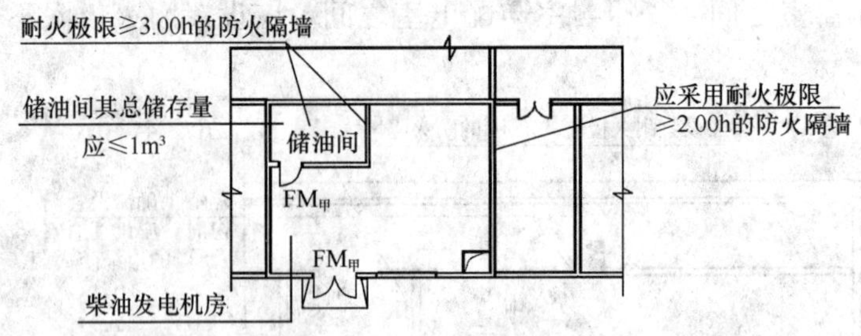

图 4-5　布置在民用建筑内的柴油发电机房的防火要求（平面）

3. 消防控制室

消防控制室是建筑物内防火、灭火设施的显示控制中心，是火灾扑救的指挥中心，是保障建筑物安全的要害部位之一，应设在交通方便和发生火灾后不易燃烧的部位。设置火灾自动报警系统和需要联动控制的消防设备的建筑（群）应设置消防控制室。消防控制室的布置应满足以下规定：

(1) 单独建造的消防控制室，其耐火等级不应低于二级。

(2) 附设在建筑内的消防控制室，宜设置在建筑内首层或地下一层，并宜布置在靠外墙部位，并应采用耐火极限不低于 2.00h 的防火隔墙和 1.50h 的楼板与其他部位分隔。消防控制室和其他设备开向建筑内的门应采用乙级防火门（如图 4-6、图 4-7 所示）。

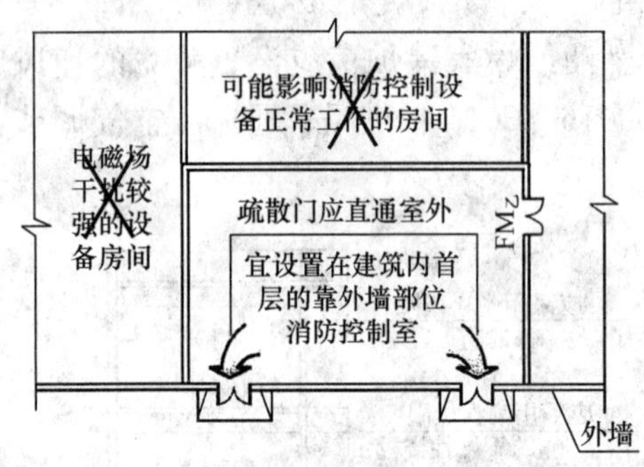

图 4-6　消防控制室设置在首层

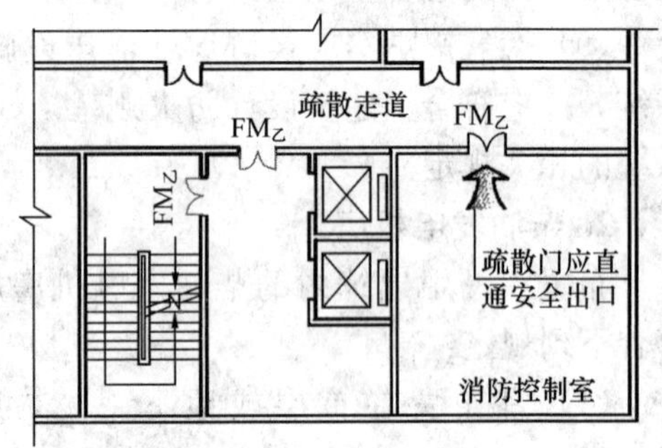

图 4-7　消防控制室设置在地下一层

(3) 不应设置在电磁场干扰较强及其他可能影响消防控制设备正常工作的房间附近。疏散门应直通室外或安全出口（如图 4-6 所示）。

(4) 消防控制室内严禁穿过与消防设施无关的电气线路及管路。

(5) 消防控制室应设有用于火灾报警的外线电话。

(6) 消防控制室送、回风管的穿墙处应设防火阀。

(7) 消防水泵房和消防控制室应采取防水淹的技术措施（如图 4-8 所示）。

4. 消防设备用房

(1) 附设在建筑内的灭火设备室、消防水泵房和通风空气调节机房、变配电室等，应采用耐火极限不低于 2.00h 的防火隔墙和 1.50h 的楼板与其他部位分隔。设置在丁、戊类厂房内的通风机房，应采用耐火极限不低于 1.00h 的防火隔墙和 0.50h 的楼板与其他部位分隔。

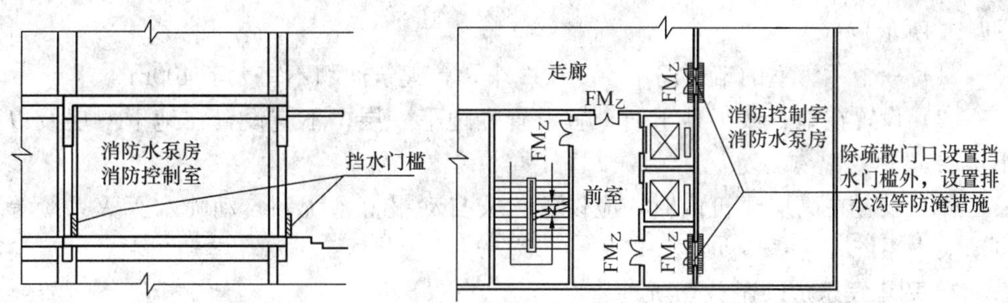

图 4-8　消防控制室或消防水泵房的设置

（2）通风、空气调节机房和变配电室开向建筑内的门应采用甲级防火门，消防控制室和其他设备房开向建筑内的门应采用乙级防火门。

（3）设置在建筑内的防排烟风机应设置在不同的专用机房内，有关防火分隔措施应符合（1）条的规定。

（4）独立建造的消防水泵房，其耐火等级不应低于二级；附设在建筑内的消防水泵房，不应设置在地下三层及以下或室内地面与室外出入口地坪高差大于10m 的地下楼层；疏散门应直通室外或安全出口（如图 4-9 所示），且开向疏散走道的门应采用甲级防火门。

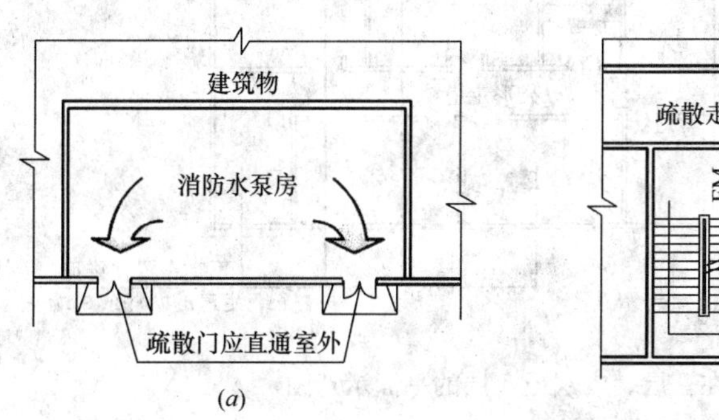

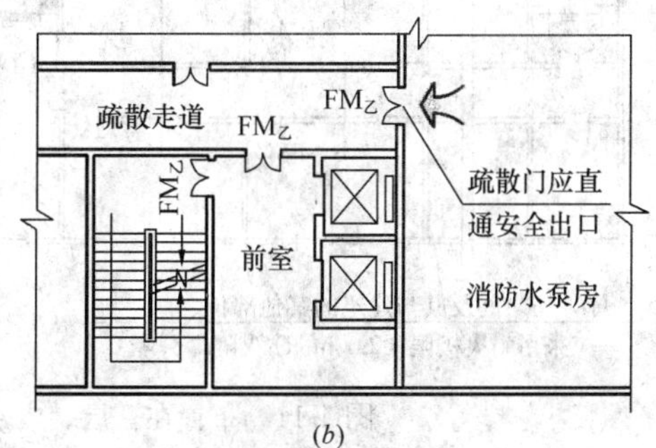

图 4-9　消防水泵房的设置要求

（*a*）设置在首层的消防水泵房；（*b*）设在地下室或其他楼层的消防水泵房

（5）消防电梯井、机房与相邻电梯井、机房之间应设置耐火极限不低于 2.00h 的防火隔墙，隔墙上的门应采用甲级防火门。

4.1.3　人员密集场所布置

1. 会议厅、多功能厅

建筑内的会议厅、多功能厅等人员密集场所，宜布置在首层、二层或三层。设置在三级耐火等级的建筑内时，不应布置在三层及以上楼层。确需布置在一、二级耐火等级建筑的其他楼层时，应符合下列规定（如

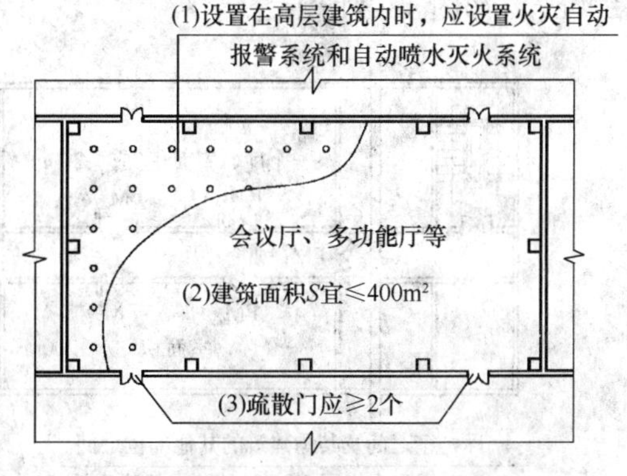

图 4-10　会议室、多功能厅等布置在1～3 层以外其他楼层应满足的要求

图4-10 所示)：

(1) 一个厅、室的疏散门不应少于 2 个，且建筑面积不宜大于 400m^2。

(2) 设置在地下或半地下时，宜设置在地下一层，不应设置在地下三层及以下楼层。

(3) 设置在高层建筑内时，应设置火灾自动报警系统和自动喷水灭火系统等自动灭火系统。

2. 歌舞娱乐放映游艺场所

歌舞娱乐放映游艺场所指的是歌厅、舞厅、录像厅、夜总会、卡拉 OK 厅和具有卡拉 OK 功能的餐厅或包房、各类游艺厅、桑拿浴室的休息室和具有桑拿服务功能的客房、网吧等场所，不包括电影院和剧场的观众厅。平面布置应符合下列规定：

(1) 不应布置在地下二层及以下楼层。宜布置在一、二级耐火等级建筑内的首层、二层或三层的靠外墙部位（如图 4-11 所示)。

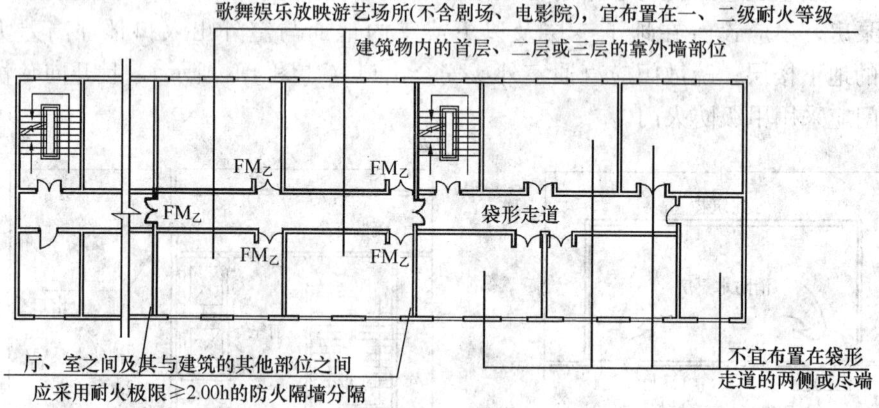

图 4-11　布置在首层、二层或三层的平面示意图

(2) 不宜布置在袋形走道的两侧或尽端。

(3) 确需布置在地下一层时，地下一层的地面与室外出入口地坪的高差不应大于 10m。确需布置在地下或四层及以上楼层时，一个厅、室的建筑面积不应大于 200m^2（如图 4-12 所示)。

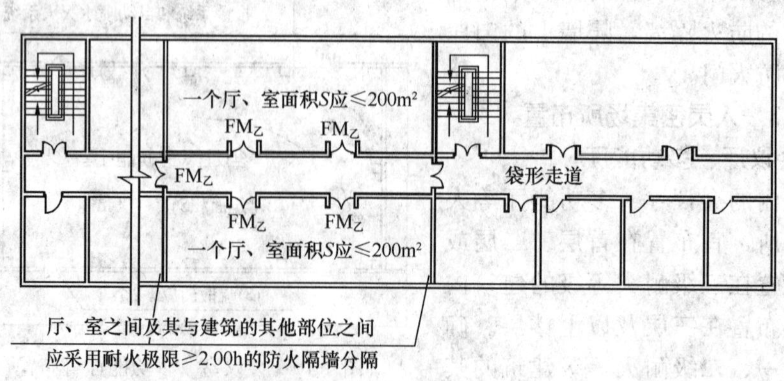

图 4-12　布置在地下一层和四层及四层以上楼层的平面示意图

(4) 厅、室之间及与建筑的其他部位之间，应采用耐火极限不低于 2.00h 的防火隔墙和 1.00h 的不燃性楼板分隔，设置在厅、室墙上的门和该场所与建筑内其他部位相通的门均应采用乙级防火门。

3. 电影院、剧院、礼堂

电影院、剧院、礼堂宜设置在独立的建筑内；采用三级耐火等级建筑时，不应超过 2 层；确需设置在其他民用建筑内时，至少应设置 1 个独立的安全出口和疏散楼梯，并应符合下列规定：

(1) 应采用耐火极限不低于 2.00h 的防火隔墙和甲级防火门与其他区域分隔。设置在一、二级耐火等级的建筑内时，观众厅宜布置在首层、二层、三层；确需布置在四层及以上楼层时，一个厅、室的疏散门不应少于 2 个，且每个观众厅的建筑面积不宜大于 $400m^2$。

(2) 设置在三级耐火等级的建筑内时，不应布置在三层及以上楼层。

(3) 设置在地下或半地下时，宜设置在地下一层，不应设置在地下三层及以下楼层。

(4) 设置在高层建筑内时，应设置火灾自动报警系统及自动喷水灭火系统等自动灭火系统。

4. 商店、展览建筑

商店建筑、展览建筑采用三级耐火等级建筑时，不应超过 2 层；采用四级耐火等级建筑时，应为单层。营业厅、展览厅设置在三级耐火等级的建筑内时，应布置在首层或二层；设置在四级耐火等级的建筑内时，应布置在首层。

营业厅、展览厅不应设置在地下三层及以下楼层。地下或半地下营业厅、展览厅不应经营、储存和展示甲、乙类火灾危险性物品。

4.1.4 住宅及设置商业服务网点的住宅建筑

1. 商业服务网点的住宅

设置商业服务网点的住宅建筑，其居住部分与商业服务网点之间应采用耐火极限不低于 2.00h 且无门、窗、洞口的防火隔墙和 1.50h 的不燃性楼板完全分隔，住宅部分和商业服务网点部分的安全出口和疏散楼梯应分别独立设置。

商业服务网点中每个分隔单元之间应采用耐火极限不低于 2.00h 且无门、窗、洞口的防火隔墙相互分隔，当每个分隔任一层建筑面积大于 $200m^2$ 时，该层应设置 2 个安全出口或疏散门。每个分隔单元内的任一点至最近直通室外出口的直线距离应满足：当建筑物的耐火等级为一、二级时不应大于 22m，三级耐火等级时不应大于 20m，四级耐火等级时不应大于 15m。室内楼梯的距离可按其水平投影长度的 1.5 倍计算。

2. 住宅建筑与其他建筑合建

除商业服务网点外，住宅建筑与其他使用功能的建筑合建时，应符合下列规定。

(1) 住宅部分与非住宅部分之间，应采用耐火极限不低于 2.00h 且无门、窗、洞口的防火隔墙和 1.50h 的不燃性楼板完全分隔；当为高层建筑时，应采用无门、窗、洞口的防火墙和耐火极限不低于 2.00h 的不燃性楼板完全分隔。建筑外墙上、下层开口之间的防火措施应符合下列规定：

① 除另有规定外，建筑外墙上、下层开口之间应设置高度不小于 1.2m 的实体墙或挑出宽度不小于 1.0m、长度不小于开口宽度的防火挑檐；当室内设置自动喷水灭火系统时，上、下层开口之间的实体墙高度不应小于 0.8m。当上、下层开口之间设置实体墙确有困难时，可设置防火玻璃墙，但高层建筑的防火玻璃墙的耐火完整性不应低于 1.00h，多层建筑的防火玻璃墙的耐火完整性不应低于 0.50h。外窗的耐火完整性不应低于防火玻璃墙的耐火完整性要求。

② 住宅建筑外墙上相邻户开口之间的墙体宽度不应小于 1.0m；小于 1.0m 时，应在开口之间设置突出外墙不小于 0.6m 的隔板。实体墙、防火挑檐和隔板的耐火极限和燃烧性能，均不应低于相应耐火等级建筑外墙的要求。

(2) 住宅部分与非住宅部分的安全出口和疏散楼梯应分别独立设置；为住宅部分服务的地上车库应设置独立的疏散楼梯或安全出口，地下车库的疏散楼梯应按《建筑设计防火规范》GB 50016—2014 中的规定进行分隔。

(3) 住宅部分和非住宅部分的安全疏散、防火分区和室内消防设施配置，可根据各自的建筑高度分别按照《建筑设计防火规范》GB 50016—2014 有关住宅建筑和公共建筑的规定执行；该建筑的其他防火设计应根据建筑的总高度和建筑规模按照《建筑设计防火规范》GB 50016—2014 中有关公共建筑的规定执行。

4.1.5　特殊场合布置

1. 老年人建筑及儿童活动场所

托儿所、幼儿园的儿童用房，老年人活动场所和儿童游乐厅等儿童活动场所宜设置在独立的建筑内，且不应设置在地下或半地下；当采用一、二级耐火等级的建筑时，不应超过 3 层；采用三级耐火等级的建筑时，不应超过 2 层；采用四级耐火等级的建筑时，应为单层。

确需设置在其他民用建筑内的，设置在一、二级耐火等级的建筑内时，应布置在首层、二层或三层。设置在三级耐火等级的建筑内时，应布置在首层或二层。设置在四级耐火等级的建筑内时，应布置在首层。设置在高层建筑内时，应设置独立的安全出口和疏散楼梯。设置在单、多层建筑内时，宜设置独立的安全出口和疏散楼梯。

附设在建筑内的托儿所、幼儿园的儿童用房和儿童游乐厅等儿童活动场所、老年人活动场所，应采用耐火极限不低于 2.00h 的防火隔墙和 1.00h 的楼板与其他场所或部位分隔，墙上必须设置的门、窗应采用乙级防火门、窗。

2. 医院和疗养院的住院部分

医院和疗养院的住院部分不应设置在地下或半地下。

医院和疗养院的住院部分采用三级耐火等级建筑时，不应超过 2 层；采用四级耐火等级建筑时，应为单层；设置在三级耐火等级的建筑内时，应布置在首层或二层；设置在四级耐火等级的建筑内时，应布置在首层。

医院和疗养院的病房楼内相邻护理单元之间应采用耐火极限不低于 2.00h 的防火隔墙分隔，隔墙上的门应采用乙级防火门，设置在走道上的防火门应采用常开防火门。

3. 教学建筑、食堂、菜市场

教学建筑、食堂、菜市场采用三级耐火等级建筑时，不应超过2层；采用四级耐火等级建筑时，应为单层；设置在三级耐火等级的建筑内时，应布置在首层或二层；设置在四级耐火等级的建筑内时，应布置在首层。

4.1.6 生产性建筑附属用房布置

1. 办公室、休息室

（1）员工宿舍严禁设置在厂房、仓库内。办公室、休息室等不应设置在甲、乙类厂房内，确需贴邻本厂房时，其耐火等级不应低于二级，并应采用耐火极限不低于3.00h的防爆墙与厂房分隔，且应设置1个独立的安全出口。

（2）办公室、休息室等严禁设置在甲、乙类仓库内，也不应贴邻。办公室、休息室设置在丙、丁类仓库内时，应采用耐火极限不低于2.50h的防火隔墙和1.00h的楼板与其他部位分隔，并应设置独立的安全出口。隔墙上需开设相互连通的门时，应采用乙级防火门。

（3）办公室、休息室设置在丙类厂房内时，应采用耐火极限不低于2.50h的防火隔墙和1.00h的楼板与其他部位分隔，并应至少设置1个独立的安全出口。如隔墙上需开设相互连通的门时，应采用乙级防火门。

2. 中间仓库和中间储罐

（1）厂房内设置中间仓库时，甲、乙类中间仓库应靠外墙布置，其储量不宜超过1昼夜的需要量；甲、乙、丙类中间仓库应采用防火墙和耐火极限不低于1.50h的不燃性楼板与其他部位分隔。设置丁、戊类中间仓库应采用耐火极限不低于2.00h的防火隔墙和1.00h的楼板与其他部位分隔。

（2）厂房内的丙类液体中间储罐应设置在单独房间内，其容量不应大于5m^3。设置中间储罐的房间，应采用耐火极限不低于3.00h的防火隔墙和1.50h的楼板与其他部位分隔，房间门应采用甲级防火门。

4.2 防火分区

4.2.1 防火分区的概念

建筑物内某处着火时，火灾及烟气会通过门、窗、洞口、楼梯间、电梯井及其他各种竖井和缝隙等，以对流、辐射和导热的方式向周围区域或空间传播蔓延。建筑物内部空间面积越大，则发生火灾时燃烧面积越大、蔓延发展的速度越快，火灾损失越大。因此，有效地将火灾控制在某个区域或房间内，阻止火灾在建筑物的水平及竖直方向蔓延，对于人员的安全疏散和扑救灭火是十分必要的。

防火分区是指在建筑内部采用防火墙、楼板及其他防火分隔设施分隔而成，能在一定时间内防止火灾向同一建筑的其余部分蔓延的局部空间。

防火分区的作用在于发生火灾时，将火势控制在一定的范围内。建筑设计中应合理划分防火分区，以利于灭火救援、减少火灾损失。

防火分区按照其作用，可分为水平防火分区和竖向防火分区。水平防火分区主要用以防止火灾在水平方向扩大蔓延，而竖向防火分区主要是防止火灾通过竖井、楼梯井及其他垂直孔洞等在竖直方向的蔓延。

4.2.2　民用建筑的防火分区

防火分区是在火灾情况下将火势控制在建筑物一定空间范围内的有效防火分隔，当建筑面积过大时，室内容纳的人员和可燃物的数量相应增大。为了减少火灾损失，对建筑物防火分区的面积应根据不同耐火等级建筑的允许建筑高度或层数来确定。表 4-1 给出了不同耐火等级民用建筑防火分区的最大允许建筑面积。

不同耐火等级建筑的允许建筑高度或层数、防火分区最大允许建筑面积　表 4-1

<table>
<tr><th>名　称</th><th>耐火等级</th><th>允许建筑高度或层数</th><th>防火分区的最大允许建筑面积（m^2）</th><th>备　注</th></tr>
<tr><td>高层民用建筑</td><td>一、二级</td><td rowspan="2">按民用建筑的分类确定</td><td>1500</td><td>对于体育馆、剧场的观众厅，防火分区的最大允建筑面积可适当增加</td></tr>
<tr><td rowspan="3">单、多层民用建筑</td><td>一、二级</td><td>2500</td><td rowspan="3">—</td></tr>
<tr><td>三级</td><td>5 层</td><td>1200</td></tr>
<tr><td>四级</td><td>2 层</td><td>600</td></tr>
<tr><td>地下或半地下建筑（室）</td><td>一级</td><td>—</td><td>500</td><td>设备用房的防火分区最大允许建筑面积不应大于 1000m^2</td></tr>
</table>

对表 4-1 做如下几点说明：

（1）当建筑内设置自动灭火系统时，表中规定的防火分区最大允许建筑面积可按表 4-1 的规定增加 1.0 倍；局部设置时，防火分区的增加面积可按该局部面积的 1.0 倍计算。

（2）裙房与高层建筑主体之间设置防火墙时，裙房的防火分区可按单、多层建筑的要求确定。当裙房与高层建筑主体之间设置了防火墙，且相互间的疏散和灭火设施设置均相对独立时，裙房与高层主体之间的火灾相互影响能受到较好的控制，因此裙房的防火分区可以按照建筑高度不大于 24m 的建筑的要求确定。如果裙房与高层建筑主体间未采取上述措施时，裙房的防火分区要按照高层建筑主体的要求确定。

（3）防火分区的最大允许建筑面积，是指每个楼层上采用防火墙和楼板分隔的建筑面积，当有未封闭的开口连接多个楼层时，防火分区的建筑面积需将这些相连通的面积叠加计算。防火分区的建筑面积包括各类楼梯间的建筑面积。

一、二级耐火等级建筑内的商店营业厅、展览厅，当设置自动灭火系统和火灾自动报警系统并采用不燃或难燃装修材料时，其每个防火分区的最大允许建筑面积应符合下列规定：

（1）设置在高层建筑内时，不应大于 4000m^2。

（2）设置在单层建筑或仅设置在多层建筑的首层内时，不应大于 10000m^2。

（3）设置在地下或半地下时，不应大于 2000m^2。

总建筑面积大于 20000m^2的地下或半地下商店，应采用无门、窗、洞口的防火墙、耐火极限不低于 2.00h 的楼板分隔为多个建筑面积不大于 20000m^2的区域。相邻区域确需局部连通时，应采用下沉式广场等室外开敞空间、防火隔间、避难走道、防烟楼梯间等方式进行连通。

4.2.3 厂房的防火分区

厂房的层数和面积是由生产工艺所决定的，同时也受生产的火灾危险类别和厂房的耐火极限的制约。根据不同的生产火灾危险性类别，正确选择厂房的耐火等级，合理确定厂房的层数和建筑面积，可以有效防止发生火灾及其蔓延扩大，减少损失。

甲类生产具有易燃、易爆的特性，容易发生火灾和爆炸，疏散和救援困难，如层数多则更难扑救，严重者对结构有严重破坏。因此，甲类厂房除因生产工艺需要外，要尽量采用单层建筑。少数因工艺生产需要，确需采用高层建筑者，必须通过必要的程序进行充分论证。

为适应生产发展需要建设大面积厂房和布置连续生产线工艺时，防火分区采用防火墙分隔有时比较困难。对此，除甲类厂房外，规范允许采用防火分隔水幕或防火卷帘等进行分隔。

厂房内的操作平台、检修平台主要布置在高大的生产装置周围，在车间内多为局部或全部镂空，面积较小，操作人员或检修人员较少，且主要为生产服务的工艺设备而设置，这些平台当使用人数少于 10 人时，可不计入防火分区的建筑面积。

厂房的防火分区面积应根据其生产的火灾危险性、厂房的层数等因素确定。各类厂房每个防火分区的最大允许建筑面积应按表 4-2 的规定。

厂房的层数和每个防火分区的最大允许建筑面积　　表 4-2

生产的火灾危险性类别	厂房的耐火等级	最多允许层数	每个防火分区的最大允许建筑面积（m²）			
			单层厂房	多层厂房	高层厂房	地下或半地下厂房（包括地下或半地下室）
甲	一级	宜采用单层	4000	3000	—	—
	二级		3000	2000	—	—
乙	一级	不限	5000	4000	2000	—
	二级	6	4000	3000	1500	—
丙	一级	不限	不限	6000	3000	500
	二级	不限	8000	4000	2000	500
	三级	2	3000	2000	—	—
丁	一、二级	不限	不限	不限	4000	1000
	三级	3	4000	2000	—	—
	四级	1	1000	—	—	—
戊	一、二级	不限	不限	不限	6000	1000
	三级	3	5000	3000	—	—
	四级	1	1500	—	—	—

注：防火分区之间应采用防火墙分隔；“—”表示不允许。

考虑到高层厂房发生火灾时，危险性和损失大，扑救困难，防火分区面积限制的要求更严格。对于一些特殊的生产厂房，防火分区的面积可适当扩大，但必须满足规范规定的相关要求。自动灭火系统能及时控制和扑灭防火分区内的初期火灾，有效地控制火势的蔓延扩大。因此，当厂房内设置自动灭火系统时，甲、乙、丙类厂房的每个防火分区的最大允许建筑面积可按表 4-2 的规定值增加 1.0 倍；丁、戊类地上厂房内设自动灭火系统时，每个防火分区的最大允许建筑面积不限；局部设置自动灭火系统时，其防火分区的增加面积可按该局部面积的 1.0 倍计算。

4.2.4　仓库的防火分区

仓库物资储存比较集中，可燃物数量多，灭火救援难度大，一旦着火，往往整个仓库或防火分区就被全部烧毁，造成严重的经济损失。特别是甲、乙类物品，着火后蔓延快、火势猛烈，其中有不少物品还会发生爆炸，危害大。因此，要求甲、乙类仓库内的防火分区之间采用不开设门窗洞口的防火墙分隔，且甲类仓库应采用单层结构。除了对仓库总的占地面积进行限制外，仓库内防火分区之间的水平分隔必须采用防火墙进行分隔，不能用其他分隔方式替代，这是根据仓库内可能的火灾强度和火灾延续时间，为提高防火墙分隔的可靠性确定的，以更有利于控制火势蔓延，便于扑救，减少灾害。对于丙、丁、戊类仓库，在实际使用中确因物流等使用需要开口的部位，需采用与防火墙等效的措施进行分隔，如甲级防火门或防火卷帘，开口部位的宽度一般控制在不大于 6.0m，高度宜控制在 4.0m 以下，以保证该部位分隔的有效性。

设置在地下、半地下的仓库，火灾时室内气温和烟气浓度比较高，热分解产物成分复杂、毒性大而且威胁上部建筑物的安全。因此，甲、乙类仓库不应附设在建筑物的地下室和半地下室内；对于单独建设的甲、乙类仓库，甲、乙类物品也不应储存在该建筑的地下、半地下。各类仓库的层数和面积应符合表 4-3 的规定。

仓库的层数和面积　　**表 4-3**

储存物品的火灾危险性类别		仓库的耐火等级	最多允许层数	每座仓库的最大允许占地面积和每个防火分区的最大允许建筑面积（m^2）						
				单层仓库		多层仓库		高层仓库		（半）地下仓库（包括地下或半地下室）
				每座仓库	防火分区	每座仓库	防火分区	每座仓库	防火分区	防火分区
甲	3.4 项	一级	1	180	60	—	—	—	—	—
	1.2.5.6 项	一、二级	1	750	250	—	—	—	—	—
乙	1、3、4 项	一、二级	3	2000	500	900	300	—	—	—
		三级	1	500	250	—	—	—	—	—
	2.5.6 项	一、二级	5	2800	700	1500	500	—	—	—
		三级	1	900	300	—	—	—	—	—

续表

储存物品的火灾危险性类别		仓库的耐火等级	最多允许层数	每座仓库的最大允许占地面积和每个防火分区的最大允许建筑面积（m^2）						
				单层仓库		多层仓库		高层仓库		（半）地下仓库（包括地下或半地下室）
				每座仓库	防火分区	每座仓库	防火分区	每座仓库	防火分区	防火分区
丙	1项	一、二级	5	4000	1000	2800	700	—	—	150
		三级	1	1200	400	—	—	—	—	—
	2项	一、二级	不限	6000	1500	4800	1200	4000	1000	300
		三级	3	2100	700	1200	400	—	—	—
丁		一、二级	不限	不限	3000	不限	1500	4800	1200	500
		三级	3	3000	1000	1500	500	—	—	—
		四级	1	2100	700	—	—	—	—	—
戊		一、二级	不限	不限	不限	不限	2000	6000	1500	1000
		三级	3	3000	1000	2100	700	—	—	—
		四级	1	2100	700	—	—	—	—	—

仓库内设置自动灭火系统时，除冷库的防火分区外，每座仓库的最大允许占地面积和每个防火分区的最大允许建筑面积可按表 4-3 的规定增加 1.0 倍。

随着地下空间的开发利用，地下仓库的规模也越来越大，火灾危险性及灭火救援难度随之增加。因此，对耐火等级为一、二级的丙、丁、戊类地下、半地下（室）仓库最大允许占地面积做了严格的限制，且不应大于相应类别地上仓库的最大允许占地面积。

4.2.5 木结构防火分区

建筑高度不大于 18m 的住宅建筑、建筑高度不大于 24m 的办公建筑和丁、戊类厂房（库房）的房间隔墙和非承重外墙可采用木骨架组合墙体，其他建筑的非承重外墙不得采用木骨架组合墙体。丁、戊类厂房（库房）和民用建筑，采用木结构建筑或木结构组合建筑时，其允许层数和允许建筑高度应符合表 4-4 的规定，木结构建筑中防火墙间的允许建筑长度和每层最大允许建筑面积应符合表 4-5 的规定。

木结构建筑或木结构组合建筑的允许层数和允许建筑高度　　表 4-4

木结构建筑的形式	普通木结构	轻型木结构	胶合木结构		木结构组合
允许层数（层）	2	3	1	3	7
允许建筑高度（m）	10	10	不限	15	24

木结构建筑中防火墙间的允许建筑长度和每层最大允许建筑面积　　表 4-5

层数（层）	防火墙间的允许建筑长度（m）	防火墙间每层最大允许建筑面积（m^2）
1	100	1800
2	80	900
3	60	600

当设置自动喷水灭火系统时，防火墙间的允许建筑长度和每层最大允许建筑面积可按表4-5的规定增加1.0倍，对于丁、戊类地上厂房，防火墙间的每层最大允许建筑面积不限。体育场馆等高大空间建筑，其建筑高度和建筑面积可适当增加。

设置在木结构住宅建筑内的机动车库、发电机间、配电间、锅炉间，应采用耐火极限不低于2.00h的防火隔墙和1.00h的不燃性楼板与其他部位分隔，不宜开设与室内相通的门、窗、洞口，确需开设时，可开设一樘不直通卧室的单扇乙级防火门。机动车库的建筑面积不宜大于60m²。

4.2.6　汽车库防火分区

汽车库的建筑形式和体型多种多样，有单独建造的单层、多层、高层，也有附建在其他建筑物内的汽车库及附建在地下或半地下的汽车库。目前，国内新建的汽车库一般耐火等级均为一、二级，且安装了自动喷水灭火系统，这类汽车库发生大火的事故较少。单层的一、二级耐火等级的汽车库，其疏散条件和火灾扑救都比其他形式的汽车库有利，其防火分区的面积大些，而三级耐火等级的汽车库，由于建筑物燃烧容易蔓延扩大火灾，其防火分区控制小些。多层汽车库、地下和半地下汽车库及高层汽车库较单层汽车库疏散和扑救困难，其防火分区的面积相对要求更严。

为了提高汽车库的耐火等级，增强自救能力，根据不同汽车库的形式、不同的耐火等级合理划分防火分区的面积。汽车库防火分区最大允许建筑面积应符合表4-6的规定。其中，敞开式、错层式、斜楼板式汽车库的上下连通层面积应叠加计算，每个防火分区的最大允许建筑面积不应大于表4-6规定的2.0倍；室内有车道且有人员停留的机械式汽车库，其防火分区最大允许建筑面积应按表4-6的规定减少35%。当汽车库设置了自动灭火系统时，其每个防火分区的最大允许建筑面积不应大于本规定的2.0倍。甲、乙类物品运输车的汽车库、修车库，每个防火分区的最大允许建筑面积不应大于500m²。

汽车库防火分区的最大允许建筑面积（m²）　　表4-6

耐火等级	单层汽车库	多层汽车库、半地下汽车库	地下汽车库、高层汽车库
一、二级	3000	2500	2000
三级	1000	不允许	不允许

修车库每个防火分区的最大允许建筑面积不应大于2000m²，当修车部位与相邻使用有机溶剂的清洗和喷漆工段采用防火墙分隔时，每个防火分区的最大允许建筑面积不应大于4000m²。

4.3　防火分隔设施与措施

对建筑物进行防火分区的划分是通过防火分隔构件来实现的。具有阻止火势蔓延的作用，能把整个建筑空间划分成若干较小防火空间的建筑构件称为防火分隔构件。防火分隔构件可分为固定式和可开启关闭式两种。固定式包括普通砖墙、楼板、防火墙等，可开启关闭式包括防火门、防火窗、防火卷帘、防火水幕等。

4.3.1 防火墙

防火墙是防止火灾蔓延至相邻建筑或相邻水平防火分区且耐火极限不低于3.00h的不燃性墙体。防火墙是分隔水平防火分区或防止建筑间火灾蔓延的重要分隔构件，对于减少火灾损失具有重要作用。能在火灾初期和灭火过程中，将火灾有效地控制在一定空间内，阻断火灾在防火墙一侧蔓延到另一侧。防火墙的设置应满足下列要求：

（1）防火墙应直接设置在建筑的基础或框架、梁等承重结构上，框架、梁等承重结构的耐火极限不应低于防火墙的耐火极限（如图4-13所示）。防火墙应从楼地面基层隔断至梁、楼板或屋面板的底面基层（如图4-14所示）。当高层厂房（仓库）屋顶承重结构和屋面板的耐火极限低于1.00h，其他建筑屋顶承重结构和屋面板的耐火极限低于0.50h时，防火墙应高出屋面0.5m以上（如图4-15所示）。

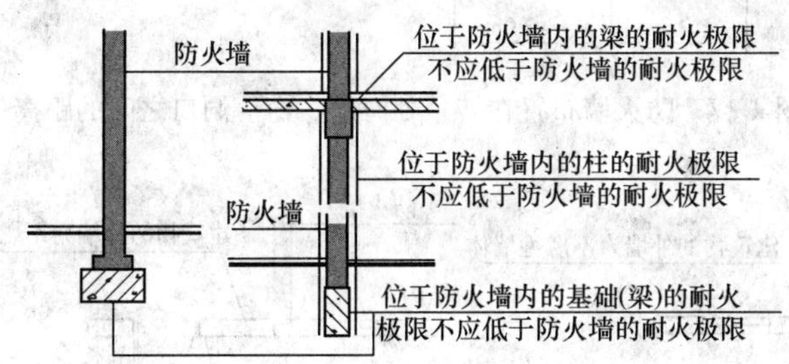

图4-13 防火墙的设置

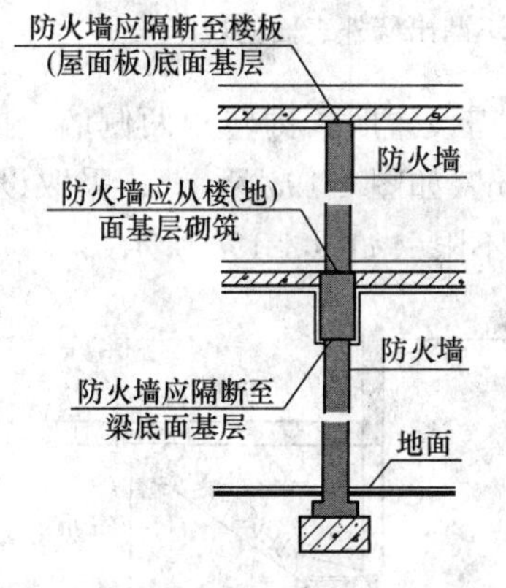

图4-14 防火墙应隔断的位置图

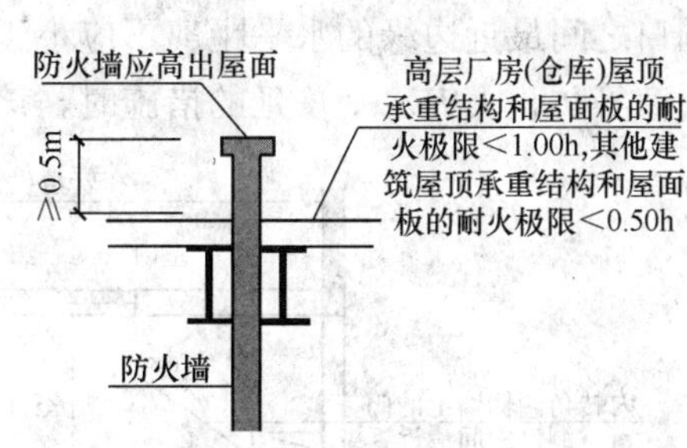

图4-15 防火墙高出屋面的条件

（2）防火墙横截面中心线水平距离天窗端面小于4.0m，且天窗端面为可燃性墙体时，应采取防止火势蔓延的措施（如图4-16所示）。

（3）建筑外墙为难燃性或可燃性墙体时，防火墙应凸出墙的外表面0.4m以上，且防火墙两侧的外墙应为宽度不小于2.0m的不燃性墙体，其耐火极限不应低于外墙的耐火极限（如图4-17所示）。

建筑外墙为不燃性墙体时，防火墙可不凸出墙的外表面，紧靠防火墙两侧的门、窗、洞口之间最近边缘的水平距离不应小于2.0m；采取设置乙级防火窗等防止火灾水平蔓延的措施时，该距离不限（如图4-18所示）。

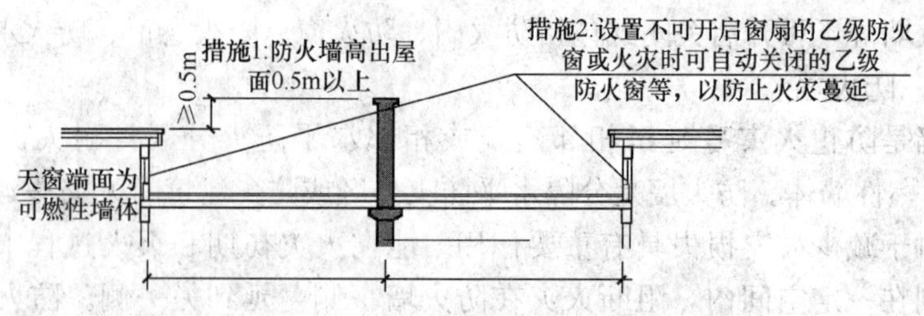

图 4-16　防止火势蔓延的措施

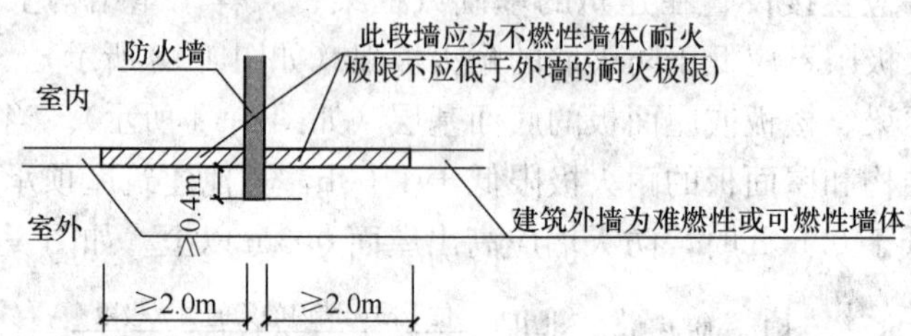

图 4-17　防火墙布置在转角处时门、窗、洞口之间的距离

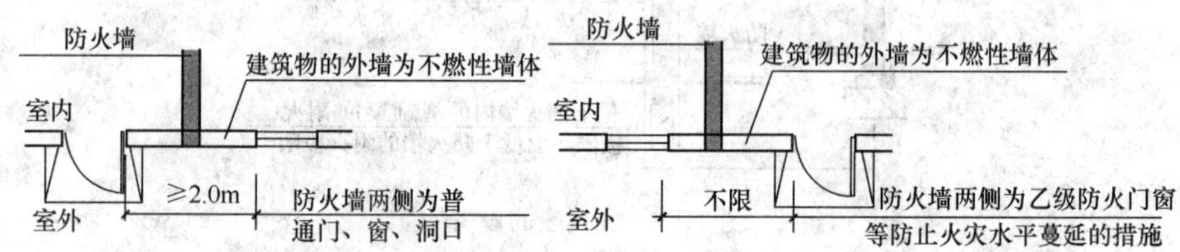

图 4-18　外墙为不燃性墙体时，防火墙不凸出墙外表面的规定

（4）建筑内的防火墙不宜设置在转角处，确需设置时，内转角两侧墙上的门、窗、洞口之间最近边缘的水平距离不应小于 4.0m（如图 4-19*a* 所示）；采取设置乙级防火窗等防止火灾水平蔓延的措施时，该距离不限（如图 4-19*b* 所示）。

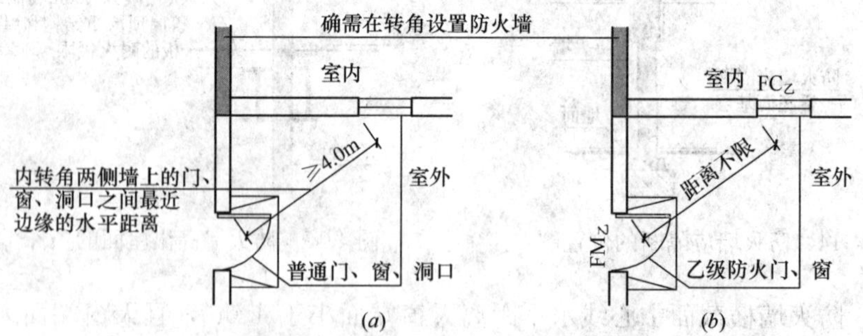

图 4-19　防火墙布置在转角处时门、窗、洞口之间的距离

（5）防火墙上不应开设门、窗、洞口，确需开设时，应设置不可开启或火灾时能自动关闭的甲级防火门、窗。可燃气体和甲、乙、丙类液体的管道严禁穿过防火墙。防火墙内不应设置排气道。

（6）防火墙的构造应能在防火墙任意一侧的屋架、梁、楼板等受到火灾的影响而破坏时，不会导致防火墙倒塌。

4.3.2 防火门、窗

1. 防火门

(1) 防火门的分类

防火门是指具有一定耐火极限，且在发生火灾时能自行关闭的门。其作用是阻止火势和烟气扩散，为人员安全疏散和灭火救援提供条件。其次，防火门又具有交通、通风、采光等功能。防火门按材质有木质、钢质、钢木质和其他材质防火门；按门扇结构有带亮子、不带亮子；单扇、多扇。建筑防火设计中所讲的防火门主要是按耐火等级来分的，表 4-7 为防火门按耐火等级的分类及代号。

按耐火性能防火门的分类 表 4-7

名称	耐火性能		代号
隔热防火门（A类）	耐火隔热性≥0.50h，耐火完整性≥0.50h		A0.50（丙级）
	耐火隔热性≥1.00h，耐火完整性≥1.00h		A1.00（乙级）
	耐火隔热性≥1.50h，耐火完整性≥1.50h		A1.50（甲级）
	耐火隔热性≥2.00h，耐火完整性≥2.00h		A2.00
	耐火隔热性≥3.00h，耐火完整性≥3.00		A3.00
部分隔热防火门（B类）	耐火隔热性≥0.50h	耐火完整性≥1.00h	B1.00
		耐火完整性≥1.50h	B1.50
		耐火完整性≥2.00h	B2.00
		耐火完整性≥3.00	B3.00
非隔热防火门（C类）	耐火完整性≥1.00h		C1.00
	耐火完整性≥1.50h		C1.50
	耐火完整性≥2.00h		C2.00
	耐火完整性≥3.00		C3.00

(2) 防火门的设计要求

建筑内设置防火门的部位，一般为火灾危险性大或性质重要房间的门以及防火墙、楼梯间及前室上的门等。因此，建筑内设置的防火门，既要能保持建筑防火分隔的完整性，又要能方便人员疏散和开启，其开启方式、开启方向等均要保证在紧急情况下人员能快捷开启，不会导致阻塞。同时，为避免烟气或火势通过门洞窜入疏散通道，并保证疏散通道在一定时间内的相对安全，防火门在平时要尽量保持关闭状态；若为方便平时经常有人通行而需要保持常开的防火门，要采取措施使之能在着火时以及人员疏散后自行关闭，如设置与报警系统联动的控制装置和闭门器等。因此，防火门的设置应符合下列规定：

1) 设置在建筑内经常有人通行处的防火门宜采用常开防火门。常开防火门应能在火灾时自行关闭，并应具有信号反馈的功能。

2) 除允许设置常开防火门的位置外，其他位置的防火门均应采用常闭防火门。常闭防火门应在其明显位置设置“保持防火门关闭”等提示标识。

3) 除管井检修门和住宅的户门外，防火门应具有自行关闭功能。双扇防火门应具有按顺序自行关闭的功能（如图 4-20 所示）。

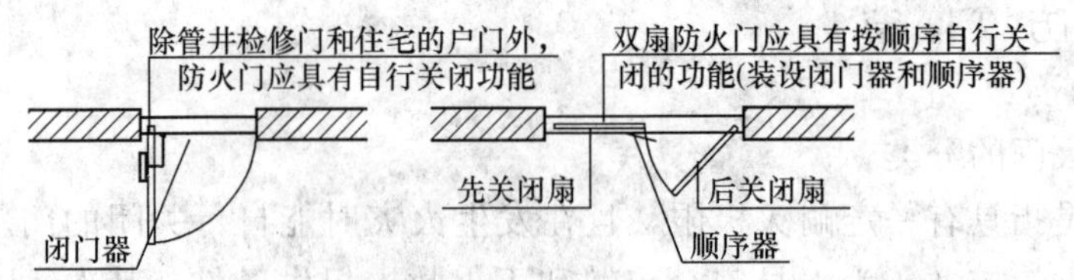

图 4-20 双扇防火门应有按顺序关闭的功能

4）设置在建筑变形缝附近时，防火门应设置在楼层较多的一侧，并应保证防火门开启时门扇不跨越变形缝（如图 4-21 所示）。

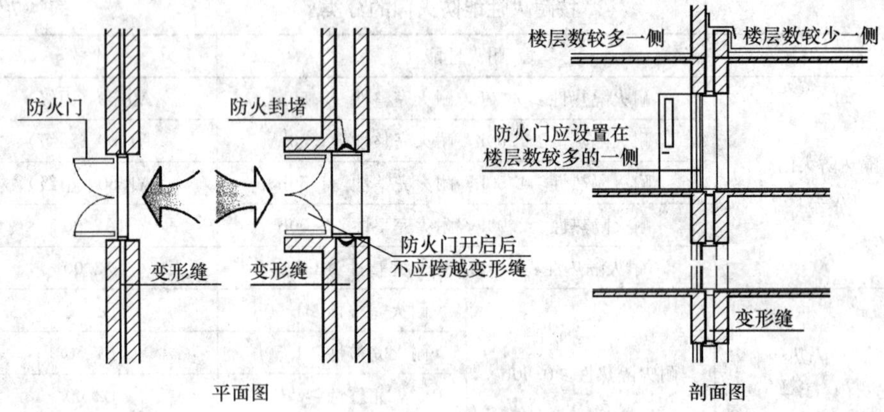

图 4-21 变形缝附近防火门的设置

5）防火门关闭后应具有防烟性能。

2. 防火窗

防火窗是采用钢窗框、钢窗扇及防火玻璃制成，能起到隔离和阻止火势蔓延的窗。防火窗一般均设置在防火间距不足部位的建筑外墙上的开口处或屋顶天窗部位、建筑内的防火墙或防火隔墙上需要进行观察和监控活动等的开口部位、需要防止火灾竖向蔓延的外墙开口部位。因此，防火窗需要具备在火灾时能自行关闭的功能。否则，就应将防火窗的窗扇设计成不能开启的窗扇，即固定窗扇的防火窗。

为了使防火窗的窗扇能够开启和关闭，防火窗应安装自动和手动开关装置。防火窗的耐火极限与防火门相同。设置在防火墙、防火隔墙上的防火窗，应采用不可开启的窗扇或具有火灾时能自行关闭的功能。

4.3.3 防火卷帘

防火卷帘是在一定时间内，连同框架能满足耐火稳定性和完整性要求的卷帘，由卷帘、卷轴、电动机、导轨、支架、防护罩和控制机构等组成，是一种活动的防火分隔设施，它可以有效地阻止火势从门窗洞口蔓延。

常见的防火卷帘有钢质防火卷帘和无机纤维复合防火卷帘。钢质防火卷帘有轻型和重型，钢板厚度分别为 0.5～0.6mm 和 1.5～1.6mm。复合防火卷帘中的钢质复合防火卷帘有内外双片帘板组成，中间填充防火保护材料。此外，还有非金属材料制作的复合防火卷帘，其主要材料为石棉。防火卷帘规格不一，钢质防火卷帘宽度可达 15m，非金属复合防火卷帘相对较轻，宽度更大。

一般防火卷帘需要设水幕保护。是否在两侧设置水幕保护，应根据防火墙耐火极限的判定条件来确定。当防火卷帘的耐火极限符合耐火完整性和耐火隔热性的判定条件时，可不设置自动喷水灭火系统保护；当防火卷帘的耐火极限仅符合耐火完整性的判定条件时，应设置自动喷水灭火系统。防火卷帘类型的选择是否正确应根据具体设置位置进行判断，一般不宜选用侧式防火卷帘。若防火卷帘需要与火灾自动报警系统联动时，还须同时检查防火卷帘的两侧是否安装手动控制按钮、火灾探测器组及其警报装置。

(1) 防火卷帘的设置部位

防火卷帘主要用于需要进行防火分隔的墙体，特别是防火墙、防火隔墙上因生产、使用等需要开设较大开口而又无法设置防火门时的防火分隔。如，商场的营业厅、自动扶梯周围、与中庭相连通的过厅和通道、高层建筑外墙的门窗洞口（防火间距不足时）等。

(2) 防火卷帘的设置要求

防火分隔部位设置防火卷帘时，除中庭外，当防火分隔部位的宽度不大于30m时，防火卷帘的宽度不应大于10m；当防火分隔部位的宽度大于30m时，防火卷帘的宽度不应大于该部位宽度的1/3，且不应大于20m（如图4-22所示）。防火卷帘应具有火灾时靠自重自动关闭功能。防火卷帘应具有防烟性能，与楼板、梁、墙、柱之间的空隙应采用防火封堵材料封堵。需在火灾时自动降落的防火卷帘，应具有信号反馈的功能。

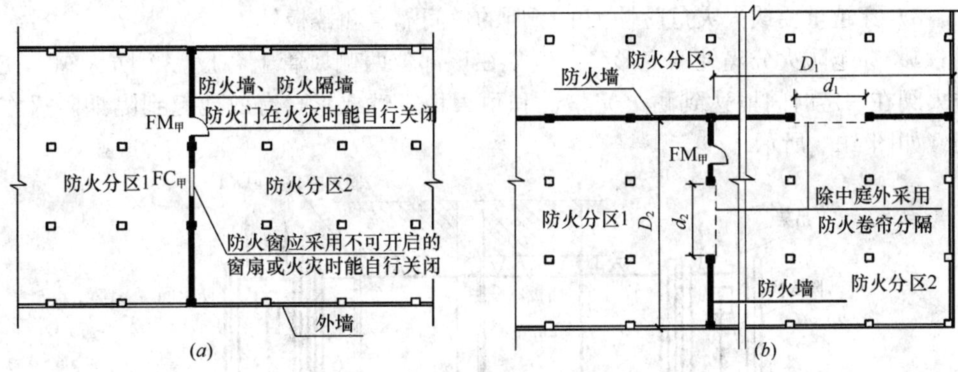

图4-22 防火卷帘的设置

图中，D为某一防火分隔区域与相邻防火分隔区域两两之间需要进行分隔的部位的总宽度。d为防火卷帘的宽度：当D_1（D_2）$\leqslant$30m时，d_1（d_2）$\leqslant$10m；当D_1（D_2）$>$30m时，d_1（d_2）$\leqslant 1/3D_1$（D_2），且d_1（d_2）$\leqslant$20m。

4.3.4 防火阀与排烟防火阀

1. 防火阀

防火阀是指安装在通风、空调系统的送、回风管路上，平时呈开启状态，火灾时当管道内气温达到70℃时关闭，在一定时间内满足耐火稳定性和完整性要求，起隔烟阻火作用的阀门。为使防火阀能自行严密关闭，防火阀关闭的方向应与通风和空调的管道内气流方向相一致。采用感温元件控制的防火阀，其动作温度高于通风系统在正常工作的最高温度（45℃）时，宜取70℃。

由于火灾中的热烟气扩散速度较快，在有通风和空气调节系统的建筑内发生火灾时，穿越楼板、墙体的垂直管道水平风道是火势蔓延的主要途径。设置防火阀，可以有效防止火灾通过通风、空调系统管道、排油烟管道等蔓延扩大，防止和控制火灾的竖向蔓延，使建筑的防火体系完整。

(1) 安装位置

通风管道在穿越防火分隔处设置防火阀，可以有效地控制火灾蔓延，在此条件下，通风管道横向或竖向均可以不分区或按楼层分段布置。在住宅建筑中的厨房、厕所的垂直排风管道上，多采用防止回流设施防止火势蔓延，在公共建筑的卫生间和多个排风系统的排风机房里需同时设防火阀和防止回流设施。

通风、空气调节系统的风管在下列部位应设置公称动作温度为 70℃的防火阀：

1) 穿越防火分区处。主要防止火灾在防火分区或不同防火单元之间蔓延。在某些情况下，必须穿过防火墙或防火隔墙时，需在穿越处设置防火阀，此防火阀一般依靠感烟火灾探测器控制动作，用电信号通过电磁铁等装置关闭，同时它还具有温度熔断器自动关闭以及手动关闭的功能。

2) 穿越通风、空气调节机房的房间隔墙和楼板处。主要防止机房的火灾通过风管蔓延到建筑内的其他房间，或者防止建筑内的火灾通过风管蔓延到机房。此外，为防止火灾蔓延至重要的会议室、贵宾休息室、多功能厅等性质重要的房间或有贵重物品、设备的房间以及易燃物品实验室或易燃物品库房等火灾危险性大的房间，规定风管穿越这些房间的隔墙和楼板处应设置防火阀。

3) 穿越重要或火灾危险性大的场所的房间隔墙和楼板处。

4) 穿越防火分隔处的变形缝两侧。在该部位两侧风管上各设一个防火阀，使防火阀在一定时间里达到耐火完整性和耐火稳定性要求，有效地起到隔烟阻火作用（如图 4-23 所示)。

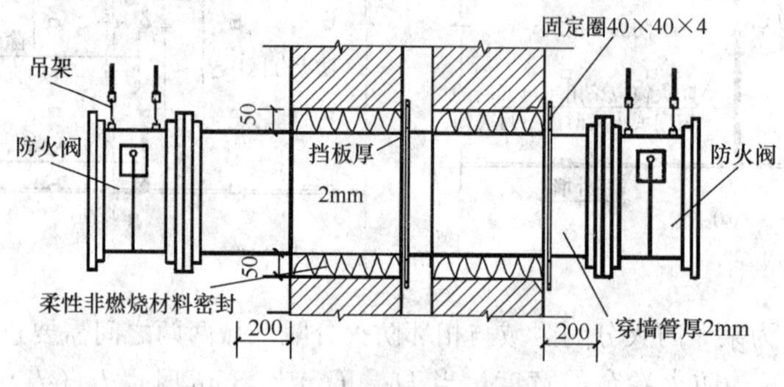

图 4-23　变形缝处的防火阀

5) 竖向风管与每层水平风管交接处的水平管段上。但是，当建筑内每个防火分区的通风、空气调节系统均独立设置时，水平风管与竖向总管的交接处可不设置防火阀。

为防止火势通过建筑内的浴室、卫生间、厨房的垂直排风管蔓延，公共建筑的浴室、卫生间和厨房的竖向排风管，应采取防止回流措施并宜在支管上设置公称动作温度为 70℃的防火阀。由于厨房中平时操作排出的废气温度较高，若在垂直排风管上设置 70℃时动作的防火阀，将会影响平时厨房操作中的排风。因此，公共建筑内厨房的排油烟管道宜按防火分区设置，且在与竖向排风管连接的支管处应设置公称动作温度为150℃的防火阀。

(2) 防火阀的设置要求

为使防火阀能及时关闭，控制防火阀关闭的易熔片或其他感温元件应设在容易感温的部位。设置防火阀的通风管要求具备一定强度，设置防火阀处要设置单独的支吊架，以防止管段变形，暗装时，需在安装部位设置方便检修的检修口(如图4-24所示)。

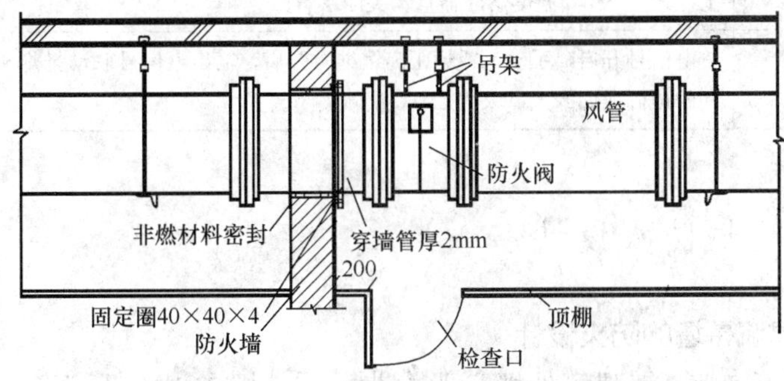

图4-24　防火阀检修口设置示意图

防火阀宜靠近防火分隔处设置。同时，为保证防火阀能在火灾条件下发挥预期作用，穿过防火墙两侧各2.0m范围内的风管绝热材料需要采用不燃材料且具备足够的刚性和抗变形能力，穿越处的空隙要用不燃材料或防火封堵材料严密填实。防火分区隔墙两侧的防火阀距墙端面不大于200mm。

2. 排烟防火阀

排烟防火阀是指安装在排烟系统管道上，平时呈开启状态，火灾时当管道内气体温度达到280℃时自动关闭，在一定时间内能满足耐火稳定性和耐火完整性要求，起阻火隔烟作用的阀门。排烟防火阀通常安装在排烟风机入口处、与垂直排烟风管连接的水平风管和负担多个防烟分区排烟系统的排烟支管上。

特别需要说明的是，安装在排烟风机入口处的排烟阀，需要实现与排烟风机联锁，即当该排烟阀关闭时，排烟风机能停止运转。排烟防火阀与防火阀不同之处在于，防火阀安装在通风、空调系统的管道上时，其公称动作温度为70℃，而排烟防火阀安装在排烟系统的管道上时，其公称动作温度为280℃。

排烟防火阀的设置部位：排烟管道在进入排风机房处应设排烟防火阀；在穿过防火分区的排烟管道上应设排烟防火阀；在排烟系统的支管上应设排烟防火阀。有关防火阀的分类，参见表4-8。

防火阀、排烟防火阀的基本分类　　**表4-8**

类别	名称	性能及用途
防火类	防火阀	采用70℃温度熔断器自动关闭（防火），可输出联动信号。用于通风空调系统风管内，防止火势沿风管蔓延
	防烟防火阀	靠感烟火灾探测器控制动作，用电信号通过电磁铁关闭（防烟），还可采用70℃温度熔断器自动关闭（防火）。用于通风空调系统风管内，防止烟火蔓延
	防火调节阀	70℃自动关闭，手动复位，0°～90°无级调节，可以输出关闭电信号

续表

类别	名称	性能及用途
防烟类	加压送风口	靠感烟火灾探测器控制，电信号开启，也可手动（或远距离缆绳）开启，可设70℃温度熔断器重新关闭装置，输出电信号联动送风机开启。用于加压送风系统的风口，防止外部烟气进入
排烟类	排烟阀	电信号开启或手动开启，输出开启电信号联动排烟机开启，用于排烟系统风管上
	排烟防火阀	电信号开启，手动开启，输出动作电信号，用于排烟风机吸入口管道或排烟支管上。采用280℃温度熔断器重新关闭
	排烟口	电信号开启，手动（或远距离缆绳）开启，输出电信号联动排烟机，用于排烟房间的顶棚或墙壁上。采用280℃重新关闭装置

4.4 功能区域防火设计

4.4.1 建筑幕墙的防火设计

在现代建筑中，高层建筑外墙一般为非承重外墙，为了抵御高空气候变化的影响以及考虑美观、耐久性和减轻建筑物自重等要求，高层建筑外墙多采用轻质薄壁和高档饰面材料，以板材形式悬挂于主体结构上的外墙，称之为幕墙。

幕墙不承重，但要承受风荷载，并通过连接件将自重和风荷载传到主体结构，板材多采用玻璃、铝合金或不锈钢等材料。由于幕墙框料及玻璃均可预制，幕墙装饰效果好，安装速度快，施工质量也容易得到保证，是外墙轻型化、装配化的理想形式。幕墙构件多由单元构件组合而成，局部有损坏可以很方便地维修或更换，从而延长了幕墙的使用寿命。因此，幕墙促使非承重轻质外墙的设计和构造发生了根本性改变。

发生火灾时，幕墙受到火烧或受热时，玻璃幕墙在火灾初期即会爆裂，甚至造成大面积的破碎事故，导致火灾在建筑内部的蔓延；垂直的幕墙和水平楼板、隔墙间的缝隙等也是引发火灾蔓延的途径。采用外幕墙的建筑，因大部分幕墙存在空腔结构，这些空腔上下贯通，在火灾时会产生强烈的烟囱效应，如不采取一定分隔措施，会加剧火势在水平和竖向的迅速蔓延，导致建筑整体着火，难以实施扑救。再如，窗间墙、窗槛墙的填充材料若采用可燃或难燃烧材料时，也会引发火灾通过幕墙与墙体之间的空隙蔓延。因此，为了阻止火灾时幕墙与楼板、隔墙之间的空隙等蔓延火灾，幕墙应采取相应的防火措施：

（1）建筑幕墙每层楼板外沿处设置高度不小于1.2m的实体墙或挑出宽度不小于1.0m、长度不小于开口宽度的防火挑檐；当室内设置自动喷水灭火系统时，该部分墙体的高度不应小于0.8m（如图4-25所示）。当上、下层开口之间设置实体墙确有困难时，可设置防火玻璃墙，但高层建筑的防火玻璃墙的耐火完整性不应低于1.00h，多层建筑的防火玻璃墙的耐火完整性不应低于0.50h。外窗的耐火完整性不应低于防火玻璃墙的耐火完整性要求。幕墙与每层楼板、隔墙处的缝隙应采用防火封堵材料封堵（如图4-26、图4-27所示）。

（2）住宅内着火后，在窗户开启或窗户玻璃破碎的情况下，火焰将从窗户蔓

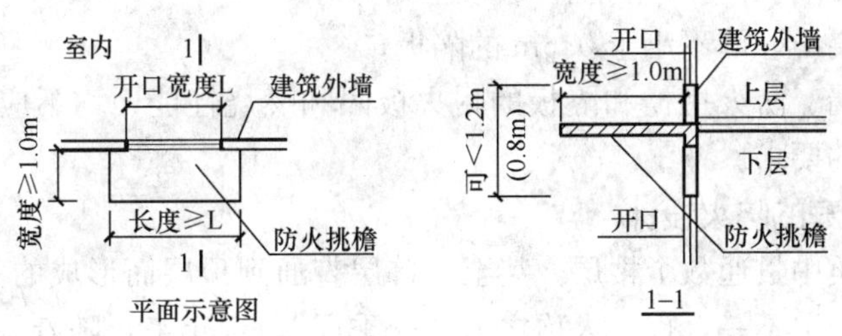

图 4-25 幕墙的防火分隔措施

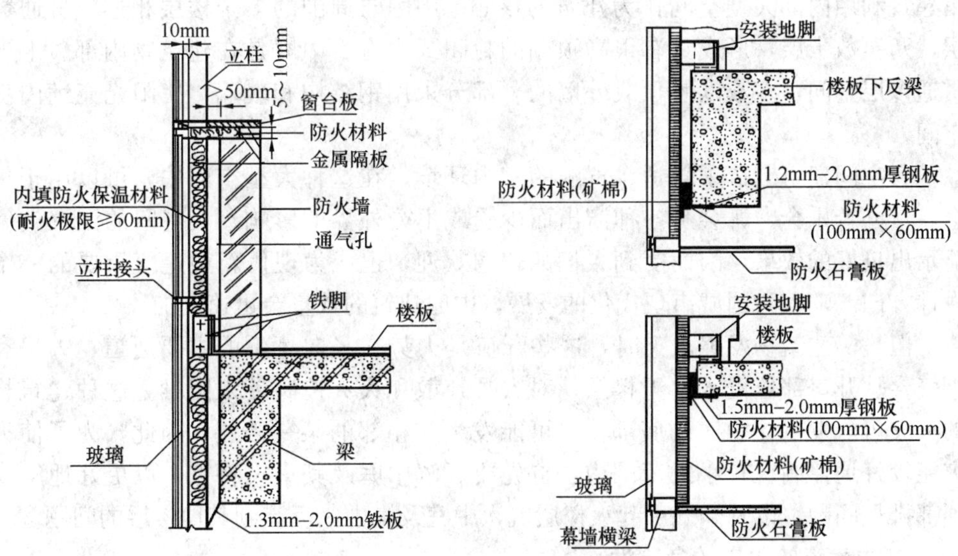

图 4-26 玻璃幕墙的防火构造

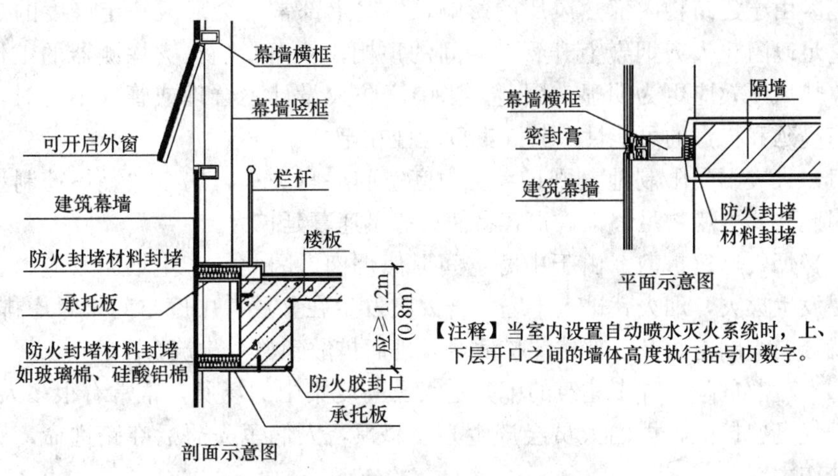

图 4-27 幕墙每层楼板外沿处的防火构造

出并向上卷吸，因此着火房间的同层相邻房间受火的影响要小于该相邻房间的上一层房间。此外，当火焰在环境风的作用下偏向一侧时，住宅户与户之间突出外墙的隔板可以起到很好的阻火隔热作用，效果要优于外窗之间设置的墙体。因此，住宅建筑外墙上相邻户开口之间的墙体宽度不应小于 1.0m；小于 1.0m 时，应在开口之间设置突出外墙不小于0.6m的隔板。

(3) 实体墙、防火挑檐和隔板的耐火极限和燃烧性能，均不应低于相应耐火等级建筑外墙的要求。

4.4.2 中庭的防火设计

中庭是建筑中贯通数个楼层，甚至从首层直通到顶层而形成的一种共享空间。人们对中庭的叫法不一，也有人称之为“四季厅”。近年来，随着旅游业及建筑物大规模化和综合化的发展，中庭往往是某个大型高层建筑的组成部分，尤其是旅馆建筑利用内部大型空间作为建筑的核心。中庭与周围的多个楼层相连、贯通数层，乃至数十层，形成具有很高顶棚的封闭式中庭。中庭是在建筑物内部、上下贯通多层空间，多数以屋顶或外墙的一部分采用钢结构和玻璃，使阳光充满内部空间。

大空间建筑创造了舒适、宽敞的室内环境，在这种大型空间中，可以用于集会、举办音乐会、舞会和各种演出而少受或不受外界的影响。大空间的团聚气氛显示出良好的效果，因而受到人们的普遍欢迎，也成为现代新型建筑重要的一个设计方向。随着我国城市现代化的发展，中庭建筑的数量会迅速增加。

但是，建筑物发生火灾时，这些开口是火势在竖向蔓延的主要通道，火势和烟气会从开口部位侵入上下楼层，对人员疏散和火灾控制带来困难。这种建筑物的火灾可能发生在中庭的底部，也可能发生在相邻的某一楼层。因此，为了使火灾能较好地控制在较小的范围内，首先要了解中庭及其火灾特点，以更好地解决顶部排烟问题，以及烟气由起火楼层流入中庭及由中庭反流到其他楼层的问题。

1. 中庭建筑火灾的危险性

设计中庭的建筑最大的问题是发生火灾时，其防火分区被上、下贯通的大空间破坏。由于建筑物内部热风压的影响，中庭上部常常会形成一定厚度的热空气层，它足以阻止火灾烟气上升到大空间的顶棚，从而影响火灾探测器的工作，在夏季，热风压效应更为明显。因此，当中庭防火设计不合理或管理不善时，有火灾迅速蔓延和扩大的可能性。其火灾危险性在于：

(1) 火灾不受限制地急剧扩大。中庭空间一旦失火，属于“燃料控制型”燃烧，因此只要可燃物足够大，很容易使火势迅速蔓延扩大。

(2) 烟气迅速扩散。由于中庭空间形似烟囱，因此易产生烟囱效应。若在中庭下层发生火灾，烟火就进入中庭；若火灾发生在上层，中庭空间未考虑排烟时，烟气就会向周围走廊及下部楼层扩散，并进而扩散到整个建筑物。

(3) 疏散危险。许多建筑的中庭是人员高度集中的场所，常常有很多人聚集。由于烟气迅速扩散，楼内人员会产生心理恐惧，人们争先恐后夺路逃命，极易出现踩踏伤亡。

(4) 火灾易扩大。中庭空间的顶棚通常都很高，因此采取普通的火灾探测和自动喷水灭火装置等方法不能达到火灾早期探测和初期灭火的效果。即使在顶棚下设置了自动洒水喷头，由于高度太大，依靠温度变化启动喷头往往因达不到启动温度而使洒水喷头无法启动。

(5) 灭火和救援活动可能受到的影响，主要表现在：

1）可能出现同时要在几层楼进行灭火的情况；

2）消防队员不得不逆疏散人流的方向进入火场；

3）火灾发展迅猛且在多个方位蔓延扩大，消防队难以围堵扑灭火灾；

4）烟雾迅速扩散，严重影响消防扑救工作的展开；

5）火灾时，屋顶和壁面上的玻璃因受热破裂而散落，对消防队员和疏散人员造成威胁；

6）建筑物中庭的用途不固定，将会有大量不熟悉建筑情况的人员参与活动，并可能增加大量的可燃物，如临时舞台、照明设施、座席等，将会进一步加大火灾发生的机率，加大火灾时扑救和疏散的难度。

2. 中庭的防火设计要求

建筑内设置中庭时，其防火分区的建筑面积应按上、下层相连通的建筑面积叠加计算；当叠加计算后的建筑面积大于一个防火分区最大允许建筑面积时，应符合下列规定。

（1）与周围连通空间应进行防火分隔：采用防火隔墙时，其耐火极限不应低于1.00h；采用防火玻璃时，其耐火隔热性和耐火完整性不应低于1.00h，采用耐火完整性不低于1.00h的非隔热性防火玻璃墙时，应设置自动喷水灭火系统进行保护。采用防火卷帘时，其耐火极限不应低于3.00h，并应符合防火卷帘分隔的相关规定；与中庭相连通的门、窗，应采用火灾时能自行关闭的甲级防火门、窗。

（2）中庭应设置排烟设施；中庭内不应布置可燃物；高层建筑内的中庭回廊应设置自动喷水灭火系统和火灾自动报警系统。

4.4.3 建筑竖井的防火构造

建筑中的楼梯间、电梯井、采光天井、通风管道井、电缆井、垃圾井等竖井串通各层的楼板，形成竖向连通孔洞，其烟囱效应十分危险。这些竖井应该单独设置，以防止烟火在竖井内的蔓延，否则烟火一旦侵入，就会形成火灾向上层蔓延的通道，其后果将不堪设想。高层建筑中各种竖井、管道的防火设计构造要求（如图4-28～图4-30所示），参见表4-9。

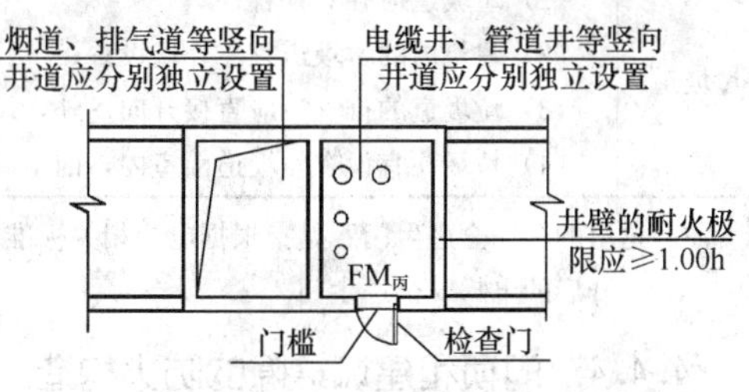

图4-28 垃圾道的防火构造

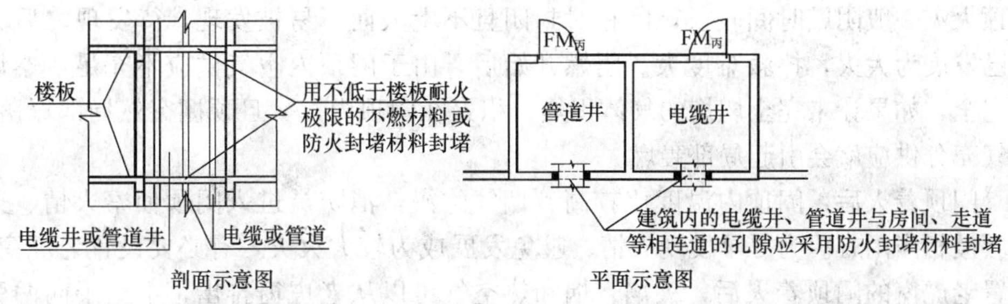

图4-29 电缆井、管道井在楼板等处的防火构造

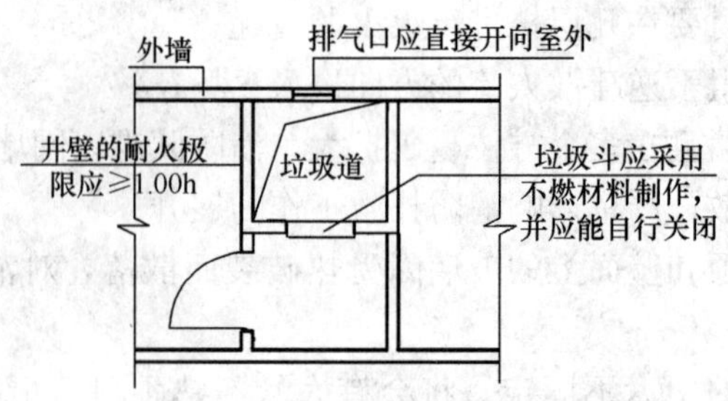

图 4-30　电缆井的防火构造

各类建筑竖井的防火分隔要求　　表 4-9

名　称	防　火　要　求
电梯井	(1) 应独立设置； (2) 井内严禁敷设可燃气体和甲、乙、丙类液体管道，不应敷设与电梯无关的电缆、电线等； (3) 电梯井的井壁应为耐火极限不低于 2.00h 的不燃性墙体； (4) 电梯井的井壁除设置电梯门、安全逃生门和通气孔洞外，不应设置其他开口； (5) 电梯门的耐火极限不应低于 1.00h，且不应采用栅栏门
电缆井 管道井 排烟道 排气道	(1) 这些竖向井道应分别独立设置； (2) 井壁应为耐火极限不低于 1.00h 不燃性墙体； (3) 井壁上的检查门应采用丙级防火门（如图 4-28 所示）； (4) 建筑内的电缆井、管道井应在每层楼板处采用不低于楼板耐火极限的不燃材料或防火封堵材料封堵（如图 4-29 所示）； (5) 建筑内的电缆井、管道井与房间、走道等相连通的孔隙应采用防火封堵材料封堵（如图 4-29 所示）
垃圾道	(1) 垃圾道应独立设置； (2) 建筑内的垃圾道宜靠外墙设置； (3) 垃圾道的排气口应直接开向室外，垃圾斗应采用不燃材料制作，并应能自行关闭； (4) 垃圾斗宜设在垃圾道前室内，前室门应采用丙级防火门（如图 4-30 所示）

注：这里的“安全逃生门”是指根据电梯相关标准要求，对于电梯不停靠的楼层，每隔 11m 需要设置的可开启的电梯安全逃生门。

4.4.4　闷顶和建筑缝隙的防火构造

1. 闷顶

闷顶为屋盖与顶棚之间的封闭空间，一般起隔热作用，常见于坡屋顶建筑。闷顶火灾一般阴燃时间较长，因相对封闭且不上人而不易被发现，待发现之后火势已发展为大火，扑救难度大。阴燃开始后，由于闷顶内空气供应不充足，燃烧不完全，如果让未完全燃烧的气体积热、积聚在闷顶内，一旦顶棚突然局部塌落，氧气充分供应就会引起局部轰燃。

闷顶着火后，闷顶内温度比较高、烟气弥漫，消防员进入闷顶侦察火情、灭火救援相当困难。为尽早发现火情、避免发展成为较大火灾，有必要设置老虎窗。设置老虎窗的闷顶着火后，火焰、烟和热空气可以从老虎窗排出，不至于向两旁扩散到整个闷顶，有助于把火势局限在老虎窗附近范围内，并便于消防员侦察火情和灭火。同时，为便于消防员迅速进入建筑内进行灭火，闷顶应设楼梯，闷顶的入口应设在楼梯间附近，以便于消防员进入闷顶展开扑救。但有的建筑物，其屋架、顶棚和其他屋顶构件为不燃材料，闷顶内又无可燃物，像这样的闷顶，可以不设置闷顶入口。闷顶的防火设计应满足下列要求：

（1）在三、四级耐火等级建筑的闷顶内采用可燃材料作绝热层时，屋顶不应采用冷摊瓦。闷顶内的非金属烟囱周围 0.5m、金属烟囱 0.7m 范围内，应采用不燃材料作绝热层（如图 4-31 所示）。

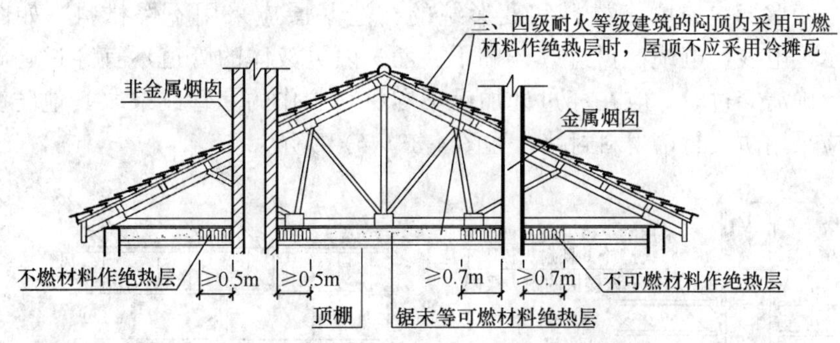

图 4-31　三、四级耐火等级建筑的闷顶

（2）层数超过 2 层的三级耐火等级建筑内的闷顶，应在每个防火隔断范围内设置老虎窗，且老虎窗的间距不宜大于 50m（如图 4-32 所示）。

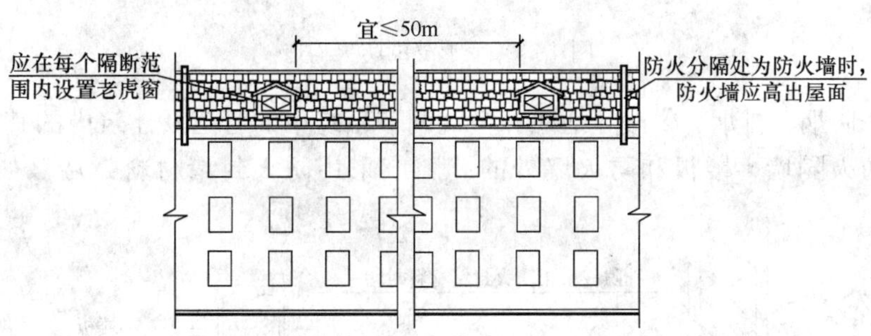

图 4-32　层数超过 2 层的三级耐火等级建筑的闷顶的防火要求

（3）内有可燃物的闷顶，应在每个防火隔断范围内设置净宽度和净高度均不小于 0.7m 的闷顶入口；对于公共建筑，每个防火隔断范围内的闷顶入口不宜少于 2 个。闷顶入口宜布置在走廊中靠近楼梯间的部位。

此处的“每个防火隔断范围”，主要指住宅单元或其他采用防火隔墙分隔成较小空间（墙体隔断闷顶）的建筑。而教学、办公、旅馆等公共建筑，每个防火隔断范围面积较大，一般为 1000m^2，最大可达 2000m^2 以上，要求设置不小于 2 个闷顶入口。

2. 建筑缝隙

建筑变形缝是在长度较长的建筑中或建筑中有较大高差部分之间，为防止温度变化、沉降不均匀或地震等建筑变形而影响建筑结构安全和使用功能，将建筑结构断开为若干部分所形成的缝隙。特别是高层建筑的变形缝，因抗震等需要留得较宽，这些缝隙在建筑内部形成了贯通的孔洞，贯通防火分区的孔洞面积虽然小，但是当施工质量不合格时，就会失去防火分区的作用，在火灾中具有很强的拔火作用，会使火灾通过变形缝内的可燃填充材料蔓延，烟气也会通过变形缝等竖向结构缝隙扩散到全楼。因此，必须高度重视防火分区贯通部位的耐火性能满足安全要求，以确保防火分区耐火性能可靠。

为防止因建筑变形破坏管线而引发火灾并使火灾烟气通过变形缝、管道的孔隙等蔓延扩散，变形缝等建筑缝隙的防火构造应满足下列要求：

（1）变形缝内的填充材料和变形缝的构造基层应采用不燃材料，如图 4-33（*a*）所示。电线、电缆、可燃气体和甲、乙、丙类液体的管道不宜穿过建筑内的变形缝，确需穿过时，应在穿过处加设不燃材料制作的套管或采取其他防变形措施，并应采用防火封堵材料封堵，如图 4-33（*b*）所示。

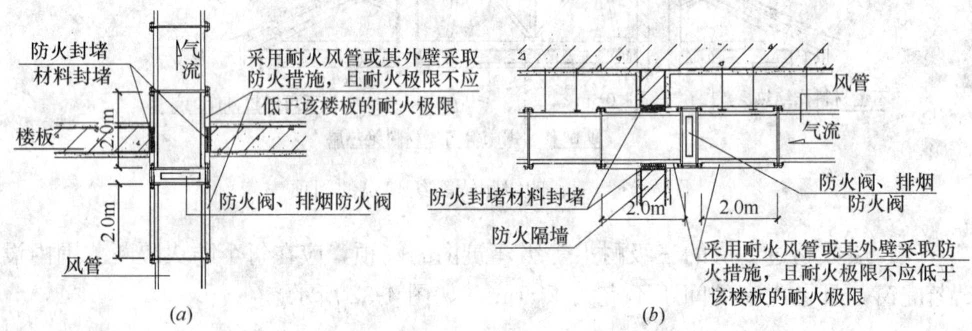

图 4-33　变形缝的防火构造

（2）防烟、排烟、供暖、通风和空气调节系统中的管道及建筑内的其他管道，在穿越防火隔墙、楼板和防火墙处的孔隙应采用防火封堵材料封堵（如图 4-34 所示）。

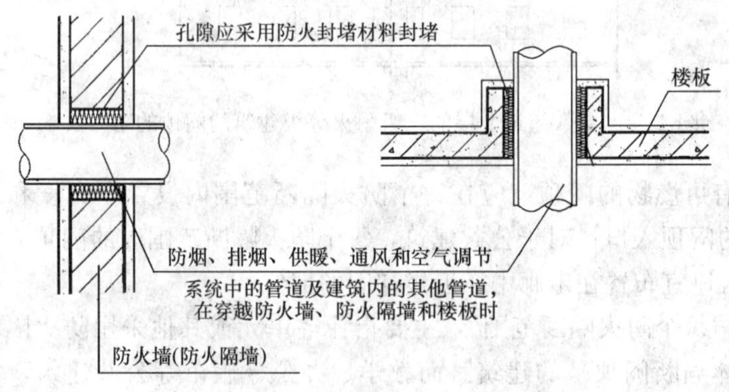

图 4-34　管道在穿越楼板等处的防火构造

风管穿过防火隔墙、楼板和防火墙处时，风管上的防火阀、排烟防火阀两侧各 2.0m 范围内的风管应采用耐火风管或风管外壁采取防火保护措施，且耐火极限不应低于该防火分隔体的耐火极限（如图 4-35 所示）。

（3）建筑内受高温或火焰作用易变形的管道，在贯穿楼板部位和穿越防火隔

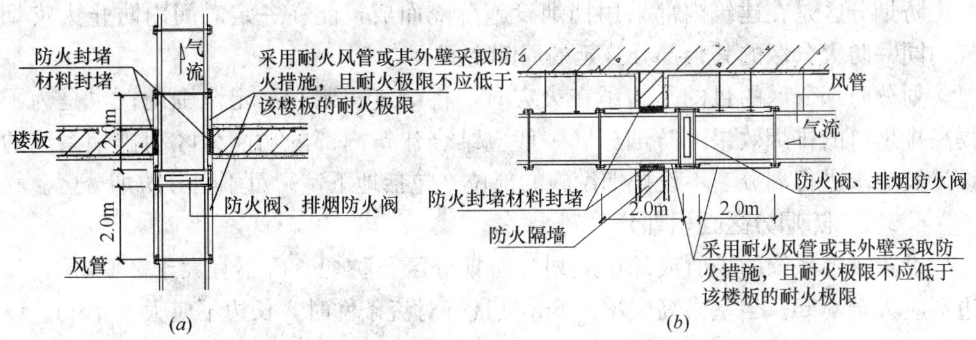

(a) (b)

图 4-35 风管穿过防火（隔）墙、楼板时的防火构造

墙的两侧宜采取阻火措施（如图 4-36 所示）。

（4）除可燃气体和甲、乙、丙类液体的管道外的其他管道不宜穿过防火墙，确需穿过时，应采用防火封堵材料将墙与管道之间的空隙紧密填实，穿过防火墙处的管道保温材料，应采用不燃材料；当管道为难燃及可燃材料时，应在防火墙两侧的管道上采取防火措施。

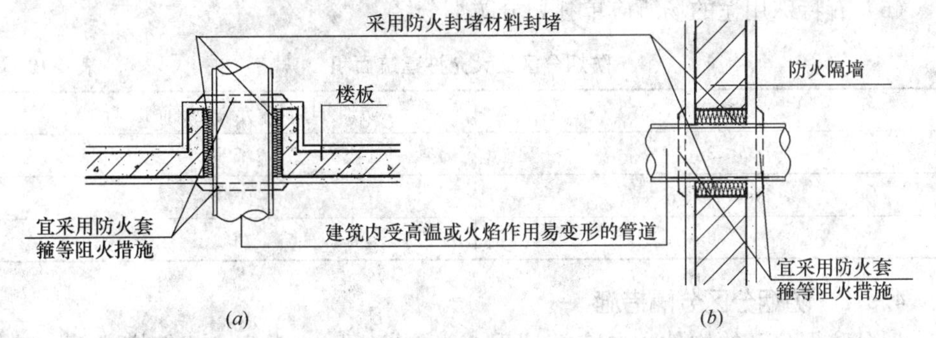

(a) (b)

图 4-36 受高温或火焰作用易变形的管道的防火构造

4.5 防烟分区

在建筑火灾中，烟气可由起火区向非着火区蔓延，那些与起火区相连的走廊、楼梯及电梯井等处都将会充入烟气，这将严重妨碍人员逃生和灭火。火灾烟气中所含一氧化碳、二氧化碳、氟化氢、氯化氢等多种有毒成分以及高温缺氧等都会对人体造成极大的危害，如果人员不能在火灾对他们构成严重威胁前到达安全区域就可能致死。火灾统计资料表明，火灾中的死亡人员约有 50%是由火灾烟气中的 CO 中毒引起的，吸入烟气致死占火灾死亡人数的 70%～75%。及时排除烟气，对保证人员安全疏散，控制火势蔓延，便于扑救火灾具有重要作用。对于一座建筑，当其中某部位着火时，应采取有效的排烟措施排除可燃物燃烧产生的烟气和热量，使该局部空间形成相对负压区；对非着火部位及疏散通道等应采取防烟措施，以阻止烟气侵入，以利人员的疏散和灭火救援。因此，在建筑内设置排烟设施，在建筑内人员必须经过的安全疏散区设置防烟设施，十分必要。

防烟分区是在建筑内部采用挡烟设施分隔而成，能在一定时间内防止火灾烟气向同一防火分区的其余部分蔓延的局部空间。

划分防烟分区的目的是为了在火灾时，将烟气控制在一定范围内；也是为了提高排烟口的排烟效果。防烟分区一般应结合建筑内部的功能分区和排烟系统的设计及要求进行划分，不设排烟设施的部位（包括地下室）可不划分防烟分区。

4.5.1 防烟分区面积划分

设置排烟系统的场所或部位应划分防烟分区。防烟分区不宜大于 $2000m^2$，长边不应大于 60m。当室内高度超过 6m 且具有对流条件时，长边不应大于 75m。设置防烟分区应满足以下几个要求：

(1) 防烟分区应采用挡烟垂壁、隔墙、结构梁等划分。

(2) 防烟分区不应跨越防火分区。

(3) 每个防烟分区的建筑面积不宜超过表 4-10 的规定。

(4) 采用隔墙等形成封闭的分隔空间时，该空间宜作为一个防烟区。

(5) 储烟仓的高度不应小于空间净高的 10%，且不应小于 500mm，同时应保证疏散所需的清晰高度；最小清晰高度应由计算确定。

(6) 有特殊用途的场所应单独划分防烟分区。

防烟分区最大允许建筑面积 **表 4-10**

净高 h	防烟分区最大允许建筑面积（m^2）
$h \leqslant 3m$	500
$3m < h \leqslant 6m$	1000
$h > 6m$	2000

4.5.2 防烟分区分隔措施

划分防烟分区的构件主要有挡烟垂壁、隔墙、防火卷帘、建筑横梁等。其中防火卷帘前面章节已经做了介绍，在此不再赘述。挡烟垂壁的设置及其要求见第 8 章 8.5.3 节。

复习思考题

1. 建筑平面布置应综合考虑哪些因素？请举例说明民用建筑与工业厂房或仓库的平面布置有何不同？

2. 什么是防火分区？通常采用哪些措施形成防火分区？

3. 防火卷帘通常在建筑物的哪些部位设置？其耐火极限应满足哪些要求？

4. 防火分区和防烟分区分别在建筑安全防火设计中有何作用？两者在设计上有何不同？

5. 中庭和建筑竖井在防火构造设计中分别应满足哪些性能要求？

6. 防火阀和排烟防火阀的作用相同吗？在使用部位及性能要求上有何异同？

第5章 安全疏散和避难设计

建筑物发生火灾时，为了避免建筑物内的人员因烟气中毒，火烧和房屋倒塌而受到伤害，必须尽快撤离失火建筑，同时消防队员也要迅速对起火部位进行火灾扑救。因此，需要完善的交通安全疏散设施。

安全疏散是建筑防火设计的一项重要内容，对于确保火灾中人员的生命安全具有重要作用。建筑的安全疏散和避难设施主要包括疏散门、疏散走道、安全出口或疏散楼梯（包括室外楼梯）、避难走道、避难间或避难层、疏散指示标志和疏散照明，有时还要考虑疏散诱导广播等。安全疏散设计应根据建筑物的高度、规模、使用性质、耐火等级等和人们在火灾事故时的心理状态与行动特点，确定安全疏散基本参数，合理布置疏散路线、设置安全疏散和避难设施，为人员的安全疏散创造有利条件。

5.1 安全疏散概述

5.1.1 疏散安全分区

当建筑物内某一房间发生火灾，并达到轰燃时，沿走廊的门窗被破坏，导致浓烟、火焰涌向走廊。若走廊的顶棚上或墙壁上未设有效的阻烟、排烟设施，则烟气就会继续向前室、楼梯间蔓延。另一方面，发生火灾时，人员的疏散行动路线也基本上和烟气的流动路线相同，即房间→走廊→前室→楼梯间。因此，烟气的蔓延扩散，将对火灾层人员的安全疏散形成很大威胁。为了保障人员疏散安全，理想状况是疏散路线上各个空间的防烟、防火性能逐步提高，楼梯间的安全性达到最高。为此，需要把疏散路线上的各个空间划分为不同的区间，称为疏散安全分区。离开火灾房间后先要进入走廊，走廊的安全性高于火灾房间，故称走廊为第一安全区；依此类推，前室为第二安全分区，楼梯间为第三安全分区。一般来说，当进入疏散楼梯间，即可认为达到了相当安全的空间（如图5-1所示）。

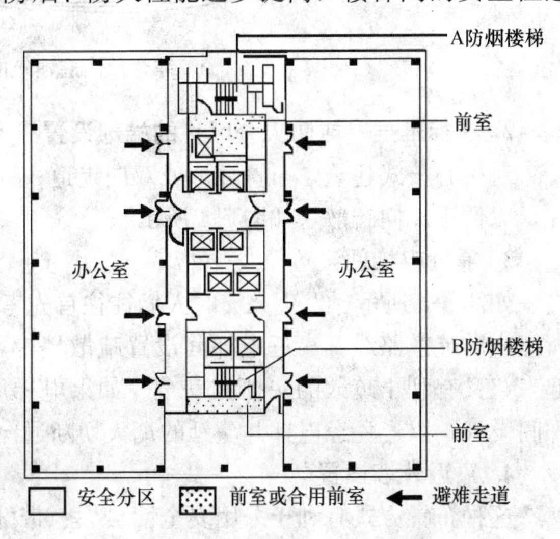

图5-1 安全分区示意图

为了保障各个安全分区在疏散过程中的防烟、防火性能，一般可采用在走廊的顶棚上、墙壁上设置与感烟探测器联动的防排烟设施，设置防烟前室和防烟楼梯间。同时，还要考虑各个安全分区的事故照明和疏散指示等，为火灾中的人员设计一条安全的疏散路线。

5.1.2　疏散设施的布置与疏散路线

根据火灾事故中疏散人员的心理与行为特征，在进行建筑平面设计，尤其是布置疏散楼梯间时，原则上应使疏散的路线简捷，并能与人们日常生活的活动路线相结合，使人们通过生活了解疏散路线，并尽可能使建筑物内的每一房间都能向两个方向疏散，避免出现袋形走道。

1. 合理组织疏散流线

综合性高层建筑，应按照不同用途、分别布置疏散路线，以便于平时管理，火灾时有组织地疏散。如某高层建筑，地下一、二层为停车场，地上一至四层为商场、四层及以上为办公用房和旅馆。为了便于日常安全使用和管理，并利于火灾时的紧急疏散，在设计中做到人流与车流完全分流；商场与其上各层的办公、住宿人流分流（如图 5-2 所示为人流路线图，5-3 所示为总平面人流路线布置图）。

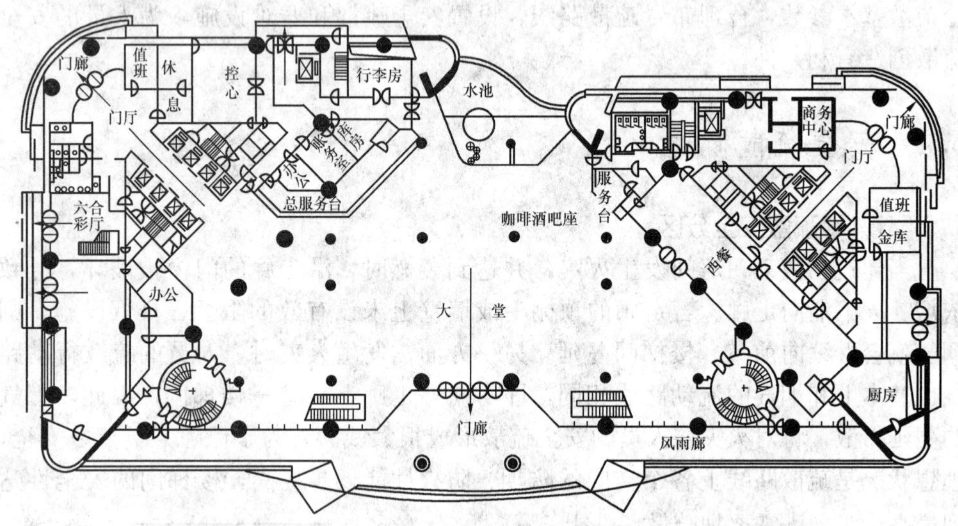

图 5-2　综合性高层建筑的人流路线

2. 在标准层（或防火分区）的端部设置

对中心核式建筑，布置环形或双向走道；一字形、L 形建筑，端部应设疏散楼梯，以便于双向疏散（如图 5-4 所示）。

3. 靠近电梯间设置

如图 5-5 所示，发生火灾时人们往往首先考虑熟悉并经常使用的路线及由电梯所组成的疏散路线。靠近电梯间设置疏散楼梯，既可将常用路线和疏散路线结合起来，又有利于疏散的快捷和安全。如果电梯厅为开敞式时，楼梯间应按防烟楼梯间设计，以避免经电梯井蔓延的烟火切断通向楼梯的通道。

4. 靠近外墙设置

这种布置方式有利于采用安全性最大、带开敞前室的疏散楼梯间形式。同时，也便于自然采光、通风和消防队进入高楼灭火救人（如图 5-6 所示）。

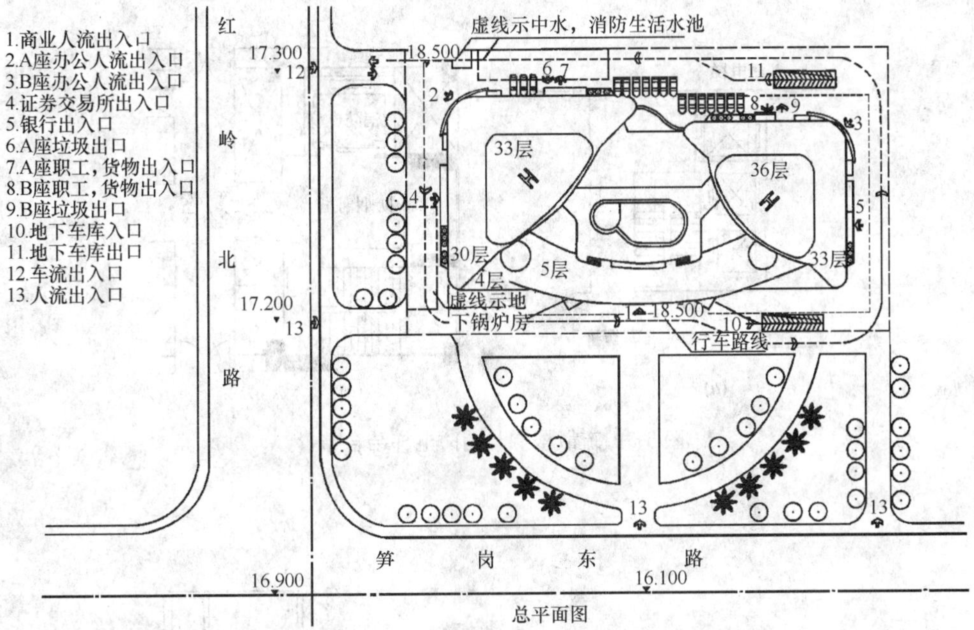

图 5-3 综合性高层建筑总平面图的人流路线

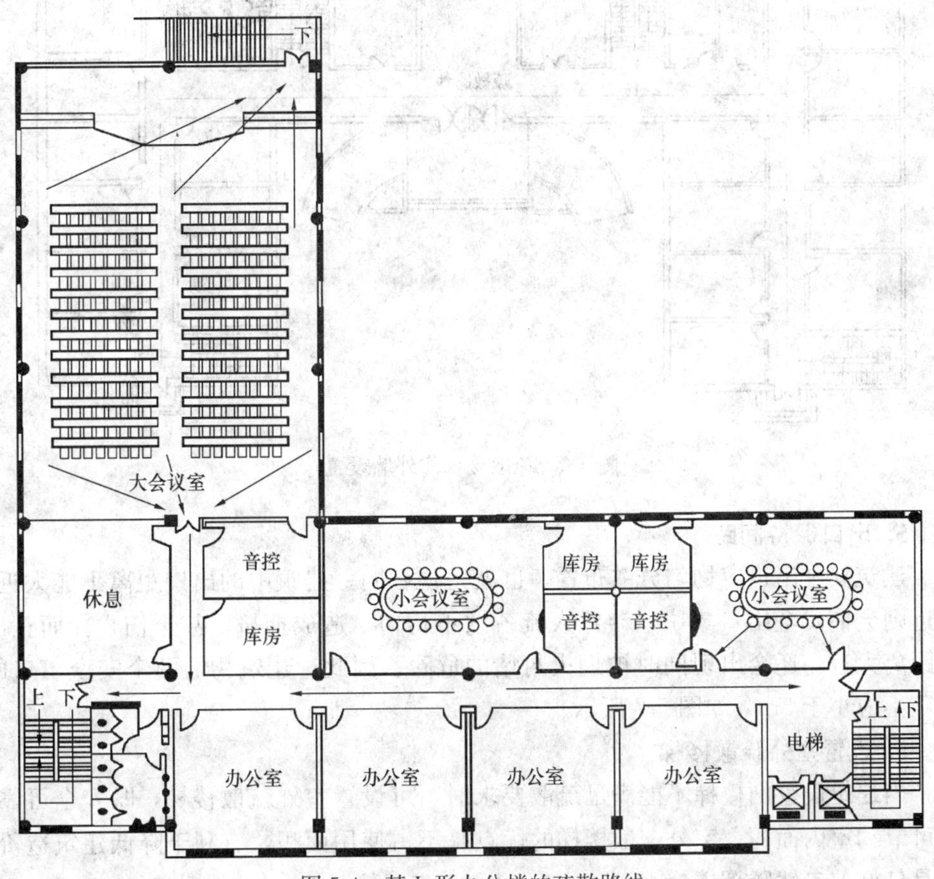

图 5-4 某 L 形办公楼的疏散路线

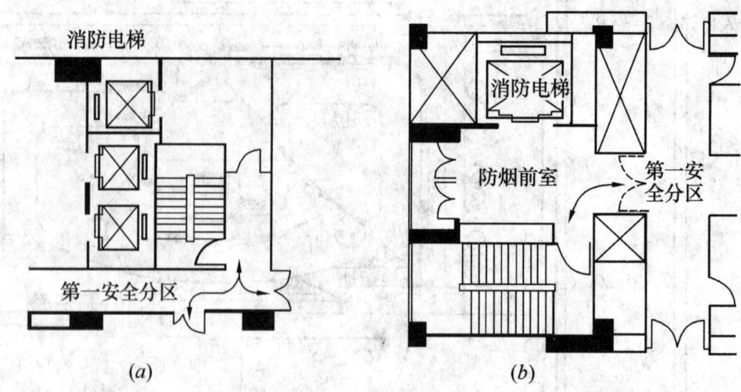

图 5-5　疏散楼梯与消防电梯结合布置

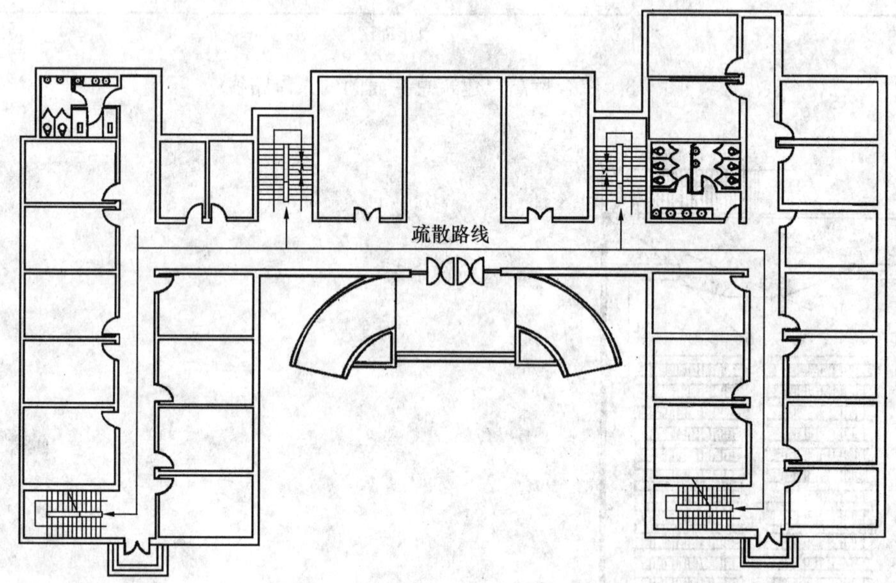

图 5-6　疏散楼梯靠外墙设置

5. 出口保持间距

建筑安全出口应均匀分散布置。也就是说，同一建筑中的出口距离不能太近，太近则会使安全出口集中，导致人流疏散不均匀，造成拥挤，甚至伤亡。而且出口距离太近，还会出现同时被烟火封堵的危险。因此，建筑物的两个安全出口的间距不应小于 5m（如图 5-7 所示）。

6. 设置室外疏散楼梯

当建筑设置内楼梯不能满足疏散要求时，可设置室外疏散楼梯，既安全可靠，又可节约室内面积。室外疏散楼梯的优点是不占使用面积，有利于降低建筑造价，又是良好的自然防烟楼梯。

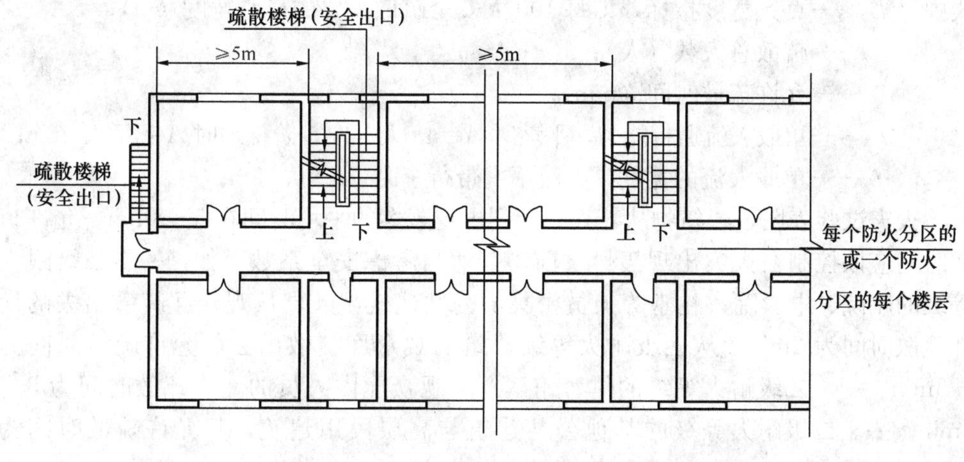

图 5-7 出入口间距（标准层示意图）

5.2 安全出口与疏散出口

安全出口和疏散门的位置、数量、宽度，疏散楼梯的形式和疏散距离，避难区域的防火保护措施，对于满足人员安全疏散至关重要。建筑物的使用性质、建筑的高度、楼层或一个防火分区、房间的面积及内部布置、室内空间高度和可燃物的数量、类型等对疏散出口有密切的影响。设计时应区别对待，充分考虑区域内使用人员的特性，合理确定相应的疏散和避难设施，为人员疏散和避难提供安全的条件。

安全出口：是直接通向室外的房门或直接通向室外疏散楼梯、室内的疏散楼梯间及其他安全区的出口，是疏散出口的一个特例。其中，“室内安全区”包括符合规范规定的避难层、避难走道等，“室外安全区”包括室外地面、符合疏散要求并具有直接到达地面设施的上人屋面、平台以及符合规范要求的天桥、连廊等。

疏散出口：包括安全出口和疏散门。疏散门是直接通向疏散走道的房间门、直接开向疏散楼梯间的门（如住宅的户门）或室外的门，不包括套间内的隔间门或住宅套内的房间门。

5.2.1 安全出口宽度的计算

为便于人员快速疏散，不会在走道上发生拥挤，建筑防火设计时必须设置足够数量的安全出口，且安全出口的最小净宽度必须满足人员疏散的基本需要。安全出口的宽度是由疏散宽度指标计算出来的。宽度指标是对允许疏散时间、人体宽度、人流在各种疏散条件下的通行能力等进行调查、实测、统计、研究的基础上建立起来的。本节简要介绍工程设计中应用的计算安全出口宽度的简捷方法——百人宽度指标。

百人宽度指标可按下列公式计算：

$$B=\frac{N}{A\cdot t}b \tag{5-1}$$

式中　B——百人宽度指标，即每 100 人安全疏散需要的最小宽度（m）；

N——疏散总人数（人）；

t——允许疏散时间（min）；

A——单股人流通行能力，平坡时 $A=43$ 人/min，阶梯地时 $A=37$ 人/min；

b——单股人流的宽度，人流不携带行李时，$b=0.55$m。

火灾试验表明，建筑物从着火开始到出现轰燃的平均时间在 5～8min。允许疏散时间应该控制在火灾出现轰燃之前，并适当考虑安全系数。如，一、二级耐火等级的剧院、电影院、礼堂等人员密集的公共建筑，人员从观众厅疏散出去的允许疏散时间为 2min；从三级耐火等级建筑的观众厅疏散出去的允许疏散时间为 1.5min。一、二级耐火等级的体育馆建筑，观众厅内人员的允许疏散时间为 3～4min。一、二级耐火等级的其他公共建筑与高层民用建筑，其允许疏散时间为 5～7min。

【例题 5-1】 试求 $t=2$min 时（三级耐火等级）的百人宽度指标。已知平坡地时，$A_1=43$ 人/min；阶梯地时 $A_2=37$ 人/min。$N=100$ 人，$b=0.55$m。

【解题】 将已知条件代入公式（5-1），可得：

平坡地时　$B_1=\dfrac{N}{A_1 \cdot t}b=\dfrac{100}{43\times 2}\times 0.55=0.64\text{m}$，取 0.65m。

阶梯地时　$B_2=\dfrac{N}{A_2 \cdot t}b=\dfrac{100}{37\times 2}\times 0.55=0.74\text{m}$，取 0.75m。

【例题 5-2】 试确定剧场、电影院、礼堂等公共建筑的安全疏散宽度。已知平坡地时，$A_1=43$ 人/min；阶梯地时 $A_2=37$ 人/min 。一、二级耐火等级剧场、电影院、礼堂等建筑的允许疏散时间为 2min，三级耐火等级建筑控制为 1.5min。

【解题】 将上述已知条件分别代入疏散净宽度指标公式（5-1），经计算，得：

（1）一、二级耐火等级建筑的观众厅中每 100 人所需疏散宽度为：

门和平坡地面：$B=100\times 0.55/(2\times 43)=0.64$m，取 0.65m；

阶梯地面和楼梯：$B=100\times 0.55/(2\times 37)=0.74$m，取 0.75m。

（2）三级耐火等级建筑的观众厅中每 100 人所需要的疏散宽度为：

门和平坡地面：$B=100\times 0.55/(1.5\times 43)=0.85$m，取 0.85m；

阶梯地面和楼梯：$B=100\times 0.55/(1.5\times 37)=0.99$m，取 1.00m。

5.2.2　安全出口宽度的规定

决定安全出口宽度的因素很多，如建筑物的耐火等级与层数、使用人数、允许疏散时间、疏散路线是平地还是阶梯等。为了使设计既安全又经济，符合实际使用情况，对上述计算结果作出适当的调整。各类建筑安全出口的宽度指标的规定如下：

1. 公共建筑安全出口的宽度要求

（1）除另有规定外，公共建筑内疏散门和安全出口的净宽度不应小于 0.90m，疏散走道和疏散楼梯的净宽度不应小于 1.10m（如图 5-8 所示）。

高层建筑内走道的宽度，应按通行人数每 100 人不小于 1.00m 计算。高层公共建筑内楼梯间的首层疏散门、首层疏散外门、疏散走道和疏散楼梯的最小净宽度应符合表 5-1 的规定（如图 5-9 所示）。

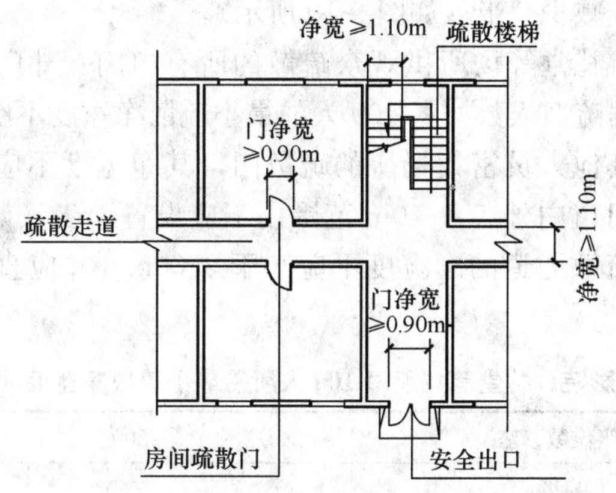

图 5-8 公共建筑平面示意图

高层公共建筑内楼梯间的首层疏散门、首层疏散外门、疏散走道和疏散楼梯的最小净宽度（m） **表 5-1**

建筑类别	楼梯间的首层疏散门、首层疏散外门	走道		疏散楼梯
		单面布房	双面布房	
高层医疗建筑	1.30	1.40	1.50	1.30
其他高层公共建筑	1.20	1.30	1.40	1.20

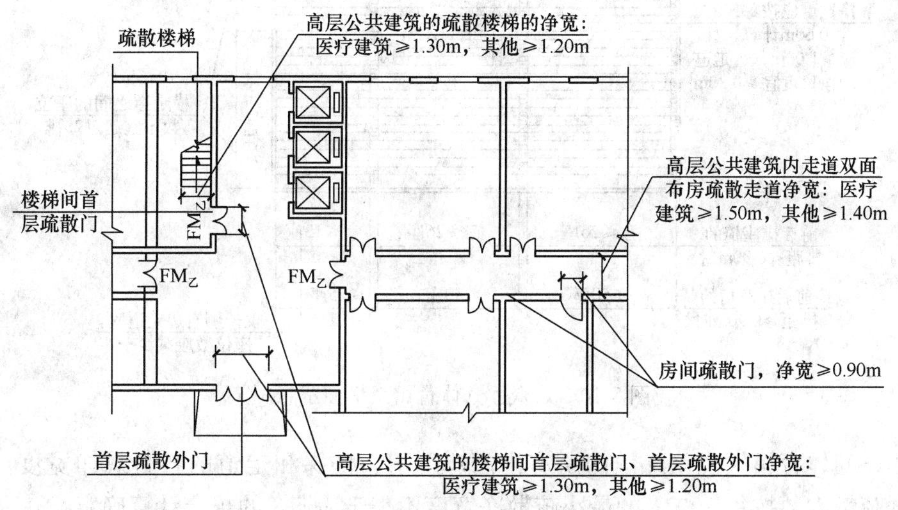

图 5-9 高层公共建筑安全出口宽度示意图

（2）剧场、电影院、礼堂、体育馆等场所的疏散走道、疏散楼梯、疏散门、安全出口的各自总净宽度，应符合下列要求：

观众厅内疏散走道的净宽度应按每 100 人不小于 0.60m 计算，且不应小于 1.00m；边走道的净宽度不宜小于 0.80m。

布置疏散走道时，横走道之间的座位排数不宜超过 20 排。纵走道之间的座位数：剧场、电影院、礼堂等，每排不宜超过 22 个；体育馆，每排不宜超过 26 个；前后排座椅的排距不小于 0.90m 时，可增加 1.0 倍，但不得超过 50 个；仅一侧有纵走道时，座位数应减少一半（如图 5-10 所示）。

剧场、电影院、礼堂等场所供观众疏散的所有内门、外门、楼梯和走道的各自总净宽度，应根据疏散人数按每 100 人的最小疏散净宽度不小于表 5-2 的规定计算确定。观众厅及其他人员密集场所的疏散门，其净宽度不应小于 1.40m，且不应设置门槛，紧靠门口内外各 1.40m 范围内不应设置踏步（如图 5-11 所示）。人员密集场所的室外疏散通道的净宽度不应小于 3.00m，并应直通宽敞地带（如图 5-12 所示）。

剧场、电影院、礼堂等场所每 100 人所需最小疏散净宽度（m/百人）　**表 5-2**

观众厅座位数（座）			≤ 2500	≤ 1200
耐火等级			一、二级	三级
疏散部位	门和走道	平坡地面	0.65	0.85
		阶梯地面	0.75	1.00
	楼梯		0.75	1.00

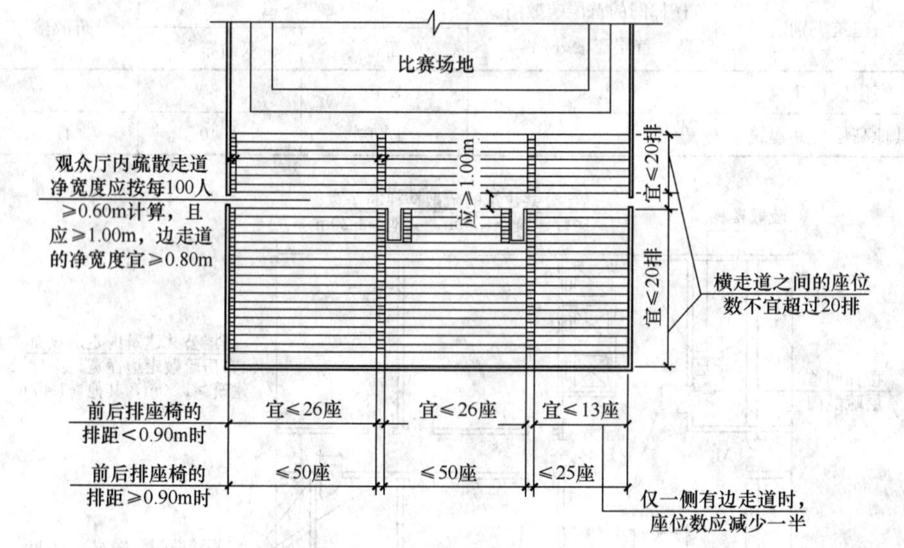

图 5-10　观众厅（体育馆）平面示意图

(3) 体育馆供观众疏散的所有内门、外门、楼梯和走道的各自总净宽度，应根据疏散人数按每 100 人的最小疏散净宽度不小于表 5-3 的规定计算确定。

体育馆每 100 人所需最小疏散净宽度（m/百人）　**表 5-3**

观众厅座位数范围（座）			3000～5000	5001～10000	10001～20000
疏散部位	门和走道	平坡地面	0.43	0.37	0.32
		阶梯地面	0.50	0.43	0.37
	楼梯		0.50	0.43	0.37

注：表中对应较大座位数范围按规定计算的疏散总净宽度，不应小于对应相邻较小座位数范围按其最多座位数计算的疏散总净宽度。对于观众厅座位数少于 3000 个的体育馆，计算供观众疏散的所有内门、外门、楼梯和走道的各自总净宽度时，每 100 人的最小疏散净宽度不应小于表 5-2 的规定。

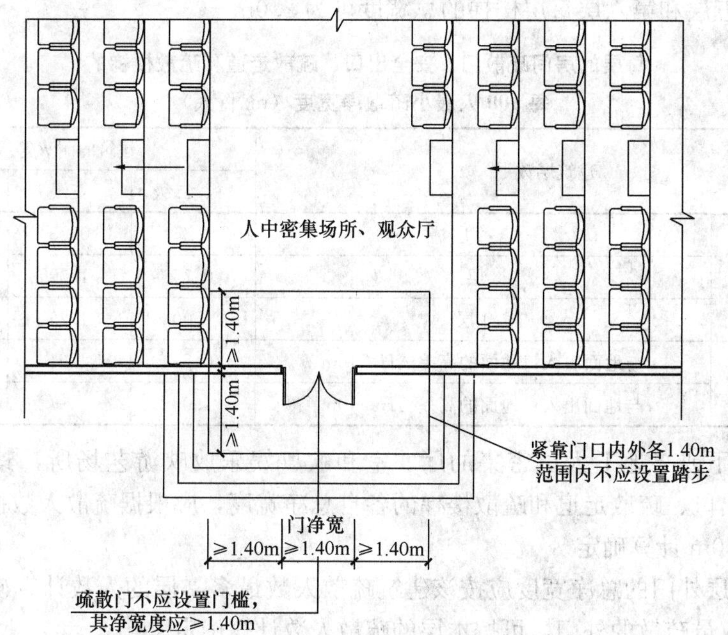

图 5-11 人员密集场所、观众厅的疏散门的平面示意图

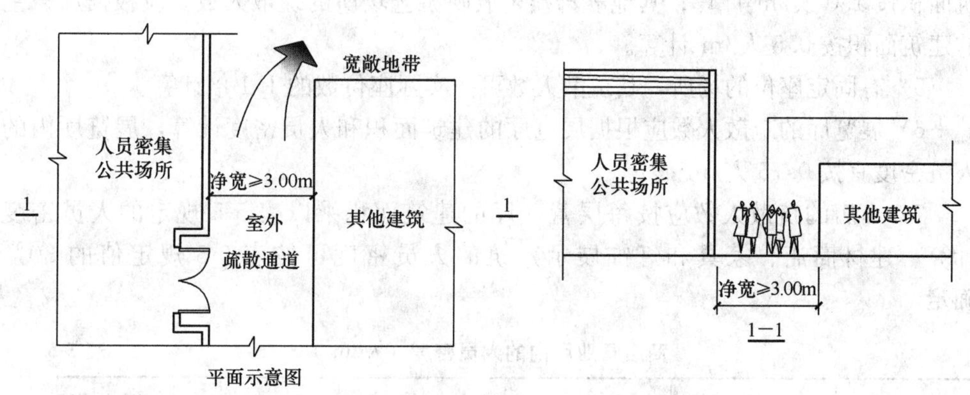

图 5-12 人员密集场所室外疏散通道的设计要求

(4) 有等场需要的入场门不应作为观众厅的疏散门。

(5) 除剧场、电影院、礼堂、体育馆外的其他公共建筑，其房间疏散门、安全出口、疏散走道和疏散楼梯的各自总净宽度，应符合下列规定：

1) 每层的房间疏散门、安全出口、疏散走道和疏散楼梯的各自总净宽度，应根据疏散人数按每100人的最小疏散净宽度不小于表5-4的规定计算确定。当每层疏散人数不等时，疏散楼梯的总净宽度可分层计算，地上建筑内下层楼梯的总净宽度应按该层及以上疏散人数最多一层的人数计算；地下建筑内上层楼梯的总净宽度应按该层及以下疏散人数最多一层的人数计算。

举例说明：一座二级耐火等级的六层民用建筑，第四层的使用人数最多为400人，第五层、第六层每层的人数均为200人。计算该建筑的疏散楼梯总宽度时，根据楼梯宽度指标1.0m/百人的规定，第四层和第四层以下每层楼梯的总宽度为

4.0m；第五层和第六层每层楼梯的总宽度可为 2.0m。

每层的房间疏散门、安全出口、疏散走道和疏散楼梯的每 100 人最小疏散净宽度（m/百人）　　**表 5-4**

建筑层数		建筑的耐火等级		
		一、二级	三级	四级
地上楼层	1～2 层	0.65	0.75	1.00
	3 层	0.75	1.00	—
	≥4 层	1.00	1.25	—
地下楼层	与地面出入口地面的高差 $\Delta H \leqslant 10$m	0.75	—	—
	与地面出入口地面的高差 $\Delta H > 10$m	1.00	—	—

2）地下或半地下人员密集的厅、室和歌舞娱乐放映游艺场所，其房间疏散门、安全出口、疏散走道和疏散楼梯的各自总净宽度，应根据疏散人数按每 100 人不小于 1.00m 计算确定。

3）首层外门的总净宽度应按该建筑疏散人数最多一层的人数计算确定，不供其他楼层人员疏散的外门，可按本层的疏散人数计算确定。

4）歌舞娱乐放映游艺场所中录像厅、放映厅的疏散人数，应根据厅、室的建筑面积按 1.0 人/m^2计算；其他歌舞娱乐放映游艺场所的疏散人数，应根据厅、室的建筑面积按 0.5 人/m^2计算。

5）有固定座位的场所，其疏散人数可按实际座位数的 1.1 倍计算。

6）展览厅的疏散人数应根据展览厅的建筑面积和人员密度计算，展览厅内的人员密度宜按 0.75 人/m^2确定。

7）商店的疏散人数应按每层营业厅的建筑面积乘以表 5-5 规定的人员密度计算。建材商店、家具和灯饰展示建筑的人员密度可按表 5-5 规定值的 30％确定。

商店营业厅内的人员密度（人/m^2）　　**表 5-5**

楼层位置	地下第二层	地下第一层	地上第一、二层	地上第三层	地上第四层及以上各层
人员密度	0.56	0.60	0.43～0.60	0.39～0.54	0.30～0.42

8）民用木结构建筑内疏散走道、安全出口、疏散楼梯和房间疏散门的净宽度，应根据疏散人数按每 100 人的最小疏散净宽度不小于表 5-6 的规定计算确定。

疏散走道、安全出口、疏散楼梯和房间疏散门每 100 人的最小疏散净宽度（m/百人）　　**表 5-6**

层　数	地上 1～2 层	地上 3 层
每 100 人的疏散净宽度（m/百人）	0.75	1.00

2. 住宅建筑安全出口的宽度要求

住宅建筑的户门、安全出口、疏散走道和疏散楼梯的各自总净宽度应经计算确定，且户门和安全出口的净宽度不应小于 0.90m，疏散走道、疏散楼梯和首层疏散外门的净宽度不应小于1.10m。建筑高度不大于18m的住宅中一边设置栏杆的疏散楼梯，其净宽度不应小于1.0m（如图5-13所示）。

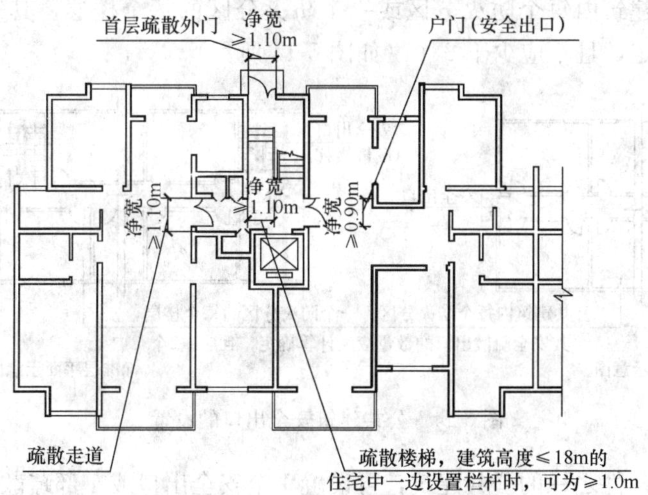

图5-13　住宅建筑安全出口宽度计算

3. 厂房安全出口的宽度要求

厂房内疏散楼梯、走道、门的各自总净宽度，应根据疏散人数按每100人的最小疏散净宽度不小于表5-7的规定计算确定。但疏散楼梯的最小净宽度不宜小于1.10m，疏散走道的最小净宽度不宜小于1.40m，门的最小净宽度不宜小于0.90m。当每层疏散人数不相等时，疏散楼梯的总净宽度应分层计算，下层楼梯总净宽度应按该层及以上疏散人数最多一层的疏散人数计算。

厂房内疏散楼梯、走道和门的每100人最小疏散净宽度（m/百人）　　表5-7

厂房层数（层）	1～2	3	≥4
最小疏散净宽度（m/百人）	0.60	0.80	1.00

首层外门的总净宽度应按该层及以上疏散人数最多一层的疏散人数计算，且该门的最小净宽度不应小于1.20m。

5.2.3　安全出口的数量

1. 公共建筑的安全出口数量

为了保证公共场所的安全，应该有足够数量的安全出口。在正常使用的条件下，疏散是有秩序进行的；而紧急疏散时，则由于人们处于惊慌的心理状态下，必然会出现拥挤等许多意想不到的情况。所以平时使用的各种内门、外门、楼梯等，在发生事故时，不一定都能满足安全疏散的要求。这就要求在建筑物中应设置较多的安全出口，保证起火时能够迅速安全疏散。

在建筑设计中，应根据使用要求，结合防火安全的需要布置门、走道和楼梯。一般要求建筑物都有两个或两个以上的安全出口。例如，影剧院、礼堂、体育馆等大型公共建筑，当人员密度很大时，即使有两个出口，也是不够的。根据火灾事故统计，通过一个出口的人员过多，常常会发生意外，影响安全疏散。因此对于人员密集的大型公共建筑，为了保证安全疏散，应控制每个安全出口的人数。具体要求如下：

(1) 公共建筑内每个防火分区或一个防火分区的每个楼层，其安全出口的数量应经计算确定，且不应少于2个（如图5-14所示）。

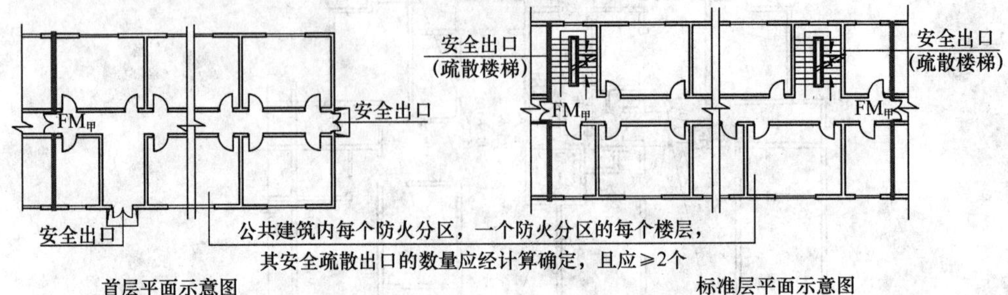

图5-14 公共建筑安全出口的设置

符合下列条件之一的公共建筑，可设置1个安全出口或1部疏散楼梯：

1) 除托儿所、幼儿园外，建筑面积不大于200m²且人数不超过50人的单层公共建筑或多层公共建筑的首层，如图5-15所示。

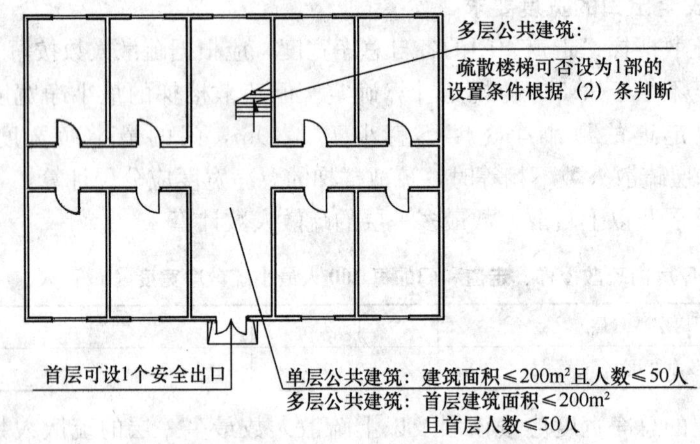

图5-15 除了托儿所、幼儿园外的单层公共建筑或多层公共建筑安全出口的设置要求

2) 除医疗建筑，老年人建筑，托儿所、幼儿园的儿童用房，儿童游乐厅等儿童活动场所和歌舞娱乐放映游艺场所等外，符合表5-8规定的公共建筑。

可设置1部疏散楼梯的公共建筑 **表5-8**

耐火等级	最多层数	每层最大建筑面积（m²）	人 数
一、二级	3层	200	第二、三层的人数之和不超过50人
三级	3层	200	第二、三层的人数之和不超过25人
四级	2层	200	第二层人数不超过15人

(2) 一、二级耐火等级公共建筑内的安全出口全部直通室外确有困难的防火

分区，可利用通向相邻防火分区的甲级防火门作为安全出口，但应符合下列要求：

1）利用通向相邻防火分区的甲级防火门作为安全出口时，应采用防火墙与相邻防火分区进行分隔。

2）建筑面积大于 1000m² 的防火分区，直通室外的安全出口不应少于 2 个；建筑面积不大于 1000m² 的防火分区，直通室外的安全出口不应少于 1 个（如图 5-16、图 5-17 所示）。

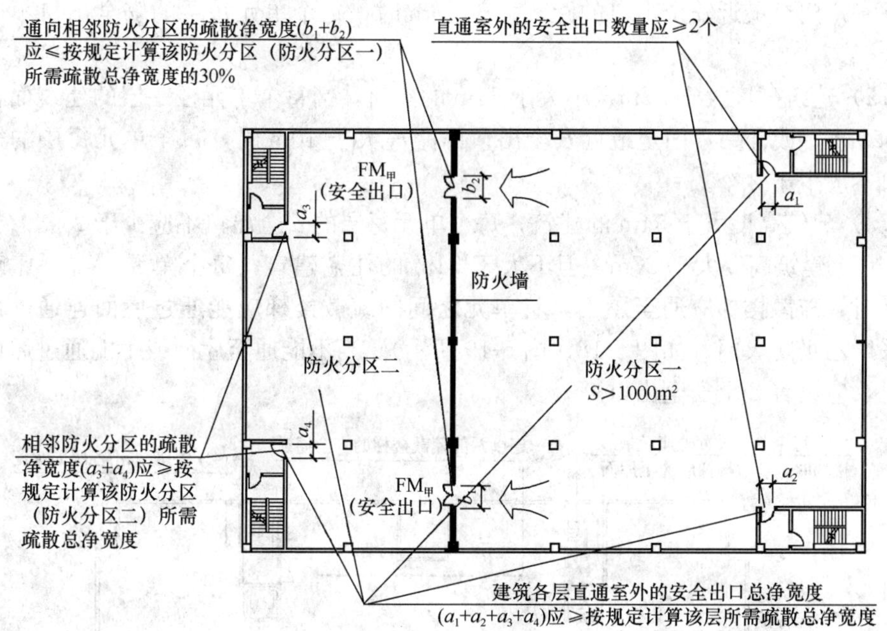

图 5-16　一、二级耐火等级公共建筑安全出口的设置（一）

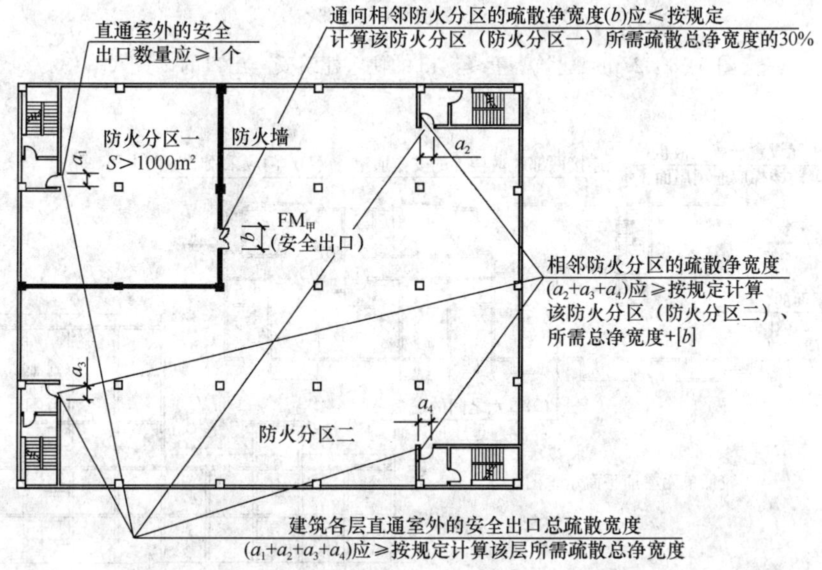

图 5-17　一、二级耐火等级公共建筑安全出口的设置（二）

3）该防火分区通向相邻防火分区的疏散净宽度不应大于其按上述规定计算所需疏散总净宽度的30%，建筑各层直通室外的安全出口总净宽度不应小于按上述表5-4的有关规定计算所需疏散总净宽度。

2. 住宅建筑安全出口

(1) 住宅建筑安全出口的设置应符合下列规定：

1）建筑高度不大于27m的建筑，当每个单元任一层的建筑面积大于650m²，或任一户门至最近安全出口的距离大于15m时，每个单元每层的安全出口不应少于2个。

2）建筑高度大于27m、不大于54m的建筑，当每个单元任一层的建筑面积大于650m²，或任一户门至最近安全出口的距离大于10m时，每个单元每层的安全出口不应少于2个。

3）建筑高度大于54m的建筑，每个单元每层的安全出口不应少于2个。

(2) 建筑高度大于27m，但不大于54m的住宅建筑，每个单元设置一座疏散楼梯时，疏散楼梯应通至屋面，且单元之间的疏散楼梯应能通过屋面连通，户门应采用乙级防火门（如图5-18、图5-19所示）。当不能通至屋面或不能通过屋面连通时，应设置2个安全出口。

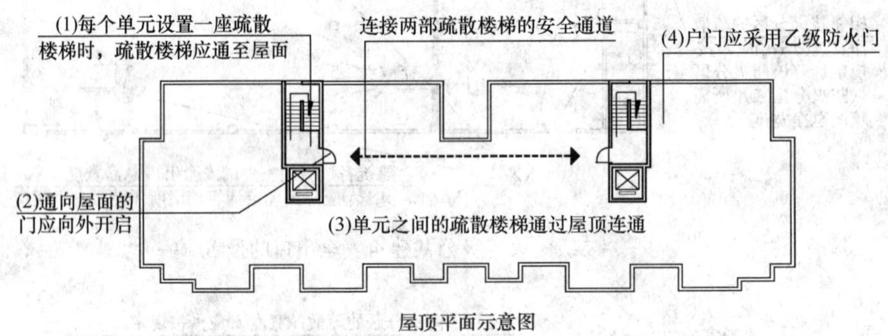

图5-18　27m＜建筑高度≤54m的住宅建筑安全出口的设置（一）

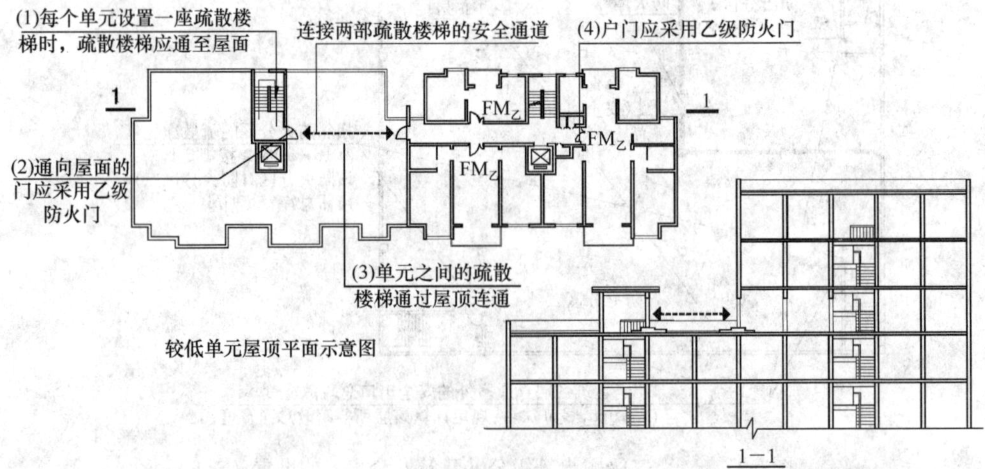

图5-19　27m＜建筑高度≤54m的住宅建筑安全出口的设置（二）

3. 厂房、仓库安全出口的设置

（1）厂房、仓库的安全出口应分散布置。厂房内每个防火分区或一个防火分区内的每个楼层，其安全出口的数量应经计算确定，且不应少于2个；当符合下列条件时，可设置1个安全出口：

甲类厂房，每层建筑面积不大于100m²，且同一时间的作业人数不超过5人；乙类厂房，每层建筑面积不大于150m²，且同一时间的作业人数不超过10人；丙类厂房，每层建筑面积不大于250m²，且同一时间的作业人数不超过20人；丁、戊类厂房，每层建筑面积不大于400m²，且同一时间的作业人数不超过30人；地下或半地下厂房（包括地下或半地下室），每层建筑面积不大于50m²，且同一时间的作业人数不超过15人。

（2）地下或半地下厂房（包括地下或半地下室），当有多个防火分区相邻布置，并采用防火墙分隔时，每个防火分区可利用防火墙上通向相邻防火分区的甲级防火门作为第二安全出口，但每个防火分区必须至少有1个直通室外的独立安全出口（如图5-20所示）。

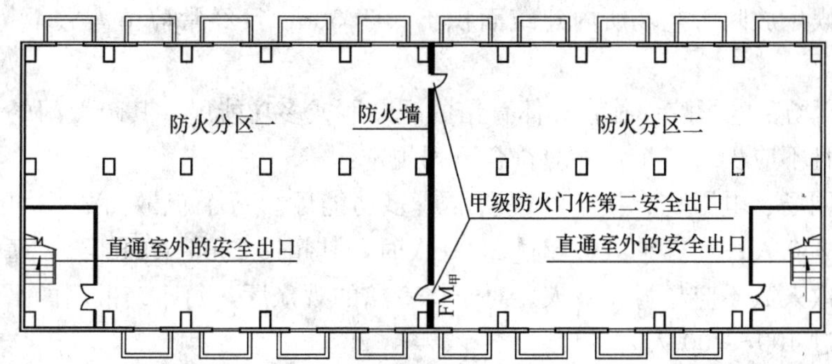

图5-20 厂房的地下室、半地下室安全出口的设置

（3）每座仓库的安全出口不应少于2个，当一座仓库的占地面积不大于300m²时，可设置1个安全出口。仓库内每个防火分区通向疏散走道、楼梯或室外的出口不宜少于2个，当防火分区的建筑面积不大于100m²时，可设置1个出口。通向疏散走道或楼梯的门应为乙级防火门（如图5-21所示）。

（4）地下或半地下仓库（包括地下或半地下室）的安全出口不应少于2个；当建筑面积不大于100m²时，可设置1个安全出口。

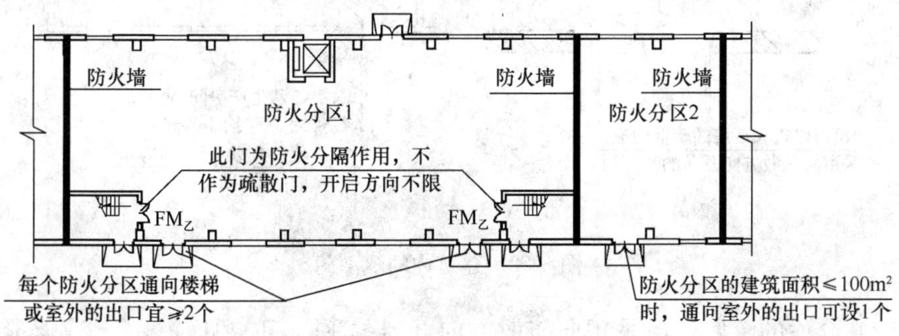

图5-21 仓库的安全出口的设置

地下或半地下仓库（包括地下或半地下室），当有多个防火分区相邻布置并采用防火墙分隔时，每个防火分区可利用防火墙上通向相邻防火分区的甲级防火门作为第二安全出口，但每个防火分区必须至少有 1 个直通室外的安全出口。

5.2.4　疏散门的设计要求

1. 疏散门的数量

(1) 公共建筑内房间的疏散门数量应经计算确定且不应少于 2 个。除托儿所、幼儿园、老年人建筑、医疗建筑、教学建筑内位于走道尽端的房间外，符合下列条件之一的房间可设置 1 个疏散门：

位于两个安全出口之间或袋形走道两侧的房间，对于托儿所、幼儿园、老年人建筑，建筑面积不大于 $50m^2$；对于医疗建筑、教学建筑，建筑面积不大于 $75m^2$；对于其他建筑或场所，建筑面积不大于 $120m^2$。

位于走道尽端的房间，建筑面积小于 $50m^2$ 且疏散门的净宽度不小于 0.90m；或由房间内任一点至疏散门的直线距离不大于 15m、建筑面积不大于 $200m^2$ 且疏散门的净宽度不小于 1.40m。

歌舞娱乐放映游艺场所内建筑面积不大于 $50m^2$ 且经常停留人数不超过 15 人的厅、室。

(2) 剧场、电影院、礼堂和体育馆的观众厅或多功能厅，其疏散门的数量应经计算确定且不应少于 2 个，并应符合下列规定：

对于剧场、电影院、礼堂的观众厅或多功能厅，每个疏散门的平均疏散人数不应超过 250 人；当容纳人数超过 2000 人时，其超过 2000 人的部分，每个疏散门的平均疏散人数不应超过 400 人。对于体育馆的观众厅，每个疏散门的平均疏散人数不宜超过 400～700 人。

2. 疏散门的构造要求

建筑内的疏散门应符合下列规定：

(1) 民用建筑和厂房的疏散门，应采用向疏散方向开启的平开门（如图 5-22*a* 所示），不应采用推拉门、卷帘门、吊门、转门和折叠门。除甲、乙类生产车间外，人数不超过 60 人且每樘门的平均疏散人数不超过 30 人的房间，其疏散门的开启方向不限（如图 5-22*b*）所示。

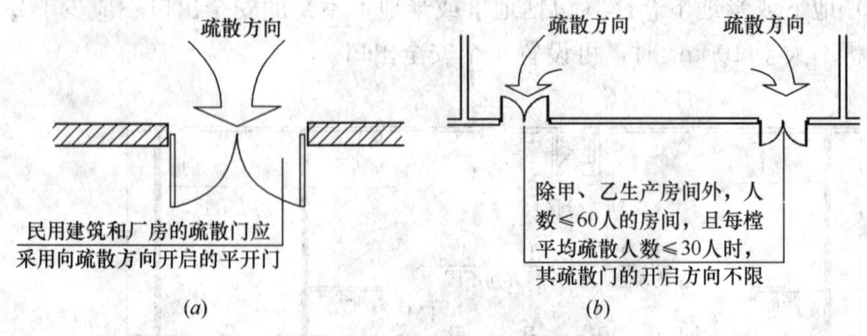

图 5-22　建筑内的疏散门

(2) 仓库的疏散门应采用向疏散方向开启的平开门，但丙、丁、戊类仓库首层靠墙的外侧可采用推拉门或卷帘门。

(3) 开向疏散楼梯或疏散楼梯间的门，当其完全开启时，不应减少楼梯平台的有效宽度。疏散走道在防火分区处应设置常开甲级防火门。

(4) 人员密集场所内平时需要控制人员随意出入的疏散门和设置门禁系统的住宅、宿舍、公寓建筑的外门，应保证火灾时不需使用钥匙等任何工具即能从内部易于打开，并应在显著位置设置具有使用提示的标识。

(5) 人员密集场所的公共场所、观众厅的疏散门不应设置门槛，其净宽度不应小于1.40m，且紧靠门口内外各1.40m范围内不应设置踏步。人员密集的公共场所的室外疏散通道的净宽度不应小于3.00m，并应直接通向宽敞地带。

(6) 为防止建筑上部的坠落物对从首层出口疏散出来的人员造成伤害，防护挑檐可利用防火挑檐。与防火挑檐不同的是防护挑檐一般设置在建筑物首层出入口门的上方，只需满足人员在疏散和灭火救援过程中的人身防护要求，不需具备与防火挑檐一样的耐火性能。因此，高层建筑直通室外的安全出口上方，应设置挑出宽度不小于1.0m的防护挑檐。

5.3 安全疏散距离

安全疏散距离包括两个部分：一是房间内最远点到房门的疏散距离；二是从房门到疏散楼梯间或外部出口的距离。疏散距离均为直线距离，即室内最远点至最近安全出口的直线距离，未考虑因布置设备而产生的阻挡，但有通道连接或墙体遮挡时，要按其中的折线距离计算。通常，在火灾条件下人员能安全走出安全出口，即可认为到达安全地点。最大疏散距离是以人的正常水平疏散速度为1m/s来确定的。

5.3.1 厂房、仓库的安全疏散距离

确定厂房的安全疏散距离，考虑到单层、多层、高层厂房的疏散难易程度不同，不同火灾危险性类别厂房发生火灾的可能性及火灾后的蔓延和危害不同，以及建筑物的耐火等级不同等实际情况，应分别满足相应的规定。厂房、仓库的每个防火分区或一个防火分区的每个楼层，其相邻2个安全出口最近边缘之间的水平距离不应小于5m。厂房内任一点至最近安全出口的直线距离不应大于表5-9的规定（如图5-23所示）。

厂房内任一点至最近安全出口的直线距离（m）　　表5-9

生产的火灾危险性类别	耐火等级	单层厂房	多层厂房	高层厂房	地下或半地下厂房（包括地下或半地下室）
甲	一、二级	30	25	—	—
乙	一、二级	75	50	30	—
丙	一、二级	80	60	40	30
	三级	60	40	—	—
丁	一、二级	不限	不限	50	45
	三级	60	50	—	—
	四级	50	—	—	—

续表

生产的火灾危险性类别	耐火等级	单层厂房	多层厂房	高层厂房	地下或半地下厂房（包括地下或半地下室）
戊	一、二级	不限	不限	75	60
	三级	100	75	—	—
	四级	60	—	—	—

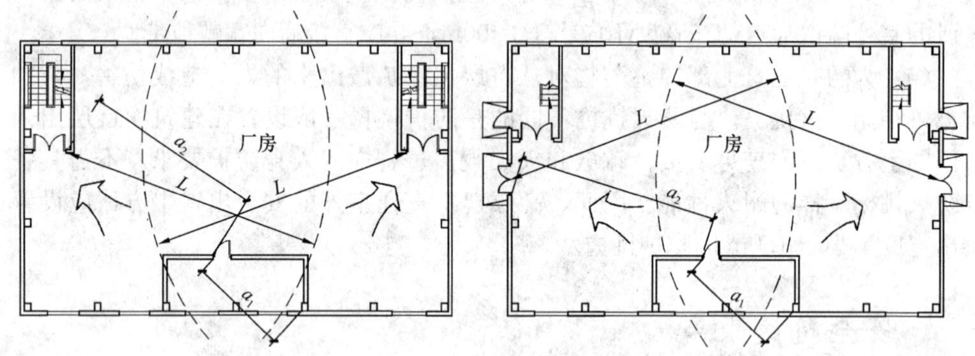

图 5-23　厂房内任一点至最近安全出口的直线距离

从表 5-9 可以看出，火灾危险性越大，安全疏散距离要求越严；厂房耐火等级越低，安全疏散距离要求越严。而对于丁、戊类生产厂房，当采用一、二级耐火等级的建筑时，其疏散距离可以不受限制。实际火灾环境往往比较复杂，厂房内的物品和设备布置以及人在火灾条件下的心理和生理因素都对疏散有直接影响，设计师应根据不同的生产工艺和环境，充分考虑人员的疏散需要来确定疏散距离以及厂房的布置与选型，尽量均匀布置安全出口，缩短疏散距离，特别是实际步行距离。

5.3.2　公共建筑的安全疏散距离

安全疏散距离是控制安全疏散设计的基本要素，疏散距离越短，人员的疏散过程越安全。公共建筑的安全疏散距离的确定既要考虑人员疏散的安全，也要兼顾建筑功能和平面布置的要求，对不同火灾危险性场所和不同耐火等级建筑应有所区别。

公共建筑的安全疏散距离应符合下列规定：

（1）直通疏散走道的房间疏散门至最近安全出口的直线距离不应大于表 5-10 的规定（如图 5-24 所示）。

直通疏散走道的房间疏散门至最近安全出口的直线距离（m）　　表 5-10

名　称	位于两个安全出口之间的疏散门			位于袋形走道两侧或尽端的疏散门		
	一、二级	三级	四级	一、二级	三级	四级
托儿所、幼儿园、老年人建筑	25	20	15	20	15	10
歌舞娱乐放映游艺场所	25	20	15	9	—	—

续表

名称			位于两个安全出口之间的疏散门			位于袋形走道两侧或尽端的疏散门		
			一、二级	三级	四级	一、二级	三级	四级
医疗建筑	单、多层		35	30	25	20	15	10
	高层	病房部分	24	—	—	12	—	—
		其他部分	30	—	—	15	—	—
教学建筑	单、多层		35	30	25	22	20	10
	高层		30	—	—	15	—	—
高层旅馆、展览建筑			30	—	—	15	—	—
其他建筑	单、多层		40	35	25	22	20	15
	高层		40	—	—	20	—	—

注：① 建筑内开向敞开式外廊的房间疏散门至最近安全出口的直线距离可按本表的规定 增加 5m。

② 直通疏散走道的房间疏散门至最近敞开楼梯间的直线距离，当房间位于两个楼梯间之间时，应按本表的规定减少 5m；当房间位于袋形走道两侧或尽端时，应按本表的规定减少 2m（如图 5-26 所示）。

③ 建筑物内全部设置自动喷水灭火系统时，其安全疏散距离可按本表及注①的规定增加 25%（如图 5-24 所示）。

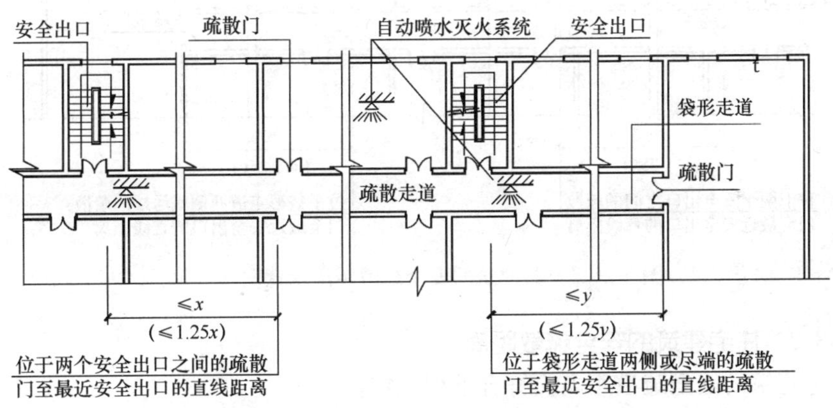

图 5-24 公共建筑的安全疏散距离示意图（一）

（2）楼梯间应在首层直通室外，确有困难时，可在首层采用扩大的封闭楼梯间或防烟楼梯间前室。当层数不超过 4 层且未采用扩大的封闭楼梯间或防烟楼梯间前室时，可将直通室外的门设置在离楼梯间不大于 15m 处。

（3）T 型走道的疏散，应满足：① $a<b$ 或 $a<c$；② $2a+b\leqslant L$

其中：L 为位于两个安全出口之间的疏散门至最近安全出口的直线距离（如图 5-25 所示）。

（4）房间内任一点至房间直通疏散走道的疏散门的直线距离，不应大于表5-10 规定的袋形走道两侧或尽端的疏散门至最近安全出口的直线距离。

（5）一、二级耐火等级建筑内疏散门或安全出口不少于 2 个的观众厅、展览厅、多功能厅、餐厅、营业厅等，其室内任一点至最近疏散门或安全出口的直线

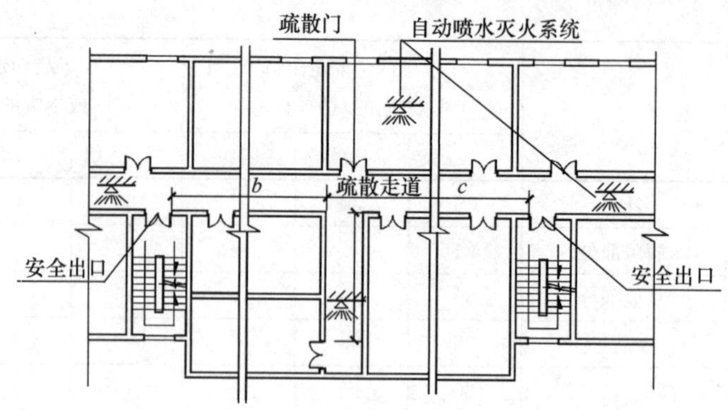

图 5-25 公共建筑的安全疏散距离示意图（二）

距离不应大于 30m；当疏散门不能直通室外地面或疏散楼梯间时，应采用长度不大于 10m 的疏散走道通至最近的安全出口。当该场所设置自动喷水灭火系统时，室内任一点至最近安全出口的安全疏散距离可分别增加 25%。

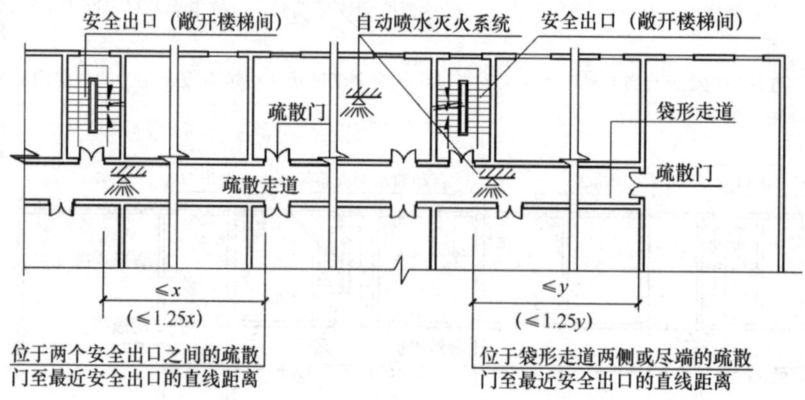

图 5-26 公共建筑的安全疏散距离示意图（三）

5.3.3 住宅建筑的安全疏散距离

住宅建筑的安全疏散距离应符合下列规定。

（1）直通疏散走道的户门至最近安全出口的直线距离不应大于表 5-11 的规定（如图 5-27、图 5-28 所示）。

住宅建筑直通疏散走道的户门至最近安全出口的直线距离（m）　表 5-11

住宅建筑类别	位于两个安全出口之间的户门			位于袋形走道两侧或尽端的户门		
	一、二级	三级	四级	一、二级	三级	四级
单、多层	40	35	25	22	20	15
高层	40	—	—	20	—	—

注：① 开向敞开式外廊的户门至最近安全出口的最大直线距离可按本表的规定增加 5m。

② 直通疏散走道的户门至最近敞开楼梯间的直线距离，当户门位于两个楼梯间之间时，应按本表规定减少 5m；当户门位于袋形走道两侧或尽端时，应按本表规定减少 2m。

③ 住宅建筑内全部设置自动喷水灭火系统时，其安全疏散距离可按本表及注①的规定增加 25%。

④ 跃廊式住宅的户门至最近安全出口的距离，应从户门算起，小楼梯的一段距离可按其水平投影长度的 1.50 倍计算。

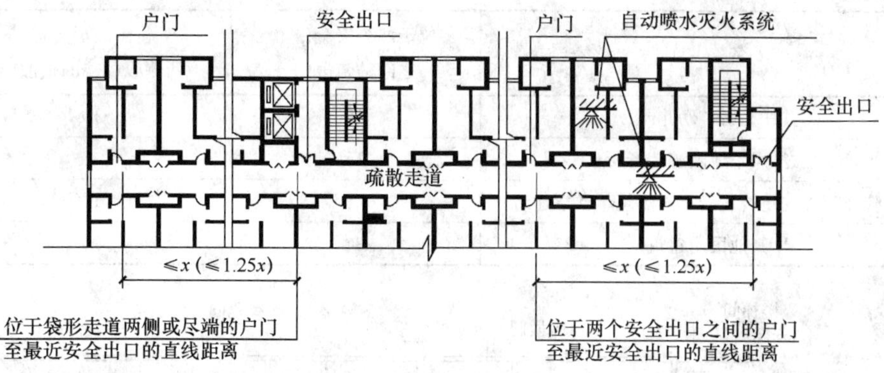

图 5-27 住宅建筑的安全疏散距离示意图（一）

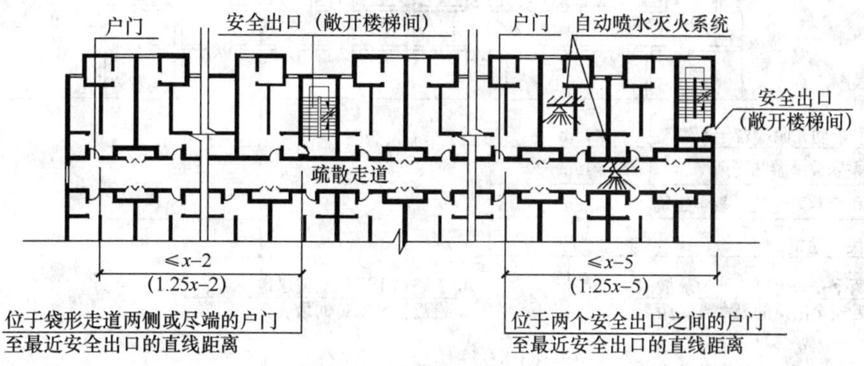

图 5-28 住宅建筑的安全疏散距离示意图（二）

（2）楼梯间应在首层直通室外，或在首层采用扩大的封闭楼梯间或防烟楼梯间前室。层数不超过 4 层时，可将直通室外的门设置在离楼梯间不大于 15m 处；户内任一点至直通疏散走道的户门的直线距离不应大于表 5-10 规定的袋形走道两侧或尽端的疏散门至最近安全出口的最大直线距离。

跃廊式住宅是用与楼梯、电梯连接的户外走廊将多个住户组合在一起的，而跃层式住宅则是在套内有多个楼层，户与户之间主要通过本单元的楼梯或电梯组合在一起的。跃层式住宅建筑的户外疏散路径较跃廊式住宅短，但套内的疏散距离则要长。因此，在考虑疏散距离时，跃廊式住宅则要将人员在此楼梯上的行走时间折算到水平走道上的时间，故采用小楼梯水平投影的 1.5 倍计算。对于跃层式住宅户内的小楼梯，户内楼梯的距离也按其梯段水平投影长度的 1.5 倍计算。

5.3.4 木结构建筑的安全疏散距离

结合木结构建筑的整体耐火性能及其楼层的允许建筑面积，民用木结构建筑的安全疏散距离略小于三级耐火等级建筑的对应值。木结构建筑的安全疏散距离规定如下：

（1）民用木结构建筑房间直通疏散走道的疏散门至最近安全出口的直线距离不应大于表 5-12 的规定（如图 5-29 所示）。

房间直通疏散走道的疏散门至最近安全出口的直线距离（m） 表5-12

名　称	位于两个安全出口之间的疏散门	位于袋形走道两侧或尽端的疏散门
托儿所、幼儿园	15	10
歌舞娱乐放映游艺场所	15	6
医院和疗养院建筑、老年人建筑、教学建筑	25	12
其他民用建筑	30	15

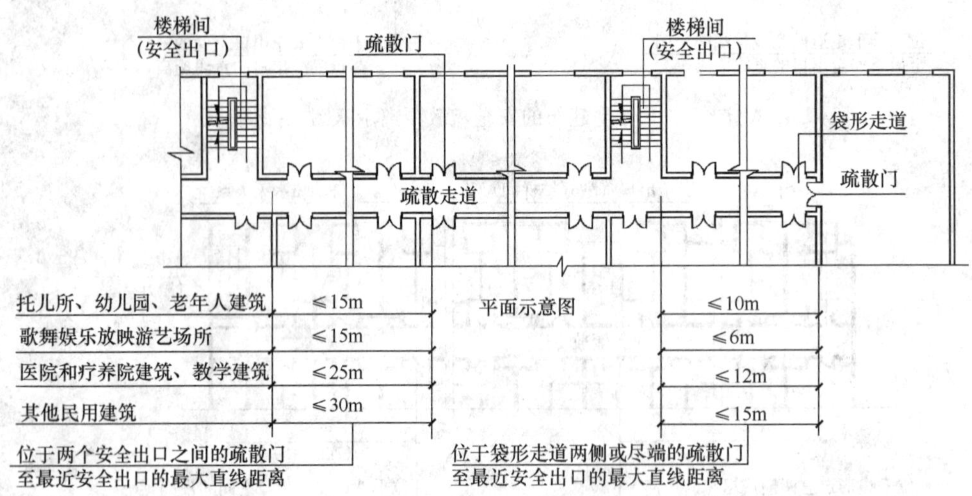

图5-29　民用木结构建筑的安全疏散距离

（2）房间内任一点至该房间直通疏散走道的疏散门的直线距离，不应大于表5-12中有关袋形走道两侧或尽端的疏散门至最近安全出口的直线距离（如图5-30所示）。

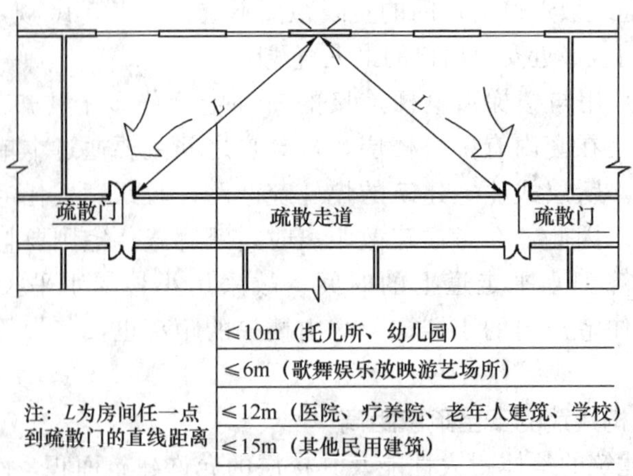

图5-30　房间任一点至疏散门的直线距离

（3）丁、戊类木结构厂房内任意一点至最近安全出口的疏散距离分别不应大于50m和60m。

5.3.5 汽车库的安全疏散距离

汽车库的火灾危险性按照《建筑设计防火规范》GB 50016—2014 划分为丁类。但是因为有车内的车垫、轮胎和汽油等可燃、易燃材料，为了保证火灾情况下，人员尽快地疏散至安全区域，疏散距离的控制是非常重要的一个指标，较短的疏散距离，能够保证人员不受或者少受烟火的影响。因此，根据汽车库空间大、人员少的特点，按照自由疏散的速度 1m/s，汽车库的安全疏散距离应满足：

（1）室内任意一点至最近人员安全出口的疏散距离不应大于 45m，当设置自动灭火系统时，其距离不应大于 60m。

（2）对于单层或设置在建筑首层的汽车库，室内任一点至室外最近出口的疏散距离不应大于 60m。

因为装有自动喷水灭火系统的汽车库的安全性较高，所以疏散距离可适当放大到 60m；对于底层汽车库和单层汽车库因为都能直接疏散到室外，要比楼层停车库疏散方便，因此需要的安全疏散时间相对要短一些。

5.4 疏散设施

5.4.1 避难走道

1. 基本概念

避难走道，是指采取防烟措施且两侧设置耐火极限不低于 3.00h 的防火隔墙，用于人员安全通行至室外的走道。

避难走道主要用于解决平面巨大的大型建筑中疏散距离过长或难以按照规范要求设置直通室外的安全出口等问题。避难走道和防烟楼梯间的作用类似，疏散时人员只要进入避难走道，就可视为进入相对安全的区域。为确保人员疏散的安全，应满足相应的防火要求。

2. 设计要求

避难走道的设置应符合下列规定（如图 5-31、图 5-32 所示）：

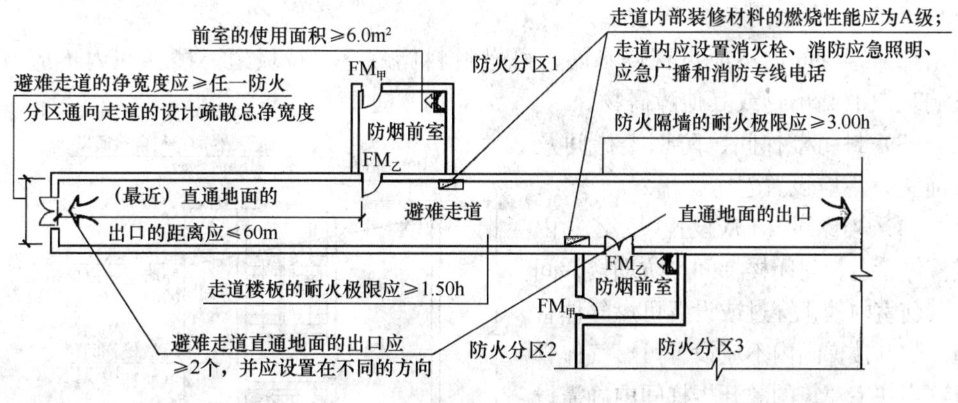

图 5-31 避难走道的设置（一）

（1）避难走道防火隔墙的耐火极限不应低于 3.00h，避难走道楼板的耐火极限不应低于 1.50h。避难走道内部装修材料的燃烧性能应为 A 级。

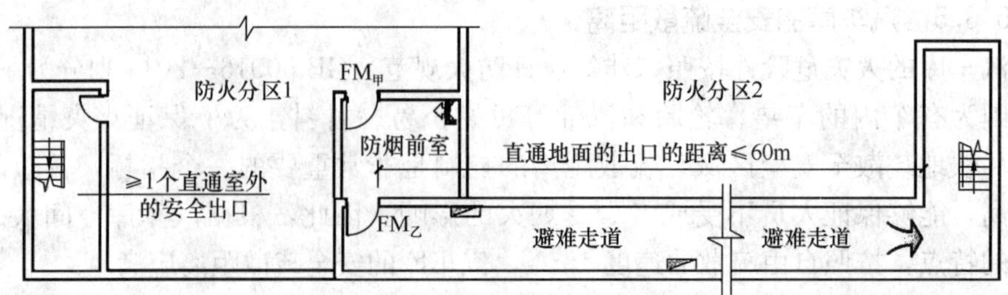

图 5-32　避难走道的设置（二）

（2）避难走道直通地面的出口不应少于 2 个，并应设置在不同方向；当避难走道仅与一个防火分区相通且该防火分区至少有 1 个直通室外的安全出口时，可设置 1 个直通地面的出口。任一防火分区通向避难走道的门至该避难走道最近直通地面的出口的距离不应大于 60m。避难走道的净宽度不应小于任一防火分区通向该避难走道的设计疏散总净宽度。

（4）防火分区至避难走道入口处应设置防烟前室，前室的使用面积不应小于 6.0m²，开向前室的门应采用甲级防火门，前室开向避难走道的门应采用乙级防火门。避难走道内应设置消火栓、消防应急照明、应急广播和消防专线电话。

5.4.2　疏散楼梯及疏散楼梯间

当发生火灾时，普通电梯如未采取有效的防火防烟措施，因供电中断，一般会停止运行，上部楼层的人员只有通过楼梯才能疏散到建筑物外面。因此，楼梯成为最主要的垂直疏散设施，也是消防救援的一条重要路线。

疏散楼梯间是人员竖向疏散的安全通道，也是消防员进入建筑进行灭火救援的主要路径。根据楼梯间的防烟性能，疏散楼梯间一般有敞开楼梯间、封闭楼梯间、防烟楼梯间及室外楼梯间。

1. 疏散楼梯间的一般要求

（1）楼梯间应能天然采光和自然通风，并宜靠外墙设置。靠外墙设置时，楼梯间、前室及合用前室外墙上的窗口与两侧门、窗、洞口最近边缘的水平距离不应小于 1.0m（如图 5-33 所示）。

（2）楼梯间内不应设置烧水间、可燃材料储藏室、垃圾道。楼梯间内不应有影响疏散的凸出物或其他障碍物。

（3）封闭楼梯间、防烟楼梯间及其前室，不应设置卷帘。

（4）楼梯间内不应设置甲、乙、丙类液体管道。封闭楼梯间、防烟楼梯间及其前室内禁止穿过或设置可燃气体管道。敞开楼梯间内不应设置可燃气体管道，当住宅建筑的敞开楼梯间内确需设置可燃气体管道和可燃气体计量表时，应采用金属管和设置切断气源的阀门（如图 5-34、图 5-35 所示）。

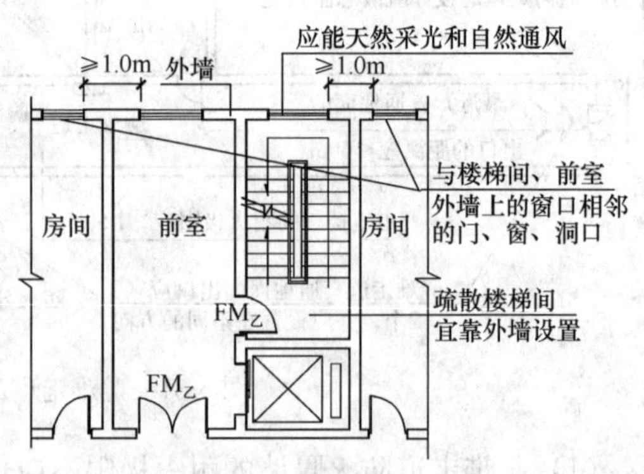

图 5-33　疏散楼梯间的设计（一）

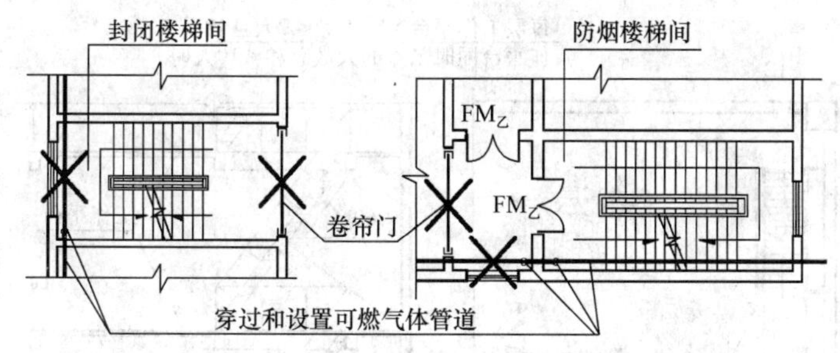

图 5-34 疏散楼梯间的设计（二）

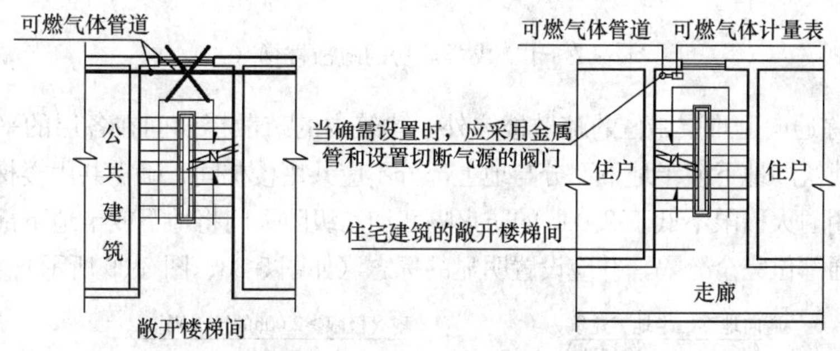

图 5-35 疏散楼梯间的设计（三）

(5) 用作丁、戊类厂房内第二安全出口的楼梯可采用金属梯，但其净宽度不应小于 0.90m，倾斜角度不应大于 45°。丁、戊类高层厂房，当每层工作平台上的人数不超过 2 人且各层工作平台上同时工作的人数总和不超过 10 人时，其疏散楼梯可采用敞开楼梯或利用净宽度不小于 0.90m、倾斜角度不大于 60°的金属梯（如图 5-36、图 5-37 所示）。

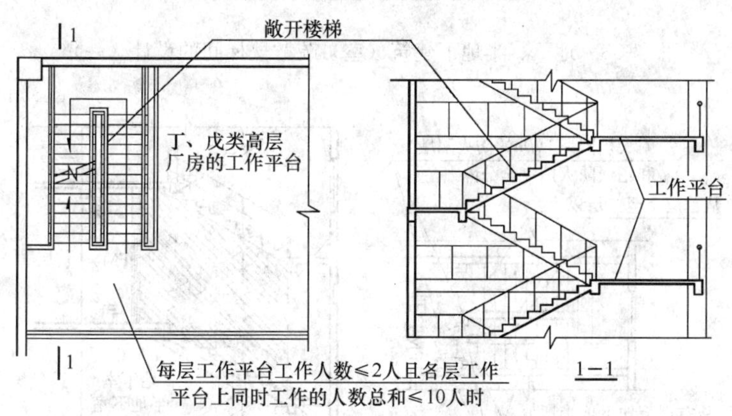

图 5-36 丁、戊类厂房的疏散楼梯（一）

(6) 疏散用楼梯和疏散通道上的阶梯不宜采用螺旋楼梯和扇形踏步；确需采用时，踏步上、下两级所形成的平面角度不应大于 10°，且每级离扶手 250mm 处的踏步深度不应小于 220mm。建筑内的公共疏散楼梯，其两梯段及扶手间的水平净距不宜小于 150mm。

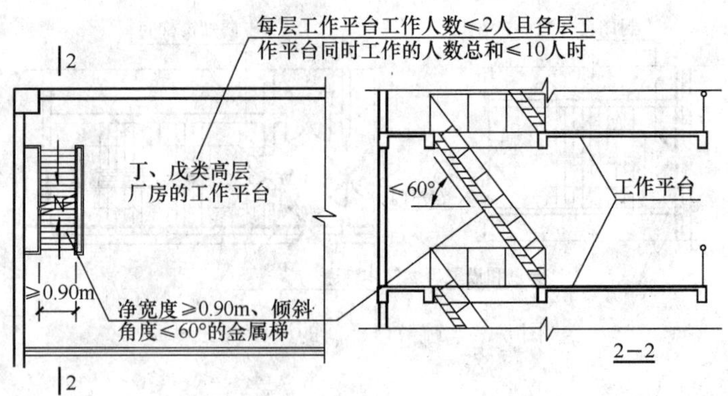

图 5-37　丁、戊类厂房的疏散楼梯（二）

（7）除通向避难层错位的疏散楼梯外，建筑内的疏散楼梯间在各层的平面位置不应改变。建筑的地下或半地下部分与地上部分不应共用楼梯间，确需共用楼梯间时，应在首层采用耐火极限不低于 2.00h 的防火隔墙和乙级防火门将地下或半地下部分与地上部分的连通部位完全分隔，并应设置明显的标志（如图 5-38、图 5-39 所示）。

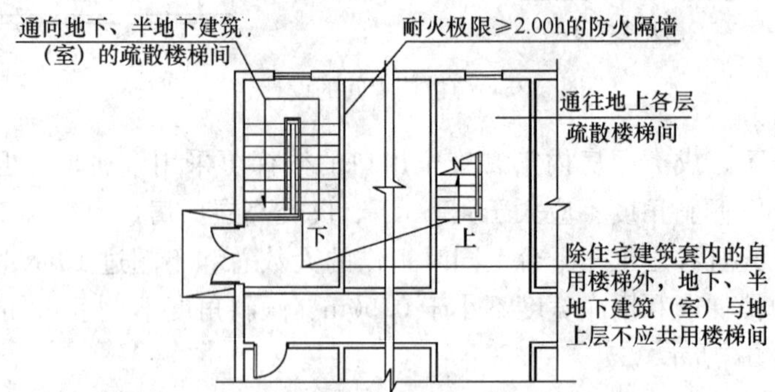

图 5-38　地下、半地下建筑（室）疏散楼梯间的设计（一）

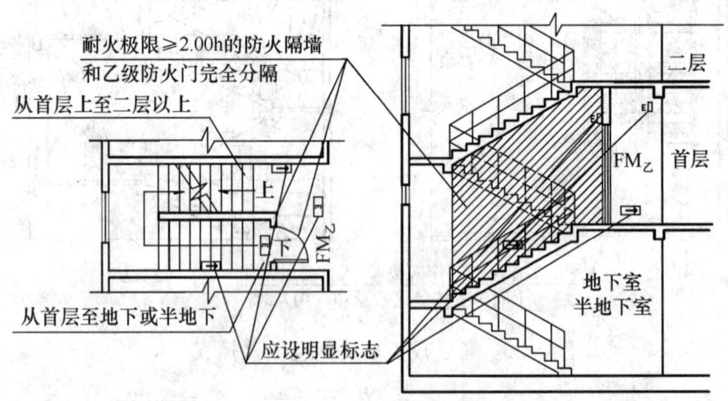

图 5-39　地下、半地下建筑（室）疏散楼梯间的设计（二）

2. 敞开楼梯间

敞开楼梯间是指由建筑物室内墙体等围护构件组成的无封闭、无防烟功能且与其他使用空间（如走廊或大厅）直接相通的楼梯间。

敞开楼梯间由于没有进行分隔，在发生火灾时不能阻挡烟气进入，而且可能会成为烟气向其他楼层蔓延的通道。敞开楼梯间安全可靠程度不大，但由于使用方便，敞开楼梯间是低层、多层的居住建筑和公共建筑中常用的楼梯形式。

3. 封闭楼梯间

封闭楼梯间是在楼梯间入口处设置门，以防止火灾的烟和热气进入的楼梯间。封闭楼梯间除应满足楼梯间的设置要求外，还应满足以下要求：

（1）不能自然通风或自然通风不能满足要求时，应设置机械加压送风系统或采用防烟楼梯间。除楼梯间的出入口和外窗外，楼梯间的墙上不应开设其他门、窗、洞口。

（2）高层建筑、人员密集的公共建筑、人员密集的多层丙类厂房、甲、乙类厂房，其封闭楼梯间的门应采用乙级防火门，并应向疏散方向开启；其他建筑，可采用双向弹簧门（如图 5-40、图 5-41 所示）。

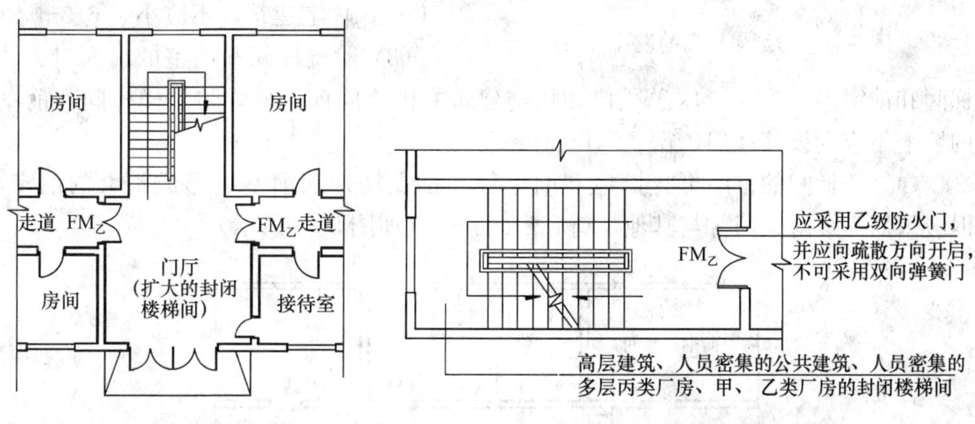

图 5-40 封闭楼梯间设计（一） 图 5-41 封闭楼梯间设计（二）

（3）楼梯间的首层可将走道和门厅等包括在楼梯间内形成扩大的封闭楼梯间，但应采用乙级防火门等与其他走道和房间分隔。

（4）住宅建筑的疏散楼梯，当建筑高度不大于 21m 时，可采用敞开楼梯间；与电梯井相邻布置的疏散楼梯应采用封闭楼梯间，当户门采用乙级防火门时，仍可采用敞开楼梯间。当建筑高度大于 21m、不大于 33m 时应采用封闭楼梯间；当户门采用乙级防火门时，可采用敞开楼梯间。

除住宅建筑套内的自用楼梯外，地下或半地下建筑（室）的疏散楼梯间，当室内地面与室外出入口地坪高差不大于 10m 或 3 层及以下的地下、半地下建筑（室），其疏散楼梯应采用封闭楼梯间。

通向封闭楼梯间的门，正常情况下需采用乙级防火门。在实际使用过程中，楼梯间出入口的门常因采用常闭防火门而致闭门器经常损坏，使门无法在火灾时自动关闭。因此，对于人员经常出入的楼梯间门，要尽量采用常开防火门。对于自然通风或自然排烟口不能符合现行国家相关防排烟系统设计标准的封闭楼梯间，可以采用设置防烟前室或直接在楼梯间内加压送风的方式实现防烟的目的。

4. 防烟楼梯间

防烟楼梯间在楼梯间入口处设置防烟的前室、开敞式阳台或凹廊（统称前室）等设施，且通向前室和楼梯间的门均为防火门，以防止火灾的烟和热气进入的楼梯间。防烟楼梯间除应满足楼梯间的设置要求外，还应满足下列要求：

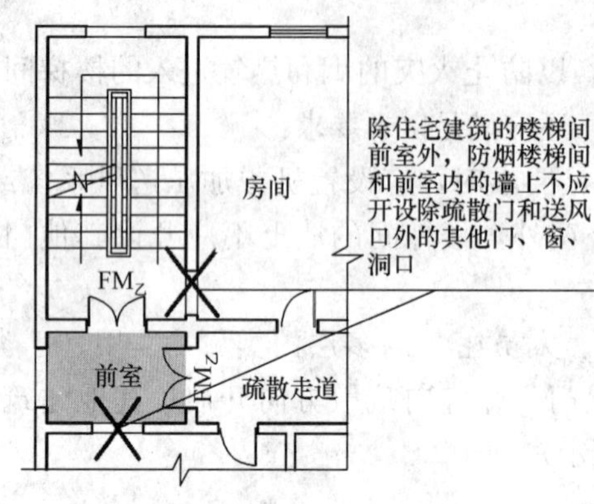

图 5-42 防烟楼梯间的设计（一）

(1) 应设置防烟设施（如图 5-42 所示）。疏散走道通向前室以及前室通向楼梯间的门应采用乙级防火门。

(2) 前室可与消防电梯间前室合用。前室的使用面积：公共建筑、高层厂房（仓库），不应小于 6.0m²；住宅建筑，不应小于 4.5m²。与消防电梯间前室合用时，合用前室的使用面积：公共建筑、高层厂房（仓库），不应小于 10.0m²；住宅建筑，不应小于 6.0m²。

(3) 除楼梯间和前室的出入口、楼梯间和前室内设置的正压送风口和住宅建筑的楼梯间前室外，防烟楼梯间和前室的墙上不应开设其他门、窗、洞口。

(4) 楼梯间的首层可将走道和门厅等包括在楼梯间前室内形成扩大的前室，但应采用乙级防火门等与其他走道和房间分隔（如图 5-43 所示）。

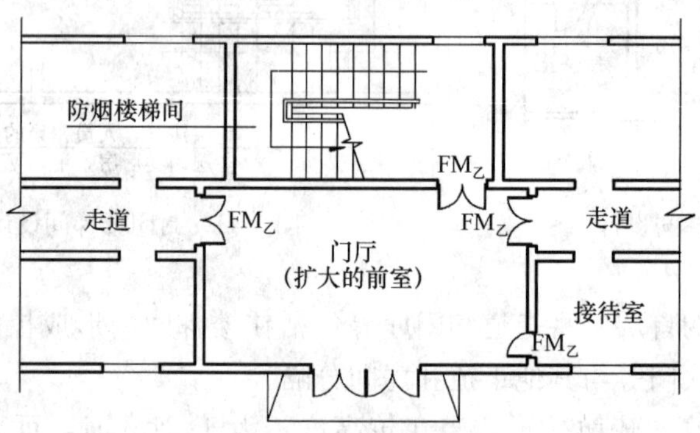

图 5-43 防烟楼梯间的设计（二）

(5) 住宅建筑的疏散楼梯，当建筑高度大于 33m 时应采用防烟楼梯间。户门不宜直接开向前室，确有困难时，每层开向同一前室的户门不应大于 3 樘且应采用乙级防火门。

除住宅建筑套内的自用楼梯外，地下或半地下建筑（室）的疏散楼梯间，当室内地面与室外出入口地坪高差大于 10m 或 3 层及以上的地下、半地下建筑（室），其疏散楼梯应采用防烟楼梯间，且应在首层采用耐火极限不低于 2.00h 的防火隔墙与其他部位分隔并应直通室外，确需在隔墙上开门时，应采用乙级防火门。

防烟楼梯间具有比封闭楼梯间更好的防烟、防火能力，防火可靠性更高。前室不仅起防烟作用，而且可作为疏散人群进入楼梯间的缓冲空间，供灭火救援人员进行进攻前的整装和灭火准备工作。因此，防火设计中要注意使前室的大小与楼层中疏散进入楼梯间的人数相适应。此处的前室或合用前室的面积，为可供人员使用的净面积。这里的“前室”，包括开敞式的阳台、凹廊等类似空间。

5. 室外楼梯间

室外楼梯可作为防烟楼梯间或封闭楼梯间使用，但主要还是辅助用于人员的应急逃生和消防员直接从室外进入建筑物，到达着火层进行灭火救援。对于某些建筑，由于楼层使用面积紧张，也可采用室外疏散楼梯间进行疏散，但必须满足安全疏散的要求。室外疏散楼梯应符合下列规定（如图 5-44 所示）：

（1）栏杆扶手的高度不应小于 1.10m，楼梯的净宽度不应小于 0.90m。

（2）倾斜角度不应大于 45°。

（3）梯段和平台均应采用不燃材料制作。平台的耐火极限不应低于 1.00h，梯段的耐火极限不应低于 0.25h。

（4）通向室外楼梯的门应采用乙级防火门，并应向外开启。

（5）除疏散门外，楼梯周围 2.00m 内的墙面上不应设置门、窗、洞口。疏散门不应正对梯段。

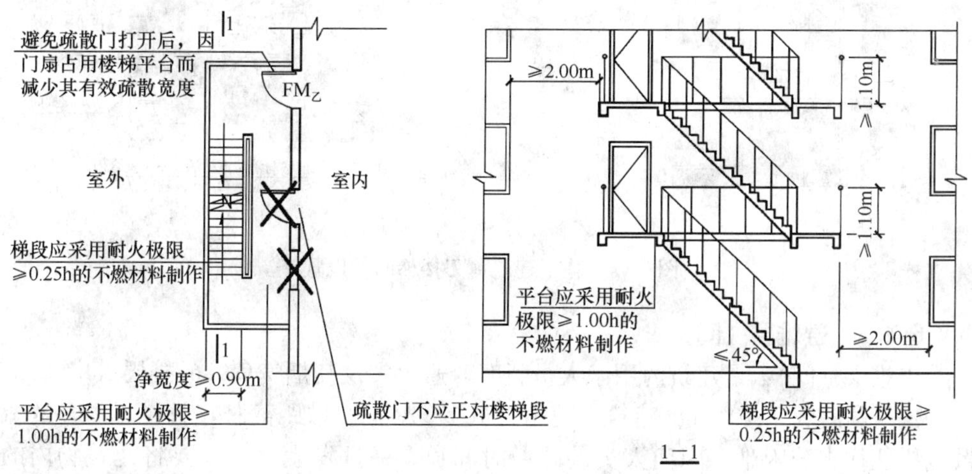

图 5-44 室外疏散楼梯的设计

6. 剪刀楼梯间

剪刀楼梯，又称为叠合楼梯或套梯，是在同一楼梯间设置一对既相互交叉，又相互分隔的疏散楼梯。剪刀楼梯在每层楼之间的梯段一般为单跑梯段。剪刀楼梯的特点是在建筑的楼梯间内设置了两部疏散楼梯，并形成两个出口，有利于在较为狭窄的空间内组织双向疏散。

由于剪刀楼梯是垂直方向的两个疏散通道，这两部楼梯可以不采用隔墙分隔而处于同一楼梯间内，也可以采用隔墙分隔成两个楼梯间。两梯段之间如没有隔墙，则两条通道处在同一空间内，发生火灾后其中一个楼梯间充满烟气，则会使整个楼梯间的安全受到影响，影响人员的安全疏散。为防止出现这种情况应采取相应的防火措施，剪刀楼梯的楼梯间应分别设置前室，不同楼梯之间应设置分隔墙，使之成为各自独立的空间。

高层公共建筑的疏散楼梯，当分散设置确有困难且从任一疏散门至最近疏散楼梯间入口的距离小于10m时，可采用剪刀楼梯间。

剪刀楼梯间应为防烟楼梯间；梯段之间应设置耐火极限不低于1.00h的防火隔墙；楼梯间的前室应分别设置。

住宅单元的疏散楼梯，当分散设置确有困难且任一户门至最近疏散楼梯间入口的距离不大于10m时，可采用剪刀楼梯间。但应采用防烟楼梯间；梯段之间应设置耐火极限不低于1.00h的防火隔墙；楼梯间的前室不宜共用；共用时，前室的使用面积不应小于6.0m²（如图5-45所示）。楼梯间的前室或共用前室不宜与消防电梯的前室合用；楼梯间的前室与消防电梯的前室合用时，合用前室的使用面积不应小于12.0m²，且短边不应小于2.4m。

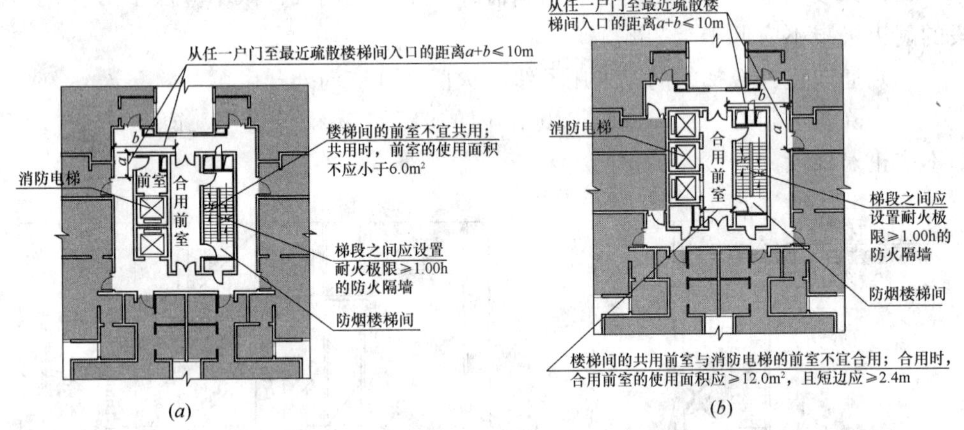

图5-45　住宅建筑剪刀楼梯间的设置

5.4.3　避难层（间）

避难层（间）：是建筑内用于人员暂时躲避火灾及其烟气危害的楼层（房间）。

建筑高度大于100m的建筑，使用人员多、竖向疏散距离长，且设置更多的疏散楼梯往往十分困难，因而人员的疏散时间长。一旦发生火灾，要将建筑物内的人员全部疏散到地面是非常困难的，甚至是不可能的。

根据目前国内主战举高消防车——50m高云梯车的操作要求，以及普通人爬楼梯的体力消耗情况、我国的人体特征、各种机电设备及管道等的布置和使用管理要求等，避难层的设置应满足相应的条件及要求。

1. 避难层

建筑高度大于100m的公共建筑，应设置避难层（间）（如图5-46所示），避难层（间）应符合下列规定：

（1）第一个避难层（间）的楼地面至灭火救援场地地面的高度不应大于50m，两个避难层（间）之间的高度不宜大于50m。

（2）通向避难层的疏散楼梯应在避难层分隔、同层错位或上下层断开。

（3）避难层（间）的净面积应能满足设计避难人数避难的要求，并宜按5.0人/m²计算。

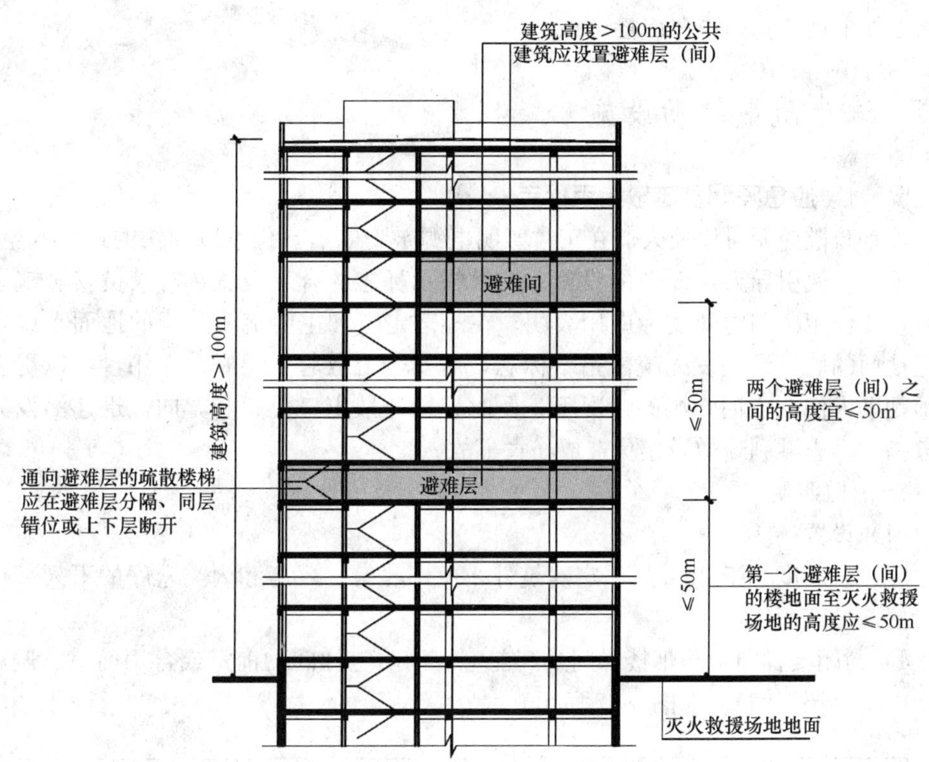

图 5-46 公共建筑避难层（间）的设置

（4）避难层可兼作设备层。设备管道宜集中布置，其中的易燃、可燃液体或气体管道应集中布置，设备管道区应采用耐火极限不低于 3.00h 的防火隔墙与避难区分隔。管道井和设备间应采用耐火极限不低于 2.00h 的防火隔墙与避难区分隔，管道井和设备间的门不应直接开向避难区；确需直接开向避难区时，与避难区出入口的距离不应小于 5m，且应采用甲级防火门。避难间内不应设置易燃、可燃液体或气体管道，不应开设除外窗、疏散门之外的其他开口。

（5）避难层应设置消防电梯出口；应设置消火栓和消防软管卷盘；应设置消防专线电话和应急广播。在避难层（间）进入楼梯间的入口处和疏散楼梯通向避难层（间）的出口处，应设置明显的指示标志。应设置直接对外的可开启窗口或独立的机械防烟设施，外窗应采用乙级防火窗。

2. 避难间

考虑到病房楼内使用人员的自我疏散能力较差，为了满足医疗建筑中难以在火灾时及时疏散的人员避难需要和保证其避难安全，高层病房楼应在二层及以上的病房楼层和洁净手术部设置避难间，并应符合下列规定：

避难间服务的护理单元不应超过 2 个，其净面积应按每个护理单元不小于 25.0m^2确定；避难间兼作其他用途时，应保证人员的避难安全，且不得减少可供避难的净面积；避难间应靠近楼梯间，并应采用耐火极限不低于 2.00h 的防火隔墙和甲级防火门与其他部位分隔；避难间应设置直接对外的可开启窗口或独立的机械防烟设施，外窗应采用乙级防火窗；避难间的入口处应设置明显的指示标志、消防专线电话和消防应急广播。

5.5　逃生疏散辅助设施

5.5.1　应急照明及疏散指示标志

设置疏散照明可以使人们在正常照明电源被切断后，仍然以较快的速度逃生，是保证和有效引导人员疏散的设施。疏散指示标志的合理设置，对人员安全疏散具有重要作用。国内外实际应用表明，在疏散走道和主要疏散路线的地面上或者靠近地面的墙上设置发光疏散指示标志，对安全疏散起到很好的作用，可以更有效地帮助人们在浓烟弥漫的情况下，及时识别疏散出口位置和方向，迅速沿发光疏散指示标志顺利疏散，避免造成伤亡事故。

1. 疏散照明

（1）设置场所

除建筑高度小于 27m 的住宅建筑外，民用建筑、厂房和丙类仓库的下列部位应设置疏散照明：

1）封闭楼梯间、防烟楼梯间及其前室、消防电梯间的前室或合用前室、避难走道、避难层（间）（如图 5-47 所示）。

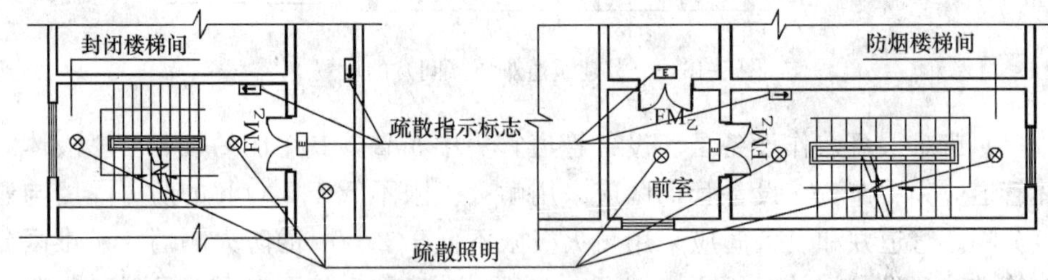

图 5-47　消防应急照明和疏散指示标志（一）

2）观众厅、展览厅、多功能厅和建筑面积大于 200m² 的营业厅、餐厅、演播室等人员密集的场所；公共建筑内的疏散走道。

3）建筑面积大于 100m² 的地下或半地下公共活动场所（如图 5-48 所示）。

4）人员密集厂房内的生产场所及疏散走道。

（2）照度要求

建筑内疏散照明的地面最低水平照度应符合下列规定：

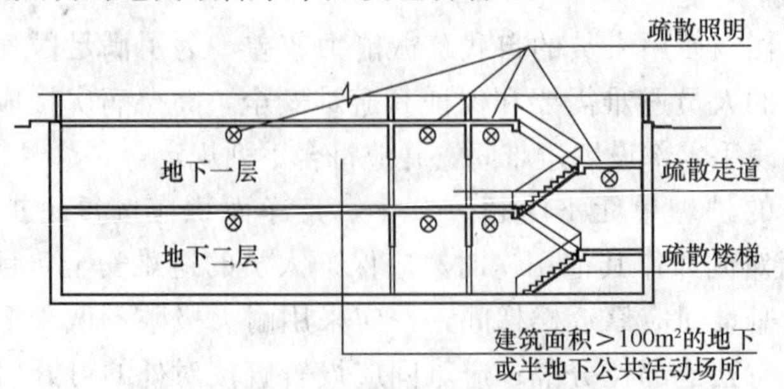

图 5-48　消防应急照明和疏散指示标志（二）

1）对于疏散走道，不应低于 1.0lx。

2）对于人员密集场所、避难层（间），不应低于 3.0lx；对于病房楼或手术部的避难间，不应低于 10.0lx。

3）对于楼梯间、前室或合用前室、避难走道，不应低于 5.0lx。

4）消防控制室、消防水泵房、自备发电机房、配电室、防排烟机房以及发生火灾时仍需正常工作的消防设备房应设置备用照明，其作业面的最低照度不应低于正常照明的照度。

我国规定设置消防疏散照明场所的照度值，主要考虑我国各类建筑中暴露出来的一些影响人员疏散的问题，并参考了美国、英国等国家的相关标准，但仍较这些国家的标准要求低。因此，设计师应根据实际情况，从有利于人员安全疏散需要出发考虑设置疏散照明。对有条件的，如生产车间、仓库、重要办公楼中的会议室等，要尽量增加该照明的照度，从而提高疏散的安全性。对一些在疏散过程中的重要过渡区或视作室内的安全区，适当提高疏散应急照明的照度值，可以大大提高人员的疏散速度和安全疏散条件，有效减少人员伤亡。

（3）设置部位

疏散照明灯具应设置在出口的顶部、墙面的上部或顶棚上；备用照明灯具应设置在墙面的上部或顶棚上。

疏散指示标志的合理设置，能更好地帮助人员快速、安全地进行疏散。对于空间较大的场所，人们在火灾时依靠疏散照明的照度难以看清较大范围的情况，依靠行走路线上的疏散指示标志，可以及时识别疏散位置和方向，缩短到达安全出口的时间。

疏散指示标志的安装位置，是根据国内外的建筑实践和火灾中人的行为习惯提出的。具体设计还可结合实际情况，在规范规定的范围内合理选定安装位置，比如也可设置在地面上等。同时，应明确建筑中安全疏散标志设置的规范性，如不能将“疏散门”标成“安全出口”，将“安全出口”标成“非常出口”或“疏散口”等，甚至出现疏散指示方向混乱的现象等。对于疏散指示标志的间距，设计时还要根据标志的大小和发光方式以及便于人员在较低照度条件清楚识别的原则进一步缩小。总之，所设置的标志要便于人们辨认，并符合一般人行走时目视前方的习惯，能起引导作用，但要防止被烟气遮挡，如设在顶棚下的疏散标志应考虑距离顶棚一定高度。

2. 疏散指示标志

（1）设置场所

公共建筑、建筑高度大于 54m 的住宅建筑、高层厂房（库房）和甲、乙、丙类单、多层厂房，应设置灯光疏散指示标志，并应符合下列规定：

1）应设置在安全出口和人员密集场所的疏散门的正上方。

2）应设置在疏散走道及其转角处距地面高度 1.0m 以下的墙面或地面上。灯光疏散指示标志的间距不应大于 20m；对于袋形走道，不应大于 10m；在走道转角区，不应大于 1.0m（如图 5-49 所示）。

（2）辅助疏散指示标志

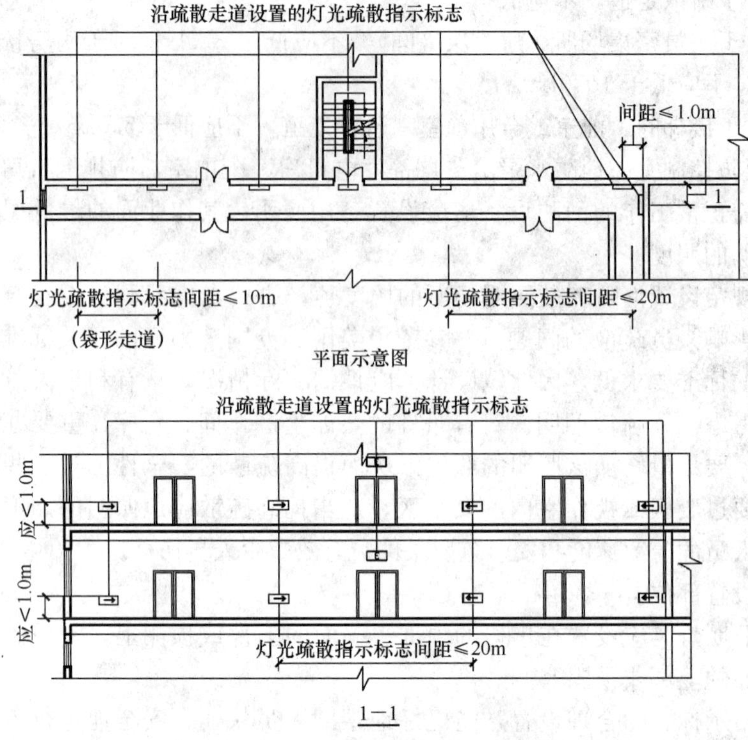

图5-49　灯光疏散指示标志

对于大空间或人员密集的公共场所，在火灾时人们依靠疏散照明的照度难以看清较大范围，因此，为了扩大照度和增加人们的视线范围，在这些场所的内部疏散走道和主要疏散路线的地面上，还应增设能保持视觉连续的灯光疏散指示标志或蓄光疏散指示标志，即辅助疏散指示标志。但该标志不能作为主要的疏散指示标志。其适用场所包括：

1）总建筑面积大于8000m^{2}的展览建筑；

2）总建筑面积大于5000m^{2}的地上商店；

3）总建筑面积大于500m^{2}的地下或半地下商店；

4）歌舞娱乐放映游艺场所；

5）座位数超过1500个的电影院、剧场，座位数超过3000个的体育馆、会堂或礼堂。

车站、码头建筑和民用建筑机场航站楼中建筑面积大于3000m^{2}的候车、候船厅和航站楼的公共区。

5.5.2　直升机停机坪

对于高层建筑，特别是建筑高度超过100m的高层建筑，为便于火灾时救援和疏散难以通过室内楼梯下至地面的人员，要尽量结合城市空中消防站建设和规划布局，在这些高层建筑中设置屋顶直升机停机坪，或设置可以保证直升机安全悬停与救助人员的设施。因此，建筑高度大于100m且标准层建筑面积大于2000m^{2}的公共建筑，宜在屋顶设置直升机停机坪或供直升机救助的设施。

直升机停机坪应符合下列规定（如图 5-50 所示）。

（1）设置在屋顶平台上时，距离设备机房、电梯机房、水箱间、共用天线等突出物不应小于 5m。建筑通向停机坪的出口不应少于 2 个，每个出口的宽度不宜小于 0.90m。

（2）四周应设置航空障碍灯，并应设置应急照明，在停机坪的适当位置应设置消火栓，其他要求应符合国家现行航空管理有关标准的规定。

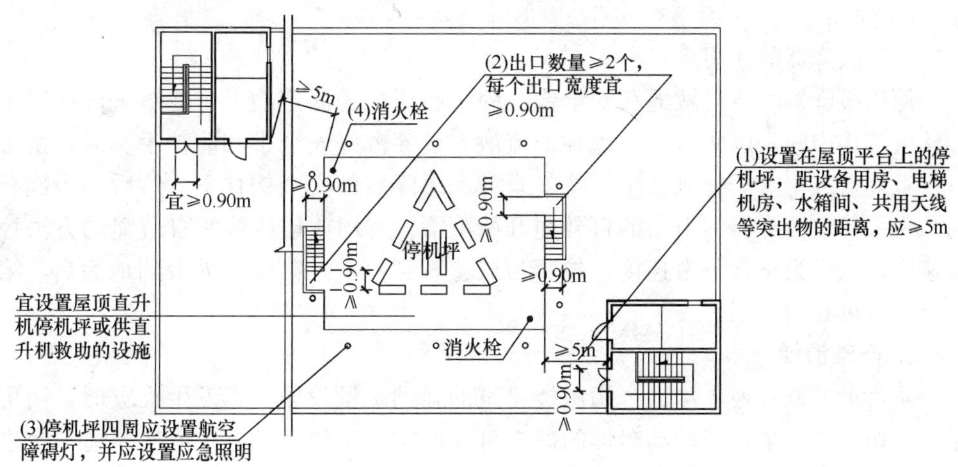

图 5-50　直升机停机坪的设置要求

5.5.3　其他逃生疏散设施

为了方便灭火救援和人员逃生的要求，根据建筑物的使用特点、防火要求及各种消防设施的配置情况，在多层建筑或高层建筑的下部楼层设置逃生袋、救生绳、缓降绳、折叠式人孔梯、滑梯等辅助疏散设施。辅助疏散设施不一定要在每一个窗口或阳台设置，但设置位置应便于人员使用且安全可靠。人员密集的公共建筑不宜在窗口、阳台等部位设置封闭的金属栅栏，确需设置时，应能从内部易于开启；窗口、阳台等部位宜根据其高度设置适用的辅助疏散逃生设施。

1. 避难袋

避难袋的构造共有三层，最外层由玻璃纤维制成，可耐 800℃的高温；第二层为弹性制动层，束缚下滑的人体和控制下滑速度；内层张力大而柔软，使人体以舒适的速度向下滑降。

避难袋可以用在建筑物内部，也可以用在建筑的外部。用于建筑内部时，避难袋设于防火竖井内，人员打开防火门进入按层分段设置的袋中，即可滑到下一层或下几层。用于建筑外部时，装设在低层建筑窗口处的固定设施内，失火后将其取出向窗外打开，通过避难袋滑到室外地面。

2. 缓降器

缓降器是高层建筑的下滑自救器具，由于其操作简单，下滑平稳，消防队员还可带着一人滑至地面，对于伤员、老人、体弱者或儿童，可由地面人员控制安全降至地面，因此缓降器是当前市场上应用最广泛的辅助安全疏散产品。

（1）缓降器的组成及规格

缓降器由摩擦棒、套筒、自救绳和绳盒等组成，不需要其他动力，通过制动机构控制缓降绳索的下降速度，让使用者在保持一定速度平衡的前提下，安全地缓降至地面。有的缓降器用阻燃套袋替代传统安全带，这种阻燃套袋可以将逃生人员（包括头部在内）的全身保护起来，以阻挡热辐射，并降低逃生人员下视地面的恐高心理。缓降器根据自救绳的长度分为3种规格：绳长为38m的缓降器适用于6～10层；绳长为53m的缓降器适用于11～16层；绳长为74m的缓降器适用于16～20层。

（2）缓降器的使用

使用缓降器时将自救绳和安全钩牢固定在楼内的固定物上，把垫子放在绳子和楼房结构中间，以防自救绳磨损。疏散人员穿戴好安全带和防护手套后，携带好自救绳盒或将盒子抛到楼下，将安全带和缓降器的安全钩挂牢；然后一手握套筒，一手拉住缓降器下引出的自救绳开始下滑。可用放松或拉紧自救绳的方法控制速度，放松为正常下滑速度，拉紧为减速直到停止。第一个人滑到地面后，第二个人方可开始使用。

3. 避难滑梯

避难滑梯是一种非常适合病房楼建筑的辅助疏散设施。当发生火灾时，病房楼中的伤病员、孕妇等行动缓慢的病人可在医护人员的帮助下，由外连通阳台进入避难滑梯，靠重力下滑到室外地面或安全区域从而逃生。

避难滑梯是一种螺旋形的滑道，节省占地、简便易用、安全可靠、外观别致，能适应各种高度的建筑物，是高层病房理想的辅助安全疏散设施。

4. 室外疏散救援舱

室外疏散救援舱由平时折叠存放在屋顶的一个或多个逃生救援舱和外墙安装的齿轨两部分组成。火灾时专业人员用安装在屋顶的绞车将展开后的逃生救援舱引入建筑外墙安全的滑轨。逃生救援舱可以同时与多个楼层走道的窗口对接，将高层建筑内的被困人员送到地面，在上升时又可将消防队员等应急救援人员送到建筑内。

室外疏散救援舱比缩放式滑道和缓降器复杂，一次性投资大，需要由受过专门训练的人员使用和控制，而且需要定期维护、保养和检查，作为其动力的屋顶绞车必须有可靠的动力保障。其优点是每往复运行一次可以疏散多人，尤其适用于疏散乘坐轮椅的残疾人和其他行动不便的人员，它不仅能在向下运行时将被困人员送到地面，又可以在向上运行时将救援人员输送到的建筑上部。

5. 缩放式滑道

采用耐磨、阻燃的尼龙材料和高强度金属圈骨架制作成的缩放式滑道，平时折叠存放在高层建筑的顶楼或其他楼层。火灾时可打开释放到地面，并将末端固定在地面事先确定的锚固点，被困人员依次进入后滑降到地面。紧急情况下，也可以用云梯车在贴近高层建筑被困人员所处的窗口展开，甚至可以用直升机投放到高层建筑的屋顶，由消防人员展开后疏散屋顶的被困人员。

缩放式滑道的关键指标是合理设置下滑角度，并通过滑道材料与使用者身体之间的摩擦来有效控制下滑速度。

5.6 消防电梯

建筑内的防火分区具有较高的防火性能。一般在火灾初期，较易将火灾控制在着火的一个防火分区内，消防员利用着火区内的消防电梯就可以进入着火区直接接近火源实施灭火和实施搜索等其他行动。对于多个防火分区的楼层，即使一个防火分区的消防电梯受阻难以安全使用时，还可利用相邻防火分区的消防电梯。因此，每个防火分区应至少设置一部消防电梯。

消防电梯为火灾时相对安全的竖向通道，其前室靠外墙设置既安全，又便于采用可靠的天然采光和自然排烟的防烟方式，电梯出口在首层也可直接通向室外。一些受平面布置限制不能直接通向室外的电梯出口，可以采用受防火保护的通道，不经过任何其他房间通向室外，该通道要具有防烟性能。

5.6.1 消防电梯的设置范围及数量

1. 民用建筑

对于高层建筑，设置消防电梯能节省消防员的体力，使消防员能快速接近着火区域，提高战斗力和灭火效果。根据在正常情况下对消防员的测试结果，消防员从楼梯攀登的有利登高高度一般不大于 23m，否则对人体的体力消耗很大。对于地下建筑，由于排烟、通风条件很差，受当前装备的限制，消防员通过楼梯进入地下的火灾危险性较地上建筑要高，因此要尽量缩短到达火场的时间。由于普通的客、货电梯不具备防火、防烟条件，火灾时往往电源没有保证，不能用于消防员的灭火救援，因此民用建筑中的下列建筑应设置消防电梯：

(1) 建筑高度大于 33m 的住宅建筑。

(2) 一类高层公共建筑和建筑高度大于 32m 的二类高层公共建筑。

(3) 设置消防电梯的建筑的地下或半地下室，埋深大于 10m 且总建筑面积大于 3000m^2 的其他地下或半地下建筑（室）。设置要求及数量参见表 5-13。

(4) 消防电梯应分别设置在不同防火分区内，且每个防火分区不应少于 1 台。相邻两个防火分区可共用 1 台消防电梯。

应设消防电梯的建筑 表 5-13

	设置条件	设置要求
住宅建筑	建筑高度大于 33m	分别设置在不同的防火分区内，且每个防火分区应≥1 台
公共建筑	1. 一类高层 2. 建筑高度>32m 的二类高层	
地下或半地下建筑（室）	1. 地上部分设置消防电梯的建筑 2. 埋深>10m 且总建筑面积>3000m^2	
高层厂房（仓库）	建筑高度>32m 且设置电梯	每个防火分区宜设 1 台

2. 厂房、仓库

建筑高度大于 32m 且设置电梯的高层厂房（仓库），每个防火分区内宜设置 1 台消防电梯。但建筑高度大于 32m 且设置电梯，任一层工作平台上的人数不超过 2

人的高层塔架；局部建筑高度大于32m，且局部高出部分的每层建筑面积不大于$50m^2$的丁、戊类厂房可不设置消防电梯（如图5-51所示）。

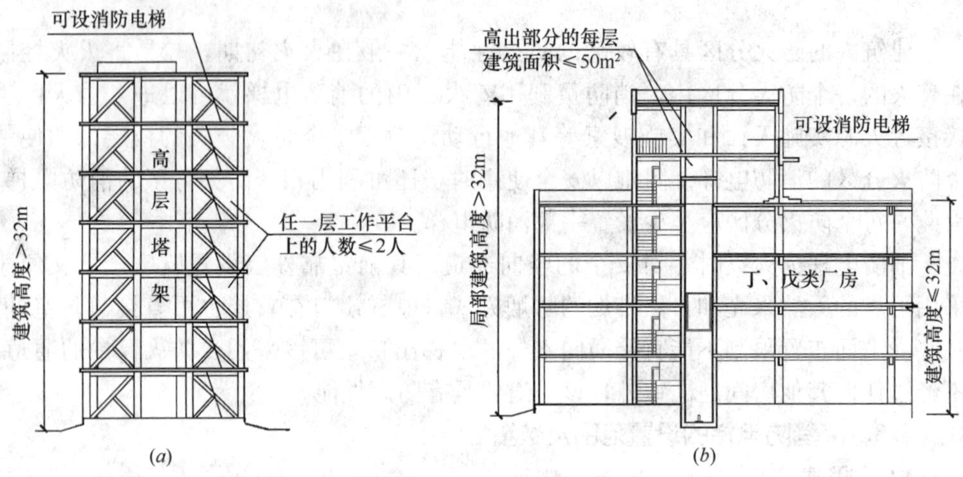

图5-51 建筑允许不设消防电梯的规定

5.6.2 消防电梯的设置要求

（1）符合消防电梯要求的客梯或货梯可兼作消防电梯。

（2）除设置在仓库连廊、冷库穿堂或谷物筒仓工作塔内的消防电梯外，消防电梯应设置前室。且前室宜靠外墙设置，并应在首层直通室外或经过长度不大于30m的通道通向室外；前室的使用面积不应小于$6.0m^2$；与防烟楼梯间合用的前室应符合相关的规定。除前室的出入口、前室内设置的正压送风口和规范规定的户门外，前室内不应开设其他门、窗、洞口；前室或合用前室的门应采用乙级防火门，不应设置卷帘（如图5-52所示）。

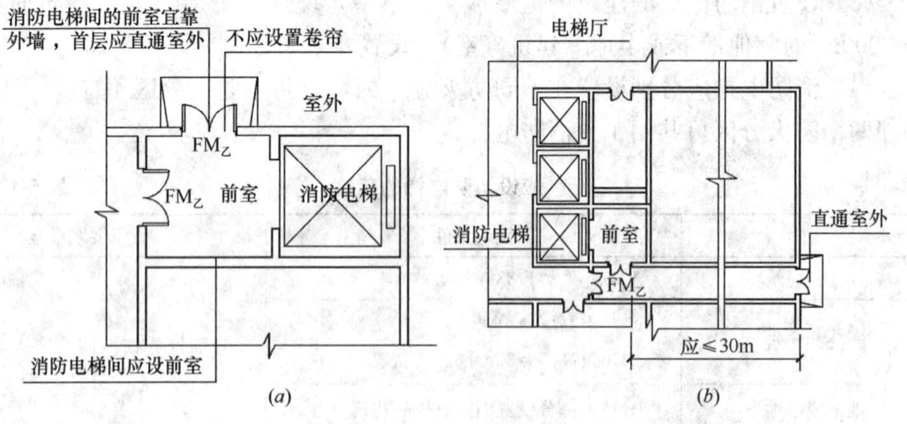

图5-52 消防电梯间前室的使用面积要求

在实际工程中，为有效利用建筑面积，方便建筑布置及电梯的管理和维护，往往多台电梯设置在同一部位，电梯梯井相互毗邻。一旦其中某部电梯或电梯井出现火情，可能因相互间的分隔不充分而影响其他电梯、特别是消防电梯的安全使用。因此，消防电梯井、机房与相邻电梯井、机房之间应设置耐火极限不低于

2.00h 的防火隔墙，隔墙上的门应采用甲级防火门。

火灾时，应确保消防电梯能够可靠、正常运行。建筑内发生火灾后，一旦自动喷水灭火系统动作或消防队进入建筑展开灭火行动，均会有大量水在楼层上积聚、流散。因此，要确保消防电梯在灭火过程中能保持正常运行，消防电梯井内外就要考虑设置排水和挡水设施，并设置可靠的电源和供电线路。消防电梯的井底应设置排水设施，排水井的容量不应小于 $2m^3$，排水泵的排水量不应小于10L/s。消防电梯间前室的门口宜设置挡水设施。

消防电梯应能每层停靠；电梯的载重量不应小于 800kg；电梯从首层至顶层的运行时间不宜大于 60s；电梯的动力与控制电缆、电线、控制面板应采取防水措施；在首层的消防电梯入口处应设置供消防队员专用的操作按钮；电梯轿厢的内部装修应采用不燃材料；电梯轿厢内部应设置专用消防对讲电话（如图 5-53 所示）。

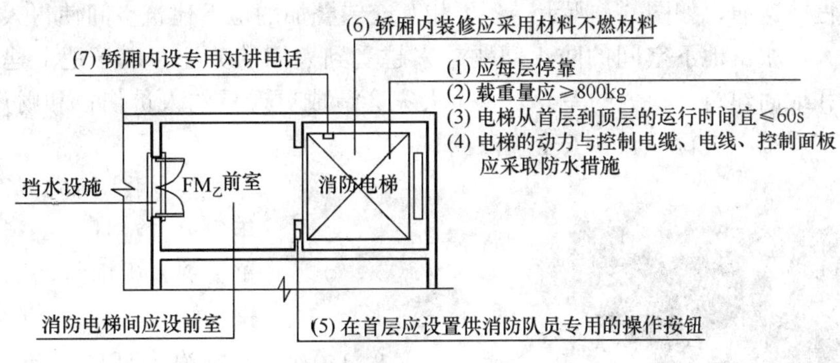

图 5-53　消防电梯的设置要求

复习思考题

1. 安全疏散和避难设计在建筑安全设计中有何意义？民用建筑应根据哪些因素合理设置安全疏散与避难设施？

2. 儿童活动场所和老年人活动场所分别指哪些场所？在安全疏散设计上有哪些具体方面需要注意？

3. 请绘图说明什么是封闭楼梯间？符合哪些条件的建筑应设置封闭楼梯间？

4. 什么是防烟楼梯间？哪些民用建筑需要设防烟楼梯间？

5. 用于疏散的室外楼梯应满足哪些防火性能？

6. 什么是全疏散距离？在确定不同使用性质的建筑的安全疏散距离时应考虑哪些因素？

7. 避难层、避难间和避难走道分别具有哪些功能？在安全防火设计上有什么区别？

8. 哪些建筑应设置消防电梯？如何确定消防电梯的设置数量？消防电梯应满足哪些性能要求？

第 6 章　地下空间防火设计

随着经济和人口的增长与城市化的发展，人类生存空间成为世界各国着重研究的问题。城市需要向高空发展，也必须向地下发展，要多建高层和超高层建筑，也要兴建各类用途的地下建筑。近几十年来，我国中小城市已经高楼林立，地下车库、地下商场、防空洞改建设施等遍布各地。与发达国家相似，大城市的地下交通发展日新月异，各地铁站的出入口都纷纷与附近的地下商业网点、地下车库、人防工程等连通，如图 6-1 所示。各类相互交错叠加的地下建筑空间使得人流密度不断增大，城市地下空间的防火问题越来越受到人们的关注。由于地下建筑的构筑特点和地面建筑有很大的差异，发生火灾会造成更严重的人员伤亡和财产损失，而且火灾后难以进行扑救和安全疏散。

图 6-1　地下空间相互连通

根据我国从 1997～1999 年的火灾统计，每年地下建筑火灾发生次数约为高层建筑的 3～4 倍，火灾中死亡人数约为高层建筑的 5～6 倍，造成的直接经济损失约为高层建筑的 1～3 倍。统计表明，地下建筑与高层建筑比较，火灾发生概率更高，其造成的人员伤亡和财产损失更大。因此，消防安全环境的控制设计在地下建筑，特别是人流密集的地下公共建筑更为重要。

近年来，地下空间利用率日益攀升，无论是旧人防工程的再利用还是新建高层建筑的地下空间规划，都以功能性为主，多为地下商业街和停车场之用。在消防设计问题上，要充分结合各种功能不同的建筑特点，针对人流量和空间利用的特点来设计适合实际需求的消防措施。通过对各种功能性建筑的深入研究，遵照防火规范、规章的要求，建立起完善的火灾防护和预警系统。

6.1　地下空间的火灾特点

地下空间的内部防灾与地面建筑的防灾原则基本一致，但必须考虑地下环境的特点，致使地下空间内部防灾问题显得更复杂、更困难，防灾不当会造成更严重的危害。地下建筑构筑上的特点与地面建筑有很大的差异，且发生火灾后不利于人员安全疏散和火灾扑救，在防火条件相同的情况下，地下建筑发生火灾时危险性更大，易造成更严重的人员伤亡和财产损失。

根据人在地下空间中的活动，城市地下空间有许多建筑功能分类，见表 6-1。不同建筑功能类型的地下空间有着不同的火灾特点。

城市地下建筑功能分类　　表 6-1

建筑分类	使用功能
商业建筑	地下商场、地下商业街、地下购物中心等
交通建筑	地铁、地下隧道、地下停车场、地下过街通道等
文化建筑	地下博物馆、展览馆、地下图书馆、地下影剧院等
医疗建筑	手术室、药房、影像检查室等
办公建筑	会议室、档案室、保密室、试验室等
市政建筑	电力、给排水、供暖热力、地下污水、垃圾处理等
生产建筑	封闭式车间、军工、轻工业生产车间
仓储建筑	地下粮油库、冷库、金库等
防护建筑	人防、军事工程，存放放射品、危险品的仓库

6.1.1 火灾发生机率高

地下空间功能复杂，尤其是商业空间、公共娱乐场所和公共交通场站，火灾发生机率高，主要有以下几个方面的原因：

（1）电器照明设备多

地下空间的采光、通风等全部依靠电能。地下空间没有自然采光，要依靠照明设备，这类设备主要为荧光灯具，其镇流器易发热起火。另外，为招揽顾客提高商品吸引力，许多店主在橱窗和柜台内安装了各种射灯，射灯除采用冷光源外，其他表面温度都较高，极易烤着易燃物品。据有关资料统计，近年来电器火灾发生的次数占火灾总数的50%～60%以上，其损失也占了总损失的30%以上。

（2）地下工程内部一般比较潮湿

地下空间的设备空间或人防空间内部因为封闭等原因一般容易霉湿，易加速各种电气线路和设备的绝缘层、接点老化，容易发生短路、局部电阻过大等问题。而地下建筑往往依靠强制通风，且通风不良，当电气线路局部短路或电阻过大时积聚的热量不易散发，容易引发火灾。

（3）建筑空间大且内部装饰豪华，可燃物多

出于经济效益的需要，地下商业或娱乐等营运场所和公共交通场站趋向大型化、综合化，许多地下公共交通场站内布置大量商业零售店，物品种类杂、数量多、摆放密集。商贸是反映社会繁荣景象的窗口，为了招揽顾客而装饰十分豪华，所使用的装饰材料绝大部分属于化学产品，有的易燃烧，有的在高温下会分解出大量的毒性气体。从装饰手段来看，经常使用灯光衬托和渲染气氛。这一特点从行业的需要上来说是必要的，但是从消防安全的角度来说是很不利的。商品种类多而繁杂，有些商品属于易燃易爆危险物品，如摩丝、发胶、杀虫剂及各种清新剂等，加上设备、设施的特殊要求必然增加了火灾荷载，火灾一旦发生蔓延迅速。

（4）人员流动大，随机起火的因素增多

地下商业及娱乐等营运场所和公共交通场站人员密集并且流动量大，容易产生大量的细碎垃圾，一些火灾案例正是由于这类垃圾引起的。如地下商业空间货物流通量很大，种类极其繁多，物资高度集中，是物资流通的主要场所。大型商业空间和交通场站内的商铺大多采用租赁经营的方式，柜台摊点数量多。而租赁摊点的商户为了提高铺面利用率，大多都超限度储存摆放，使物资集中拥挤的特点更加突出。这些物资商品大多数都属于易燃物品，有的甚至在高温情况下会发生爆炸，吸烟者乱扔烟头也随时会引起火灾。

（5）地下停车库的火灾风险

地下汽车库中，由于行驶和停放的车辆都带有一定数量的燃油，因而发生火灾和爆炸的可能性较大，一旦发生后也很难扑救，特别是大规模的地下公用汽车库，危险性更大。地下汽车库内发生火灾的原因主要有三点：室内空气中油气含量达到临界点，遇明火后发生爆炸或燃烧；车辆本身由于电路短路、汽化器逆火、排烟管冒火，或与其他物体碰撞引起油料燃烧；由于外界因素引起的燃烧，如电线起火、雷击、金属碰撞发生火花、电器开关发生打火、吸烟不慎等。

（6）地下仓库火灾危险性大

随着现代化城市建设的迅速发展，各类地下仓库物资储备量日益增大，涉及种类包罗万象。大型地下仓库中各种物资集中堆放现象比较常见，如日用百货、纺织化纤制品、文具纸张、橡胶制品、塑料制品等，大部分混存在一个仓库内，一般采用堆垛存放、货架分层存放、托盘堆放等方式储存。堆放的物资数量多，密度大，可燃物种类多，火灾危险性大。有的大型仓库还另设有小仓库，单独存放贵重烟酒、营养品以及易燃易爆危险品等。

另外，地下建筑往往疏于平时管理，易燃易爆气体容易累积，一些隐患不易被发现，所以与同类型的地面建筑相比，地下建筑空间的火灾危险性更大。

6.1.2 消防扑救极为困难

1. 地下空间火灾情况复杂

扑救地下空间火灾，往往需要较多的时间和大量的人力物力。地下空间情况复杂，是否有人员被困和数量多少、地下温度多高、烟的浓度多大，在没有进行详细侦查之前，很难确定重点着火位置并采取行动。由于高温浓烟特别是断电情况下，战斗人员不但需要佩戴复杂的防高温烫伤、防中毒的防护器材，携带照明器材，而且还要伴以水枪掩护，在这样的环境下实施侦查、救人等战斗行动十分困难，耗费的人力物力相当大。如果是在夜晚或断电的情况下发生火灾，火场照明、排烟、降温、救人、灭火等工作更难开展。

2. 地下仓库烟雾大，出口少，温度高

地下仓库发生火灾由于阴燃和缓慢燃烧的时间长，通风不良，燃烧产生的大量烟和热都聚积在仓库内。加之出入口少、通道窄、拐弯多，火灾时烟大、浓度高、能见度低，消防人员深入内部进行侦查、救人、灭火时不但要佩戴复杂的防护器材，还要携带照明、探测、破拆工具，行动非常艰难，每前进一步都要付出很大代价。因此发生火灾后库内的空间往往烟雾弥漫，温度也将急剧上升，浓烟和高温使消防人员无法进入库内救人、灭火和疏散物资。

3. 火灾现场通信不畅通，指挥与灭火行动难以协调

地面上建筑火灾，消防官兵扑救时可以用无线电联络，但是扑救大型地下工程火灾时，由于受地层吸波因素和土层、工程及结构层的影响，无线电信号接收不良而失去作用，给组织指挥、灭火力量之间相互协调带来极大的困难，这些不利因素严重影响扑救的效率。

4. 灭火防护装备条件高，一般装备配置不能满足灭火扑救的要求

地下空间火灾时，因其密闭而致使烟雾浓、毒性强、温度高、缺乏能见度、通信联络不便，消防扑救对装备配置的标准比一般地面火灾要求高得多。地下商业空间火灾扑救必须要有足够的防毒、照明、通信装备作保障。现时我国的专业灭火力量当中，这几种装备配置还不够普遍，有的仅配备了一部分，有的还未形成配备系统，缺乏快速制服地下火灾的物质条件。

由此可见，地下空间遇到火灾的时候，疏散抢救人员的任务重，处理不好将会造成大量人员伤亡。

6.2 地下空间的防火设计

地下空间的防火设计必须以火灾的预防、扑救初期火灾为重点，设计并制定正确的防火措施，建设完善的灭火设施，以最大可能确保地下空间的安全使用。

6.2.1 地下空间防火设计的基本要求

虽然不同类型功能的地下空间火灾特点不同，但其防火设计原理仍有许多相同之处。根据地下空间火灾的主要特点，其防火设计的基本要求可分为以下几点：

（1）合理的防火分区

针对不同使用功能的地下空间依据规范设置相应的不同防火分区，既满足各功能使用需求，又符合消防规范要求，地下空间防火分区要求见表 6-2。

（2）提高耐火等级

为了减少火灾出现蔓延的机率，在进行地下建筑物的防火设计时需要严格依据地下建筑物的耐火等级，主要包括：地下建筑耐火等级应为一级，其出入口地面建筑的耐火等级不可低于二级，用于分区的防火墙耐火极限时间必须高于四个小时。对地下建筑的疏散走道、封闭楼梯间、防烟楼梯间、自动扶梯等结构进行施工建筑时，必须采用可燃性较小的建筑材料。各地下建筑物与可燃材料堆置场地之间应保持一定的防火间距，防止火灾的进一步蔓延。

地下空间防火分区 **表 6-2**

地下或半地下空间的功能类型			耐火等级	每个防火分区的最大允许建筑面积（m^2）	备注
厂房	生产的火灾危险性类别	丙	一、二级	500	
		丁	一、二级	1000	
		戊	一、二级	1000	

续表

<table>
<tr><th colspan="3">地下或半地下空间的功能类型</th><th>耐火等级</th><th>每个防火分区的最大允许建筑面积（m^2）</th><th>备注</th></tr>
<tr><td rowspan="4">仓库</td><td rowspan="4">储存物品的火灾危险性类别</td><td>丙 1 项</td><td>一、二级</td><td>150</td><td rowspan="4"></td></tr>
<tr><td>丙 2 项</td><td>一、二级</td><td>300</td></tr>
<tr><td>丁</td><td>一、二级</td><td>500</td></tr>
<tr><td>戊</td><td>一、二级</td><td>1000</td></tr>
<tr><td rowspan="4">民用建筑</td><td colspan="2">普通房间</td><td>一级</td><td>500</td><td>设备用房的防火分区最大允许建筑面积不应大于 1000m^2</td></tr>
<tr><td colspan="2">剧场、电影院、礼堂</td><td>一级</td><td>1000</td><td>宜设置在地下一层，不应设置在地下三层及以下楼层（无论有无设置自动灭火和火灾自动报警系统）</td></tr>
<tr><td colspan="2">营业厅、展览厅</td><td>一级</td><td>2000</td><td>设置自动灭火和火灾自动报警系统并采用不燃或难燃材料</td></tr>
<tr><td colspan="2">地下商业街</td><td>一级</td><td>20000</td><td></td></tr>
<tr><td colspan="3">汽车库</td><td>一级</td><td>2000</td><td>错层、斜板式的上下连通层面积应叠加计算，每个防火分区面积≤4000m^2。半地下汽车库防火分区面积≤2500m^2</td></tr>
</table>

注：除冷库、剧场、电影院、礼堂外，其余设置自动灭火系统的每个防火分区的最大建筑面积可按上表的规定增加 1.0 倍，局部设置自动灭火系统时，其防火分区的增加面积可按该局部面积的 1.0 倍计算。

（3）设置防排烟设施

地下建筑的防烟分区应与防火分区相同，其面积不应超过 500m^2，且不得跨越防火分区。对于总面积大于 200m^2 或一个房间建筑面积大于 50m^2，且经常有人停留或可燃物较多时，应设置排烟设施。通过设计安全可靠的通风系统，保障在地下建筑发生火灾时，热量以及浓烟能够得到及时有效疏散，最大限度地减少火灾对整个建筑物所造成的经济损失。

室内地面与室外出入口地坪高差大于 10m 或 3 层及以上的地下、半地下建筑（室），其疏散楼梯应采用防烟楼梯间；其他地下或半地下建筑（室），其疏散楼梯应采用封闭楼梯间。

（4）合理的疏散设计

1）地下空间的每个防火分区不少于两个安全出口。营业厅、展览厅不应设在地下三层及以下楼层；剧场、电影院、礼堂宜设置在地下一层，不应设置在地下三层及以下楼层。观众厅、会议厅、多功能厅等人员密集的场所，不应布置在地下二层及以下楼层，确需布置在地下一层时，地下一层的地面与室外出入口地坪的高差不应大于 10m。

2）地下建筑内上层楼梯的总净宽度应按该层及以下楼层疏散人数最多一层的人数计算。地下空间每层房间的门、安全出口、疏散走道和疏散楼梯的每百人最小疏散净宽度见表 6-3。

地下空间每层房间的门、安全出口、疏散走道和疏散楼梯的每百人最小疏散净宽度（m/百人）　　**表 6-3**

建筑层数		建筑耐火等级
		一级
地下楼层	与地面出入口地坪的高差 $\Delta H \leqslant 10m$	0.75
	与地面出入口地坪的高差 $\Delta H > 10m$	1.00

注：人员密集的厅、室和歌舞娱乐放映游艺场所，其房间疏散门、安全出口、疏散走道和疏散楼梯的各自总净宽度，应根据疏散人数按每 100 人不小于 1.00m 计算确定。

3）建筑的地下或半地下不应与地上部分共用楼梯间，确需共用楼梯间时，应在首层采用耐火极限不低于 2.00h 的防火隔墙和乙级防火门将地下或半地下部分与地上部分的连通部位完全分隔，并设置明显的标志（如图 6-2 所示）。

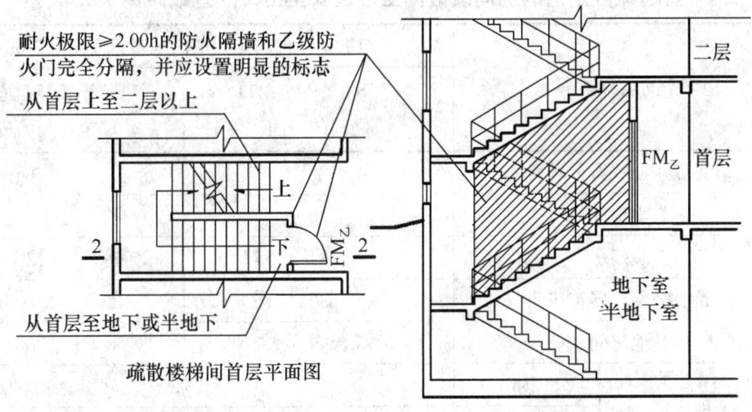

图 6-2　建筑的地下与地上部分共用楼梯间

4）为避免紧急疏散时人员拥挤或烟火封口，安全出口宜按不同方向分散均匀布置，且安全疏散距离要满足以下要求：

① 直通疏散走道的房间疏散门至最近安全出口的直线距离不应大于表 6-4 的规定。

② 房间内任一点至房间直通疏散走道的疏散门的直线距离，不应大于上表 6-4 规定的袋形走道两侧或尽端的疏散门至最近安全出口的直线距离。

5）设置明显又明确的疏散标志。在地下空间里，人们很容易失去辨别方向的能力，因此设有明确的疏散标志对于地下建筑发生火灾的紧急情况来说是十分重要的。疏散标志的设置应符合下列要求：

① 疏散指示标志的方向指示标志图形应指向最近的疏散出口或安全出口。

② 设置在安全出口或疏散出口上方的疏散指示标志，其下边缘距门的上边缘不宜大于 0.3m。

③ 设置在墙面上的疏散指示标志，标志中心线距室内地坪不应大于 1m（不易安装的部位可安装在上部），蓄光自发光型标志间距不应大于 5m，灯光疏散指示标志间距不应大于 15m。

④ 设置在地面上的疏散指示标志，宜沿疏散走道或主要疏散路线连续设置；当间断设置时，蓄光自发光型标志间距不应大于 1.5m，灯光型疏散指示标志不应大于 3m。

⑤ 疏散标志设置的高度，要以不影响正常通行为原则，以距离地面 1.8m 以上为宜，但不宜太高。设置位置太高，则容易被聚集在顶棚上的烟气所阻挡，较早失去作用。另外，最好用高强玻璃在底板上设发光型疏散标志。由于火灾时烟气浓度随着高度降低而减小，所以设在地板上的标志在相当长的时间内是可以看清楚的。

⑥ 灯光疏散指示标志应设玻璃或其他不燃烧材料制作的保护罩。

⑦ 灯光疏散指示标志可采用蓄电池作备用电源，其连续供电时间不应少于 20min（设置在高度超过 100m 的高层民用建筑和地下建筑内，不应少于 30min）。工作电源断电后，应能自动接合备用电源。

直通疏散走道的房间疏散门至最近安全出口的直线距离（m）　　　**表 6-4**

地下空间名称			直通疏散走道的房间疏散门至最近安全出口的直线距离	
			位于两个安全出口之间的房间	位于袋形走道两侧或尽端的房间
民用建筑	歌舞娱乐放映游艺场所		25	9
	教学房间		30	15
	医院病房		24	12
	旅馆、公寓、展览房间		30	15
	其他房间		40	20
厂房	生产的火灾危险性类别	丙	30	
		丁	45	
		戊	60	
汽车车库	无自动灭火系统		45	
	设置自动灭火系统		60	

(5) 建立和完善地下空间的监控系统

对整个建筑物的运行实行科学有效的监控，及时发现其中存在的安全隐患，减少地下建筑物火灾发生的频率，为消防队员及时营救提供充足的时间。

除基本要求外，针对不同功能类型的火灾特点，地下空间防火设计有不同的设计方法，如地下商业街、娱乐场所、停车库、地下公交工程、人防工程。

6.2.2　地下商业街、娱乐场所的防火设计

1. 防火分区的划分

根据《建筑设计防火规范》GB 50016—2014 的规定：当地下商场总建筑面积大于 20000m^2 时，应采用不开设门窗洞口的防火墙分隔。超过了规范中的 20000m^2，应按要求设不开门窗的耐火极限不低于 3.0h 防火墙分成相互独立的部分，或设置不小于 169m^2 的下沉广场，且每部分面积不大于 20000m^2。

实际工程中，倘若按规范分隔，商场营业的整体性被破坏，顾客人流量必定

会缩减，势必会影响经营效益。因此，可以采取相应的整改措施，如各防火分区通至避难走道的前室，尽量采用大空间的前室，前室前后入口处大幅度采用防火卷帘进行分隔；为满足疏散宽度的要求，防火卷帘中加装分隔防火门，即帘中门，并与总控制装置联动。这样在防火卷帘下落到底以前，可利用防火门通向避难走道。当防火卷帘下落到底后，利用防火卷帘和防火门的双重隔热作用达到防火墙的效果。

(1) 防火分区分隔形式

防火分隔有3种形式：防火墙、防火卷帘和防火水幕。如果采用防火墙作为防火分隔，影响商场的平面效果，也不便于经营；而如果使用水幕，喷水强度2L/s·m，持续喷水时间按3.0h计算，则用水量太大。因此商场大多采用防火卷帘的方式做为防火分隔。

根据测试方法防火卷帘分为两类，即：普通防火卷帘和特级防火卷帘。普通防火卷帘不以背火面温升为判定条件，耐火极限不低于3.0h。普通防火卷帘达不到防火分区分隔的要求，若采用这种防火卷帘，应在卷帘两侧设独立的闭式自动喷水系统或水幕保护，喷水强度0.5L/s·m。关于持续喷水时间的确定，《自动喷水灭火系统设计规范》的要求为1.0h。但是考虑到大型地下商场可燃物较多，燃烧时间较长，将持续喷水时间设置为3.0h更加合理。

例如，某地下商场采用普通防火卷帘，将防火卷帘设置在走道上。商场共设防火卷帘72具，每具防火卷帘的长度等于走道的长度2.80m，每具卷帘两侧设置两个闭式喷头，喷头间距为2m，喷头距卷帘的垂直距离为0.5m。

则火灾情况下，一个分区每具防火卷帘用水量为：

$$0.5\times3\times3600\times2.8\times2=30240\text{L}$$

由此可见，普通防火卷帘加喷水冷却保护的方式用水量依然巨大，而且火灾中有可能多个防火分区同时着火，那么用水量将更大。如此大量的水不是用来主动灭火，而是被动地阻止火势蔓延，从理论上看显然是不经济、不科学的，在实际中也是难以实现的。

而特级防火卷帘以背火面温升为判定条件，耐火极限不低于3.0h，其具有隔热功能，能达到防火分区分隔的要求。特级防火卷帘如双轨双帘无机复合防火卷帘、蒸发式气雾式防火卷帘，其卷帘结构进行了特殊处理，按包括以背火面温升为判定条件进行测试且耐火极限能达到3.0h以上，可达到防火墙耐火极限要求。因此，对采用特级防火卷帘就不必要再采用自动喷水系统保护。

综上所述，大型地下商场采用新型复合卷帘不加水幕保护还是比较合理的，但其产品质量和协同动作的同步程度应严格检验。

为了保证防火分区的隔断在火警时能更有效地起到阻断烟火的作用和加强防火隔断的安全性，防火卷帘不宜过长连续使用，宜结合商业业态的布置与防火墙交错使用，防火卷帘使用的总跨度不应超过该防火分区所需防火分隔物总跨度的1/3，不得大于其相邻任意一侧防火墙的跨度。中庭、自动扶梯等开口部位四周采用的防火卷帘应不受此限制。

(2) 防火卷帘联动设计

在防火卷帘的联动控制方面，通常地下商场采取的是区域控制方式，当防火分区内某个感烟探头动作时，该防火分区内的所有防火卷帘同时下落。疏散通道上的防火卷帘采取两次控制下落方式，即在卷帘两侧设专用的感烟及感温两种探测器，第一次由感烟探测器控制下落距地 1.8m 处停止，用以防止烟雾扩散至另一防火分区，也做为人员疏散的一个安全出口；第二次由感温探测器控制下落到底，以防止火灾蔓延。其他用作防火分隔的防火卷帘，只设置感烟探头，火灾探测器动作后，卷帘门一次下降到底，起到分隔作用。

值得注意的是：商场火灾发生后，人员需通过疏散通道进行疏散，由于在火灾紧急情况下，人们往往会惊慌失措，若由于卷帘关闭使疏散路线被堵，会增加人们的惊慌程度，导致意想不到的伤亡，极不利于安全疏散。因此，应尽量避免在疏散通道上设置卷帘。如遇此类情况，最好使用防火门替代防火卷帘（如图6-3、图 6-4 所示）。必须设置防火卷帘时，应设置一次下降到底的防火卷帘；或者采用在防火卷帘上开设安全门的方式，即帘中门，则更加利于及时分隔和人员疏散。

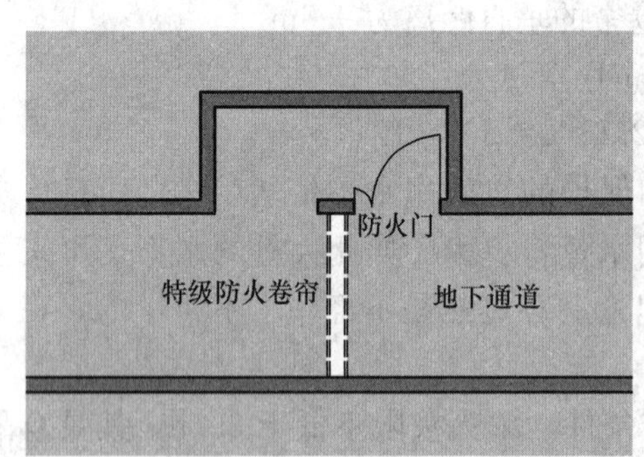

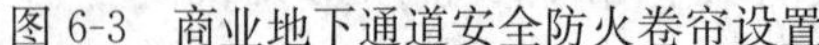
图 6-3　商业地下通道安全防火卷帘设置

图 6-4　某地下广场通道防火卷帘设置

另外，不应该以一个探测器的报警信号来启动防火卷帘（组），这主要是考虑到探测器的误报。若探测器误报引起防火卷帘组的误动作，会在营业厅内造成不必要的惊慌和混乱。因此，应该以一个防火分区内任意两个感烟探测器同时动作作为一步到底的卷帘门和疏散通道卷帘门第一步动作的控制信号。

2. 安全疏散设计

（1）安全出口设计

由于大型地下商场跨度太大，处于商场中部的防火分区无法保证每个防火分区都有一个单独直通室外的疏散楼梯。如果在每个分区上增设直通地面的疏散楼梯和安全出口，则会影响到商场上方中心广场的平面效果和使用功能。因此比较合理的做法是：在相邻的两个或三个防火分区中心设置一个安全区域。该安全区域采用耐火极限不低于 3.00h 的防火墙与地下商场其他部位隔开，且区域内无可燃物，在该安全区域内设置一部直通室外地面的共用疏散楼梯，并将该安全区域在两个或三个方向上开门，使得位于这两个或三个防火分区的人员都能通过本分区的一扇门进入该安全区域，进而直通室外疏散。每个防火分区的安全出口数量应经计算确定，且不应少于 2 个。当平面上有 2 个或 2 个以上防火分区相邻布置时，每个防火分区可利用防火墙上 1 个通向相邻分区的防火门作为第二安全出口，但必须有 1 个直通室外的安全出口。

火灾发生时，由于两至三个防火分区的人员都进入同一个安全区域疏散，该安全区域所承担的疏散任务较重，对疏散楼梯宽度的要求也较严格，不能简单地套用规范的要求，而应该进行严格的计算确定。此外，实例中的商场在安全区域的进出口处设置了防火卷帘，这主要是出于防火分隔的考虑。在主疏散出口上设置防火卷帘会阻碍人员的安全疏散，所以应该用防火门代替。

(2) 火灾应急照明、疏散指示标志和应急广播的设置

地下商场一旦发生火灾，正常电源将被切断，因此必须按要求严格设置应急照明、疏散指示标志及应急广播，但实际上大多数商场在这方面的设置并不合理。例如很多商场直接将疏散指示标志吊挂在疏散走道上方，当路标使用。因此，结合照明设计，可以做如下处理：

1) 商店建筑营业厅疏散用的应急照明，其地面最低照度不应低于 5.0lx，且连续供电时间不应少于 20min。

2) 在营业厅疏散通道距地面高度 1.0m 以下的墙面上应设置发光疏散指示标志，疏散指示标志宜采用闪亮式技术措施。通常情况下人们对活动的物体较为敏感，容易在短时间内抓住信息。因此，可以将疏散指示标志设置为“闪亮式”即“一亮一暗”或“一亮一灭”的间断点亮方式，这种标志在火灾时极易吸引火场被困人员的目光，引起人们的注意。另外，还可在主要疏散路线的地面上增设能保持视觉连续的灯光疏散指示标志或蓄光疏散指示标志。

3) 在商场营业厅应急广播扬声器的数量应能保证从本防火分区任何部位到最近一个扬声器的步行距离不超过 25m，每个扬声器的额定功率不小于 3W。如果条件允许，火灾应急广播应用两种以上语言，且紧急情况下播音员可用沉稳的声音向内部人员通报火灾情况，并反复告诉大家沉着，听从管理人员的指挥，迅速撤离到安全区域。

大型地下商场火灾危险性大，必须对其进行科学合理的防火分区划分和安全疏散设计，才能为人员的安全疏散和灭火抢险创造有利的条件。除此之外还应该考虑经济、安全、实用等因素。因此对大型地下商场进行防火分区和安全疏散设计时，必须注意以下几点：

1) 地下商店建筑面积一般不应超过 20000m^2，如果超过 20000m^2，必须设置不开门窗的防火墙，将其分隔成若干独立的部分。

2) 进行防火分隔时，采用新型复合卷帘不加水幕保护的方式，既能满足空间要求又减少用水量，比较经济合理。

3) 防火卷帘不宜过长连续使用，宜结合商业业态的布置与防火墙交错使用，

防火卷帘使用的总跨度不应超过该防火分区所需防火分隔物总跨度的1/3，不得大于其相邻任意一侧防火墙的跨度。

4）在疏散通道上应该设置防火门而不要设置防火卷帘，如果非设不可，最好让防火卷帘在火灾时一次降到底，并在防火卷帘上设置安全门。

5）应该以两个探测器的报警信号来启动防火卷帘（组），防止误动作。

6）疏散指示标志指示方向要正确，并应设置在底部的位置，距地板地面不大于1m处，建议设置“闪亮式”即“一亮一暗”或“一亮一灭”的间断点亮方式。同时还可在主要疏散路线的地面上增设能保持视觉连续的灯光疏散指示标志或蓄光疏散指示标志。

6.2.3　地下停车库的防火设计

1. 防火分区设置

对于地下停车库防火分区，根据《汽车库、修车库、停车场设计防火规范》GB 50067—2014规定地下停车库（耐火等级为一级）的防火分区最大允许建筑面积为2000m^2，设有自动灭火系统时，其防火分区的最大允许建筑面积可增加一倍为4000m^2。

2. 平时人员安全出口设置

汽车库、修车库的人员安全出口和汽车疏散出口应分开设置。每个防火分区人员安全出口数量不少于两个，Ⅳ类汽车库或满足同一时间不超过25人的汽车库可设一个。对于上部是高层建筑的大型停车库（两个防火分区及以上），当有两个或两个以上防火分区，且相邻防火分区之间的防火墙上设有防火门时，每个防火分区可分别设一个直通室外的安全出口。此条即是考虑到两个防火分区同时发生火灾的可能性较小，将通往其他防火分区作为另一安全出口。

根据停放车辆数量及可能疏散的最多人数，地下车库防火分区的面积足以满足人员同时疏散的要求；火灾发生时，若人员从一个防火分区疏散到其他防火分区后还要再寻找安全出口，使得最远疏散距离达到或超过60m，则既不利于安全疏散，也不利于消防人员进入灭火扑救。因此，若能有机结合地面建筑做到一个防火分区两个直通室外的、供人员安全疏散的出口更好。

3. 人防口部防火门设置

《人民防空工程设计防火规范》GB 50098—2009中明确规定，防火门应为向疏散方向开启的平开门，并在关闭后能从任何一侧手动开启。用于疏散走道、楼梯间和前室的防火门，应采用常闭的防火门。由于人防口部的密闭通道和防毒通道均设置了一道防护密闭门和一道密闭门，部分设计人员认为可以作为防火门使用。如果安装有密闭门，且能灵活地在火灾发生时自动关闭，是可以代替甲级防火门的。

但是实际上，目前人防门采用的多是很厚重的水泥门，不易开启关闭，固定门槛密闭门在平时开启时疏散通道上设有门槛，不利于安全疏散；而活动门槛密闭门，因门槛与楼地面之间的缝隙过大，不能有效阻隔烟气，故应另设防火门。为了提高防火性能以及保障疏散的安全性和畅通性，防护密闭门框上应加设防火门，且密闭门必须采用活门槛。

4. 汽车安全出口及人防口部设置

Ⅳ类汽车库和停车数少于100辆的地下汽车库可设一个汽车疏散出口，其他应设不少于两个的汽车疏散出口，无论是火灾时紧急疏散还是平时日常使用，两个汽车出入口均能满足基本使用要求。确定汽车疏散出口数量的原则是，在满足平时使用的基础上，适当考虑火灾时车辆的疏散。如设置单车道时，停车数量控制在50辆以内，简单地讲，就是50辆以下单车道单出口，50～100辆双车道单出口，100辆以上出口数量不少于两个。

据此，《上海市工程建设规范》DGJ 08—7—2006、《建筑工程交通设计及停车库设置标准》对停车数量及其出入口的数量做了更详尽合理的规定：停车数大于等于100辆且小于200辆时，应设置不小于两个的单车道出入口；停车数大于等于200辆且小于700辆时，应设置不小于两条车道进、两条车道出的出入口；停车数大于700辆时，应设置不小于三个双车道的出入口。

同时，根据大型地下车库的人防工程掩蔽人数多、疏散宽度要求大的特点，在人防口部设计时结合了车道的设置，这样既可以满足战时主要掩蔽人流通过所需宽敞通道的要求，减少了人防出入口通道被占用的建筑面积，解决了人防出入口通道出地面安全出口的问题，又符合平时车辆通行所需的道路宽度，使用效率高，设计和使用更经济合理。

5. 汽车出入口设计

由于地下车库自然通风条件差，一旦发生火灾，非常容易蔓延。因此，汽车出入口处坡道两侧应用防火墙与停车区隔开，坡道出入口处应采用水幕、防火卷帘或甲级防火门等措施与停车区隔开，当车库和坡道均设有自动灭火系统时不限。汽车疏散坡道如没有和车库隔开，则对车辆疏散和火灾扑救非常不利，而汽车坡道顶盖经常为透明阳光棚，无法设置自动灭火系统，设计人员由于受甲方委托或其他原因，有时会擅自对车道出入口进行景观设计，致使坡道与停车区用栏杆等分隔、坡道出入口未设防火卷帘或水幕等情况。因此，在对国家相关防火设计法律法规条文理解的同时，应结合地下停车库暨人防工程设计实践，设计出经济合理、安全可靠的地下停车建筑。

6.2.4 地下公共交通工程的防火设计

1. 防火分区的设计

在《建筑设计防火规范》GB 50016—2014中没有专门针对地下公交车站的防火设计要求，只规定了地下建筑当设置自动灭火系统时每个防火分区建筑面积不大于1000m^2。然而，公交车站需要较大的柱网和开阔的空间，显然1000m^{2}的空间是不能满足公交车站使用功能的。国内一些大型交通枢纽均采用消防性能化设计，将地下公交车站整个划分为一个防火分区，面积远大于1000m^2，如上海的虹桥综合交通枢纽、外滩综合交通枢纽等。因此，可以参考《汽车库、修车库、停车场实际防火规范》将公交车站按照地下汽车库标准设计防火分区，每个防火分区不大于4000m^2（设置自动灭火系统）。同时考虑到公交车站短时间内会有较多人员候车，因此在疏散宽度、疏散距离等方面可以参照人员密集场所进行设计。

2. 疏散宽度的计算方法

因公交车站有较多人员候车，所以需着重考虑人员的疏散问题。其中，疏散宽度的计算从保护人员安全的原则出发，从严控制。具体方法有以下几种：

（1）按人流量计算

根据公交车站高峰小时人流量来计算所需要的疏散宽度。高峰小时人流量的数据由当地交通规划部门提供预测数据，或是由公交管理运营部门提供统计数据。根据高峰小时人流量首先计算出高峰时段发车间隙最大候车人员数量，即需要疏散的总人数，再按每百人的疏散宽度计算出所需的最小疏散净宽度。

在本工程设计中，具体的疏散宽度可利用公式（6-1）计算：

$$W = P \times (T/60) \times w \div 100 \tag{6-1}$$

式中　W——总疏散宽度（m）；

P——高峰时段每小时人流量（人/h）；

T——公交发车间隔（min），由公交运营管理部门提供；

w——每百人疏散净宽度（m/百人），地下室人员密集场所取 1.0m/百人。

（2）按面积计算

根据公共交通始发站人员密度与商店营业厅人员密度相似的特性，可以根据人员候车区域的面积，即候车岛的面积，按照商业建筑的人员密度计算疏散人数，再按每百人的疏散宽度计算出所需的最小疏散净宽度。计算公式如下：

$$W = S \times P \times w \div 100 \tag{6-2}$$

式中　W——总疏散宽度（m）；

P——人员密度（人/m^2），参照《建筑设计防火规范》中商店营业厅取值；

S——候车区面积（m^2）；

w——每百人疏散净宽度（m/百人）。

（3）按车辆运载能力计算

按车辆运载能力计算时，应根据当地公交车的车型和最大运载能力，得出每辆车最大载客数量。在考虑高峰时段所有线路车辆同时满员情况下的运载量，再按每百人的疏散宽度计算出所需的最小疏散净宽度。可利用公式（6-3）计算：

$$W = P \times n \times w \div 100 \tag{6-3}$$

式中　W——总疏散宽度（m）；

P——每辆车最大载客数量（人/车）；

n——公交车数量（车）；

w——每百人疏散净宽度（m/百人）。

以上三种方法得到的计算结果各有不同，可以同时采用上述三种计算方法对疏散宽度进行复验，尽可能地满足最不利条件下疏散净宽度的要求。

3. 疏散距离的设计

疏散距离的取值涉及火灾时人员的行为规律及疏散时间，在设计中宜采取保守、从严的设置方针。经调研，公交始发站人员密度和人员类型与商店营业厅相似，且公交车站较营业厅更为开阔，人员通行也更为顺畅。因此，疏散距离的设计可采用《建筑设计防火规范》GB 50016—2014 对商店营业厅的疏散距离的规定，即室内任一点至最近疏散门或安全出口的直线距离不大于 30m，当设置自动喷水灭火系统时可增加 25%。

4. 防排烟系统

由于地下空间相对封闭，应结合规范和各线路的特点设置防排烟方式，地下公交站的站台、站厅、管理用房均应设置独立的排烟系统。

(1) 隧道防排烟方式

火灾时，关闭全站的通风空调系统，打开隧道屏蔽门和排烟风机，逆着乘客疏散方向排走烟气，迎着乘客疏散方向送新风，并通过排烟产生压差，由站厅层出入口经站台层补风。

(2) 站台层防排烟方式

火灾时，关闭全站的通风空调系统，打开站台层相应防烟分区的排烟风机，打开屏蔽门和隧道风机排烟，并通过排烟产生压差，由站厅层出入口补风。

(3) 设备管理用房防排烟方式

火灾时，关闭全站的通风空调系统，排烟风机开启，通过合理的气流组织，烟气从车站两端的通风井排出，保证乘客迎着新风疏散。

5. 防火构造及其他消防措施

(1) 设置防火隔离带

防火隔离带是指具有一定宽度且可确保火灾时一侧的火焰不会辐射蔓延至另外一侧的隔离区域。防火隔离带作用是隔绝火灾时热量传播的三种方式：热传导、热对流、热辐射，从而防止火灾从防火隔离带一侧燃烧至另一侧，能有效地控制火灾的蔓延。

将公交候车岛设置为防火隔离带：候车岛内装修材料均采用不燃材料，不摆设堆放可燃物品，防止火灾通过热传导蔓延；候车岛顶部两侧均设置挡烟垂壁，阻隔烟气扩散，防止火灾通过热对流蔓延；候车岛宽度不小于 6m，防止火灾通过热辐射蔓延（如图 6-5 所示）。

图 6-5　防火隔离带示意图

(2) 重点区域加强消防措施

候车岛是人员集中场所，因此在候车岛范围内加密自动喷淋以加强对人员安全的保护，并将灭火器和消火栓设置在人们方便开启的醒目位置。

6.2.5　地下人防工程的防火设计

1. 防火分区设计

为了控制火灾范围，减小火灾损失，地下人防工程应严格控制防火分区的面积及划分防火分区。根据《人民防空地下室设计规范》GB 50038—2005 的规定，将防护单元面积由原来的 $800m^2$ 扩大为 $2000m^2$，实现了与消防规范的统一，设有自动灭火系统的地下停车库一个防火分区正好可划分为两个人防防护单元，可更好的兼顾平战结合设计。地下室其他设备用房按规范规定另设防火分区较为合理，设备用房与停车库分属不同防火分区，也可避免设备用房疏散门直接开向车库的情况。

由于划分防火分区对平时的使用带来一定的限制，有些对防火分区有面积较大需求的功能区域，可根据规范对设置自动灭火系统条件下防火分区的面积的扩大范围，对该区域防火分区面积按规定（局部）增加，或用防火卷帘加水幕保护进行分割。设计防火卷帘时，水幕喷头保护范围不仅要保护防火卷帘的帘板部分，而且应包括帘板上部的金属卷帘传动结构及其在墙体安装卷帘的预埋部位，以防止由于长时间的高温使混凝土结构爆裂，造成卷帘的整体脱落。划分防火分区时水泵房、厕所可不计入防火分区的面积之内。

2. 室内装修的设计

许多地下人防工程火灾伤亡大的原因是由于装修用了大量易燃可燃材料。目前，要求地下人防工程室内装修材料不燃化，严禁使用可燃材料。《建筑内部装修设计防火规范》规定地下建筑室内装修的顶棚、墙面材料应用A级装修材料，其他部位应用不低于B_1级的装修材料。地下建筑中内墙软包面积不得大于墙体面积的10%或超过该房间的顶棚面积，其厚度不得大于15mm。有时出于装饰及特殊功能（如保温，吸声）的实际需要，顶棚内除采用了不燃材料如混凝土、石膏、岩棉制品外，内部装修采用纤维板、胶合板等有机材料作为顶棚装饰材料的，必须经过阻燃处理并达到防火要求标准方可使用。

地下人防工程装修材料应趋向于耐燃、低发烟、低毒的高分子材料发展。

3. 安全疏散设计

安全疏散设计是地下人防工程防火设计中一项重要的内容，它的核心是保证建筑内的全部人员在允许的疏散时间内疏散到安全的地方。安全疏散设计是否合理直接影响人员的安全。

（1）正确确定疏散时间

地下人防工程发生火灾后，人员能够安全疏散主要取决于两个时间：一是火灾发展到对人员构成危险所需的时间，即安全疏散时间；二是人员疏散至安全场所所需的时间。如果人员能在安全疏散时间之内全部疏散到安全区域，便可以认为安全疏散设计合理。目前国内计算建筑物人员疏散时间的方法主要是出口容量法。地下人防工程允许疏散时间一般认定在3min内。根据设定的安全出口宽度和总容纳人数，当计算出的时间不大于3min，可认为疏散设计为安全，否则就要改变疏散设计。

（2）设计足够的安全出口数

每个防火分区的安全出口数不应少于2个，当有两个或两个以上防火分区时，相邻防火分区之间的防火墙上的防火门可作为第二安全出口，但每个防火分区必须设一个直通室外的出口。当一个房间的建筑面积不大于50m^2时可设一个疏散出口。当安全出口数量和位置受条件限制时还可设计避难走道。

（3）安全出口之间的距离

安全出口之间应按不同的方向分散布置，但同向布置时相邻两个安全出口或疏散出口最近边缘之间水平距离不应小于5m。对于较大的防火分区，人员较多，为了避免疏散时出现拥堵的现象，相邻两个安全出口或疏散出口最近边缘之间水平距离不应小于5m的要求太低，工程防灾结构设计标准规范中关于两出口间最小距离规定为至少为该建筑物或其服务区域的最大对角线的 1/2。如 500m^2 的防火分区，最好的情况是正方形，两出口间最小距离要求也是 15m 以上。所以对于人员较多、面积较大的防火分区，两出口最小间距应大于 15m。

（4）应急照明设计

火灾发生后常规用电被切断后，使地下空间陷入了黑暗。虽然《消防法》规定公共场所工作人员在火灾紧急情况下有引导人员疏散的责任和义务，但是在火灾发生并快速蔓延的情况下，实行起来难度很大，这种情况下的安全疏散主要依赖于应急照明了。因此，在疏散走道和其他主要疏散路线地面或靠近地面墙上，应设置带有中英文和图案的发光疏散指示标志；疏散方向标志等应设置在疏散通道、楼梯间及其公共转角处等部位，并宜距室内地坪 1.00m 以下的墙面上，其间距不宜大于 15m；火灾疏散照明灯最低照度不应低于 5.0lx，应急照明的备用电池连续供电时间不少于 30min。

安全出口标志应设在安全出口处，其位置宜在出口上部的顶棚下或墙面上。由于疏散照明灯和疏散标志灯所起的作用和作用时间是不一样的，因此两者不能互相代替。疏散照明灯具安装位置较高，在火灾初期发挥主要作用；而随着火灾的发展，上升的烟气将其遮挡，这时主要靠疏散标志灯，它对引导人员匍匐逃生有积极的作用。

（5）火灾警报装置的设计

地下人防工程的人员多，噪声大，发生火灾后，室内人员若没有得到及时的通知，错过最佳的疏散时间就会造成严重的人员伤亡。地下人防工程应设置自动报警装置、火灾应急广播系统，播送火灾警报，引导人员安全疏散。

（6）消火栓和自动喷水灭火系统的设计

地下人防工程发生火灾后，升温快，人员疏散困难，主要立足于建筑物内部灭火设备的自救。室内消火栓和自动喷水灭火系统是最基本的灭火设备。

1）消火栓的设计

设置消火栓时必须保证相邻两个消火栓的充实水柱同时达到被保护范围的任何部位而且充实水柱不应小于 10m。为了避免发生火灾时消防安全出口堵塞或关闭致使消火栓没有发挥应有的灭火作用，室内消火栓的保护范围不能跨越防火分区。室内消火栓应设计在明显易取的地点，出水方向宜与设计消火栓的墙面垂直，栓口离地坪高度宜为 1.10m 且应有明显的标志，并应与室内装修材料的颜色区分开来；同一场所应采用统一规格的消火栓、水枪和水带，并且每根水带的长度不应大于 25m。当消防用水量大于 10L/s 时，应在室外设置水泵结合器，并应设置室外消火栓，水泵结合器和室外消火栓应设置在便于消防车使用的地点并有明显的标志。

2）自动喷水灭火系统设计

自动喷水灭火系统控制和扑灭建筑初期的火灾是非常有效的。自动喷水灭火系统中，喷头类型的选定和安装位置的确定是非常关键的问题。

① 喷头类型的选定

地下人防工程最好选用快速响应喷头，因为快速响应喷头的热敏性能明显优于标准响应喷头，在火灾初期其感温元件就能较好吸收热气流热量。在相同的条件下，快速响应喷头将超前开启，对更小规模的初期火灾实施喷水，减少开启喷头数量，降低灭火用水，降低了火灾烧毁与水渍污染的损失。也可根据室内装修需要采用具有装饰作用的下垂型喷头。

② 喷头的安装位置

喷头的安装位置是否得当直接影响了灭火的效果。对封闭顶棚而言，喷头溅水盘与顶棚、楼板、屋面板的距离不宜小于75mm，且不宜大于150mm；当楼板、屋面板为耐火极限等于或大于0.5h的非燃烧体时，其距离不宜大于300mm。

许多地下人防工程设计了网架或栅板类通透性顶棚，要防止不正确的安装方式。首先是将喷头直接安装在网架或栅板类通透性顶棚下，闭式喷头靠火灾中产生的热量开启，当安装喷头的室内顶棚不通透，发生火灾时，在顶棚下的高温对流层很快就能达到300mm，闭式喷头安装在此范围就能很快启动喷水。但是，如果喷头安装高度大于300mm，则由于喷头的周围热量聚集较慢，加上屋顶和金属架的吸热作用，将降低喷头开启速度，特别是当自动喷水灭火系统与火灾自动报警系统及机械防排烟系统合用时，排烟系统将聚集在屋板下的热流及烟雾排出，就更难使喷头及时打开，起不到有效灭火的作用。

因此，采用网架或栅板类通透性顶棚的地下公共场所不应将喷头直接设在网架或栅板下面。根据直立型下垂喷头距顶板的距离不应大于150mm、边墙型喷头距顶板的距离不应大于300mm的要求，设在网架下的喷头距顶板也不应超过上述距离。其次，不应将喷头直接安装在网架或栅板类通透性顶棚内部的顶板下。由于网架或栅板对经过喷头溅水盘射出的水流具有分隔、反射和阻挡的作用，从而减弱水流的强度，也使水流在保护面积内无法均匀分布，达不到规定的防护要求，特别是当网架上悬挂了装饰物后，对喷头的灭火作用有更大的影响。

（7）防排烟设计

地上建筑发生火灾时烟气上升人员往下层逃离，烟气在垂直方向的扩散流动路线与人员疏散活动的路线相反，当人员逃到着火层以下的地方就比较安全，地下建筑则不然。烟气上升，人员往上层逃离，人员在垂直方向上的疏散速度大大低于烟气上升速度。如果人员在水平疏散中对火灾的反应迟缓，或心理紧张，或认不清疏散方向而延误了时间，是十分危险的，因此防排烟设计十分重要。

地下人防工程中有时为了充分发挥投资效益，可将机械排烟系统与通风空调系统合用，设计时应将通风空调系统按排烟系统的要求去设计。注意烟气不能通过空调器、过滤器，排烟口应设有防火阀（作用温度≤280℃）和遥控自动切换的排烟阀。钢制风管的壁厚要符合排烟管道要求，一般不小于1.5mm，并且风管的保温材料包括胶粘剂必须采用不燃烧材料。

复习思考题

1. 地下空间具有怎样的火灾特点？
2. 地下公共娱乐场所在防火分区和防烟分区的划分上有何要求？

3. 地下公共交通的防火设计应满足哪些条件?

4. 地下人防工程安全疏散设计的核心是什么?地下人防工程的安全疏散应考虑哪些因素?

5. 地下人防工程室内消火栓和自动喷水灭火系统的设计应满足哪些基本要求?

6. 地下空间在装修材料的选择上应满足哪些火灾特性?

第 7 章　建筑装修防火设计

随着我国国民经济的发展和人民生活水平的提高，为了提高空间和环境的美观和舒适性，室内装修发展很快，已成为工程建设的主要组成部分。由于装修材料品种繁多，尤其是木材、织物、塑料制品或其他有机合成材料适用范围和使用量大，这些材料大部分是对火较为敏感的材料，燃烧后会产生大量的烟雾和毒气，如一氧化碳、二氧化碳、二氧化硫、硫化氢、氯化氢、氰化氢、光气等。其中住宅建筑量大面广，供选择的装修材料的范围也大，装修水平相差甚远，因而因装修带来的火灾隐患和火灾风险也最大。

近年来，建筑火灾中由于烟雾和毒气致死的人数迅速增加。如英国在 1956 年死于烟毒窒息的人数占火灾死亡总数的 20%，1966 年上升为 40%，至 1976 年则高达 50%。1986 年 4 月天津市某居民楼火灾中，烟雾和毒气致 4 户共 13 人全部遇难。再如 2017 年 2 月 25 日，江西省南昌市红谷滩新区的“白金汇海航酒店”二楼发生火灾，火灾造成 10 人死亡，13 人受伤。着火楼层位于二楼，正在装修，装修垃圾和废纸都堆在扶梯口，工人在切割扶梯装修材料时引燃了堆放在此的垃圾和纸，继而引发了大火。2010 年 11 月 15 日上海市静安区教师公寓特大火灾，是由无证电焊工违章操作引燃施工现场大量尼龙网、聚氨酯泡沫等易燃材料引起的。此次火灾造成共计 58 人遇难，70 余人受伤。

由火灾案例可知，许多火灾都是起因于装修材料的燃烧，有的是烟头点燃了床上织物；有的是窗帘、帷幕着火后引起了火灾；还有的是由于顶棚、隔断采用木制品，着火后很快就被烧穿。同时，在响应国家节能减排政策、推动既有建筑节能改造建设进程中，应进一步提高保温材料的耐火性能，减少或降低因易燃、可燃保温材料引发的火灾隐患和火灾风险。因此，为了保障民众的生命财产安全，要正确处理装修效果和使用安全的矛盾，提高建筑保温材料的防火性能，积极选用不燃材料和难燃材料，做到建筑装修的安全使用性、技术先进性、经济合理性。

7.1　建筑室内装修防火设计

7.1.1　建筑室内装修及其火灾特点

1. 基本概念

建筑内部装修涉及范围较广，在这里主要是指建筑内部空间的装饰物品或材料之间的相互关系，包括装修部位及使用的装修材料与制品。民用建筑中包括顶棚、墙面、地面、隔断等最基本的装修部位，以及窗帘、帷幕、床罩、家具包布、固定家具、固定饰物等其他装饰。其中窗帘、帷幕、床罩、家具包布均属于装饰织物，容易引起火灾；固定家具一般是指大型、笨重的家具。由于工业厂房中的内部装修量相对较小且装修的内容也相对比较简单，因此在工业厂房中的装修主要是指顶棚、墙面、地面和隔断的装修。

2. 室内装修的火灾风险性

建筑内的可燃装修，如可燃的顶棚、墙裙、墙纸、踢脚板、地板、地毯、家具、床被、窗帘、隔断等随处可见，遇到高温或明火，发生燃烧的机率非常大。而且，室内装修可燃材料越多，燃烧持续的时间和燃烧的猛烈程度也随之增大，火灾的危险性越高，对建筑物及室内人员和财物的威胁破坏就更加严重，消防扑救的难度更大。

建筑室内装修的火灾风险性主要表现在以下几个方面：

(1) 发生火灾的概率增加

建筑室内装修，根据不同的用途、场所和部位，会选用不同的装修材料。装饰织物、木材、塑料等易燃、可燃装修材料的使用量及使用的范围越大，单位面积的火灾荷载越大，火灾隐患及火灾风险也越大，发生火灾的概率越高。

(2) 加快了火灾后的轰燃时间

由于内部装修的可燃物增加，一旦遇明火或高温引起燃烧，就会引燃周围其他可燃、易燃装修材料。这些材料燃烧会释放出大量的热并析出大量的可燃组分及烟气，使室内的温度升高。当室内热量大量积累，使顶棚温度达到 450℃～600℃时，室内的燃烧即会出现轰燃现象，至此室内的可燃物全部燃烧，火灾进入充分发展阶段。如果顶棚的衬里材料是可燃的，则火焰的扩展还会增大。如果可燃物的燃烧速率足够高，并且能持续一段时间，则也能引起轰燃。

大量的试验和火灾统计表明，火灾达到轰燃与室内可燃装修材料的燃烧性能成正比例增长关系。如图 7-1 所示为不同厚度、不同燃烧性能的内部装修材料与轰燃出现的时间关系。由室内火灾的发展过程可知，轰燃出现的时间越早，标志着火灾进入充分发展阶段的时间越早，意味着室内人员允许疏散的时间越少，室内尚未逃出的人员逃生的机会越少。因此，减少或不采用易燃、可燃的装修材料，是减少和控制室内火灾的一个主要途径。

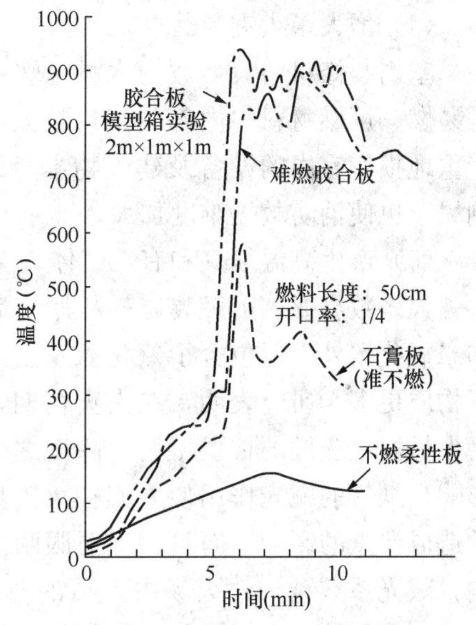

图 7-1 内部装修材料与轰燃时间

(3) 传播火焰，增大火灾传播速度

可燃、易燃装修材料，尤其是装饰织物及装饰挂件在被引燃后，在自身燃烧的同时还会引燃周围其他可燃物品，造成火焰的蔓延扩大。火灾在建筑物内的蔓延可以通过顶棚、墙面和地面的可燃装修材料从房间蔓延到走道，再从走道向其他部位或通过竖向孔洞和竖井等向上部蔓延扩大。而且高温火焰还会携带相当多的可燃组分从起火房间的窗口窜出，在卷吸作用下引燃上部楼层的窗帘等可燃装修材料，引起临近房间或相邻建筑物着火。

表7-1为不同建筑材料火焰传播速度指数。

建筑材料火焰传播速度指数 表7-1

名 称	建筑装修材料	火焰传播速度指数
顶棚	玻璃纤维吸声覆盖层	15～30
	矿物纤维吸声镶板	10～25
	木屑纤维板（经处理）	20～25
	喷制的纤维素纤维板（经处理）	20
墙面	铝（一面有珐琅质面层）	5～10
	石棉水泥板	0
	软木	175
	灰胶纸柏板（两面有纸表面）	10～25
	北方松木（经处理）	20
	南方松木（未处理）	130～190
	胶合板镶板（未处理）	75～275
	胶合板镶板（经处理）	10～25
	红栎木（未处理）	100
	红栎木（经处理）	35～50
地面	地毯	10～600
	油地毡	190～300
	乙烯基石棉瓦	10～50

（4）增大了火灾荷载

室内装修材料大多数为木材、塑料及有机合成材料等，这些材料中的大部分是易燃、可燃材料。内部装修量越大，室内火灾荷载越多，燃烧越猛烈，因而会严重地损坏室内的设备及建筑物本身的结构，甚至造成建筑物的部分破坏或整体倒塌，也使消防救援难度加大。

（5）产生高温烟气和有毒气体

大多数易燃、可燃装修材料燃烧后会产生多种有毒物质，除了含有一氧化碳和二氧化碳外，还包含了氮化氢及上述有毒气体，尤其是聚合物燃烧时产生的有毒物质更多。研究表明，在火灾初期，当热的威胁还不甚严重时，有毒气体已成为人员安全疏散的首要威胁。除此之外，火灾烟气的高温对人对物都可产生不良影响。烟气的减光作用使人们在火灾场合下的能见度必然下降，对人员的安全疏散造成严重的影响；而且烟气对眼睛的刺激和烟气密度都对人员的疏散速度有影响，减光系数越大，火场中人员的疏散速度越慢，受到火灾烟气的威胁越严重。表7-2列出了一些常见有机高分子材料燃烧所产生的有毒气体。

有机高分子材料燃烧所产生的有毒气体 表7-2

成分名称	来源的有机材料
CO，CO_2	所有有机高分子材料
HCN，NO，NO_2，NH_3	羊毛，皮革，聚丙烯腈，聚氨酯，尼龙，氨基树脂等

续表

成分名称	来源的有机材料
SO_2，H_2S，CS_2	硫化橡胶，含硫高分子材料，羊毛
HCl，HF，HBr	聚氯乙烯（PVC），含卤素阻燃剂的高分子材料，聚四氟乙烯
烷，烯	聚烯类及许多其他高分子
苯	聚苯乙烯，聚氯乙烯，聚酯等
酚，醛	酚醛树脂
丙烯醛	木材，纸
甲醛	聚缩醛
甲酸，乙酸	纤维素及纤维织品

7.1.2 装修材料的分类与燃烧性能等级

根据建筑物的使用性质、装修部位及使用场所不同，对所使用的装修材料燃烧性能也有不同的要求。为了便于材料的燃烧性能进行测试和分级，安全合理地根据建筑的规模、用途、场所、部位以及实际应用等情况选择装修材料。

1. 装修材料的分类

（1）按实际应用情况

1）饰面材料：建筑装饰材料又称建筑饰面材料，是指铺设或涂装在建筑物表面起装饰和美化环境作用的材料。建筑装饰材料是集材料、工艺、造型设计、美学于一身的材料，它是建筑装饰工程的重要物质基础。装饰材料包括各种涂料、油漆、镀层、贴面、各色瓷砖、具有特殊效果的玻璃等。如墙壁、柱面上的贴面材料，顶棚材料，地面上、楼梯上的饰面材料以及用于绝缘的其他饰面材料等。

2）装饰织物：是指窗帘、帷幕、床罩、家具包布等。

3）大型家具：指或是与建筑结构永久地固定在一起，或是因其大、重而不被改变位置的家具，如壁柜、酒吧台、陈列柜、大型货架、档案柜等。

4）隔断：这里的隔断是指那些可伸缩滑动和自由拆装、不到顶的隔断。到顶的固定隔断装修应满足规范对墙面装修的防火要求。

5）装饰件：主要包括固定或悬吊在墙壁上的装饰画、雕刻板、挂毯、手工艺品以及摆放在室内的各种凹凸造型的图案、雕塑等。

（2）根据使用功能和部位

室内装修材料根据使用部位和功能，主要划分为以下几类：

1）顶棚装修材料：主要是指使用在建筑物空间内，具有装饰功能的材料。通常，建筑物顶棚装饰材料包括不燃材料和可燃材料两大类。不燃类顶棚材料包括玻璃、石膏板、氯氧镁不燃无机板、硅酸钙板、水泥纤维板、玻璃棉吸声板等；可燃类顶棚材料多为塑料制品和复合材料，如 PVC 顶棚板、泡沫吸声板、木质顶棚板等。

2）墙面装修材料：主要是指采用各种方式覆盖在墙体表面、起装饰作用的材料。墙面装饰材料种类繁多，按使用部位有内墙材料和外墙材料；从结构上可分为涂料和板材两大类。通常在建筑物中使用的墙面装饰材料有各种类型的涂料和油漆、墙纸、墙布、墙裙装饰板（木板、塑料板、金属板等）、饰面材料、墙包材料、幕墙材料及保温隔热材料。

3）地面装修材料：主要是指用于室内空间地板结构表面并对地板进行装修的材料。地面装修材料分为地坪涂料和铺地材料。其中铺地材料种类较多，有地砖、木地板等硬质材料，也有各类纺织地毯、柔性塑料地板等软质材料。

4）隔断装修材料：主要是指在建筑物内用于空间分隔的材料，有隔墙和隔板两类。轻质隔墙材料一般都为不燃类材料，如彩钢板、泡沫夹心水泥板、石膏板隔墙、硅钙板隔墙、玻璃隔墙等。隔板的材料有饰面刨花板、透明的 PC 聚碳酸酯板、木质隔板、玻镁板等。

5）固定家具：主要是指与建筑结构永久地固定在一起的家具，兼有分隔功能的到顶橱柜应认定为固定家具。

6）其他装饰材料：指楼梯扶手、挂镜线、踢脚板、窗帘架、暖气罩等。

2. 装修材料的燃烧性能等级

根据建筑装修材料及制品燃烧性能分级，建筑装修材料按燃烧性能划分为四级，并应符合表 7-3 的规定。

装修材料燃烧性能等级　　表 7-3

等级	装修材料燃烧性能	等级	装修材料燃烧性能
A	不燃性	B_2	可燃性
B_1	难燃性	B_3	易燃性

装修材料在等级划分时应注意以下几点：

(1) 安装在钢龙骨上的纸面石膏板，可作为 A 级装修材料使用。

(2) 当胶合板表面涂覆一级饰面型防火涂料时，可作为 B_1 级装饰材料使用。当胶合板用于顶棚和墙面装修并且不内含电器、电线等物体时，宜仅在胶合板外表面涂覆防火涂料；当胶合板用于顶棚和墙面装修并且内含有电器、电线等物体时，胶合板的内、外表面以及相应的木龙骨应涂覆防火涂料，或采用阻燃浸渍处理达到 B_1 级。

(3) 单位重量小于 300g/m² 的纸质、布质壁纸，当直接粘贴在 A 级基材上时，可做为 B_1 级装饰材料使用。

(4) 施涂于 A 级基材上的无机装饰涂料，可做为 A 级装修材料使用；施涂于 A 级基材上，湿涂覆比小于 1.5kg/m² 的有机装饰涂料，可做为 B_1 级装饰材料使用。涂料施涂于 B_1、B_2 级基材上时，应将涂料连同基材一起按相应的试验方法确定其燃烧性能等级。

(5) 多孔和泡沫塑料比较容易燃烧，而且燃烧时产生的烟气对人体的危害较大。但在实际工程中，有时因功能需要，必须在顶棚和墙的表面，局部采用一些多孔或泡沫塑料。为了减少火灾中烟雾和毒气的危害，当顶棚或墙表面局部采用多孔或泡沫状塑料时，其厚度不应大于 15mm，面积不得超过该房间顶棚或墙面积的 10%。

此处的面积是指展开面积，墙面面积包括门窗面积。材料的使用面积应根据使用部位分别计算，不应把墙面面积和顶棚面积合在一起计算。

7.1.3 建筑室内装修防火的通用要求

建筑内部装修中，对某些部位装修材料的防火要求具有一定的共性。民用建筑内部装修应满足以下几个方面的要求。

（1）无窗房间

除地下建筑外，无窗房间内部装修材料的燃烧性能等级，除A级外，应在原规定基础上提高一级。这是因为无窗房间发生火灾时初期阶段不易被发觉，发现起火时，火势往往已经较大；室内的烟雾和毒气不能及时排出；消防队员进行火情侦查和施救比较困难。因此，有必要将无窗房间的室内装修要求提高一级。

（2）特殊贵重设备用房

这里的"特殊贵重"是指设备本身价格昂贵，或影响面大，失火后会造成重大损失。大中型计算机房、中央控制室、电话总机房等放置特殊贵重设备的房间一旦失火，直接经济损失大。另外，有些设备不仅怕火，也怕高温和水渍，即使火势不大，也会造成很大的经济损失。因此，其顶棚和墙面应采用A级装修材料，地面及其他装修应采用不低于B_1级的装修材料。

（3）图书、资料、档案室

图书室、资料室、档案室和存放文物的房间，一旦发生火灾，火势发展迅速。有些图书、资料、档案文物的保存价值很高，一旦烧毁不可复得。因此，其顶棚、墙面应采用A级装修材料，地面应采用不低于B_1级的装修材料。

（4）设备机房

为了保证建筑物内的各类动力设备的正常运转，保障对火灾的监控和扑救的顺利开展，故要求消防水泵房、排烟机房、固定灭火系统钢瓶间、配电室、变压器室、通风和空调机房等，其内部所有装修均应采用A级装修材料。

（5）消防控制室

消防控制室的顶棚和墙面应采用A级装修材料，地面及其他装修应使用不低于B_1级的装修材料。

（6）挡烟垂壁

挡烟垂壁是用不燃烧材料制成，从顶棚下垂不小于500mm的固定或活动的挡烟设施。活动挡烟垂壁是指火灾时应感温、感烟或其他控制设备的作用，自动下垂的挡烟垂壁。

挡烟垂壁的作用是减缓烟气扩散的速度，提高防烟分区排烟口的排烟效果。发生火灾时，烟气的温度可高达200℃以上，如与可燃材料接触，会生成更多的烟气甚至引起燃烧。为保证挡烟垂壁在火灾中起到应有的作用，防烟分区的挡烟垂壁，其装修材料应采用A级装修材料。

（7）变形缝

建筑内部的变形缝（包括沉降缝、温度伸缩缝、抗震缝等）上下贯通整个建筑物，为防止火势纵向蔓延，要求变形缝两侧的基层应采用A级材料，表面装修应采用不低于B_1级的装修材料。嵌缝材料也应具有一定的阻燃性能。

（8）配电箱

近些年来，因电线陈旧老化、违反用电安全规定、电器设计或安装不当等电气设备引发的火灾占各类火灾的比例日趋严重，并且由于室内装修采用的可燃材料越来越多，增加了电气设备引发火灾的危险性。为防止配电箱产生的火花或高温熔铸引燃周围的可燃物和避免箱体传热引燃墙面装修材料，建筑内部的配电箱不应直接安装在低于B_1级的装修材料上。

(9) 灯具和灯饰

由于室内装修逐渐向高档化发展，各种类型的灯具应运而生，灯饰更是花样繁多。制作灯饰的材料主要包括金属、玻璃等不燃材料，但更多的是硬质塑料、塑料薄膜、棉织品、丝织品、竹木、纸类等可燃材料。因此，照明灯具的高温部位，当靠近非A级装修材料时，应采用隔热、散热等防火保护措施。灯饰所用材料的燃烧性能等级不应低于B_1级。

(10) 消火栓门

建筑内部的消火栓门一般都设在比较明显的位置，颜色也比较醒目。但有些单位单纯追求装修效果，把消火栓门罩在木柜里；还有的单位把消火栓门装修的几乎与墙面一样，不到近处看不出来。这些做法给消火栓的及时取用造成了障碍。为了充分发挥消火栓在火灾扑救中的作用，建筑内部消火栓门不应被装饰物遮掩，消火栓门四周的装修材料颜色应与消火栓门的颜色有明显区别。

(11) 饰物

在公共建筑中，经常将壁挂、雕塑、模型、标本等作为内装修设计的内容之一。为了避免这些饰物引发的火灾，公共建筑内部不宜设置采用B_3级装饰材料制成的壁挂、雕塑、模型、标本，当需要设置时，不应靠近火源或热源。

(12) 消防设施、疏散指示标志、出口和疏散走道

建筑物各层的水平疏散走道和安全出口门厅是火灾中人员逃生的主要通道。但是，有单位为了追求装修效果，擅自改变消防设施的位置；还有的任意增加隔墙，影响了消防设施的有效保护范围。因此，为了保证消防设施和疏散指示标志的使用功能，建筑内部装修不应遮挡消防设施和疏散指示标志及出口，并且不应妨碍消防设施和疏散走道的正常使用，也不应减少安全出口、疏散出口和疏散走道设计所需的净宽度和数量。

(13) 建筑内的厨房

建筑内的厨房，其顶棚、墙面、地面均应采用A级装修材料。

(14) 使用明火的餐厅和科研实验室

经常使用明火器具的餐厅、科研实验室，装修材料的燃烧性能等级，除A级外，应比同类建筑物的要求提高一级。

7.2 建筑装修防火标准

7.2.1 单层、多层民用建筑

1. 装修基本要求

根据《建筑内部装修设计防火规范》GB 50222的规定，我国单层、多层民用

建筑内部各部位装修材料的燃烧性能等级，不应低于表 7-4 的规定。

单层、多层民用建筑内部各部位装修材料的燃烧性能等级　　表 7-4

建筑物及场所	建筑规模、性质	装修材料燃烧性能等级							
		顶棚	墙面	地面	隔断	固定家具	装饰织物		其他装饰材料
							窗帘	帷幕	
候机楼的候机大厅、商店、餐厅、贵宾候机室、售票厅等	建筑面积>10000m²的候机楼	A	A	B_1	B_1	B_1	B_1		B_1
	建筑面积≤10000m²的候机楼	A	B_1	B_1	B_1	B_2	B_2		B_2
汽车站、火车站、轮船客运站的候车（船）室、餐厅、商场	建筑面积>10000m²的车站码头	A	A	B_1	B_1	B_2	B_2		B_1
	建筑面积≤10000m²的车站、码头	B_1	B_1	B_1	B_2	B_2	B_2		B_2
影院、会堂、礼堂、剧院、音乐厅	>800 座位	A	A	B_1	B_1	B_1	B_1	B_1	B_1
	≤800 座位	A	B_1	B_1	B_1	B_2	B_1	B_1	B_2
体育馆	>3000 座位	A	A	B_1	B_1	B_1	B_1	B_1	B_2
	≤3000 座位	A	B_1	B_1	B_1	B_2	B_2	B_1	B_2
商场营业厅	每层建筑面积>3000m²或总建筑面积>9000m²的营业厅	A	B_1	A	A	B_1	B_1		B_2
	每层建筑面积 1000～3000m²或总建筑面积为 3000～9000m²	A	B_1	B_1	B_1	B_2	B_1		
	每层建筑面积<1000m²或总建筑面积<3000m²的营业厅	B_1	B_1	B_1	B_2	B_2	B_2		
饭店、旅馆的客房及公共活动用房等	设有中央空调系统的饭店、旅馆	A	B_1	B_1	B_1	B_2	B_2		B_2
	其他饭店、旅馆	B_1	B_1	B_2	B_2	B_2	B_2		
歌舞厅、餐馆等娱乐餐饮建筑	营业面积>100m²	A	B_1	B_1	B_1	B_2	B_1		B_2
	营业面积≤100m²	B_1	B_1	B_1	B_2	B_2	B_2		B_2
幼儿园、托儿所、中、小学、医院病房楼、疗养院、养老院		A	B_1	B_1	B_1	B_2	B_1		B_2
纪念馆、展览馆、博物馆、图书馆、档案馆、资料馆	国家级、省级	A	B_1	B_1	B_1	B_2	B_1		B_2
	省级以下	B_1	B_1	B_2	B_2	B_2	B_2		B_2
办公楼、综合楼	设有中央空调系统的办公楼、综合楼	A	B_1	B_1	B_1	B_2	B_2		B_2
	其他办公楼、综合楼	B_1	B_1	B_2	B_2	B_2			
住宅	高级住宅	B_1	B_1	B_1	B_1	B_2	B_2		B_2
	普通住宅	B_1	B_2	B_2	B_2	B_2			

从上表中可以看出，对建筑面积较大、人员密集的候机楼、客运站、影剧院、商场营业厅等公共建筑的装修防火要求相对较高。因为这些场所人员流动性大，管理难度大，一旦发生火灾人员疏散困难。对这类建筑的内部装修提高要求，有助于减少火灾隐患，降低火灾发生的风险。

由于汽车站、火车站和轮船码头有相同的功能，因而将其列为同一类别。

歌舞厅、餐馆等娱乐、餐饮类建筑，虽然一般建筑面积并不是很大，但因它们一般处于繁华的市区临街地段，且内部人员的密度较大，情况较为复杂，加之设有明火操作间和很强的灯光设备，因此引发火灾的危险概率高，火灾造成的后果严重，因此应严格控制内部装修材料的防火性能。

幼儿园、托儿所为儿童用房，儿童缺乏独立疏散能力和自我保护能力；医院病房楼、疗养院、养老院等一般为病人、老年人居住，疏散能力也很差。因此，必须提高这些建筑装修材料的燃烧性能等级。同时，考虑到这些场所的装修档次较低，一般顶棚、墙面和地面都能达到规定的防火标准，所以着重提高窗帘的防火要求，以防止因用火不慎而导致窗帘的迅速燃烧。

2. 允许放宽条件

(1) 局部放宽

考虑到一些建筑物的大部分房间的装修材料都能满足规范的要求，而某一局部或某一房间因特殊的使用要求致使其装修材料的耐火等级不能满足规范的要求，并且该局部又无法设置自动报警系统、自动灭火系统时，可在满足一定的条件下，对这些局部空间的装修防火标准适当放宽。即：单层、多层民用建筑内面积小于100m^{2}的房间，当采用防火墙和耐火极限不低于甲级的防火门窗与其他部位分隔时，其装修材料的燃烧性能等级可在表7-4的基础上降低一级。

(2) 设有自动消防设施允许的放宽

考虑到一些建筑物的装修标准较高，要采用较多的可燃装修材料，又无法满足表7-4的要求，因此，现在很多建筑物内部安装了自动灭火系统，这些设备的使用大大增强了建筑物抵御火灾的能力。研究表明，在安装自动喷水灭火系统的建筑中，初期火灾的扑灭率高达80%。结合建筑物的具体使用情况，除歌舞、娱乐、放映、游艺场所外，当单层、多层民用建筑内部安装自动喷水灭火系统时，除顶棚外，其内部装修材料的燃烧性能等级可在表7-4规定的基础上降低一级；当同时装有火灾自动报警装置和自动灭火系统时，其顶棚装修材料的燃烧性能等级可在表7-4规定的基础上降低一级，其他装修材料的燃烧性能等级可不受限制。

7.2.2　高层民用建筑

1. 装修防火标准

目前，我国许多大、中城市新建的高层民用建筑，不再单一用于居住或办公，有些高层建筑内部还有小型电影放映厅、报告厅、会议厅、餐厅等，人员密度、流动性大。因此，高层民用建筑内各部位装修材料的燃烧性能等级不应低于表7-5的规定。其中“顶层餐厅”包括设在高空的餐厅、观光厅等。

高层民用建筑内部各部位装修材料的燃烧性能等级　　表 7-5

建筑物	建筑规模、性质	装修材料燃烧性能等级									
		顶棚	墙面	地面	隔断	固定家具	装饰织物				其他装饰材料
							窗帘	帷幕	床罩	家具包布	
高级旅馆	>800 座位的观众厅、会议厅；顶层餐厅	A	B_1	B_1	B_1	B_1	B_1	B_1		B_1	B_1
	≤800 座位的观众厅、会议厅	A	B_1	B_1	B_1	B_2	B_1	B_1		B_2	B_1
	其他部位	A	B_1	B_1	B_2	B_2	B_1	B_2	B_1	B_2	B_1
商业楼、展览楼、综合楼、商住楼、医院病房楼	一类建筑	A	B_1	B_1	B_1	B_2	B_1	B_1		B_2	B_1
	二类建筑	B_1	B_1	B_2	B_2	B_2	B_2	B_2		B_2	B_2
电信楼、财贸金融楼、邮政楼、广播电视楼、电力调度楼、防灾指挥调度楼	一类建筑	A	A	B_1	B_1	B_1	B_1	B_1		B_2	B_1
	二类建筑	B_1	B_1	B_2	B_2	B_2	B_1	B_2		B_2	B_2
教学楼、办公楼、科研楼、档案楼、图书馆	一类建筑	A	B_1	B_1	B_1	B_2	B_1	B_1		B_1	B_1
	二类建筑	B_1	B_1	B_2	B_1	B_2	B_1	B_2		B_2	B_2
住宅、普通旅馆	一类普通旅馆高级住宅	A	B_1	B_2	B_1	B_2	B_1		B_1	B_2	B_1
	二类普通旅馆普通住宅	B_1	B_1	B_2	B_2	B_2	B_2		B_2	B_2	B_2

2. 允许放宽条件

（1）局部放宽

很多高层建筑都有裙房，且裙房的使用功能比较复杂，其内部装修若与整栋建筑取同一标准，在实际操作中有一定的困难。考虑到一般裙房与主体高层建筑之间设有防火分隔，并且裙房的数目有限，因此规定高层民用建筑的裙房内面积小于 500m^2 的房间，当其设有自动灭火系统，并且采用耐火等级不低于 2.00h 的隔墙、甲级防火门、窗与其他部位分隔时，顶棚、墙面、地面的装修材料燃料性能等级可在表 7-5 规定的基础上降低一级。

（2）设有自动消防设施的放宽

除歌舞娱乐、放映游艺场所、100m 以上的高层民用建筑及大于 800 座位的观众厅、会议厅、顶层餐厅外，当设有火灾自动报警装置和自动灭火系统时，除顶棚外，其内部装修材料的燃烧性能等级可在表 7-5 的基础上降低一级。

（3）特殊要求

近年来，电视塔等特殊高耸建筑物，其建筑高度越来越高，且允许公众在高空中观光、进餐及购物等。由于这类建筑形式的限制，人员在危险情况下的疏散十分困难，因此应严格这类建筑物内部可燃装修材料的使用，以降低火灾的发生及蔓延的可能性。电视塔等特殊高层建筑的内部装修，除了装饰织物不应低于 B_1 级，其他均应采用A级。

7.2.3　地下民用建筑

地下民用建筑系指单层、多层、高层民用建筑的地下部分，单独建造在地下的民用建筑以及平战结合的地下人防工程。

地下民用建筑内部各部位装修材料的燃烧性能等级不应低于表7-6的规定。

地下民用建筑内部各部位装修材料的燃烧性能等级　　表7-6

建筑物及场所	装修材料燃烧性能等级						
	顶棚	墙面	地面	隔断	固定家具	装饰织物	其他装饰材料
休息室和办公室、旅馆和客房及公共活动用房等	A	B_1	B_1	B_1	B_1	B_1	B_2
娱乐场所、旱冰场等；舞厅、展览厅等；医院的病房、医疗用房等	A	A	B_1	B_1	B_1	B_1	B_2
电影院的观众厅，商场的营业厅	A	A	A	B_1	B_1	B_1	B_2
停车库，人行通道，图书资料库、档案库	A	A	A	A	A		

这里的“娱乐场所”是指建在地下的体育及娱乐建筑，如排球、乒乓球、武术、体操等文体娱乐项目的比赛练习场馆。“餐馆”是指餐馆餐厅、食堂餐厅等地下饮食建筑。

地下建筑装修防火要求主要取决于人员的密度。人员比较密集的商场营业厅、电影院观众厅，以及各类库房等在选用装修材料的燃烧性能等级标准要高；旅馆客房、医院病房以及各类建筑的办公用房，因使用面积较小且经常有专人管理，选用装修材料燃烧性能等级可适当放宽。

地下建筑与地上建筑显著的不同点就是人员只能通过安全通道和出口撤向地面。地下建筑被完全封闭在地下，火灾中人员疏散的方向与烟火蔓延的方向是一致的，从这个意义上讲，人员安全疏散的可能性要比地面建筑小得多。而单独建造的地下民用建筑的地上部分，相对使用面积小且建在地上，火灾危险性和疏散扑救均比地下建筑部分要容易。为了保证人员最大的安全度，确保地下建筑的疏散安全与畅通，地下民用建筑的装修应满足：

（1）地下民用建筑的疏散走道和安全出口的门厅，其顶棚、墙面和地面的装修材料应采用A级装修材料。

（2）单独建造的地下民用建筑的地上部分，其门厅、休息室、办公室等内部装修材料的燃烧性能等级可在表7-6的基础上降低一级要求。

（3）地下商场、地下展览厅的售货柜台、固定货架、展览台等，应采用A级装修材料。

7.2.4　生产厂房

生产厂房按用途可划分为主厂房、辅助厂房、动力厂房等；按生产状况可划分为冷加工厂房、热加工厂房、洁净厂房等；按建筑的层数可划分为单层、多层和高层厂房。根据生产的火灾危险性可分为甲、乙、丙、丁、戊五类厂房。建筑内部装修设计时，是按照厂房的火灾危险性选择装修材料的燃烧性能等级的。

厂房内部各部位装修材料的燃烧性能等级，不应低于表 7-7 的规定。

厂房内部各部位装修材料的燃烧性能等级　　表 7-7

生产厂房分类	建筑规模	装修材料燃烧性能等级			
		顶棚	墙面	地面	隔断
甲、乙类厂房 有明火的丁类厂房	—	A	A	A	A
丙类厂房	地下厂房	A	A	A	B_1
	高层厂房	A	B_1	B_1	B_2
	高度＞24m 的单层厂房 高度≤24m 的单层、多层厂房	B_1	B_1	B_2	B_2
无明火的丁类厂房 戊类厂房	地下厂房	A	A	B_1	B_1
	高层厂房	B_1	B_1	B_2	B_2
	高度＞24m 的单层厂房 高度≤24m 的单层、多层厂房	B_1	B_2	B_2	B_2

从火灾的发展过程考虑，一般来说对顶棚的防火性能要求最高，其次是墙面，地面要求最低。但如果厂房的地面为架空地板时情况有所不同，万一失火，沿架空地板蔓延较快，受到的损失也大。同时，为了防止并避免办公室、休息室的装修失火波及厂房，以及保障办公室内人员的安全，厂房的装修设计还应满足以下规定：

（1）当厂房中房间的地面为架空地板时，其地面装修材料的燃烧性能等级除 A 级外，应在表 7-7 规定的基础提高一级。

（2）计算机房、中央控制室等装有贵重机器、仪表、仪器的厂房，其顶棚和墙面应采用 A 级装修材料；地面和其他部位应采用不低于 B_1 级的装修材料。

（3）厂房附设的办公室、休息室等的内部装修材料的燃烧性能等级，应符合表 7-7 的规定。

厂房装修本身的要求一般并不是很高，但作为现代化的生产厂房，特别是一些劳动密集型的工业厂房，如服装、玩具、食品等轻工行业的厂房，要在不同程度上考虑工人劳动的舒适度问题及由于生产厂房本身产生的特殊性。有些厂房内的生产材料本身已是易燃或可燃材料，因此在进行装修时，应尽量减少或避免使用易燃、可燃材料。

对甲、乙类厂房和有明火的丁类厂房均要求采用 A 级装修材料。这是考虑到甲、乙类厂房均具有爆炸危险，而有明火操作的丁类厂房虽然生产物质并不危险，但明火对装修材料则构成了威胁，所以对这类厂房要求很高。

7.3 建筑保温和外墙装饰防火构造

7.3.1 基本原则

近些年，有机保温材料在我国建筑外保温应用中占据主导地位，但由于有机保温材料的可燃性，使得因建筑外墙上采用可燃性保温材料和装饰材料导致外墙面发生火灾的事故屡次发生，这类火灾往往会从外立面蔓延至多个楼层，不仅造成了严重的财产损失，同时也产生了不良的社会影响。因此，对建筑外墙使用的保温和装饰材料的燃烧性能应结合工程实际，选择满足建筑物耐火要求的装修材料。

A级材料属于不燃材料，火灾危险性很低，不会导致火焰蔓延；B_2级保温材料属于普通可燃材料，在点火源功率较大或有较强热辐射时，容易燃烧且火焰传播速度较快，有较大的火灾危险。B_3级保温材料属于易燃材料，很容易被低能量的火源或电焊渣等点燃，而且火焰传播速度极为迅速，无论是在施工还是在使用过程中，其火灾危险性都非常高。

不同的建筑，其燃烧性能要求有所差别。具有必要耐火性能的建筑外围护结构，是防止火势蔓延的重要屏障。耐火性能差的屋顶和墙体，容易被外部高温作用而受到破坏或引燃建筑内部的可燃物，导致火势扩大。因此，在建筑保温和外墙装饰时应遵循以下基本原则：

（1）建筑的内、外保温系统，宜采用燃烧性能为A级的保温材料，不宜采用B_2级保温材料，严禁采用B_3级保温材料。

（2）设置保温系统的基层墙体或屋面板的耐火极限应符合相应耐火等级建筑墙体或屋面板耐火极限。

为了提高建筑外保温系统和外墙装饰的耐火性能，减少因装饰材料或保温材料引发的火灾事故，在建筑的内、外保温系统中要尽量选用A级保温材料；如果必须要采用B_2级保温材料，需采取严格的构造措施进行保护。同时，在施工过程中也要注意采取相应的防火措施，如分别堆放、远离焊接区域、上墙后立即做构造保护等。建筑外保温系统中严禁采用B_3级保温材料。

（3）建筑外墙的装饰层应采用燃烧性能为A级的材料，但建筑高度不大于50m时，可采用B_1级材料。

7.3.2 建筑保温系统防火的基本要求

1. 外墙内保温系统

对于建筑外墙的内保温系统，保温材料设置在建筑外墙的室内侧，而目前采用的可燃、难燃保温材料绝大部分为高分子化学材料且保温层的厚度较大，遇热或燃烧分解产生的烟气和毒性较大，对于人员的安全带来较大的威胁。在人员密集场所，不能采用这种材料做保温材料；其他场所，要严格控制使用，尽量采用低烟、低毒的材料。因此，建筑外墙采用内保温系统时，保温系统材料燃烧性能应符合下列规定：

（1）对于人员密集场所，用火、燃油、燃气等具有火灾危险性的场所以及各类建筑内的疏散楼梯间、避难走道、避难间、避难层等场所或部位应采用燃烧性能为 A 级的保温材料。

（2）对于其他场所，应采用低烟、低毒且燃烧性能不低于 B_1 级的保温材料。

（3）保温系统应采用不燃材料做防护层（如图 7-2*a* 所示）。采用燃烧性能为 B_1 级的保温材料时，防护层的厚度不应小于 10mm（如图 7-2*b* 所示）。

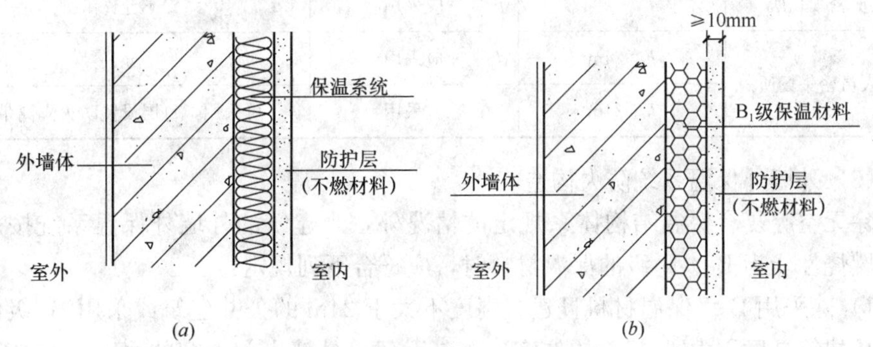

图 7-2 建筑外墙内保温系统

2. 外墙外保温系统

（1）无空腔复合保温系统

建筑外墙采用保温材料与两侧墙体构成无空腔复合保温结构体系时，该结构体的耐火极限应符合规范的有关规定；当保温材料的燃烧性能为 B_1、B_2 级时，保温材料两侧的墙体应采用不燃材料且厚度均不应小于 50mm（如图 7-3 所示）。该系统的保温材料应符合下列规定：

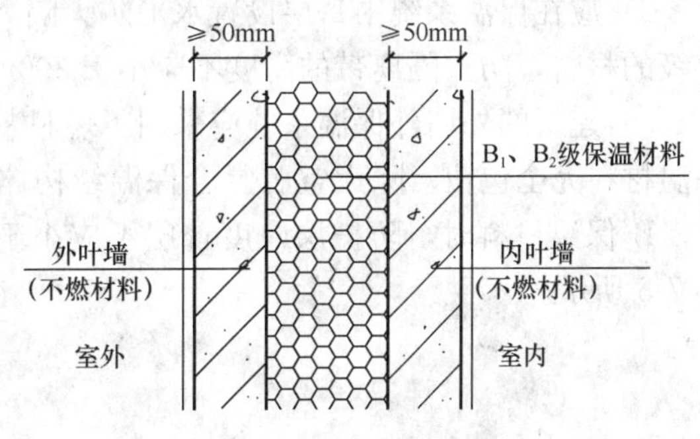

图 7-3 外墙外保温系统

1）住宅建筑：当建筑高度大于 100m 时，保温材料的燃烧性能应为 A 级。建筑高度大于 27m，但不大于 100m 时，保温材料的燃烧性能不应低于 B_1 级。建筑高度不大于 27m 时，保温材料的燃烧性能不应低于 B_2 级。

2）除住宅建筑和设置人员密集场所的建筑外，其他建筑：当建筑高度大于 50m 时，保温材料的燃烧性能应为 A 级。建筑高度大于 24m，但不大于 50m 时，保温材料的燃烧性能不应低于 B_1 级。建筑高度不大于 24m 时，保温材料的燃烧性能不应低于 B_2 级。

与住宅建筑相比，公共建筑等往往具有更高的火灾危险性。因此，结合我国现状，对于除人员密集场所外的其他非住宅类建筑或场所，根据其建筑高度，对外墙外保温系统保温材料的燃烧性能等级做出了更为严格的限制和要求。设置人员密集场所的建筑，其外墙外保温材料的燃烧性能应为 A 级。

（2）有空腔复合保温系统

除设置人员密集场所的建筑外，与基层墙体、装饰层之间有空腔的建筑外墙外保温系统，其保温材料应符合表 7-8 的规定：建筑高度大于 24m 时，保温材料的燃烧性能应为 A 级；建筑高度不大于 24m 时，保温材料的燃烧性能不应低于 B_1 级。

建筑高度与基层墙体、装饰层之间有空腔的建筑外墙保温系统的技术要求　　表 7-8

场所	建筑高度（h）	A 级保温材料	B_1 级保温材料
人员密集场所	—	应采用	不允许
非人员密集场所	h＞24m	应采用	不允许
	h≤24m	宜采用	可采用，每层设置防火隔离带

（3）外墙外保温系统防火构造

除无空腔复合保温结构体系规定的情况外，当建筑的外墙外保温系统按规定采用燃烧性能为 B_1、B_2 级的保温材料时，应符合下列规定：

1）除采用 B_1 级保温材料且建筑高度不大于 24m 的公共建筑或采用 B_1 级保温材料且建筑高度不大于 27m 的住宅建筑外，建筑外墙上门、窗的耐火完整性不应低于 0.50h。

2）应在保温系统中每层设置水平防火隔离带。防火隔离带应采用燃烧性能为 A 级的材料，防火隔离带的高度不应小于 300mm，如图 7-4 所示。

3）建筑的外墙外保温系统应采用不燃材料在其表面设置防护层，防护层应将保温材料完全包覆。除无空腔复合保温结构体系规定的情况外，当按本规定采用 B_1、B_2 保温材料时，防护层厚度首层不应小于 15mm，其他层不应小于 5mm，如图 7-5 所示。

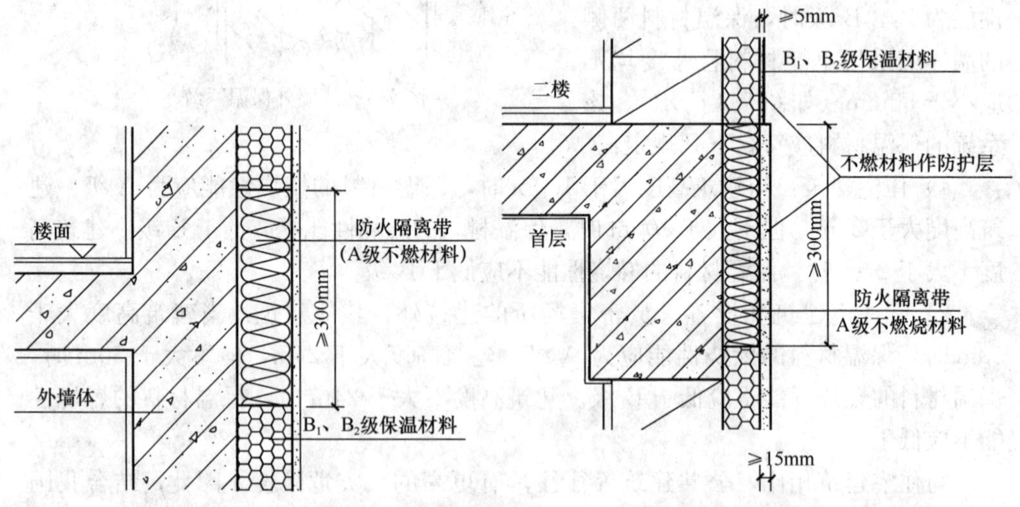

图 7-4　外墙外保温系统防火隔离带构造　　　图 7-5　外墙外保温系统防护层构造

4）建筑外墙外保温系统与基层墙体、装饰层之间的空腔，应在每层楼板处采用防火封堵材料封堵，如图 7-6 所示。

（4）屋面外保温系统防火构造

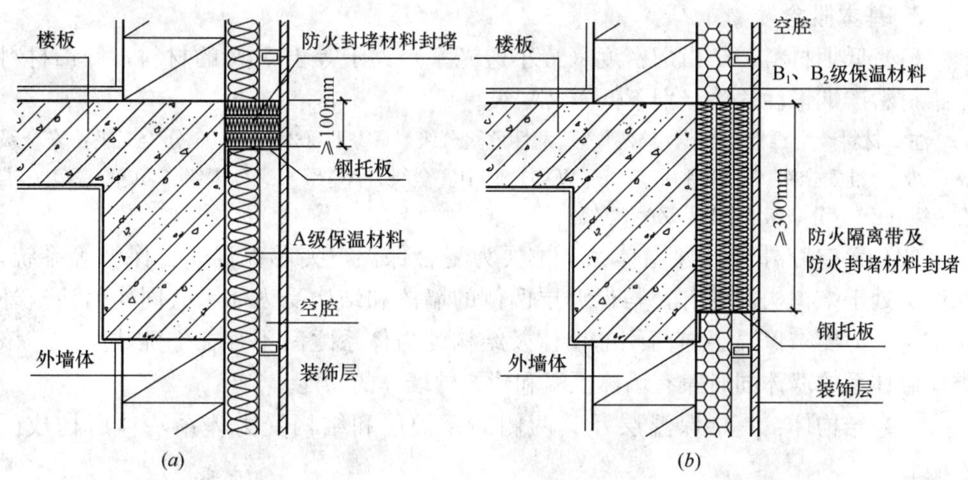

图 7-6 外墙外保温系统与基层墙体、装饰层之间有空腔时楼板处的防火构造

由于屋面保温材料的火灾危害较建筑外墙的要小，且保温层是覆盖在具有较高耐火极限的屋面板上，对建筑内部的影响不大，故对其保温材料的燃烧性能要求较外墙的要求要低些。但为限制火势通过外墙向下蔓延，屋面外保温系统应做好相应的防火隔离，具体要求如下：

1）建筑的屋面外保温系统，当屋面板的耐火极限不低于 1.00h 时，保温材料的燃烧性能不应低于 B_2 级；当屋面板的耐火极限低于 1.00h 时，不应低于 B_1 级。采用 B_1、B_2 级保温材料的外保温系统应采用不燃材料作防护层，其厚度不应小于 10mm，如图 7-7 所示。

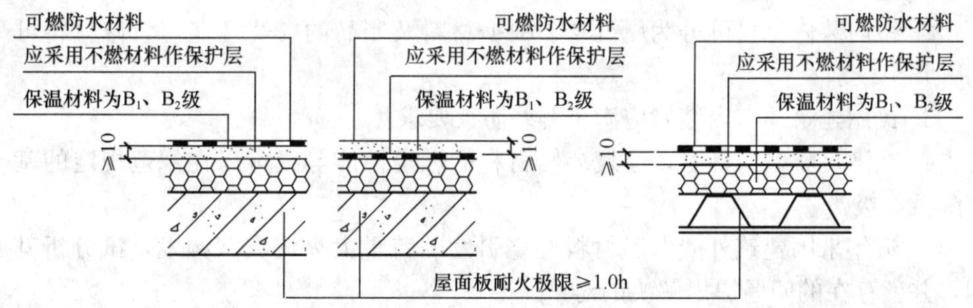

图 7-7 建筑屋面采用 B_1、B_2 级保温材料时防护层构造

2）当建筑的屋面和外墙外保温系统均采用 B_1、B_2 级保温材料时，屋面与外墙之间应采用宽度不小于 500mm 的不燃材料设置防火隔离带进行分隔。

（5）其他构造要求

电线因使用年限长、绝缘老化或过负荷运行发热等均能引发火灾。开关、插座等电器配件也可能会因为过载、短路等发热引发火灾。因此，电气线路不应穿越或敷设在燃烧性能为 B_1 或 B_2 级的保温材料中。确需穿越或敷设时，应采取穿金属管并在金属管周围采用不燃隔热材料进行防火隔离等防火保护措施。设置开关、插座等电器配件的部位周围应采取不燃隔热材料进行防火隔离等防火保护措施。

3. 基本概念

（1）低烟材料：是指烟密度（最小透光率）大于等于60%的材料；低毒材料是指材料产烟毒性危险级别不低于ZA_3级。

注：材料产烟毒性，根据《材料产烟毒性危险分级》GB/T 20285—2006分为三级：安全级（AQ级），准安全级（ZA）和危险级（WX）。其中安全级（AQ级）又分两级：AQ_1、AQ_2；准安全级（ZA）分三级：ZA_1、ZA_2、ZA_3。

（2）无空腔外墙外保温体系：主要为复合保温、夹芯保温、自保温等系统，保温层处于结构构件内部，与保温层两侧的墙体和结构受力体系共同作为建筑外墙使用，但要求保温层与两侧的墙体及结构受力体系之间不存在空隙或空腔。该类保温体系的墙体同时兼有墙体保温和建筑外墙体的功能。

（3）结构体：是指保温层及其两侧的保护层和结构受力体系一体所构成的外墙。

（4）外墙外保温系统：主要指类似薄抹灰外保温系统，即保温材料与基层墙体及保护层、装饰层之间均无空隙的保温系统。

（5）有空腔外墙外保温体系：主要指在类似建筑幕墙与建筑基层墙体间存在空腔的外墙外保温系统。这类系统一旦被引燃，因烟囱效应而易造成火势快速发展，迅速蔓延，且难以从外部进行扑救。因此，要严格限制其保温材料的燃烧性能，并应在空腔处采取相应的防火封堵措施。

复习思考题

1. 建筑室内装修的火灾危险性主要表现在哪几个方面？

2. 室内装修材料可分为哪几类？根据材料及制品的燃烧性能，装修材料可分为哪几个级别？

3. 民用建筑的室内装修应满足哪些防火要求？

4. 在满足哪些条件时，建筑装修材料的燃烧性能等级可以在规范规定的基础上降低一级？

5. 近年来因建筑外墙保温材料燃烧引发的特重大火灾灾害频发，试分析其原因，并就存在的问题提出解决的对策。

第 8 章　建筑防烟排烟设计

由于火灾燃烧状况非常不完全，几乎所有火灾中都会产生大量烟气。火灾烟气的温度较高，且含有多种有毒、有害组分，能够对人员的安全和室内物品构成严重威胁。烟气的存在还会使建筑物内的能见度降低，这就使人员不得不在恶劣环境中停留较长时间。在建筑空间内，烟气容易迅速蔓延开来，因此距离起火点较远的地方也会受到影响。火灾统计资料表明，在火灾中 80%以上的死亡者是死于烟气的影响，其中大部分是吸入了烟尘及有毒气体昏迷后而致死的。因此，研究火灾中烟气的产生、性质、流动特性等对安全设计有重要的意义。

8.1　火灾烟气的产生与性质

火灾烟气是指可燃物燃烧生成的气体及浮游于其中的固态和液态微粒子组成的混合物，包括：①可燃物热解或燃烧产生的气象产物，如未参加燃烧反应的气体、水蒸气、CO_2、CO 及多种有毒或有腐蚀性的气体；②由于卷吸而进入的空气；③多种微小的固体颗粒和液滴。

8.1.1　烟气颗粒的产生机理

火灾燃烧可以是阴燃，也可能是有焰燃烧，两种情况下生成的烟气中都含有很多颗粒。但是颗粒生成的模式及颗粒的性质大不相同。

碳素材料阴燃生成的烟气与该材料加热到热分解温度所得到的挥发分产物相似。这种产物与冷空气混合时可浓缩成较重的高分子组分，形成含有碳颗粒和高沸点液体的薄雾。在静止空气条件下，颗粒的中间直径 D_{50}（反映颗粒大小的参数）约为 1μm，并可缓慢地沉积在物体表面，形成油污。

有焰燃烧产生的烟气颗粒则不同，它们几乎全部由固体颗粒组成。其中，小部分颗粒是在高热通量作用下脱离固体的灰分，大部分颗粒则是在氧浓度较低的情况下，由于不完全燃烧和高温分解而在气相中形成的碳颗粒。即使原始燃料是气体或液体，也能产生固体颗粒。

在发生完全燃烧的情况下，可燃物将转化为稳定的气相产物。但在火灾的扩散火焰中是很难实现完全燃烧的。因为燃烧反应物的混合基本上由浮力诱导产生的湍流流动控制，其中存在着较大的组分浓度梯度。在氧浓度较低的区域，部分可燃挥发分将经历一系列的热解反应，从而导致多种组分的分子生成。这些小颗粒的直径为 10～100nm，它们可以在火焰中进一步氧化。但是如果温度和氧浓度都不够高，则它们便以碳烟的形式离开火焰区。

母体可燃物的化学性质对烟气产生具有重要的影响。少数纯燃料（例如氢气、一氧化碳、甲醛、乙醇、乙醚、甲酸、甲醇等）燃烧的火焰不发光，且基本上不产烟。而在相同的条件下大分子燃料燃烧时就会明显发烟。燃料的化学组成是决定烟气产生量的主要因素，经过部分氧化的燃料（例如乙醇、丙酮）发出的烟量比生成这些物质的碳氢化合物的发烟量少，固体可燃物也是如此，对火焰的观察及对燃烧产物中烟颗粒的测定都证明了这一点。

例如在自由燃烧情况下，木材和PMMA之类的部分氧化燃料燃烧产生的烟量比聚乙烯和聚苯乙烯之类的碳氢聚合物的烟量要少得多。因为碳氢聚合物中含有大量的苯基及其衍生物，具有芳香族的性质，燃烧会产生大量的烟气，其中聚苯乙烯发出的烟量更大。

常见碳氢化合物的发烟状况按表8-1所列的顺序呈增大趋势。

碳氢化合物发烟的增大趋势　　表8-1

碳氢化合物类型	代表物质	分子式
中文名	中文名	
正烷烃	正己烷	$CH_3(CH_2)_4CH_3$
异烷烃	2,3-甲基丁烷	$(CH_3)_2CH\cdot CH(CH_3)_2$
烯烃	丙烯	$CH_3\cdot CH=CH_2$
炔烃	丙炔	$CH_3\cdot C\equiv CH$
芳香烃	聚苯乙烯	$R-CH=CH_2$
多环芳香烃	萘	$C_{10}H_8$

8.1.2 火灾烟气的性质

1. 火灾烟气的浓度

烟气的浓度是由烟气中所含固体颗粒或液滴的多少及性质决定的。烟气浓度一般有质量浓度、粒子浓度和光学浓度三种表示方法。

（1）烟的质量浓度

烟的质量浓度是指单位容积的烟气所含烟粒子的质量，用 μ_s 表示。它是利用小尺寸试验将单位体积的烟气过滤，通过确定其中颗粒物的重量而得到的。其表达式为：

$$\mu_s = m_s/V_s(\text{mg/m}^3) \tag{8-1}$$

式中　m_s——容积 V_s 的烟气中所含烟粒子的质量（mg）；

V_s——烟气容积（m^3）。

（2）烟的粒子浓度

烟的粒子浓度是指单位容积的烟气中所含烟粒子的数目，用 n_s 表示。在烟浓度很小的情况下，通过测量单位体积烟气中烟颗粒的数目（个/m^3）确定的。其表达式为：

$$n_s = N_s/V_s \tag{8-2}$$

式中　N_s——容积 V_s 的烟气中所含的烟粒子数。

（3）烟的光学浓度

烟的光学浓度是在小尺寸和中等尺寸试验中，将烟收集在已知容积的容器内，通过测量一定光束穿过烟场后的强度衰减确定的，图8-1为测量系统示意图。

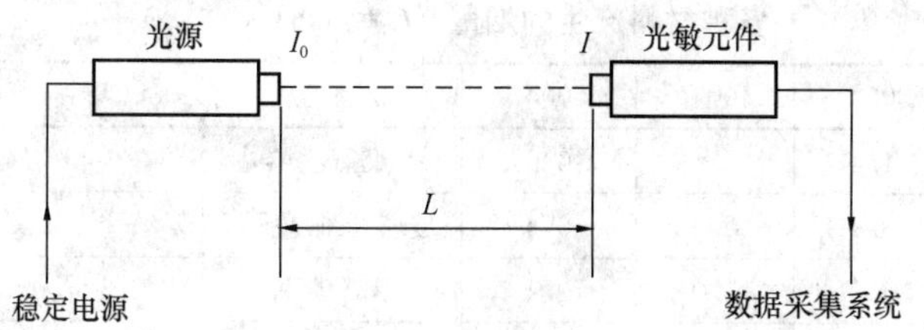

图 8-1 烟气遮光性测量装置示意图

当可见光通过烟气层时，烟粒子使光线强度减弱，即烟气的遮光性。设给定空间的长度为 L，I_0 为由光源射入给定空间的光束的强度，I 为该光束由该空间射出后的强度，则比值 I/I_0 称为该空间的透射率。

若该空间没有烟尘，射入和射出的光强度几乎不变，即透射率等于 1；当该空间存在烟气时的透射率应小于 1。透射率倒数的常用对数称为烟气的光学浓度，即

$$D = \lg(I/I_0) \tag{8-3}$$

考虑到其表示形式与透射率一致，通常将烟气的光学浓度定义为

$$D = -\lg(I/I_0) \tag{8-4}$$

光束经过的距离是影响光学浓度的重要因素，因此单位长度光学浓度可表示为：

$$D_0 = -\lg(I/I_0)/L \tag{8-5}$$

根据朗伯-比尔（Lamber-Beer）定律，有烟情况下的光强度 I 可表示为

$$I = I_0 e^{-K_c L} \tag{8-6}$$

式中，K_c 称为烟气的减光系数。据此，减光系数可表示为：

$$K_c = \frac{1}{L} \ln \frac{I_0}{I} \tag{8-7}$$

注意到自然对数和常用对数的换算关系，可得出

$$K_c = 2.303 D_0 \tag{8-8}$$

式中 K_c ——烟的减光系数（m^{-1}）；

D_0 ——单位光学浓度（m^{-1}）；

L ——光源与受光体之间的距离（m）；

I、I_0 ——光束的光强度（cd）。

由上述公式可知，烟的减光系数 K_c 值越大，光线减弱的程度越大；光源与受光体之间的距离 L 越远，光线强度 I 值越小，火灾场合下人员的能见度越小，对安全疏散的距离要求越短。

2. 建筑材料的发烟量

建筑材料在不同温度或不同的测试方法下，其单位质量所产生的烟量是不同的，见表 8-2。从表中可以看出，高分子有机材料高温下能产生大量的烟气。

各种材料产生的烟量（C_s=0.5）（m^3/g）　　表 8-2

材料名称	300℃	400℃	500℃	材料名称	300℃	400℃	500℃
硬质纤维板	1.4	2.1	0.6	聚氯乙烯	—	4.0	10.4
难燃胶合板	3.4	2.0	0.6	玻璃纤维增强板	—	6.2	4.1
普通胶合板	4.0	1.0	0.4	锯木屑板	2.8	2.0	0.4
聚氨酯	—	14.6	4.0	杉木	3.6	2.1	0.4
聚苯乙烯	—	12.6	10.0	松木	4.0	1.8	0.4

从表中可以看出，木材类在温度升高时，发烟量有所减少，这主要是因为木材燃烧分解出的碳粒子在高温下又重新燃烧，且随着温度的升高分解出的碳粒子越少。高分子有机材料能产生大量的烟气。

除此之外，发烟速度也是火灾中影响人员生命安全疏散的一个重要因素。发烟速度是指单位时间、单位质量可燃物的发烟量。表 8-3 为部分常见建筑材料的发烟速度。由表可知，木材在加热温度超过 350℃时，发烟速度一般随温度的升高而降低，而高分子材料则随温度的升高而发烟量急速增大。

各种材料的发烟速度　　表 8-3

材料名称	加热温度（℃）								
	260	280	290	300	350	400	450	500	550
针枞	—	—	—	0.72	0.80	0.71	0.38	0.17	0.17
杉木	0.25	—	0.28	0.61	0.72	0.71	0.53	0.13	0.13
普通胶合板	0.19	0.25	0.26	0.93	1.08	1.10	1.07	0.31	0.24
难燃胶合板	0.11	0.13	0.20	0.56	0.61	0.58	0.59	0.22	0.20
硬质纤维板	—	—	—	0.76	1.22	1.19	0.19	0.26	0.27
微片板	—	—	—	0.63	0.76	0.85	0.19	0.15	0.12
苯乙烯泡沫板 A	—	—	—	—	1.58	2.68	5.92	6.90	8.96
苯乙烯泡沫板 B	—	—	—	—	1.24	2.36	3.56	5.34	4.46
聚氨酯	—	—	—	—	—	5.00	11.5	15.0	16.5
玻璃纤维增强塑料	—	—	—	—	—	0.50	1.00	3.00	0.50
聚氯乙烯	—	—	—	—	—	0.10	4.50	7.50	9.70
聚苯乙烯	—	—	—	—	—	1.00	4.95	—	2.97

在现代建筑中，高分子有机合成材料大量用做家具用品、装修装饰、保温、电缆等的材料，这些材料一旦被引燃，不仅燃烧速度快容易形成大的火灾，还会产生大量有毒有害的浓烟，其危害远远大于一般可燃材料。

3. 烟气的遮光性与人的能见度

由于烟气的减光作用，人们在有烟场合下的能见度和辨认目标的能力必然有所下降，而这对火灾中人员的安全疏散造成严重的影响。能见度是指人们在一定环境下看到某个物体的最远距离。能见度与烟气的颜色、物体的亮度、背景的亮度及观察者对光线的敏感程度都有关。能见度与减光系数和单位光学浓度的关系可表示为：

$$V = R/K_c = R/2.303D_0 \tag{8-9}$$

式中，R 为比例系数，根据实验数据确定，其值因观察目标的不同而不同。有科学家曾对自发光和反光标志的能见度进行了测试，他把目标物放在一个试验箱内，其中充满了烟气。白色烟气是阴燃产生的，黑色烟气是明火燃烧产生的，其测试结果如图 8-2 所示。通过白色烟气的能见度较低，可能是由于光的散射率较高。因此，对于发光型标志、指示灯等，R 取 5～10；对于反光型标志和有反射光存在的建筑物，R 取 2～4。为了保证安全疏散，对于发光物体火场能见度必须达到 5～30m，即减光系数 K_c 应为 0.1～0.6m^{-1}。

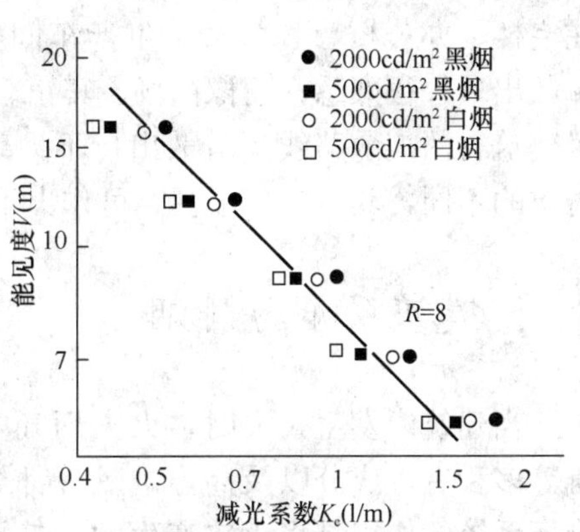

图 8-2 发光标志的能见度与减光系数的关系

需要说明的是以上关于能见度的讨论没有考虑烟气对眼睛的刺激作用。由前面有关烟气浓度的分析可知，当人暴露在有烟气的场合时，因烟气的遮光性，人的能见度会降低，从而影响到疏散速度。若考虑烟气对眼睛的刺激，则随着减光系数增大，人在刺激性烟气的环境下，行走速度将减慢。当减光系数为 0.4m^{-1}时，通过刺激性烟气的表观速度仅是通过非刺激性烟气时的 70%。当减光系数大于 0.5m^{-1}时，通过刺激性烟气的表观速度降至约 0.3m/s，相当于蒙上眼睛时的行走速度。如图 8-3、图 8-4 分别为在刺激性与非刺激性烟气中人的能见度与行走速度。

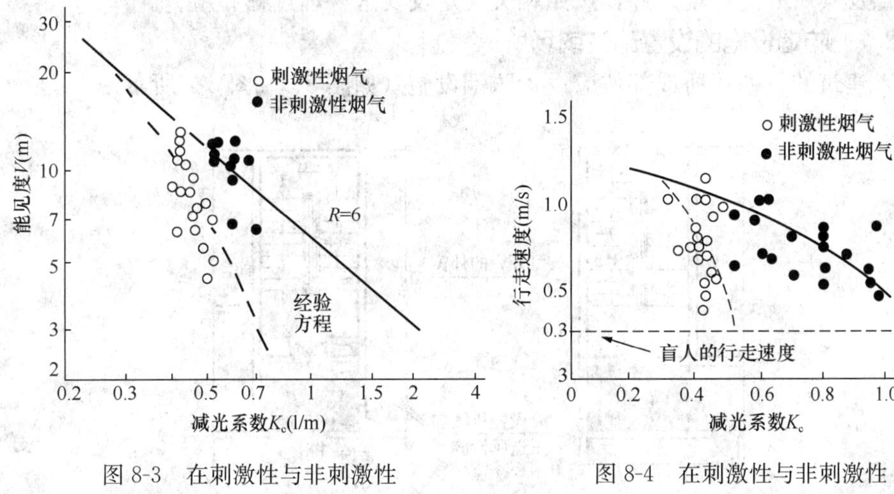

图 8-3 在刺激性与非刺激性烟气中人的能见度

图 8-4 在刺激性与非刺激性烟气中人的行走速度

4. 烟的允许极限浓度

为了使处于火场中的人员能够看清楚疏散指示标志，保障疏散的安全性，在安全疏散设计时需要确定疏散时人员的能见距离不能小于某一最小值。这个最小的允许能见距离称为疏散极限视距，通常用 V_{min} 表示。

对于不同用途的建筑，其内部的人员对建筑物的熟悉程度是不同的。例如，住宅楼、办公楼、教学楼、生产车间等建筑，其内部人员对建筑物的疏散路线、疏散出口等很熟悉；而像商场、宾馆、酒店等建筑中的绝大多数人员是非固定的，对建筑物的疏散路线、疏散出口不太熟悉。因此，建筑物的使用功能及主要使用对象的不同，其疏散极限视距可作出不同的规定。

8.2　建筑防烟与排烟

当建筑内发生火灾时，火灾烟气中所含一氧化碳、二氧化碳、氟化氢、氯化氢等多种有毒成分以及高温缺氧等都会对人员造成极大的危害。在建筑内设置防排烟系统的作用是将火灾产生的烟气及时排除，防止和减缓烟气扩散，保证疏散通道不受烟气侵害，对保证建筑内人员安全疏散具有重要作用；同时，将火灾高温烟气和热量及时排除，以控制火势蔓延，为火灾扑救创造有利条件。对于一座建筑，当其中某部位着火时，应采取有效的排烟措施排除可燃物燃烧产生的烟气和热量，使该局部空间形成相对负压区；对非着火部位及疏散通道等应采取防烟措施，以阻止烟气侵入，利于人员的疏散和灭火救援。因此，在建筑内设置排烟设施，在建筑内人员必须经过的安全疏散区设置防烟设施，是十分必要的。

建筑火灾烟气控制分为防烟和排烟两个方面。

防烟系统是指采用机械加压送风或自然通风的方式，防止烟气进入楼梯间、前室、避难层（间）等空间的系统；排烟系统是指采用机械排烟或自然排烟的方式，将房间、走道等空间的烟气排至建筑物外的系统。防排烟系统应结合建筑的使用特点及其所处的环境条件，按照相关规定及要求合理选择和组合。

8.2.1　防烟设施的设置部位或场所

（1）建筑的下列场所或部位应设置防烟设施（如图 8-5～图 8-7 所示）：

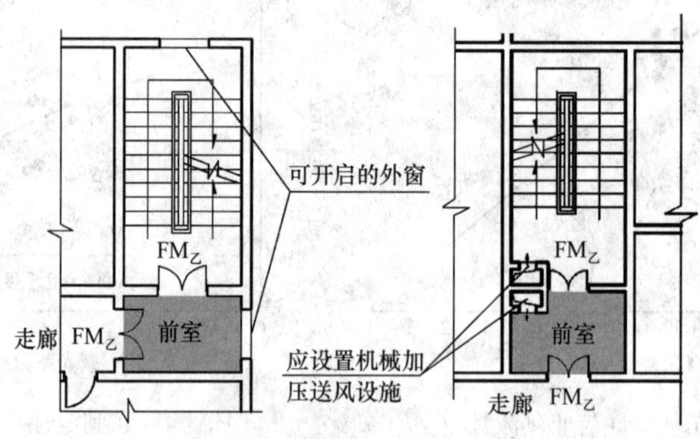

图 8-5　防烟楼梯间及其前室

1）防烟楼梯间及其前室。

2）消防电梯间前室或合用前室。

3）避难走道的前室、避难层（间）。

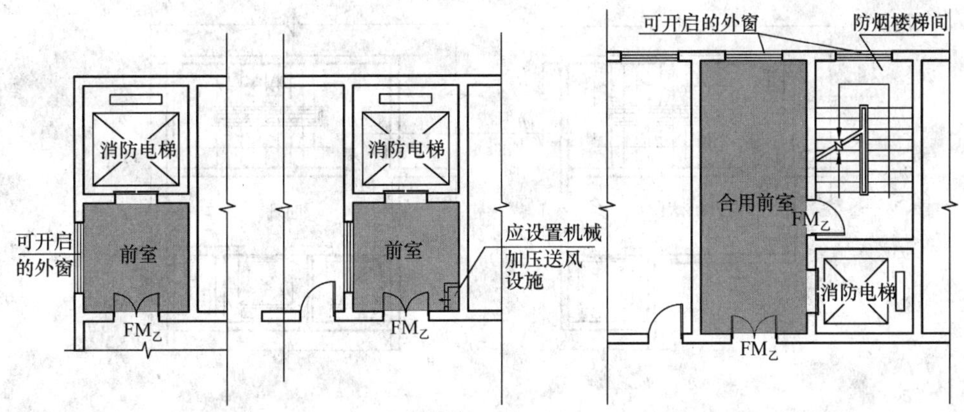

图 8-6　消防电梯前室或合用前室的防排烟设计

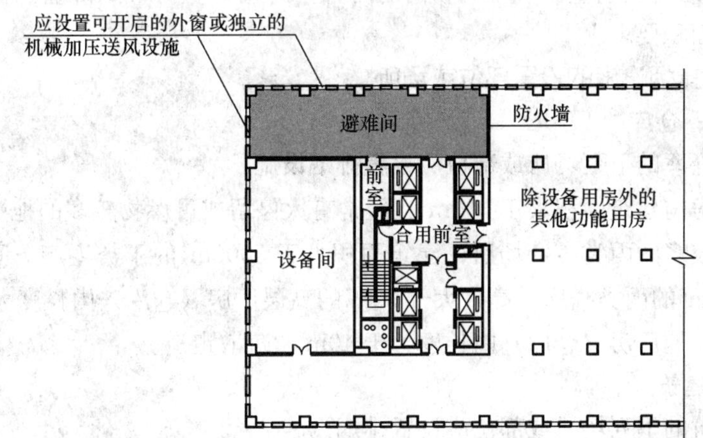

图 8-7　避难前室的设计

(2) 建筑高度不大于 50m 的公共建筑、厂房、仓库和建筑高度不大于 100m 的住宅建筑，当其防烟楼梯间的前室或合用前室符合下列条件之一时，楼梯间可不设置防烟系统：

1) 前室或合用前室采用敞开的阳台、凹廊（如图 8-8、图 8-9 所示）。

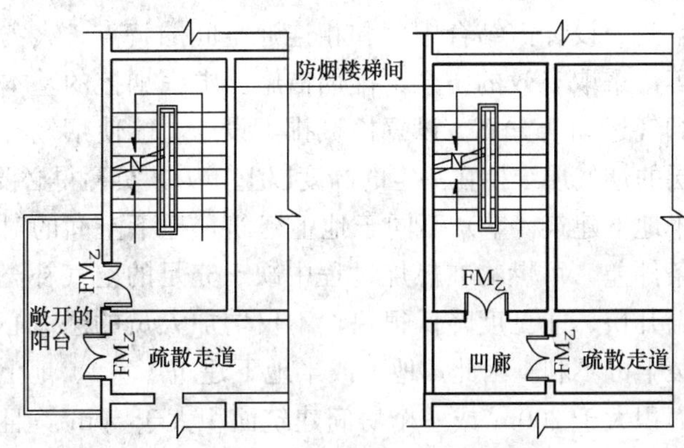

图 8-8　防烟楼梯间前室的设置

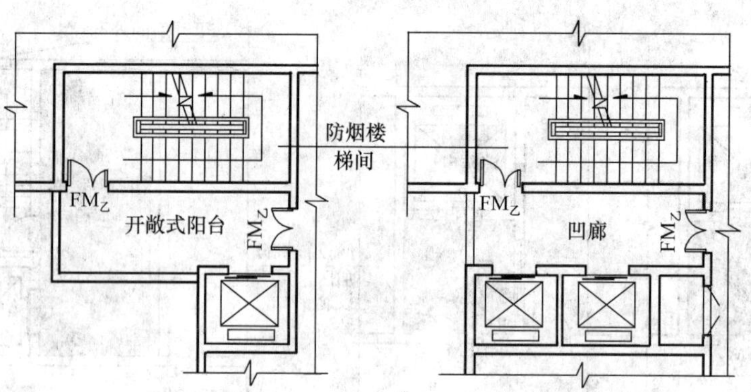

图 8-9　防烟楼梯间合用前室的设置

2）前室或合用前室具有不同朝向的可开启外窗，且可开启外窗的面积满足自然排烟口的面积要求。

8.2.2　排烟设施的设置部位或场所

1. 厂房、仓库

厂房或仓库的下列场所或部位应设置排烟设施：

丙类厂房内建筑面积大于 300m² 且经常有人停留或可燃物较多的地上房间，人员或可燃物较多的丙类生产场所；建筑面积大于 5000m² 的丁类生产车间；占地面积大于 1000m² 的丙类仓库；高度大于 32m 的高层厂房（仓库）内长度大于 20m 的疏散走道，其他厂房（仓库）内长度大于 40m 的疏散走道。

2. 民用建筑

民用建筑的下列场所或部位应设置排烟设施：

设置在一、二、三层且房间建筑面积大于 100m² 的歌舞娱乐放映游艺场所，设置在四层及以上楼层、地下或半地下的歌舞娱乐放映游艺场所。公共建筑内建筑面积大于 100m² 且经常有人停留的地上房间。公共建筑内建筑面积大于 300m² 且可燃物较多的地上房间。建筑内长度大于 20m 的疏散走道及中庭。

中庭在建筑中往往贯通数层，在火灾时会产生一定的烟囱效应，能使火势和烟气迅速蔓延，易在较短时间内使烟气充填或弥散到整个中庭，并通过中庭扩散到相连通的邻近空间。设计需结合中庭和相连通空间的特点、火灾荷载的大小和火灾的燃烧特性等，采取有效的防烟、排烟措施。中庭烟控的基本方法包括减少烟气产生和控制烟气运动两方面。设置机械排烟设施，能使烟气有序运动和排出建筑物，使各楼层的烟气层维持在一定的高度以上，为人员赢得必要的逃生时间。

由于地下、半地下建筑（室）不同于地上建筑，地下空间的对流条件、自然采光和自然通风条件差，可燃物在燃烧过程中缺乏充足的空气补充，可燃物燃烧慢、产烟量大、温升快、能见度降低很快，不仅增加人员的恐慌心理，而且对安全疏散和灭火救援十分不利。因此，地下或半地下建筑（室）、地上建筑内的无窗房间，当总建筑面积大于 200m² 或一个房间建筑面积大于 50m²，且经常有人停留或可燃物较多时，应设置排烟设施。

8.2.3 防烟、排烟设计程序

在进行建筑防烟、排烟设计时，首先应根据建筑物的防火分区的建筑面积大小，合理划分防烟分区，然后再根据防烟分区的大小进一步确定防烟、排烟方式及防排烟系统，并确定送风排风风口、排烟口、排风道、防火阀、排烟防火阀等的位置。防烟、排烟的设计程序如图 8-10 所示。

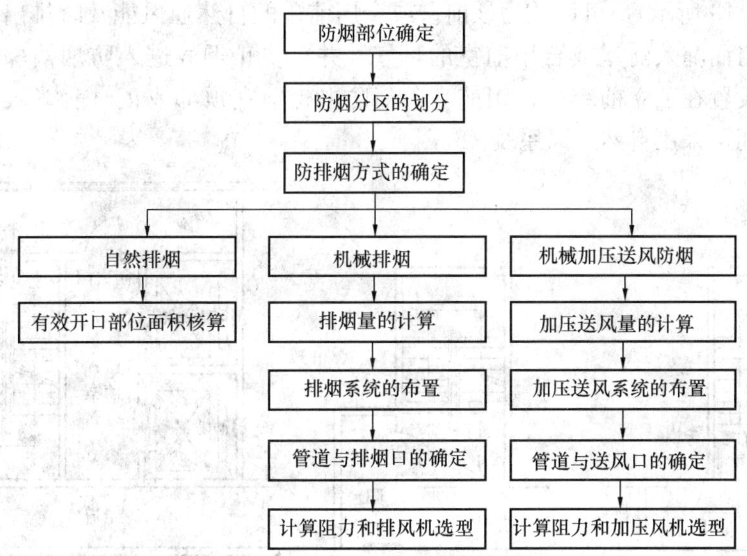

图 8-10　防排烟设计程序

8.3 自然通风与自然排烟

8.3.1 自然通风

1. 自然通风的原理

自然通风是以热压和风压作用的、不消耗机械动力的、经济的通风方式。如果室内外空气存在温度差或者窗口开口之间存在高度差，则会产生热压作用下的自然通风。当室外气流遇到建筑物时，会产生绕流流动，在气流的冲击下，将在建筑物迎风面形成正压区，在建筑屋顶上部和建筑背风面形成负压区，这种建筑物表面所形成的空气静压变化即为风压。当建筑物受到热压、风压同时作用时，外围护结构上的各窗孔就会产生因内外压差引起的自然通风。由于室外风的风向和风速经常变化，因此自然通风的效果不是很稳定。

2. 自然通风方式的选择

当建筑物发生火灾时，疏散楼梯是建筑物内部人员疏散的唯一通道。建筑物内的防烟楼梯间、消防电梯间前室或合用前室、避难区域等，都是建筑物着火时消防队员进行火灾扑救的起始场所，也是人员疏散必经的救援通道。火灾时，可通过开启外窗等自然排烟设施将烟气排出，亦可采用机械加压送风的防烟设施，使烟气不致侵入疏散通道或疏散安全区内。

对于建筑高度≤50m 的公共建筑、工业建筑和建筑高度≤100m 的住宅建筑，由于这些建筑受风压作用影响较小，可利用建筑本身的通风，基本能起到防止烟气进一步进入安全区域的作用。因此，其防烟楼梯的楼梯间、独立前室、合用前室及消防电梯前室采用自然通风方式的防烟系统，简单易行。

当采用凹廊、阳台作为防烟楼梯间的前室或合用前室，或者防烟楼梯间前室或合用前室具有两个不同朝向的可开启外窗且有满足需要的可开启窗面积（如图 8-11～图 8-13 所示），可以认为该前室或合用前室的自然通风能及时排出因前室的防火门开启而漏入前室或合用前室的烟气，并可防止烟气进入防烟楼梯间。当加压送风口设置在独立前室、合用前室及消防电梯前室顶部或正对前室入口的墙面时，楼梯间可采用自然通风系统。

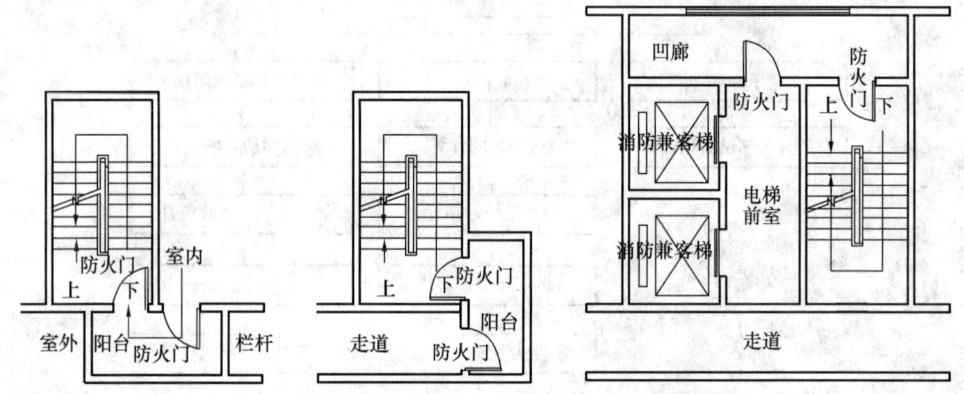

图 8-11　利用室外阳台或凹廊自然通风

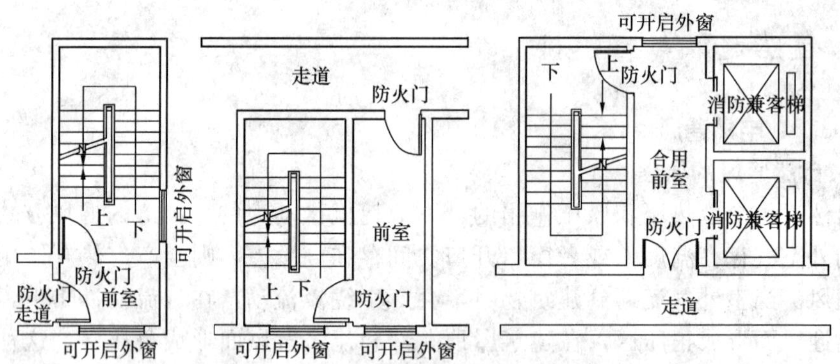

图 8-12　利用可开启外窗的自然通风

3. 自然通风设施

（1）封闭楼梯间和防烟楼梯间应在最高部位设置面积不小于 $1m^2$ 的可开启外窗或开口，当建筑高度大于 10m 时，应在楼梯间的外墙上每 5 层内设置总面积不小于 $2m^2$ 的可开启外窗或开口，且宜每隔 2～3 层布置一次。

（2）防烟楼梯间前室、消防电梯前室可开启外窗或开口的有效面积不应小于 $2m^2$，合用前室不应小于 $3m^2$。

（3）采用自然通风方式的避难层（间）应设有不同朝向的可开启外窗，其有效面积不应小于该避难层（间）地面面积的 1%，且每个朝向的有效面积不应小

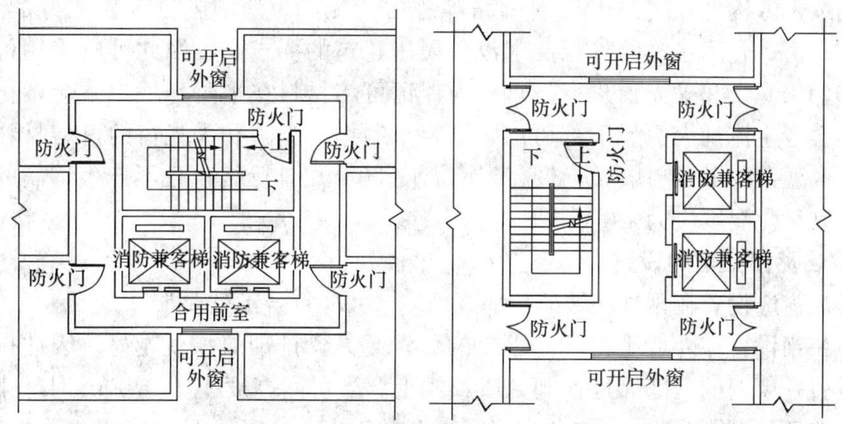

图 8-13 有两个不同朝向的可开启外窗防烟楼梯间合用前室

于 $2m^2$。

(4) 可开启外窗应方便开启；设置在高处的可开启外窗应设置距地面高度为1.30～1.50m 的开启装置。

8.3.2 自然排烟

1. 自然排烟的原理

自然排烟是充分利用建筑物的构造，在自然力的作用下，即利用产生的热烟气流的浮力和外部风力的作用，通过建筑物房间或走道的开口把烟气排至室外的排烟方式，如图 8-14 所示。这种排烟方式实质上是热烟气与室外冷空气的对流运动，其动力是由于火灾时产生的热量使室内温度升高、密度减小、热压增大，在室内外空气之间产生的热压差而引起的空气对流方式进行的排烟。在自然排烟中，必须有冷空气的进口和热烟气的排出口。通常采用可开启外窗以及专门设置的排烟口进行自然排烟。

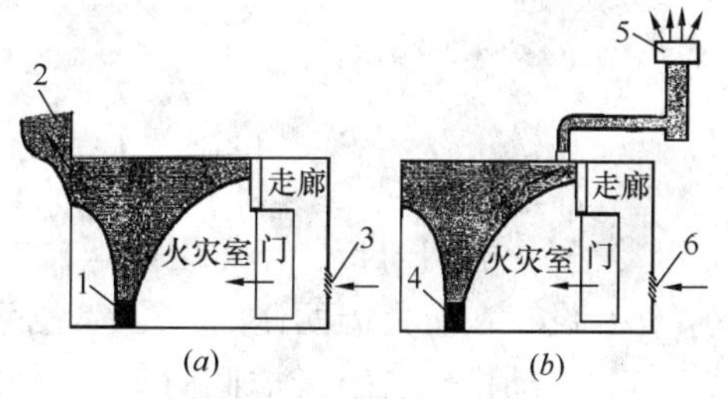

图 8-14 自然排烟方式
(a) 窗口排烟；(b) 竖井排烟
1、4—火源；2—排烟口；3、6—进风口；5—风帽

自然排烟由于不需要使用动力及专用设备等，因此不需要消耗动力，系统无复杂的控制及控制过程，因此，这种排烟方式经济、简单、易操作。对于满足自然排烟条件的建筑，应首先考虑采取自然排烟的方式。

2. 自然排烟方式的选择

高层建筑主要受自然条件（如室外风速、风压、风向等）的影响较大，许多场所无法满足自然排烟条件，故一般采用机械排烟方式较多，多层建筑受外部条件影响较小，一般采用自然排烟方式较多。

工业建筑中，因生产工艺的需要，出现了许多无窗或设置固定窗的厂房和仓库，丙类及以上的厂房和仓库内可燃物荷载大，一旦发生火灾，烟气很难排出。设置排烟系统既可为人员疏散提供安全环境，又可在排烟过程中导出热量，防止建筑物或部分构件在高温下出现倒塌等恶劣情况，为消防救援提供较好的条件。考虑到厂房、仓库建筑的外观要求没有民用建筑的要求高，因此可以采用可熔材料制作的采光带和采光窗进行排烟。为保证可熔材料在平时环境中不会熔化和熔化后不会产生流淌火引燃下部可燃物，要求制作采光带和采光窗的可熔材料必须是只在高温条件下（一般大于最高环境温度 50℃）自行熔化且不产生熔滴的可燃材料，其熔化温度应为 120℃～150℃。

3. 自然排烟窗的设置

排烟窗应设置在排烟区域的顶部或外墙，并应符合下列要求：

（1）当设置在外墙上时，排烟口的位置越高，排烟效果就越好，因此排烟口通常设置在墙壁的上部靠近顶棚处或顶棚上。当房间高度小于 3.00m 时，排烟口下边缘应离顶棚面 80cm 以内；当房间高度在 3.00～4.00m 时，排烟口下边缘应在离地板面 2.10m 以上的部位；而当房间高度大于 4.00m 时，排烟口下边缘在房间总高度一半以上的位置即可，如图 8-15 所示。

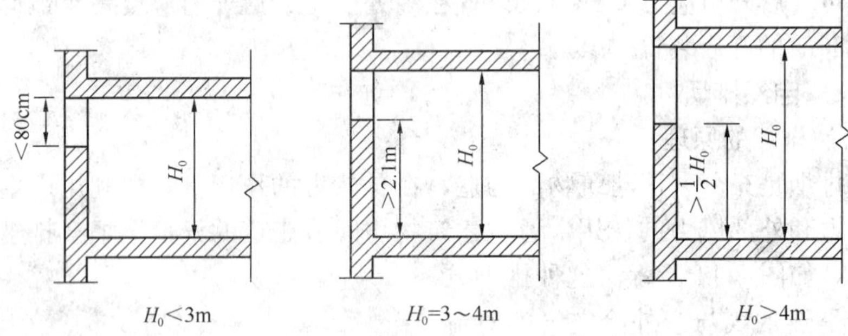

图 8-15　不同高度房间的排烟口位置

（2）宜分散均匀布置，每组排烟窗的长度不宜大于 3.00m。

（3）设置在防火墙两侧的排烟窗之间的水平距离不应小于 2.00m。

（4）自动排烟窗附近应同时设置便于操作的手动启动装置，手动开启装置距地面高度宜为 1.30～1.50m。

（5）走道设有机械排烟系统的建筑物，当房间面积不大于 200m^2 时，除排烟窗的设置高度及开启方向可不限外，其余仍按上述要求执行。

（6）室内或走道任一点至防烟分区内最近的排烟窗的水平距离不应大于 30m，当公共建筑室内高度超过 6.00m 且具有自然对流条件时，其水平距离可增加 25%。当工业建筑采用自然排烟方式时，其水平距离不应大于建筑内空间净高的 2.8 倍。

4. 自然排烟窗的有效面积确定

自然排烟系统是利用火灾热烟气的热浮力作为排烟动力，其排烟口的排放率在很大程度上取决于烟气的厚度和温度。

可开启外窗的形式有侧开窗和顶开窗。侧开窗有上悬窗、中悬窗、下悬窗、平开窗和侧拉窗等，如图 8-16 所示。设计时，必须将这些作为排烟使用的窗设置在储烟仓内。如果中悬窗的下开口部分不在储烟仓内，则这部分的面积不能计入有效排烟面积。在计算有效排烟面积时，侧拉窗按实际拉开后的开启面积计算，其他形式的窗按其开启投影面积计算。

排烟窗有效排烟面积可通过公式（8-10）计算：

$$F_p = F_c \sin\alpha \tag{8-10}$$

式中 F_p——有效排烟面积（m^2）；

F_c——窗的面积（m^2）；

α——窗的开启角度。

（1）当窗的开启角度大于70°时，可认为基本开直，有效排烟面积可认为与窗面积相等。对于悬窗，应按水平投影面积计算；对于侧推窗，应按垂直投影面积计算。

（2）当采用百叶窗时，窗的有效面积为窗的净面积乘以遮挡系数。根据工程实际经验，当采用防雨百叶时，系数取0.6；当采用一般百叶时，系数取0.8。

（3）当屋顶采用顶升窗时，其面积应按窗洞的周长一半与窗顶升净高度的乘积计算（图8-16*e*所示）；当采用顶开窗时，其面积应按窗洞宽度与窗净顶出开度的乘积计算，但最大不超过窗洞面积（图8-16*f*所示）。

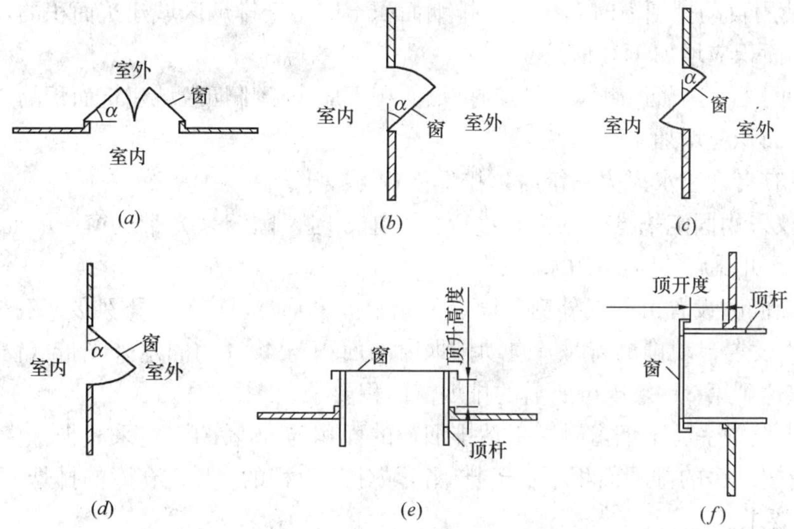

图8-16 可开启外窗的示意图

（*a*）顶开窗；（*b*）下悬窗（剖视图）；（*c*）中悬窗（剖视图）；（*d*）上悬窗（剖视图）；（*e*）顶升窗（剖视图）；（*f*）顶开窗（剖视图）

5. 自然排烟的设计要求

（1）公共建筑

当公共建筑中的营业厅、展览厅、观众厅、多功能厅及体育馆、客运站、航站楼以及类似建筑中高度超过9m的中庭等公共场所采用自然排烟方式时，应采取下列所示之一：

1）有火灾自动报警系统的应设置自动排烟窗。

2）无火灾自动报警系统的应设置集中控制的手动排烟窗。

3）常开排烟口。

（2）厂房、仓库

1）厂房、仓库的外窗设置应符合下列要求：

① 侧窗应沿建筑物的两条对边均匀设置。

② 顶窗应在屋面均匀设置且宜采用自动控制；屋面斜度≤12°，每 200m² 的建筑面积应设置相应的顶窗；屋面斜度＞12°，每 400m² 的建筑面积应设置相应的顶窗。

2）除洁净厂房外，设置自然排烟或机械排烟系统的任一层建筑面积大于 2500m² 的制鞋、制衣、玩具、塑料、木器加工储存等丙类工业建筑，宜或可在屋面上设置可熔性采光带（窗），其面积应符合下列要求：

① 未设置自动喷水灭火系统的或采用钢结构屋顶或预应力钢筋混凝土屋面板的建筑，不应小于楼地面面积的 10％。

② 其他建筑不应小于楼地面面积的 5％。

③ 可熔性采光带（窗）按其实际面积计算。

3）当采用可开启外窗进行自然排烟时，厂房和仓库的可开启外窗的排烟面积应符合下列要求：

① 使用自动排烟窗时，厂房的排烟面积不应小于排烟区域建筑面积的 2％，仓库的排烟面积应增加 1.0 倍。

② 使用手动排烟窗时，厂房的排烟面积不应小于排烟区域建筑面积的 3％，仓库的排烟面积应增加 1.0 倍。

当设有自动喷水灭火系统时，排烟面积可减半。

4）仅采用固定采光带（窗）进行自然排烟时，固定采光带（窗）的面积应达到第 3）条可开启外窗面积的 2.5 倍。

5）当同时设置可开启外窗和固定采光带（窗）时，应符合下列要求：

① 当设置自动排烟窗时，自动排烟窗的面积与 40％的固定采光带（窗）的面积之和应达到第 3）条规定所需的排烟窗面积要求。

② 当设置手动排烟窗时，手动排烟窗的面积与 60％的固定采光带（窗）的面积之和应按厂房的排烟面积不小于排烟区域建筑面积的 3％、仓库的排烟面积增加 1.0 倍来要求。

8.4　机械加压送风系统

在不具备自然通风条件时，设置机械加压送风系统是确保建筑物发生火灾后，疏散楼梯间及其前室（合用前室）能安全使用的主要措施。

机械加压送风系统主要由送风口、送风管道、送风机和吸风机组成。当防烟楼梯间加压送风而前室不送风时，楼梯间与前室的隔墙上还可能设有余压阀。

8.4.1　机械加压送风系统的工作原理

机械加压送风方式是通过送风机所产生的气体流动和压力差来控制烟气流动的，即在建筑内发生火灾时，对着火区以外的有关区域进行送风加压，使其保持一定正压，以防止烟气侵入的防烟方式，如图 8-17 所示。

为保证疏散通道在发生火灾时不受烟气侵害以及人员能安全疏散，根据建筑内的安全分区，加压送风时应使防烟楼梯间（第一类安全区）压力>前室（第二类安全区）压力>走道（第三类安全区）压力>房间（第四类安全区）。加压部位必须通过关闭着的门与门外空间保持一定的压力差，同时应保证在打开加压部位的门时，在门洞断面处有足够大的气流速度。并要保证各部分之间的压差不要过大，以免造成开门困难，从而影响疏散。

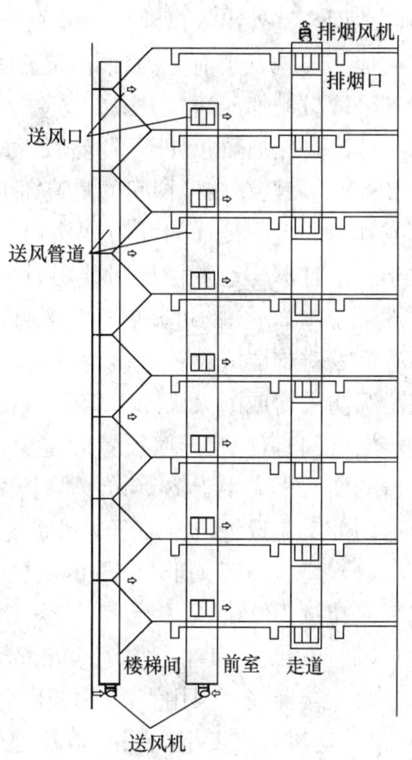

图 8-17 机械加压送风防烟系统

8.4.2 机械加压送风系统的选择

1. 机械加压送风设计条件

（1）建筑高度≤50m 的公共建筑、工业建筑和建筑高度≤100m 的住宅建筑，当前室或合用前室采用机械加压送风系统，且其加压送风口设置在前室的顶部或正对前室入口的墙面上时，楼梯间可采用自然通风方式。当前室的加压送风口的设置不符合上述规定时，防烟楼梯间应采用机械加压送风系统。

（2）建筑高度大于 50m 的公共建筑、工业建筑和建筑高度大于 100m 的住宅建筑，其防烟楼梯间、消防电梯前室应采用机械加压送风方式的防烟系统。

（3）当防烟楼梯间采用机械加压送风方式的防烟系统时，楼梯间应设置机械加压送风设施，独立前室可不设机械加压送风设施，但合用前室应设机械加压送风设施。

（4）带裙房的高层建筑的防烟楼梯间及其前室、消防电梯前室或合用前室，当裙房高度以上部分利用可开启外窗进行自然通风、裙房等高范围内不具备自然通风条件时，该高层建筑不具备自然通风条件的前室、消防电梯前室或合用前室应设置机械加压送风系统，其送风口也应设置在前室的顶部或正对前室入口的墙上。

（5）当地下、半地下室楼梯间与地上部分楼梯间均需设置机械加压送风系统时，宜分别独立设置。当受建筑条件限制且地下部分为汽车库或设备用房时，可与地上部分的楼梯间共用机械加压送风系统，但应分别计算地上、地下的加压送风量，相加后作为共同加压送风系统风量，且应采取有效措施以满足地上、地下的送风量的要求。通常地下楼梯间层数少，因此在计算地下楼梯间加压送风量时，开门的数量取 1。为满足地上、地下的送风量的要求且不造成超压，在设计时必须注意在送风系统中设置余压阀等相应的有效措施。

（6）当地上部分楼梯间利用可开启外窗进行自然通风时，地下部分不能采用自然通风的防烟楼梯间应采用机械加压送风系统。当地下室层数为 3 层及以上，或室内地面与室外出入口地坪高差大于10m时，按规定应设置防烟楼梯间，并设有机械加压送风，当前室为独立前室时，前室可不设置防烟系统，否则前室也应按要求采取机械加压送风方式的防烟措施。

（7）自然通风条件下不能满足每5层内的可开启外窗或开口的有效面积不应小于2.00m²，且在该楼梯间的最高部位应设置有效面积不小于1.00m²的可开启外窗或开口的封闭楼梯间和防烟楼梯间，应设置机械加压送风系统；当封闭楼梯间位于地下且不与地上楼梯间共用时，可不设置机械加压送风系统，但应在首层设置不小于1.20m²的可开启外窗或直通室外的门。

（8）避难层应设置直接对外的可开启外窗或独立的机械防烟设施，外窗应采用乙级防火窗或耐火极限不低于1.00h的C类防火窗。设置机械加压送风系统的避难层（间），应在外墙设置固定窗，且面积不应小于该层（间）面积的1%，每个窗的面积不应小于2.00m²。除长度小于60m两端直通室外的避难走道外，避难走道的前室应设置机械加压送风系统。

（9）建筑高度大于100m的高层建筑，其送风系统应竖向分段设计，且每段高度不应超过100m。

（10）建筑高度小于等于50m的建筑，当楼梯间设置加压送风井（管）道确有困难时，楼梯间可采用直灌式加压送风系统，并应符合下列规定：

1）建筑高度大于32m的高层建筑，应采用楼梯间多点部位送风的方式，送风口之间距离不宜小于建筑高度的1/2。

2）直灌式加压送风系统的送风量应按计算值或按表8-5中的送风量增加20%取值。

3）加压送风口不宜设在影响人员疏散的位置。

2. 机械加压送风设计要点

（1）余压值的规定

加压送风系统的全压，除计算最不利管道压头损失外，应有一定的余压。

1）前室、合用前室、消防电梯前室、封闭避难层（间）与走道之间的压差应为25～30Pa。

2）防烟楼梯间、封闭楼梯间与走道之间的压差应为40～50Pa。

3）当系统余压值超过最大允许压力差时应采取泄压措施。疏散门的最大允许压力差应按以下公式计算：

$$P = 2(F' - F_{dc})(W_m - d_m)/(W_m A_m)$$
$$F_{dc} = M/(W_m - d_m) \tag{8-11}$$

式中　P——疏散门的最大允许压力差（Pa）；

A_m——门的面积（m²）；

d_m——门的把手到门闩的距离（m）；

M——闭门器的开启力矩（N·m）；

F'——门的总推力（N），一般取110N；

F_{dc}——门把手处克服闭门器所需的力（N）；

W_m——单扇门的宽度（m）。

为了促使防烟楼梯间内的加压空气向走道流动，以发挥对着火层烟气的阻挡作用，因此要求在加压送风时，防烟楼梯间的空气压力要大于前室的空气压力，而前室的空气压力要大于走道的空气压力。

(2) 送风风速的要求

当采用金属管道时，管道风速不应大于 20m/s；当采用非金属管道时，管道风速不应大于 15m/s。加压送风口风速不宜大于 7m/s。

3. 机械加压送风量的计算及选取

(1) 加压送风量的计算

1) 楼梯间或前室、合用前室的机械加压送风量应按公式 (8-12)、公式 (8-13) 计算：

楼梯间 $$L = L_1 + L_2 \tag{8-12}$$

前室或合用前室 $$L = L_1 + L_3 \tag{8-13}$$

式中 L——加压送风系统所需的总送风量 (m^3/s)；

L_1——门开启时，达到规定风速值所需的送风量 (m^3/s)；

L_2——门开启时，规定风速值下其他门缝漏风总量 (m^3/s)；

L_3——未开启门的常闭送风阀的漏风总量 (m^3/s)。

根据气体流动规律，如果正压送风系统缺少必要的风量，送风口没有足够的风速，则难以形成满足阻挡烟气进入安全区域的能量。烟气一旦进入设计安全区域，将严重影响人员的安全疏散。通过实测得知，加压送风系统的风量仅按保持该区域门洞处的风速进行计算是不够的。这是因为门洞开启时，虽然加压送风开口区域中的压力会下降，但远离门洞开启楼层的加压送风区域或管井仍具有一定的压力，存在着门缝、阀门和管道的渗漏风，使实际开启门洞风速达不到设计要求。因此，在计算系统送风量时，对于楼梯间、常开风口，按照疏散层的门开启时，其门洞达到规定风速值所需的送风量和其他门漏风总量之和计算。

对于前室、常闭风口，按照其门洞达到规定风速值所需的送风量以及未开启常闭送风阀漏风总量之和计算。

2) 门开启时，达到规定风速值所需的送风量应按公式 (8-14) 计算：

$$L_1 = A_k v N_1 \tag{8-14}$$

式中 A_k——每层开启门的总断面积 (m^2)；

v——门洞断面风速 (m/s)；

N_1——设计层数内的疏散门开启的数量。

当楼梯间机械加压送风、合用前室机械加压送风时，取 $v=0.7m/s$；当楼梯间机械加压送风、前室不送风时，门洞断面风速取 $v=1.0m/s$；当前室或合用前室采用机械加压送风方式且楼梯间采用可开启外窗的自然通风方式时，通向前室或合用前室疏散门的门洞风速不应小于 1.2m/s。

楼梯间采用常开风口，当地上楼梯间为 15 层以下时，设计 2 层内疏散门开启，取 $N_1=2$；当地上楼梯间为 15 层及以上时，设计 3 层内的疏散门开启，取 $N_1=3$；当为地下楼梯间时，设计 1 层内的疏散门开启，取 $N_1=1$；当防火分区跨越楼层时，设计跨越楼层内的疏散门开启，取 N_1=跨越楼层数，最大值为 3。

前室、合用前室采用常闭风口，当防火分区不跨越楼层时，取 N_1=系统中开向前室门最多一层门数量；当防火分区跨越楼层时，取 N_1＝跨越楼层所对应的疏散门，最大值为 3。

3）门开启时，规定风速值下的其他门漏风总量应按公式（8-15）计算：

$$L_2 = 0.827 \times A \times \Delta P^{1/n} \times 1.25 \times N_2 \tag{8-15}$$

式中 A——每个疏散门的有效漏风面积（m^2），门缝宽度：疏散门 0.002～0.004m，电梯门 0.005～0.006m；

ΔP——计算漏风力量的平均压力差（Pa），当开启门洞处风速为 0.7m/s 时取 ΔP＝6.0Pa，当开启门洞处风速为 1.0m/s 时，取 ΔP＝12.0Pa，当开启门洞处风速为 1.2m/s 时，取 ΔP＝17.0Pa；

n——指数（一般取 n＝2）；

1.25——不严密处附加系数；

N_2——漏风疏散门的数量，楼梯间采用常开风口，取 N_2＝加压楼梯间的总门数－N_1。

四种类型标准门的漏风面积见表 8-4。

四种常用门的实际漏风面积 **表 8-4**

门的类型	高×宽（m×m）	缝隙长度（m）	漏风面积（m^2）
开向正压间的单扇门	2.0×0.8	5.6	0.01
从正压间向外开启的单扇门	2.0×0.8	5.6	0.02
双扇门	2.0×1.6	9.2	0.03
电梯门	2.0×2.0	8	0.06

4）未开启的常闭送风阀的漏风总量应按公式（8-16）计算：

$$L_3 = 0.083 \times A_f N_3 \tag{8-16}$$

式中 A_f——每个送风阀门的面积（m^2）；

0.083——阀门单位面积的漏风量［$m^3/(s \cdot m^2)$］；

N_3——漏风阀门的数量。

合用前室、消防电梯前室：采用常闭风口，当防火分区不跨越楼层时，取 N_3＝楼层数－1；当防火分区跨越楼层时，取 N_3＝楼层数－开启送风阀的楼层数，其中开启送风阀的楼层数为跨越楼层数，最多为 3。

（2）加压送风量的选取

1）机械加压送风系统的设计风量应充分考虑管道损耗和漏风量，且不应小于计算风量的 1.2 倍。防烟楼梯间、前室的机械加压送风的风量应由公式（8-12）～（8-16）规定的计算方法确定。当系统负担建筑高度大于 24m 时，应按计算值与表 8-5～表 8-8 中的值的较大值确定。

消防电梯前室的加压送风的计算风量 **表 8-5**

系统负担高度（h/m）	加压送风量（m^3/h）
$24 \leqslant h < 50$	12700～14200
$50 \leqslant h < 100$	14400～17500

前室、合用前室（楼梯间采用自然通风）的加压送风的计算风量　　表 8-6

系统负担高度（h/m）	加压送风量（m^3/h）
$24 < h \leqslant 50$	15200～17100
$50 < h \leqslant 100$	17300～21000

封闭楼梯间、防烟楼梯间（前室不送风）的加压送风的计算风量　　表 8-7

系统负担高度（h/m）	加压送风量（m^3/h）
$24 < h \leqslant 50$	25000～28100
$50 < h \leqslant 100$	39600～45800

防烟楼梯间及合用前室的分别加压送风的计算风量　　表 8-8

系统负担高度（h/m）	送风部位	加压送风量（m^3/h）
$24 < h \leqslant 50$	防烟楼梯间	17500～19700
	合用前室	8900～10000
$50 < h \leqslant 100$	防烟楼梯间	27800～32200
	合用前室	10100～12300

注：① 表 8-5～表 8-8 的风量按开启 2.0m×1.6m 的双扇门确定。当采用单扇门时，其风量可乘以 0.75 计算，当设有多个疏散门时，其风量应乘以开启疏散门的数量，最多按 3 扇疏散门开启计算。

② 表 8-5～表 8-8 中未考虑防火分区跨越楼层时的情况。当防火分区跨越楼层时，应按照公式(8-12)～(8-16) 重新计算。

③ 风量上下限应按层数、风道材料、防火门漏风量等因素综合比较确定。

2）封闭避难层（间）的机械加压送风量应按避难层（间）净面积每平方米不少 $30m^3/h$ 计算，避难走道前室的送风量应按直接开向前室的疏散门的总断面积乘以 1.00m/s 门洞断面风速计算。

3）人民防空工程的防烟楼梯间的机械加压送风量不应小于 $25000m^3/h$。当防烟楼梯间与前室或合用前室分别送风时，防烟楼梯间的送风量不应小于 $16000m^3/h$，前室或合用前室的送风量不应小于 $12000m^3/h$。

8.4.3 机械加压送风的组件与设置要求

1. 机械加压送风机

机械加压送风机可采用轴流风机或中、低压离心风机，其安装位置应符合下列要求：

（1）送风机的进风口宜直通室外。送风机的进风口宜设在机械加压送风系统的下部，且应采取防止烟气侵袭的措施。

（2）送风机的进风口不应与排烟风机的出风口设在同一层面。当必须设在同一层面时，送风机的进风口与排烟风机的出风口应分开布置。竖向布置时，送风机的进风口应设置在排烟机出风口的下方，其两者边缘最小垂直距离不应小于 3.00m；水平布置时，两者边缘最小水平距离不应小于 10m。

（3）送风机应设置在专用机房内，该房间应采用耐火极限不低于 2.00h 的隔墙和 1.50h 的楼板及甲级防火门与其他部位隔开。

（4）当在送风机出风管或进风管上安装单向风阀或电动风阀时，应采取火灾时阀门自动开启的措施。

2. 加压送风口

加压送风口用作机械加压送风系统的风口，具有赶烟和防烟的作用。加压送风口分常开和常闭两种形式。常闭型风口靠感烟（温）信号控制开启，也可手动（或远距离缆绳）开启，风口可输出动作信号，联动送风机开启。风口可设置 280℃重新关闭装置。

(1) 除直灌式送风方式外，楼梯间宜每隔 2～3 层设一个常开式百叶送风口；井道的剪刀楼梯的两个楼梯间应分别每隔一层设置一个常开式百叶送风口。

(2) 前室、合用前室应每层设置一个常闭式加压送风口，并应设置手动开启装置。

(3) 送风口的风速不宜大于 7m/s。

(4) 送风口不宜设置在被门挡住的位置。

应特别注意的是，采用机械加压送风的场所不应设置百叶窗，不宜设置可开启外窗。

3. 送风管道

(1) 送风机（管）道应采用不燃烧材料制作，且以优先采用光滑井（管）道，不宜采用土建井道。

(2) 送风管道应独立设置在管道井内。当必须与排烟管道布置在同一管道井内时，排烟管道的耐火极限不应小于 2.00h。

(3) 管道井应采用耐火极限不小于 1.00h 的隔墙与相邻部位分隔，当墙上必须设置检修门时，应采用丙级防火门。

(4) 未设置在管道井内的加压送风管，其耐火极限不应小于 1.50h。

4. 余压阀

余压阀是控制压力差的阀门。为了保证防烟楼梯间及其前室、消防电梯前室和合用前室的正压值，防止正压值过大而导致疏散门难以推开，应在防烟楼梯间与前室、前室与走道之间设置余压阀，控制余压阀两侧正压间的压力差不超过 50Pa。

8.5　机械排烟系统

在不具备自然排烟条件时，机械排烟系统能将火灾中建筑房间、走道内的烟气和热量排出建筑，为人员的安全疏散和灭火救援行动创造有利条件。

8.5.1　机械排烟系统的工作原理及选择

1. 机械排烟系统的工作原理

当建筑物发生火灾时，采用机械排烟系统，将房间、走道等空间的烟气排至建筑物外。当采用机械排烟系统时，通常由火场人员手动控制或由感烟探测器将火灾信号传递给防排烟控制器，开启活动的挡烟垂壁将烟气控制在发生火灾的防烟分区内，并打开排烟口以及和排烟口联动的排烟防火阀，同时关闭空调系统和送风管道内的防火调节阀，防止烟气从空调和通风系统蔓延到其他非着火房间，最后由设置在屋顶的排烟机将烟气通过排烟管道排至室外（如图 8-18 所示）。

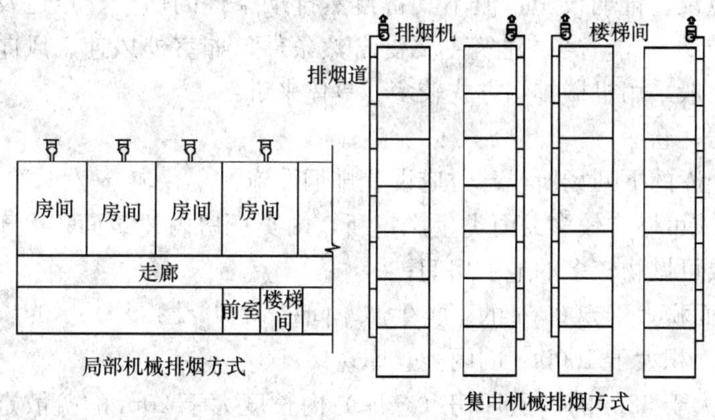

图 8-18　机械排烟方式

目前，机械排烟常见的方式：有机械排烟与自然补风组合、机械排烟与机械补风组合、机械排烟与排风组合、机械排烟与通风空调系统合用等形式（如图8-19和图 8-20 所示）。一般要求如下：

(1) 排烟系统与通风、空气调节系统宜分开设置。当合用时：系统的风口、风道、风机等应满足排烟系统的要求；当火灾被确认后，应能开启排烟区域的排烟口和排烟风机，并在 15s 内自动关闭与排烟无关的通风、空调系统。

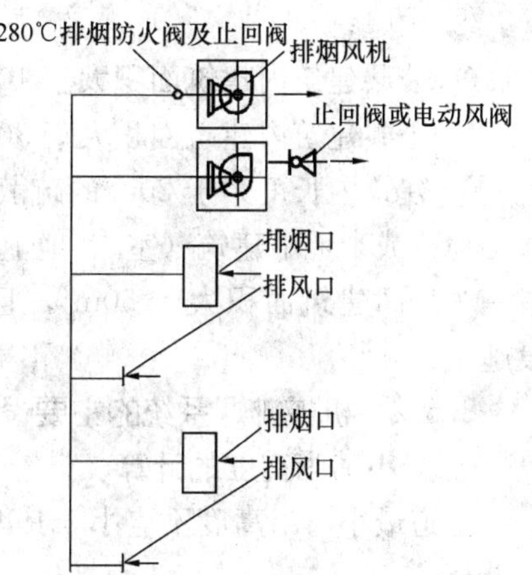

图 8-19　机械排烟和排风合用系统示意图

(2) 走道的机械排烟系统宜竖向设置；房间的机械排烟系统宜按防烟分区设置。排烟风机的全压应按排烟系统最不利环路管道进行计算，其排烟量应增加漏风系数。

(3) 人防工程机械排烟系统宜单独设置或与工程排风系统合并设置。当合并设置时，必须采取在火灾发生时能将排风系统自动转换为排烟系统的措施。

(4) 车库机械排烟系统可与人防、卫生等排气、通风系统合用。

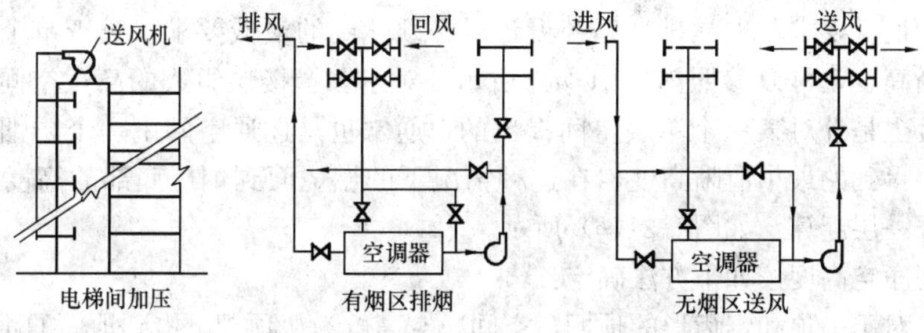

图 8-20　利用通风空调系统的机械送风与机械排烟组合排烟系统

2. 机械排烟系统的设置条件

建筑内应设置排烟设施，但不具备自然排烟条件的房间、走道及中庭等，均应采用机械排烟方式，高层建筑主要受自然条件，如室外风速、风向、风压等的影响较大，一般采用机械排烟方式较多。具体来讲：

(1) 厂房、仓库

厂房或仓库的下列场所或部位应设置排烟设施：

1) 人员或可燃物较多的丙类生产场所，丙类厂房内建筑面积大于 $300m^2$ 且经常有人停留或可燃物较多的地上房间；

2) 建筑面积大于 $5000m^2$ 的丁类生产车间；

3) 占地面积大于 $1000m^2$ 的丙类仓库；

4) 高度大于 32m 的高层厂房（仓库）内长度大于 20m 的疏散走道，其他厂房（仓库）内长度大于 40m 的疏散走道。

(2) 民用建筑

民用建筑的下列场所或部位应设置排烟设施：

① 设置在一、二、三层且房间建筑面积大于 $100m^2$ 的歌舞娱乐放映游艺场所，设置在四层及以上楼层、地下或半地下的歌舞娱乐放映游艺场所；

② 中庭；

③ 公共建筑内建筑面积大于 $100m^2$ 且经常有人停留的地上房间；

④ 公共建筑内建筑面积大于 $300m^2$ 且可燃物较多的地上房间；

⑤ 建筑内长度大于 20m 的疏散走道。

地下或半地下建筑（室）、地上建筑内的无窗房间，当总建筑面积大于 $200m^2$ 或一个房间建筑面积大于 $50m^2$，且经常有人停留或可燃物较多时，应设置排烟设施。

8.5.2 机械排烟系统的主要设计参数

1. 最小清晰高度的计算

走道最小清晰高度不应小于其净高的 1/2，其他区域最小清晰高度应按以下公式计算：

$$H_q = 1.6 + 0.1H \tag{8-17}$$

式中 H_q——最小清晰高度（m）；

H——排烟空间的建筑净高度（m）。

火灾时的最小清晰高度是为了保证室内人员安全疏散和方便消防人员的扑救而提出的最低要求，也是排烟系统设计时必须达到的最低要求。对于单个楼层空间的清晰高度，可以参照图 8-21(a) 所示。对于多个楼层组成的高大空间，最小清晰高度也是针对某一个单层空间提出的，通常也是连通空间中一个防烟分区最上层计算得到的最小清晰高度，在这种情况下的燃烧面到烟层底部的高度 Z 是从着火的那一层起算，如图 8-21(b) 所示。

空间净空高度按如下方法确定：

(1) 对于平顶和锯齿形的顶棚，空间净空高度为从顶棚下沿到地面的距离。

(2) 对于斜坡式的顶棚，空间净空高度为从排烟开口中心到地面的距离。

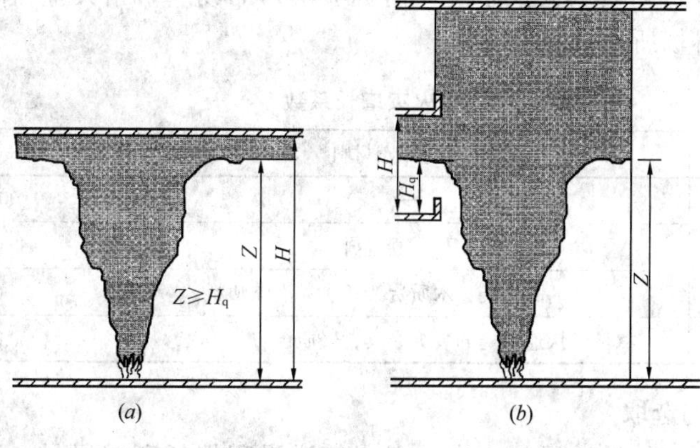

图 8-21 最小清晰高度示意图

（3）对于有顶棚的场所，其净空高度应从顶棚处算起；设置隔栅顶棚的场所，其净空高度从上层楼板的下边缘算起。

2. 排烟量的计算

火灾热释放速率应按公式（8-18）计算或查表 8-9 选取。

$$Q = \alpha t^2 \tag{8-18}$$

式中 Q——火灾热释放速率（kW）；

t——自动灭火系统启动时间（s）；

α——火灾增长系数（kW/s^2），按表 8-10 取值。

火灾达到稳态时的热释放速率 **表 8-9**

建筑类别		热释放速率 Q（MW）
办公室、客房、教室、走道	无喷淋	6.0
	有喷淋	1.5
商场、展览	无喷淋	10.0
	有喷淋	3.0
其他公共场所	无喷淋	8.0
	有喷淋	2.5
汽车库	无喷淋	3.0
	有喷淋	1.5
厂房	无喷淋	8.0
	有喷淋	2.5
仓库	无喷淋	20.0
	有喷淋	4.0

排烟系统的设计取决于火灾中的热释放速率，因此首先应明确设计的火灾规模。火灾规模取决于燃烧材料性质、时间等因素和自动灭火设置的情况，为确保安全，一般按可能达到的最大火势确定火灾热释放速率。

各类场所的火灾热释放速率可按公式（8-18）的规定计算或按表（8-9）设定

的值确定。设置自动喷水灭火系统（简称喷淋）的场所，当其室内净高大于 12m 时，应按无喷淋场所对待。

火灾增长系数 表 8-10

火灾类型	典型的可燃材料	火灾增长系数（kW/s²）
慢速火	—	0.0029
中速火	棉质/聚酯垫子	0.012
快速火	装满的邮件袋、木质货架托盘、泡沫塑料	0.047
超快速火	快速燃烧的装饰家具、轻质窗帘	0.187

3. 排烟量的选取

机械排烟系统的设计风量应充分考虑管道沿程损耗和漏风量，当一台排烟风机担负多个防烟分区时，排烟风机的设计风量不应小于计算量的 1.2 倍。一个防烟分区的排烟量应根据场所内的热释放量以及按本节相关规定的计算确定。但下列场所可按以下规定确定：

（1）建筑面积≤500m² 的房间，其排烟量应不小于 60m³/(h·m²)，或设置不小于室内面积 2%的排烟窗。建筑面积＞500m² 的公共建筑和工业建筑，其排烟量应符合相关规定的数值，或设置自然排烟窗，其所需有效排烟面积及排烟口风速计算应符合相关规定。

（2）当公共建筑仅需在走道或回廊设置排烟时，机械排烟量不应小于 13000m³/h，或在走道两端（侧）均设置面积不小于 2m² 的排烟窗，且两侧排烟窗的距离不应小于走道长度的 2/3。

（3）当公共建筑室内与走道或回廊均需设置排烟时，其走道或回廊的机械排烟量可按 60m³/(h·m²) 计算，或设置不小于走道、回廊面积的 2%的排烟窗。

（4）汽车库的排烟量不应小于 30000m³/h 且不应小于表 8-11 中的数值，或设置不小于室内面积 2%的排烟窗。

汽车库的排烟量 表 8-11

车库的净高（m）	车库的排烟量（m³/h）	车库的净高（m）	车库的排烟量（m³/h）
3.0 及以下	30000	7.0	36000
5.0	33000	9.0	39000
6.0	34500	9.0 以上	40500

（5）对于人防工程，当担负一个或两个防烟分区排烟时，应按该部分总面积每平方米不小于 60m³/h 计算，但排烟风机的最小排烟量不应小于 7200m³/h；当担负三个或三个以上防烟分区排烟时，应按其中最大防烟分区面积每平方米不小于 120m³/h。

（6）当公共建筑中庭周围场所设有机械排烟时，中庭的排烟量可按周围场所中最大排烟量的两倍数值计算，且不应小于 107000m³/h（或 25m² 的有效开窗面积）；当公共建筑中庭周围仅需在回廊设置排烟或周围场所均设置自然排烟时，中庭的排烟量应对应表 8-9 中的热释放速率按本节相关规定的计算确定。中庭的排烟

量不应小于 $40000m^3/h$ 或按上述排烟量和自然排烟口的风速不大于 0.4m/s 计算有效开窗面积。

8.5.3 机械排烟系统的组件与设置要求

机械排烟系统是由挡烟垂壁（活动式或固定式挡烟垂壁，或挡烟隔墙、挡烟梁）、排烟口（或带有排烟阀的排烟口）、排烟风机、排烟管道、排烟防火阀、排烟口等。

1. 排烟风机

（1）排烟风机可采用离心式或轴流排烟风机（满足 280℃时连续工作 30min 的要求）。排烟风机入口处应设置 280℃能自动关闭的排烟防火阀，该阀应与排烟风机联锁，当该阀关闭时，排烟风机应能停止运转。

（2）排烟风机宜设置在排烟系统的顶部，烟气出口宜朝上，并应高于加压送风机和补风机的进风口，两者垂直距离或水平距离应符合：竖向布置时，送风机的进风口应设置在排烟机出风口的下方，其两者边缘最小垂直距离不应小于 3.00m；水平布置时，两者边缘最小水平距离不应小于 10.00m。

（3）排烟风机应设置在专用机房内，该房间应采用耐火极限不低于 2.00h 的隔墙和 1.50h 的楼板及甲级防火门与其他部位隔开。风机两侧应有 600mm 以上的空间。当必须与其他风机合用机房时，机房内应设有自动喷水灭火系统，且机房内不得设有用于机械加压送风的风机与管道。

（4）排烟风机与排烟管道上不宜设有软接管。当排烟风机及系统中设有软接头时，该软接头应能在 280℃的环境条件下连续工作不少于 30min。

2. 排烟防火阀

排烟系统竖向穿越防火分区时，垂直风管应设置在管井内，且与垂直风管连接的水平风管应设置 280℃排烟防火阀。排烟防火阀安装在排烟系统管道上，平时呈关闭状态，发生火灾时由于电信号或手动开启，同时排烟风机启动开始排烟；当管内烟气温度达到 280℃时自动关闭，同时排烟风机停机。

3. 排烟阀（口）

（1）排烟阀（口）排烟口应设在防烟分区所形成的储烟仓内。当用隔墙或挡烟垂壁划分防烟分区时，每个防烟分区应分别设置排烟口，排烟口应尽量设置在防烟分区的中心部位，且排烟口至该防烟分区最远点的水平距离不应超过 30m（如图 8-22 所示）。走道内排烟口应设置在其净空高度的 1/2 以上，当设置在侧墙时，其最近的边缘与顶棚的距离不应大于 0.50m（如图 8-23 所示）。

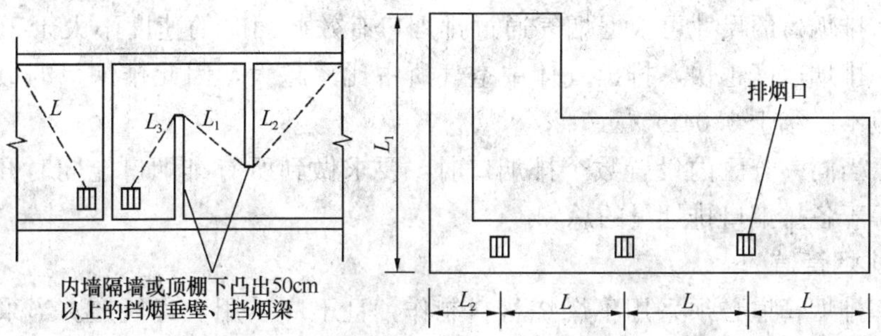

图 8-22 房间、走道排烟口至防烟区最远水平距离示意图

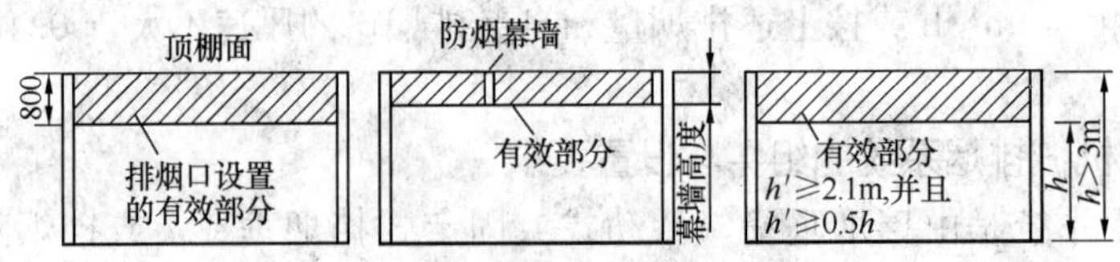

图 8-23 排烟口设置的有效高度

（2）发生火灾时，由火灾自动报警系统联动开启排烟区域的排烟阀（口），应在现场设置手动开启装置。

（3）排烟口的设置宜使烟流方向与人员疏散方向相反，排烟口与附近安全出口相邻边缘之间的水平距离不应小于 1.50m，如图 8-24 所示。

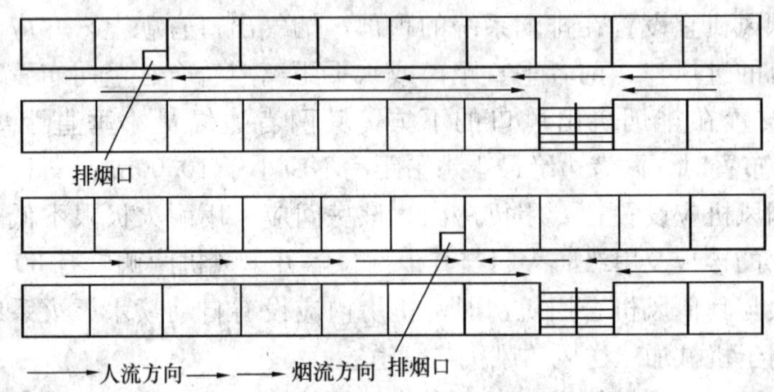

图 8-24 疏散方向与排烟口的布置

（4）每个排烟口的排烟量不应大于最大允许排烟量。

（5）当排烟阀（口）设在顶棚内，并通过顶棚上部空间进行排烟时，应符合下列规定：

1）封闭顶棚的吊平顶上设置的烟气流入口的颈部烟气速度不宜大于 1.50m/s，且顶棚应采用不燃烧材料。

2）非封闭顶棚的顶棚开孔率不应小于顶棚净面积的 25%，且应均匀布置。

（6）单独设置的排烟口，平时应处于关闭状态，其控制方式可采用自动或手动开启方式，手动开启装置的位置应便于操作。当排风口和排烟口合并设置时，应在排风口或排风口所在支管处设置自动阀门，该阀门必须具有防火功能，且应与火灾自动报警系统联动；发生火灾时，着火防烟分区内的阀门仍应处于开启状态，其他防烟分区内的阀门应全部关闭。

（7）排烟口的尺寸可根据烟气通过排烟口有效截面时的速度不大于 10m/s 进行计算。排烟速度越快，排出气体中空气所占比率越大，因此排烟口的最小截面面积一般不应小于 0.04m^2。

（8）当同一分区内设置数个排烟口时，要求做到所有排烟口能同时开启，排烟量应等于各排烟口排烟量的总和。

4. 排烟管道

（1）排烟管道必须采用不燃烧材料制作，且不应采用土建风道。当采用金属风道时，管道风速不应大于 20m/s；当采用非金属材料风道时，不应大于 15m/s。

排烟口的风速不宜大于 10m/s。

(2) 当顶棚内有可燃物时，顶棚内的排烟管道应采用不燃烧材料进行隔热，并应与可燃物保持不小于 150mm 的距离。

(3) 排烟管道井应采用耐火极限不小于 1.00h 的隔墙与相邻区域分隔。当墙上必须设置检修门时，应采用丙级防火门。排烟管道的耐火极限不应低于 0.50h，当水平穿越两个及两个以上防火分区或排烟管道在走道的顶棚内时，其管道的耐火极限不应小于 1.50h；排烟管道不应穿越前室或楼梯间，如果确有困难必须穿越，则其耐火极限不应小于 2.00h，且不得影响人员疏散。

(4) 当排烟管道竖向穿越防火分区时，垂直风道应设在管井内，且排烟井道必须具有 1.00h 的耐火极限。当排烟管道水平穿越两个及两个以上防火分区或布置在走道的顶棚内时，为了防止火焰烧坏排烟风管而蔓延到其他防火分区，要求排烟管道应采用耐火极限为 1.50h 的防火风道，其主要原因是耐火极限为 1.50h 的防火管道与 280℃排烟防火阀的耐火极限相当，可以看作防火阀的延伸。

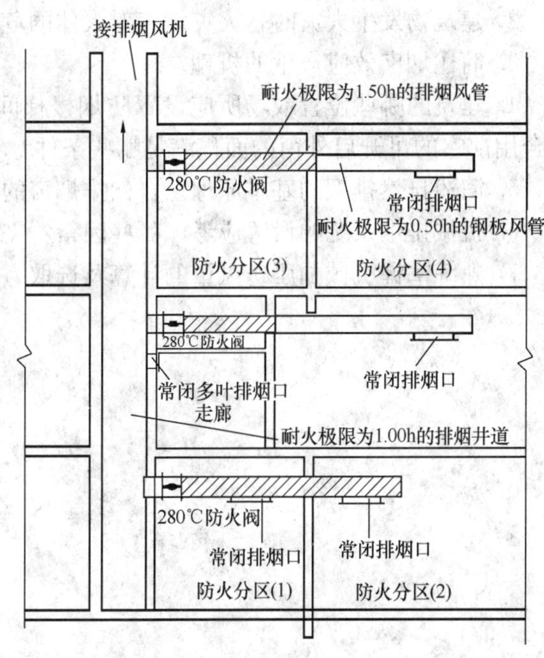

图 8-25 排烟管道布置示意图

当确有困难需要穿越特殊场合（如通过消防电梯前室、楼梯间、疏散通道等处）时，排烟管道的耐火极限不应低于 2.00h，主要考虑在极其特殊的情况下穿越上述区域时，应采用 2.00h 耐火极限的加强措施，以确保人员能安全疏散。如图 8-25 所示为常用的处理方式。

5. 挡烟垂壁

挡烟垂壁是为了阻止烟气沿水平方向流动而用不燃材料（如钢板、防火玻璃、无机纤维织物、不燃无机复合板等）制成，垂直安装在建筑顶棚、横梁或顶棚下，能在火灾时形成一定储烟空间的用于分隔防烟分区的装置或设施，其有效高度不小于 500mm，可分为固定式和活动式。当建筑横梁的高度超过 500mm 时，该横梁可作为挡烟设施使用。

固定式挡烟垂壁可采用隔墙、楼板下不小于 500mm 的梁或顶棚下凸出不小于 500mm 的不燃烧体。当建筑物净空高度较大时，将挡烟垂壁长期固定在顶棚上。当建筑物净空较低时，宜采用活动式。活动式挡烟垂壁应由感烟探测器控制，或与排烟口联动，或受消防控制中心控制。平时隐藏于顶棚内或卷缩在装置内，当其所在部位温度升高，或消防控制中心发出火警信号或直接接收烟感信号后，置于顶棚上方的挡烟垂壁迅速垂落至设定高度，限制烟气流动以形成“储烟仓”，便于排烟系统将高温烟气迅速排出室外。但同时应能就地手动控制。

挡烟垂壁常设置在烟气扩散流动的路线上烟气控制区域的分界处，和排烟设备配合进行有效排烟。当室内发生火灾时，所产生的烟气由于浮力作用而集聚在顶棚下，只要烟层的厚度小于挡烟垂壁的有效高度，烟气就不会向其他场所扩散，从而将烟气控制在防烟分区内。

复 习 思 考 题

1. 建筑防烟和排烟系统在建筑安全防火设计中有何重要意义？

2. 建筑物发生火灾时，火灾烟气对人体的危害主要表现在哪些方面？

3. 简述烟囱效应产生的机理。

4. 建筑的哪些位置或场所应设置防烟楼梯间？高层建筑防烟楼梯间及其前室或合用前室的可开启外窗的面积满足哪些条件？

5. 简述自然排烟的基本原理。自然排烟窗的设置应符合哪些要求？

6. 机械排烟系统的设置应考虑哪些因素？需要注意哪些问题？

7. 熟练掌握机械加压送风量的计算及选取。

第 9 章　建筑灭火设备设施

建筑防火安全包括防火、灭火、疏散、救援等多个方面，建筑灭火设备设施是保证建（构）筑物消防安全和人员疏散安全的重要设施，是现代建筑的重要组成部分。建筑灭火设备设施的主要作用是及时发现和扑救火灾、限制火灾蔓延的范围，为有效扑救火灾和人员安全疏散创造有利条件，从而减少由火灾造成的财产损失和人员伤亡。不同建筑根据其使用性质、规模和火灾危险性的大小，需要有相应类型、功能的建筑灭火设备设施作为保障。

本章重点介绍建筑灭火器、消防给水系统、自动喷水灭火系统的组成、灭火机理、使用范围及配置要求。

9.1　建筑灭火器配置

灭火器是一种轻便的灭火工具，它由筒体、器头、喷嘴等部件组成，借助驱动压力可将所充装的灭火剂喷出，从而达到灭火目的。灭火器具有结构简单、轻便灵活的特点，因而广泛配置于生产、使用或储存可燃物的各类工业与民用建筑中。灭火器是扑救初期火灾的重要消防器材，也属消防实战过程中火灾早期控制最为有效的灭火装备。

9.1.1　灭火器的分类

1. 灭火器的类型及适用性

不同种类的灭火器，适用于性质不同的可燃物火灾，其使用方法也各不相同。灭火器的种类较多，按其移动方式可分为手提式和推车式；按驱动灭火剂的动力来源可分为储气瓶式和储压式；按所充装的灭火剂又可分为水基型、干粉、二氧化碳灭火器、洁净气体灭火器等；按灭火类型分为 A、B、C、D、E 类灭火器等。

（1）水基型灭火器

1）清水灭火器

清水灭火器是指筒体中充装清洁的水，并以二氧化碳（氮气）为驱动气体的灭火器，主要用于扑救固体物质火灾，如木材、棉麻、纺织品等的初期火灾，但不适于扑救油类、电气、轻金属以及可燃气体火灾。

2）水基型泡沫灭火器

水基型泡沫灭火器内部装有 AFFF 水成膜泡沫灭火剂和氮气，除具有氟蛋白泡沫灭火剂的显著特点外，还可在烃类物质表面迅速形成一层能抑制其蒸发的水膜，靠泡沫和水膜的双重作用迅速有效地灭火，是化学泡沫灭火器的更新换代产品。它能扑灭可燃固体和液体的初起火灾，更多地用于扑救石油及石油产品等非水溶性物质的火灾，并广泛应用于油田、油库、轮船、工厂、商店等场所。

3）水基型水雾灭火器

水基型水雾灭火器是一种高科技环保型灭火器，在水中添加少量的有机物或无机物可以改进水的流动性能、分散性能、润湿性能和附着性能等，进而提高水的灭火效率。它能在 3s 内将一般火势熄灭，不复燃，并且具有将近千度的高温降至 30℃～40℃的功效，主要适合配置在具有可燃固体物质的场所，如商场、饭店、写字楼、学校、旅游场所、娱乐场所、纺织厂等。

（2）干粉灭火器

干粉灭火器是利用氮气作为驱动力，将筒内的干粉喷出灭火的灭火器。干粉灭火器是一种在消防中广泛应用的灭火剂，除扑救金属火灾的专用干粉化学灭火剂外，目前我国已经生产的产品主要有碳酸铵盐、碳酸氢钠、氯化钠、氯化钾干粉灭火剂等。

干粉灭火器可扑灭一般的可燃固体火灾，还可扑灭油、气等燃烧引起的火灾，主要用于扑救石油、有机溶剂等易燃液体、可燃气体和电气设备的初期火灾，广泛用于油田、油库、炼油厂、化工厂（仓库）、船舶、飞机场以及工矿企业等。

（3）二氧化碳灭火器

二氧化碳灭火器的容器内充装的是二氧化碳气体，靠自身的压力驱动喷出进行灭火。二氧化碳是一种不燃烧的惰性气体，它在灭火时具有两大作用：

一是窒息作用，当把二氧化碳施放到灭火空间时，由于二氧化碳的迅速气化、稀释燃烧区的空气，当使空气的氧气含量减少到低于维持物质燃烧时所需的极限含氧量时，物质就不会继续燃烧从而熄灭。二是冷却作用，当二氧化碳从瓶中释放出来，由于液体迅速膨胀为气体，会产生冷却效果，致使部分二氧化碳瞬间转变为固态的干冰，在干冰迅速气化的过程中要从周围环境中吸收大量的热量，从而达到灭火的效果。

二氧化碳灭火器具有流动性好、喷射率高、不腐蚀容器和不易变质等优良性能，用来扑灭图书、档案、贵重设备、精密仪器及油类等的初起火灾。

（4）洁净气体灭火器等

洁净气体灭火器是将洁净气体灭火剂直接加压充装在容器中，使用时，灭火剂从灭火器中排出形成气雾状射流射向燃烧物，当灭火剂与火焰接触时发生一系列物理化学反应，使燃烧中断，达到灭火目的。

洁净气体灭火器因其对环境无害，在自然界中留存时间短，灭火效率高且低毒，适用于有工作人员常驻的防护区，适用于扑救可燃液体、可燃气体和可融化的固体物质及带电设备的初期火灾，可在图书馆、宾馆、档案室、商场以及各种公共场所使用。

2. 灭火器配置设计图例

依据《建筑灭火器配置设计规范》GB 50140—2005 的规定，建筑灭火器在配置设计时，其图例参见表 9-1、表 9-2。

常见灭火器名称、图例　　表 9-1

序号	图例	名称	序号	图例	名称
1		手提式灭火器	4		推车式灭火器
2		手提式清水灭火器	5		手提式二氧化碳灭火器
3		手提式 ABC 类干粉灭火器	6		推车式 BC 类干粉灭火器

灭火器种类图例　　表 9-2

序号	图例	名称	序号	图例	名称
1		水	5		ABC 类干粉
2		泡沫	6		卤代烷
3		含有添加剂的水	7		二氧化碳
4		BC 类干粉	8		非卤代烷和二氧化碳类气体灭火剂

9.1.2 灭火器的选用

各类灭火器有着不同的灭火机理与各自的适用范围。灭火器的灭火方法有冷却、窒息、隔离等物理方法，也有化学抑制的方法，不同类型的火灾需要有针对性的灭火方法。

1. 灭火器的适用范围

(1) 灭火器配置场所的火灾种类

灭火器配置场所的火灾种类应根据该场所内的物质及其燃烧特性进行分类。《火灾分类》GB/T 4968—2008 将灭火器配置场所的火灾种类划分为以下六类：

1) A 类火灾：指固体物质火灾。如木材、棉、毛、麻、纸张及其制品等燃烧的火灾。水基型灭火器、ABC 干粉灭火器都能用于有效扑救 A 类火灾。

2) B 类火灾：指液体火灾或可熔化固体物质火灾。如汽油、煤油、柴油、原油、甲醇、乙醇、沥青、石蜡等燃烧的火灾。B 类火灾发生时，可使用水基型（泡沫、水雾）灭火器、BC 或 ABC 干粉灭火器、洁净气体灭火器进行扑救。

3) C 类火灾：指气体火灾。如煤气、天然气、甲烷、乙烷、丙烷、氢气等燃烧的火灾。干粉灭火器、二氧化碳灭火器、洁净气体灭火器、水基型（水雾）灭火器可有效扑救 C 类火灾。

4）D类火灾：指金属火灾。如钾、钠、镁、钛、锆、锂、铝镁合金等燃烧的火灾。这类火灾发生时可用干沙、土或铸铁屑粉末代替进行灭火。

5）E类火灾（带电火灾）：指物体带电燃烧的火灾。E类火灾是建筑灭火器配置设计的专用概念，主要是指发电机、变压器、配电盘、开关箱、仪器仪表和电子计算机等在燃烧时不能及时或不易断电的电气设备带电燃烧的火灾，必须用能达到电绝缘性能要求的灭火器来扑灭。对于仅有常规照明线路和普通照明灯具且并无上述电气设备的普通建筑场所，可不按E类火灾的规定配置灭火器。

6）F类火灾：指烹饪器具内的烹饪物火灾。这类火灾常发生在家庭或饭店，扑救这类火灾一般可用BC类干粉灭火器。

（2）灭火器的选择

建筑灭火器的选择应考虑灭火器配置场所的火灾种类、危险等级；灭火器的灭火效能和通用性；灭火剂对保护物品的污损程度；灭火器设置点的环境温度及灭火器使用者的体能。灭火器的选择原则如下：

在同一灭火器配置场所，宜选用相同类型和操作方法的灭火器；当同一灭火器配置场所存在不同火灾种类时，应选用通用型灭火器。在同一灭火器配置场所，当选用两种或两种以上类型灭火器时，应采用灭火剂相容的灭火器。不相容灭火剂举例参见表9-3的规定。

不相容的灭火剂举例　　表9-3

灭火剂类型	不相容的灭火剂	
干粉与泡沫	碳酸氢钠、碳酸氢钾	蛋白泡沫
泡沫与泡沫	蛋白泡沫、氟蛋白泡沫	水成膜泡沫

1）A类火灾场所应选择水型灭火器、磷酸铵盐干粉灭火器、泡沫灭火器或卤代烷灭火器。

2）B类火灾场所应选择泡沫灭火器、碳酸氢钠干粉灭火器、碳酸铵盐干粉灭火器、二氧化碳灭火器、灭B类火灾的水型灭火器或卤代烷灭火器。

极性溶剂的B类火灾场所应选择灭B类火灾的抗溶性灭火器。

3）C类火灾场所应选择磷酸铵盐干粉灭火器、碳酸氢钠干粉灭火器、二氧化碳灭火器或卤代烷灭火器。

4）D类火灾场所应选择扑灭金属火灾的专用灭火器。

5）E类火灾场所应选择磷酸铵盐干粉灭火器、碳酸氢钠干粉灭火器、卤代烷灭火器或二氧化碳灭火器，但不得选用装有金属喇叭喷筒的二氧化碳灭火器。

6）F类火灾一般可选用BC类干粉灭火器、水基型（水雾、泡沫）灭火器进行扑救。非必要场所不应配置卤代烷灭火器，必要场所可配置卤代烷灭火器。

2. 灭火器配置场所的危险等级

（1）工业建筑

工业建筑灭火器配置场所的危险等级，应根据其生产、使用、储存物品的火灾危险性，可燃物数量，火灾蔓延速度，扑救难易程度等因素，划分为三级（见表9-4）。

火灾危险等级及危险因素的对应关系　　表 9-4

危险等级	危险特性	典型场所
严重危险级	火灾危险性大，可燃物多，起火后蔓延迅速，扑救困难，容易造成重大财产损失的场所	甲、乙类物品生产场所； 甲、乙类物品储存场所
中危险级	火灾危险性较大，可燃物较多，起火后蔓延较迅速，扑救较难的场所	丙类物品生产场所； 丙类物品储存场所
轻危险级	火灾危险性较小，可燃物较少，起火后蔓延较缓慢，扑救较易的场所	丁、戊类物品生产场所； 丙类物品储存场所

(2) 民用建筑

民用建筑灭火器配置场所的危险等级，应根据其使用性质、人员密集程度、用电用火情况、可燃物数量、火灾蔓延速度、扑救难易程度等因素划分为以下三级（见表 9-5）。

危险因素与危险等级的对应关系　　表 9-5

危险等级	危险因素
严重危险级	使用性质重要，人员密集，用电用火多，可燃物多，起火后蔓延迅速，扑救困难，容易造成重大财产损失或人员群死群伤的场所
中危险级	使用性质较重要，人员较密集，用电用火较多，可燃物较多，起火后蔓延较迅速，扑救较难的场所
轻危险级	使用性质一般，人员不密集，用电用火较少，可燃物较少，起火后蔓延较缓慢，扑救较易的场所

9.1.3 灭火器的配置要求

1. 灭火器的设置

(1) 一般规定

为了在平时和发生火灾时，人们能够在没有任何障碍的情况下方便取得灭火器进行灭火，灭火器应设置在位置明显和便于取用的地点，且不得影响安全疏散。对有视线障碍的灭火器设置点，应设置指示其位置的发光标志。灭火器的摆放应稳固，其铭牌应朝外。手提式灭火器宜设置在灭火器箱内或挂钩、托架上，其顶部离地面高度不应大于 1.50m；底部离地面高度不宜小于 0.08m。灭火器箱不得上锁。灭火器不宜设置在潮湿或强腐蚀性的地点；当必须设置时，应有相应的保护措施。灭火器设置在室外时，应有相应的保护措施。同时，灭火器不得设置在超出其使用温度范围的地点。

(2) 灭火器的最大保护距离

灭火器的保护距离是指灭火器配置场所内，灭火器设置点到最不利点的直线行走距离。灭火器保护距离的远近是在发生火灾后，及时、有效扑救初期火灾的一个重要因素。

1) 设置在 A 类火灾场所的灭火器，其最大保护距离应符合表 9-6 的规定。

A类火灾场所的灭火器最大保护距离（m） 表9-6

危险等级 \ 灭火器形式	手提式灭火器	推车式灭火器
严重危险级	15	30
中危险级	20	40
轻危险级	25	50

2）设置在B、C类火灾场所的灭火器的最大保护距离应符合表9-7的规定。

B、C类火灾场所的灭火器最大保护距离（m） 表9-7

危险等级 \ 灭火器形式	手提式灭火器	推车式灭火器
严重危险级	9	18
中危险级	12	24
轻危险级	15	30

3）D类火灾场所的灭火器，其最大保护距离应根据具体情况研究确定。

4）E类火灾场所的灭火器，其最大保护距离不应低于该场所内A类或B类火灾的规定。

2. 灭火器的配置

（1）一般规定

灭火器的配置，应依据配置场所的火灾危险性等级和灭火器的灭火级别，确定灭火器的最低配置数量。

灭火器的配置设计一般应满足：

1）一个计算单元内配置的灭火器数量不得少于2具。

2）每个设置点的灭火器数量不宜多于5具。

3）当住宅楼每层的公共部位建筑面积超过100m²时，应配置1具1A的手提式灭火器；每增加100m²时，增配1具1A的手提式灭火器。

（2）灭火器的最低配置基准

1）A类火灾场所灭火器的最低配置基准应符合表9-8的规定。

A类火灾场所灭火器的最低配置基准 表9-8

危险等级	严重危险级	中危险级	轻危险级
单具灭火器最小配置灭火级别	3A	2A	1A
单位灭火级别最大保护面积（m²/A）	50	75	100

2）B、C类火灾场所灭火器的最低配置基准应符合表9-9的规定。

B、C类火灾场所灭火器的最低配置基准 表9-9

危险等级	严重危险级	中危险级	轻危险级
单具灭火器最小配置灭火级别	89B	55B	21B
单位灭火级别最大保护面积（m²/B）	0.5	1.0	1.5

3）D类火灾场所的灭火器最低配置基准应根据金属的种类、物态及其特征等研究确定。

4）E类火灾场所的灭火器最低配置基准不应低于该场所内A类（或B类）火灾的规定。

3. 灭火器配置场所的设计计算

灭火器配置场所是指存在可燃气体、液体、固体等物质，并需要配置灭火器的场所。计算单元是指灭火器配置的计算区域。

（1）一般规定

为了保证扑灭初期火灾的最低灭火力量，灭火器的配置应符合以下规定：

1）灭火器配置的设计与计算应按计算单元进行。灭火器最小需配灭火级别和最少需配数量的计算值应进位取整。

2）每个灭火器设置点实配灭火器的灭火级别和数量不得小于最小需配灭火级别和数量的计算值。

3）灭火器设置点的位置和数量应根据灭火器的最大保护距离确定，并应保证最不利点至少在1具灭火器的保护范围内。

（2）计算单元划分

为了保证防火分区之间的防火墙、防火门或防火卷帘等不影响或阻碍灭火人员携带灭火器上下楼层赶往着火点，并利用灭火器有效扑救初期火灾，灭火器配置设计的计算单元的划分应符合下列要求：

当一个楼层或一个水平防火分区内各场所的危险等级和火灾种类相同时，可将其作为一个计算单元；当一个楼层或一个水平防火分区内各场所的危险等级和火灾种类不相同时，应将其分别作为不同的计算单元；同一计算单元不得跨越防火分区和楼层。

（3）配置设计计算

1）计算单元的最小需配灭火级别应按式（9-1）计算：

$$Q = K\frac{S}{U} \tag{9-1}$$

式中 Q——计算单元的最小需配灭火级别（A或B）；

S——计算单元的保护面积（m^2）；

U——A类或B类火灾场所单位灭火级别最大保护面积（m^2/A或m^2/B）；

K——修正系数。修正系数应按表9-10的规定取值。

修正系数 *K* 的取值 **表9-10**

计算单元	K
未设室内消火栓系统和灭火系统	1.0
设有室内消火栓系统	0.9
设有灭火系统	0.7
设有室内消火栓系统和灭火系统	0.5

续表

计算单元	K
可燃物露天堆场 可燃气体储罐区 甲、乙、丙类液体储罐区	0.3

【例题9-1】 某一严重危险级的A类灭火器配置场所，保护面积为$1000m^2$，且无室内消火栓和灭火系统，试计算该配置场所所需的灭火级别，并讨论其计算单元如表9-10所列其他三种情况下所需的灭火级别。

【解题】（1）依据题意，查表9-8、表9-10可知，$U=50m^2/A$，$K=1.0$，代入公式（9-1）得：

$$Q_1=1.0\times\frac{1000}{50}A=20A$$

所以，该配置场所所需的灭火级别为20A。

（2）当该场所仅设有室内消火栓系统，则K取0.9，代入公式（9-1）得：

$$Q_2=0.9\times\frac{1000}{50}A=18A$$

（3）当该配置场所仅设有灭火系统时，则K取0.7，代入公式（9-1）得：

$$Q_3=0.7\times\frac{1000}{50}A=14A$$

（4）当该配置场所设有室内消火栓系统和灭火系统时，K取0.7，代入公式（9-1）得：

$$Q_4=0.5\times\frac{1000}{50}A=10A$$

2）歌舞娱乐放映游艺场所、网吧、商场、寺庙以及地下场所等的计算单元的最小需配灭火级别应按式（9-2）计算：

$$Q=1.3K\frac{S}{U} \tag{9-2}$$

3）计算单元中每个灭火器设置点的最小需配灭火级别应按式（9-3）计算：

$$Q_e=\frac{Q}{N} \tag{9-3}$$

式中　Q_e——计算单元中每个灭火器设置点的最小需配灭火级别（A或B）；

N——计算单元中的灭火器设置点数（个）。

【例题9-2】 某一计算单元的灭火级别计算值为20A，在考虑了保护距离和灭火实际设置位置的情况后，最终选定了4个设置点。试求每一个设置点的灭火级别。

【解题】 依据公式（9-3）得：

$$Q_e = \frac{20}{4} \text{A} = 5\text{A}$$

即：每一个设置点的灭火级别为5A。

9.1.4 灭火器的安装设置

灭火器稳固安装在便于取用且不影响人员安全疏散的位置，铭牌朝外，灭火器头向上，其配置点的环境温度不得超出灭火器适用范围温度。灭火器安装设置包括灭火器、灭火器箱、挂钩、托架和发光指示标识等的安装。灭火器箱箱体正面或者灭火器设置点附近的墙面上，设有指示灭火器位置的发光标识；有视线障碍的灭火器配置点，在其醒目部位设置指示灭火器位置的发光标识。

1. 灭火器的安装与设置

手提式灭火器设置在灭火器箱内或者挂钩、托架上；环境干燥、洁净的场所可直接将其放置在地面上。灭火器箱不得被遮挡、上锁或者拴系；灭火器箱箱门开启方便灵活，开启后不得阻挡人员安全疏散。开门型灭火器的箱门开启角度不得小于175°，翻盖型灭火器的翻盖开启角度不得小于100°。嵌墙式灭火器的安装高度，按照手提式灭火器顶部与地面距离不大于1.50m，底部与地面距离不小于0.08m的要求确定。

灭火器挂钩、托架安装后，保证可用徒手的方式便捷地取用设置在挂钩、托架上的手提式灭火器。挂钩、托架的安装高度满足手提式灭火器顶部与地面距离不大于1.50m，底部与地面距离不小于0.08m的要求。

2. 推车式灭火器的设置

推车式灭火器设置在平坦的场地上，不得设置在台阶、坡道等地方，其设置按照消防设计文件和安装说明实施。在没有外力作用下，推车式灭火器不得自行滑动，推车式灭火器的设置和防止自行滑动的固定措施等均不得影响其操作使用和正常行驶移动。

9.2 室内外消防给水系统

建筑消火栓给水系统是指为建筑消防服务的以消火栓为给水点、以水为主要灭火剂的消防给水系统，它由消火栓、给水管道、供水设施等组成。按设置区域，消火栓给水系统可分为城市消火栓给水系统和建筑物消火栓给水系统；按设置位置，消火栓给水系统可分为室外消火栓给水系统和室内消火栓给水系统。

9.2.1 消防水源

消防水源是向水灭火设施、车载或手抬等移动消防水泵、固定消防水泵等提供消防用水的水源，包括市政给水、消防水池、高位消防水池和天然水源（河流、海洋、地下水等水源），是成功灭火的基本保证。

1. 消防水源的一般规定

消防水源可以利用市政给水、消防水池或天然水源等，并宜采用市政给水；雨水清水池、中水清水池、水景和游泳池可作为备用消防水源。消防水源水质应满足水灭火设施的功能要求，即灭火、控火、抑制、降温和冷却等功能的要求。

雨水清水池、中水清水池、水景和游泳池必须作为消防水源时，应有保证在任何情况下均能满足消防给水系统所需的水量和水质的技术措施；严寒、寒冷等冬季结冰地区的消防水池、水塔和高位消防水池等应采取防冻措施。

2. 市政给水

市政给水管网遍布城市各个街区，是城市的主要消防水源。设置完善的市政消防给水管网，对提高整个城市的火灾扑救能力非常重要。因此，用作两路消防供水的市政给水管网市政给水厂应至少有两条输水干管向市政给水管网输水；或者市政给水管网应为环状管网；亦或应至少有两条不同的市政给水干管上不少于两条引入管向消防给水系统供水。

3. 消防水池

消防水池是人工建造的供固定或移动消防水泵吸水的储水设施。当生产、生活用水量达到最大值时，市政给水管网或入户引入管不能满足室内、室外消防给水设计流量时，应设置消防水池；或者当采用一路消防供水或只有一条入户引入管，且室外消火栓设计流量大于 20L/s 或建筑高度大于 50m，应设置消防水池；以及市政消防给水设计流量小于建筑室内外消防给水设计流量时，应设置消防水池。

（1）消防水池设置要求

1）当市政给水管网能保证室外消防给水设计流量时，消防水池的有效容积应满足在火灾延续时间内室内消防用水量的要求。当市政给水管网不能保证室外消防给水设计流量时，消防水池的有效容积应满足火灾延续时间内室内消防用水量和室外消防用水量不足部分之和的要求。

2）消防水池进水管应根据其有效容积和补水时间确定，补水时间不宜大于 48h，但当消防水池有效容积大于 2000m^3 时，不应大于 96h。消防水池进水管管径应经计算确定，且不应小于 $DN100$。

3）消防水池的总蓄水容积大于 500m^3 时，宜设两格能独立使用的消防水池；当大于 1000m^3 时，应设置能独立使用的两座水池。

4）消防用水与其他用水合用的水池，应采取确保消防用水量不作他用的技术措施，如图 9-1 所示。

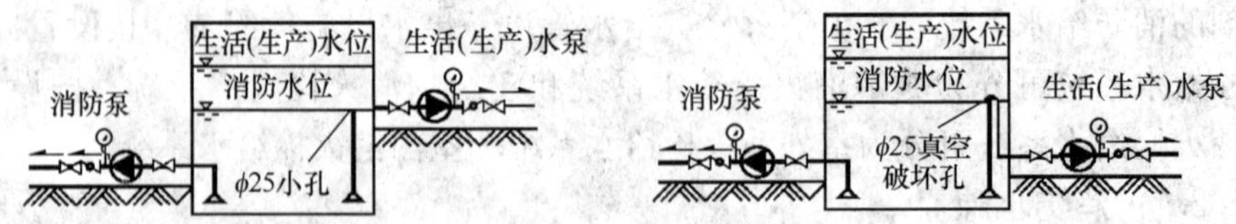

图 9-1　合用水池保证消防用水不被动用的技术措施

（2）消防水池的有效容积计算

消防水池的容积分为有效容积（储水容积）和无效容积（附加容积），其总容积为有效容积与无效容积之和。有效容积应按式（9-4）计算：

$$V_a = (Q_p - Q_b)t \tag{9-4}$$

式中　V_a——消防水池的有效容积（m^3）；

Q_p——消火栓、自动喷水灭火系统的设计流量（m^3/h）；

Q_b——在火灾持续时间内连续补充的流量（m^3/h）；

t——火灾延续时间（h）。

火灾延续时间是指从消防车到达火场后开始出水时起，至火灾被基本扑灭的时间段。

(3) 消防水池的有效水深

消防水池（箱）的有效水深是设计最高水位至消防水池（箱）最低有效水位之间的距离。消防水池（箱）最低有效水位是消防水泵吸水喇叭口或出水喇叭口以上 0.6m 水位，当消防水泵吸水管或消防水箱出水管上设置防止旋流器时，最低有效水位为防止旋流器顶部以上 0.20m，如图 9-2 所示。

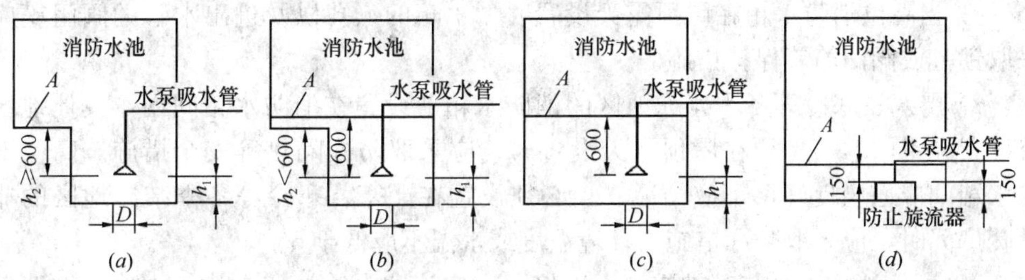

图 9-2 消防水池最低水位

A—消防水池最低水位线；D—吸水管喇叭口直径；

h_1—喇叭口底到吸水井底的距离；h_2—喇叭口底到池底的距离

4. 天然水源

天然水源用作室外消防水源时，应采取防止冰凌、漂浮物、悬浮物等物质堵塞消防水泵的技术措施，并应采取确保安全取水的措施。地表水作为室外消防水源时，应采取确保消防车、固定和移动消防水泵在枯水位取水的技术措施；当消防车取水时，最大吸水高度不应超过 6.0m。设有消防车取水口的天然水源，应设置消防车到达取水口的消防车道和消防车回车场或回车道。

9.2.2 消防供水设施

消防供水设施包括消防水池、消防水泵、消防供水管道、增（稳）压设备（消防气压罐）、消防水泵接合器和消防水箱等。

1. 高位消防水箱

高位消防水箱是设置在高处直接向水灭火设施重力供应初期火灾消防用水量的储水设施。设置消防水箱的目的，一是提供系统启动初期的消防用水量和水压，在消防泵出现故障的紧急情况下应急供水，确保喷头开放后立即喷水，以及时控制初期火灾，为外援灭火争取时间；二是利用高位差为系统提供准工作状态所需的水压，以达到管道内充水并保持一定压力的目的。

(1) 有效容积要求

临时高压消防给水系统的高位消防水箱的有效容积应满足初期火灾消防用水量的要求：

1) 一类高层公共建筑，不应小于 $36m^3$；但当建筑高度大于 100m 时，不应小

于 $50m^3$；当建筑高度大于 150m 时，不应小于 $100m^3$。

2）多层公共建筑、二类高层公共建筑和一类高层住宅，不应小于 $18m^3$；当一类高层住宅建筑高度超过 100m 时，不应小于 $36m^3$。

3）二类高层住宅，不应小于 $12m^3$。

4）建筑高度大于 21m 的多层住宅，不应小于 $6m^3$。

5）工业建筑室内消防给水设计流量当小于或等于 25L/s 时，不应小于 $12m^3$；大于 25L/s 时，不应小于 $18m^3$。

6）总建筑面积大于 $10000m^2$ 且小于 $30000m^2$ 的商店建筑，不应小于 $36m^3$；总建筑面积大于 $30000m^2$ 的商店，不应小于 $50m^3$。

（2）高位水箱的设置要求

1）当高位消防水箱在屋顶露天设置时，水箱的人孔以及进出水管的阀门等应采取锁具或阀门箱等保护措施。

2）严寒、寒冷等冬季冰冻地区的消防水箱应设置在消防水箱间内，其他地区宜设置在室内，当必须在屋顶露天设置时，应采取防冻隔热等安全措施。高位消防水箱间应通风良好，不应结冰。当必须设置在严寒、寒冷等冬季结冰地区的非采暖房间时，应采取防冻措施，环境温度或水温不应低于 5℃。

3）高位消防水箱与基础应牢固连接。高位消防水箱外壁与建筑本体结构墙面或其他池壁之间的净距，应满足施工或装配的需要。无管道的侧面，净距不宜小于 0.7m；安装有管道的侧面，净距不宜小于 1.0m，且管道外壁与建筑本体墙面之间的通道宽度不宜小于 0.6m，设有人孔的水箱顶，其顶面与其上面的建筑物本体板底的净空不应小于 0.8m。

2. 消防水泵

消防水泵是通过叶轮的旋转将能量传递给水，从而增加了水的动能、压能，并将其输送到灭火设备处，以满足各种灭火设备的水量、水压要求，是消防给水系统的心脏。

（1）消防水泵的选用

消防水泵宜根据可靠性、安装场所、消防水源、消防给水设计流量和扬程等综合因素确定水泵的形式。当消防水泵采用离心泵时，泵的形式宜根据流量、扬程、气蚀余量、功率和效率、转速、噪声，以及安装场所的环境要求等因素综合确定。

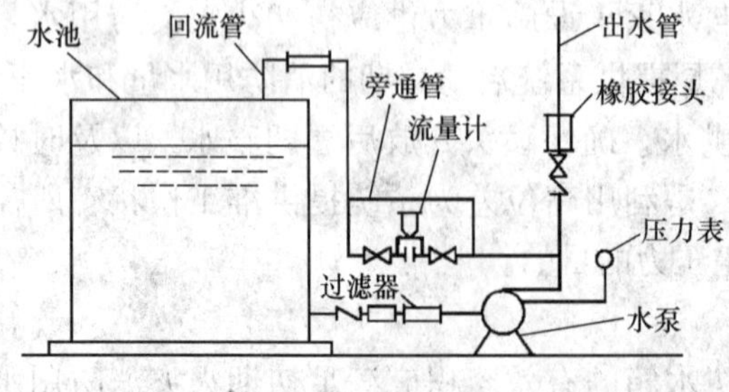

图 9-3　消防水泵自灌式吸水安装示意图

1）消防水泵的吸水

根据离心泵的特征，水泵启动时其叶轮必须浸没在水中。为保证消防泵及时、可靠地启动，消防水泵应采取自灌式吸水，如图 9-3 所示。当消防水泵从市政管网直接抽水时，应在消防水泵出水管上设置有空气隔断的倒流防止器；当吸水口无吸水井时，吸水口处应设置旋流防止器。

2）消防水泵的流量、扬程

消防水泵的性能应满足消防给水系统所需流量和压力的要求，消防水泵所配驱动器的功率应满足所选水泵流量扬程性能曲线上任何一点运行所需功率的要求。当采用电动机驱动的消防水泵时，应选择电动机干式安装的消防水泵，流量扬程性能曲线应为无驼峰、无拐点的光滑曲线。消防给水同一泵组的消防水泵型号宜一致，且工作泵不宜超过3台。多台消防水泵并联时，应校核流量叠加对消防水泵出口压力的影响。

(2）消防水泵吸水管和出水管的布置

离心式消防水泵吸水管、出水管和阀门等，应符合下列规定：

1）一组消防水泵，吸水管不应少于两条，当其中一条损坏或检修时，其余吸水管应仍能通过全部消防给水设计流量，如图9-4所示。消防水泵吸水管布置应避免形成气囊。一组消防水泵应设不少于两条的输水干管与消防给水环状管网连接，当其中一条输水管检修时，其余输水管应仍能供应全部消防给水设计流量。

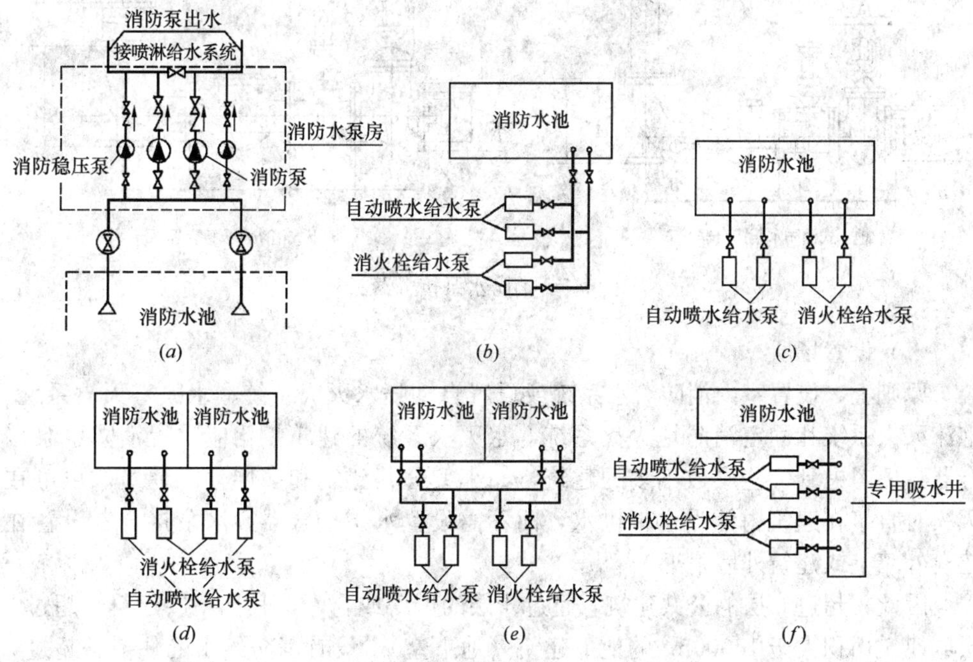

图9-4　消防水泵吸水管的布置示意图

2）消防水泵吸水口的淹没深度应满足消防水泵在最低水位运行安全的要求，吸水管喇叭口在消防水池最低有效水位下的淹没深度应根据吸水管喇叭口的水流速度和水力条件确定，但不应小于600mm，当采用旋流防止器时，淹没深度不应小于200mm。

3）消防水泵吸水管的直径小于$DN250$时，其流速宜为1.0m/s～1.2m/s；直径大于$DN250$时，宜为1.2m/s～1.6m/s。消防水泵出水管的直径小于$DN250$时，其流速宜为1.5m/s～2.0m/s；直径大于$DN250$时，宜为2.0m/s～2.5m/s。

3. 消防水泵接合器

水泵接合器是建筑室外消防给水系统的组成部分，主要用于连接消防车，向室内消防给水系统或自动喷水、水喷雾等水灭火系统或设施供水。

设置水泵结合器的目的是便于消防队员现场扑救火灾时能充分利用建筑物内的自动水灭火设施，提高灭火效率，减少不必要的消防队员体力消耗；二是不必敷设水龙带，利用室内消火栓管网输送消火栓灭火用水，可以节省大量的时间，还可以减少水力阻力提高输水效率，以提高灭火效率；三是北方寒冷地区冬季可有效减少消防供水结冰的可能性。消防水泵接合器有地上式、地下式和墙壁式三种类型，如图 9-5 所示。

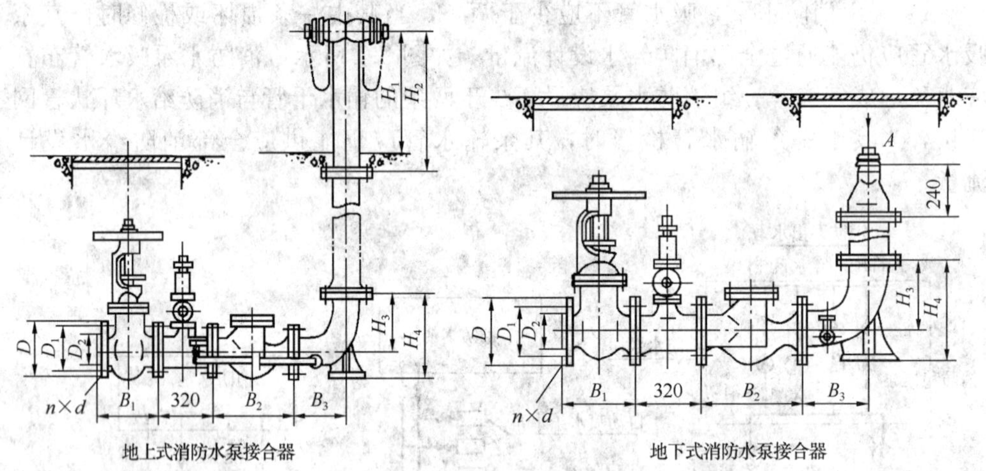

图 9-5　消防水泵接合器

（1）设置场所

原则上，设置室内消防给水系统或设置自动喷水灭火系统、水喷雾灭火系统、泡沫灭火系统和固定消防炮灭火系统等水灭火系统的建筑，均应设置消防水泵接合器。但考虑到一些层数不多的建筑，如小型公共建筑和多层住宅建筑，也可在灭火时直接在建筑内铺设水带供水，而不需设置水泵接合器。水泵接合器设置在建筑外墙上或建筑外墙附近。

因此，超过 5 层的公共建筑，超过 4 层的厂房或仓库，其他高层建筑，超过 2 层或建筑面积大于 10000m² 的地下建筑（地下室），设有消防给水的住宅、超过 5 层的其他民用建筑，室内消火栓设计流量大于 10L/s 平战结合的人防工程，城市交通隧道等场所的室内消火栓系统应设置消防水泵接合器。

（2）设置要求

水泵接合器应设在室外便于消防车使用的地点，且距室外消火栓或消防水池的距离不宜小于 15m，并不宜大于 40m。墙壁消防水泵接合器的安装高度距地面宜为 0.7m；与墙面上的门、窗、孔、洞的净距离不应小于 2.0m，且不应安装在玻璃幕墙下方；地下消防水泵接合器的安装，应使进水口与井盖底面的距离不大于 0.40m，且不应小于井盖的半径。

水泵接合器处应设置永久性标志铭牌，并应注明供水系统、供水范围和额定压力。

9.2.3 室外消火栓系统

室外消火栓系统通常是指室外消防给水系统，是设置在建筑物外消防给水管网上的供水设施，也是消防队到场后需要使用的基本消防设施之一，主要供消防车从市政给水管网或室外消防给水管网取水向建筑室内消防给水系统供水。

建筑室外消火栓系统包括消防水源、水泵接合器、室外消火栓灭火设施、室外消防供水管网和相应的控制阀门等。室外消火栓灭火设施主要包括室外消火栓、水带、水枪等。室外消火栓根据设置场所分为地上式和地下式两类（如图 9-6 所示），地下式市政消火栓应有明显的永久性标志。

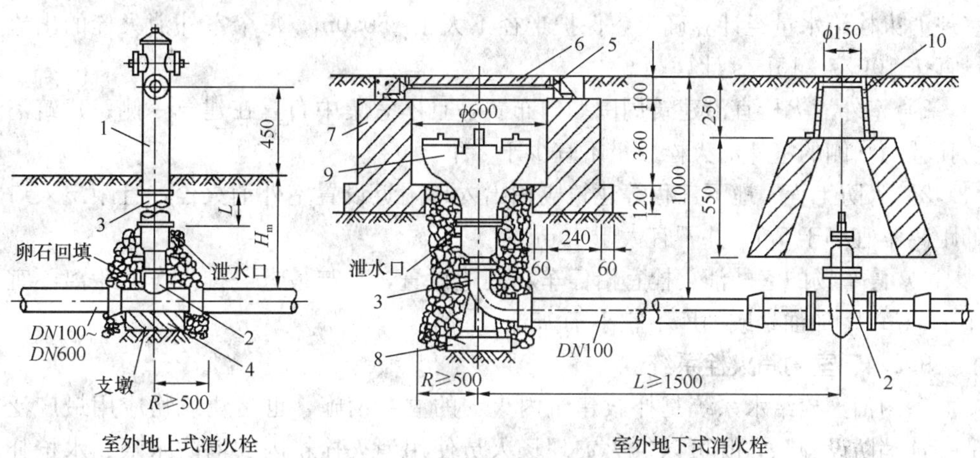

图 9-6 常见室外消火栓

1—地上消火栓；2—消火栓三通；3—法兰接管；4—支墩；5—井座；6—井盖；7—砖砌井室；8—混凝土支墩；9—地下消火栓；10—闸阀套筒

1. 系统设置范围

消防给水和消防设施的设置应根据建筑的用途及其重要性、火灾危险性、火灾特性和环境条件等因素综合确定。城镇（包括居住区、商业区、开发区、工业区等）应沿可通行消防车的街道设置市政消火栓系统；民用建筑、厂房、仓库、储罐（区）和堆场周围应设置室外消火栓系统；用于消防救援和消防车停靠的屋面上，应设置室外消火栓系统。

当建筑物的耐火等级为一、二级且建筑体积较小，或建筑物内无可燃物或可燃物较少时，灭火用水量较小，可直接依靠消防车所带水量实施灭火。因此，对于耐火等级不低于二级且建筑体积不大于 3000m^3 的戊类厂房，居住区人数不超过 500 人且建筑层数不超过两层的居住区，可不设置室外消火栓系统。

2. 系统设置要求

（1）市政消火栓

1）市政消火栓宜采用地上室外消火栓；在严寒、寒冷等冬季结冰地区宜采用干式地上式室外消火栓，严寒地区宜增设消防水鹤。当采用地下式室外消火栓，地下消火栓井的直径不宜小于 1.50m，且当地下式室外消火栓的取水口在冰冻线以上时，应采取保温措施。

2）市政消火栓宜采用直径 *DN*150 的室外消火栓，室外地上式消火栓应有一个直径为 150mm 或 100mm 和两个直径为 65mm 的栓口。室外地下式消火栓应有直径为 100mm 和 65mm 的栓口各一个。

3）市政消火栓的保护半径不应超过 150m，间距不应大于 120m。

4）市政消火栓应布置在消防车易于接近的人行道和绿地等地点，且不应妨碍交通。市政消火栓距路边不宜小于 0.5m，并不应大于 2.0m，距建筑外墙或外墙边缘不宜小于 5.0m。

（2）室外消火栓

1）建筑室外消火栓的布置数量应根据室外消火栓设计流量、保护半径和每个室外消火栓给水量经计算确定，保护半径不大于 150.0m，每个室外消火栓的出流量宜按 10L/s～15L/s 计算。

2）室外消火栓宜沿建筑周围均匀布置，且不宜集中布置在建筑一侧；建筑消防扑救面一侧的室外消火栓数量不宜少于 2 个。

3）人防工程、地下工程等建筑应在出入口附近设置室外消火栓，且距出入口的距离不宜小于 5m，并不宜大于 40m。

4）停车场的室外消火栓宜沿停车场周边设置，且与最近一排汽车的距离不宜小于 7m，距加油站或油库不宜小于 15m。

9.2.4　室内消火栓系统

室内消火栓给水系统是扑救建筑内火灾的主要设施，也是建筑物应用最广泛的一种消防设施。它既可以供火灾现场人员使用消火栓箱内的消防水喉、水枪扑救初期火灾，也可供消防队员扑救建筑物的大火。

1. 系统组成

室内消火栓系统通常安装在消火栓箱内，由水带、水枪、水喉等组成。室内消火栓给水系统由消防给水基础设施、消防给水管网、室内消火栓设备、报警控制设备及系统附件等组成。

（1）水枪

水枪是灭火的主要工具。按照喷水方式有直流式水枪、喷雾水枪和多用途水枪三种基本形式。按水枪的工作压力分为低压水枪（0.2～1.0MPa）、中压水枪（1.6～2.5MPa）和高压水枪（2.5～4.0MPa）。水枪喷口直径有 13mm、16mm、19mm 三种。口径 13mm 水枪配备直径 50mm 水带；16mm 水枪可配 50mm 或 65mm 水带；19mm 水枪配备 65mm 水带。

（2）水带

消防水带的衬里材料有橡胶、乳胶、聚氨酯（TPU）和 PVC 衬里材料。按承受工作压力可分为 0.8MPa、1.0MPa、1.3MPa、1.6MPa、2.0MPa 和 2.5MPa。消防水带的内口径有 25mm、50mm、65mm、80mm、100mm、125mm、150mm、300mm 共 8 种。

（3）室内消防栓

室内消防栓是用以控制水带中水流的阀门，设在消防立管上。有内扣式接口和螺纹式接口两种，出水口形式有单出口和双出口；双出口消火栓直径为 65mm，单出口消火栓直径有 50mm 和 65mm 两种。

2. 设置场所

（1）应设室内消火栓系统的建筑

1）建筑占地面积大于 300m^2 的厂房和仓库。

2）高层公共建筑和建筑高度大于 21m 的住宅建筑。

3）建筑高度不大于 27m 的住宅建筑，设置室内消火栓系统确有困难时，可只设置干式消防竖管和不带消火栓箱的 *DN*65 的室内消火栓。

4）特等、甲等剧场，超过 800 个座位的其他等级的剧场和电影院等以及超过 1200 个座位的礼堂、体育馆等单、多层建筑。

5）建筑高度大于 15m 或体积大于 10000m^3 的办公建筑、教学建筑和其他单、多层民用建筑。体积大于 5000m^3 的车站、码头、机场的候车（船、机）建筑、展览建筑、商店建筑、旅馆建筑、医疗建筑和图书馆建筑等单、多层建筑。

（2）可不设置室内消火栓系统

1）耐火等级为一、二级且可燃物较少的单、多层丁、戊类厂房（仓库），耐火等级为三、四级且建筑体积不大于 3000m^3 的丁类厂房；耐火等级为三、四级且建筑体积不大于 5000m^3 的戊类厂房（仓库）。

2）粮食仓库、金库、远离城镇且无人值班的独立建筑。

3）存有与水接触能引起燃烧爆炸的物品的建筑。室内无生产、生活给水管道，室外消防用水取自储水池且建筑体积不大于 5000m^3 的其他建筑。

国家级文物保护单位的重点砖木或木结构的古建筑，宜设置室内消火栓系统。人员密集的公共建筑、建筑高度大于 100m 的建筑和建筑面积大于 200m^2 的商业服务网点内应设置消防软管卷盘或轻便消防水龙。

3. 系统的配置要求

室内消火栓的选型应根据使用者、火灾危险性、火灾类型和不同灭火功能等因素综合确定。室内消火栓的配置应符合下列要求：

（1）采用 *DN*65 室内消火栓，并可与消防软管卷盘或轻便水龙设置在同一箱体内。应配置公称直径为 65mm 有内衬里的消防水带，长度不宜超过 25.0m；消防软管卷盘应配置内径不小于 ϕ19 的消防软管，其长度宜为 30.0m；轻便水龙应配置公称直径 25 有内衬里的消防水带，长度宜为 30.0m。

（2）宜配置当量喷嘴直径 16mm 或 19mm 的消防水枪，但当消火栓设计流量为 2.5L/s 时宜配置当量喷嘴直径 11mm 或 13mm 的消防水枪；消防软管卷盘和轻便水龙应配置当量喷嘴直径 6mm 的消防水枪。

（3）设置室内消火栓的建筑，包括设备层在内的各层均应设置消火栓。

（4）建筑高度不大于 27mm 的住宅，当设置消火栓时可采用干式消防竖管。干式消防竖管宜设置在楼梯间休息平台，且仅应配置消火栓栓口；干式消防竖管应设置消防车供水接口；消防车供水接口应设置在首层便于消防车接近和安全的地点；竖管顶端应设置自动排气阀。住宅户内宜在生活给水管道上预留一个接 *DN*15 消防软管或轻便水龙的接口。

9.2.5 消防用水量

消防给水一起火灾灭火所需消防用水的设计流量应由建筑的室外消火栓系统、室内消火栓系统、自动喷水灭火系统、泡沫灭火系统、水喷雾灭火系统、固定消防炮灭火系统、固定冷却水系统等需要同时作用的各种水灭火系统的设计流量组成。

消防用水量应按需要同时作用的各种水灭火系统最大设计流量值之和确定。消防给水一起火灾灭火用水量应按需要同时作用的室内外消防给水用水量之和计算，两座及以上建筑合用时，应取最大者，并按下列公式计算：

$$V = V_1 + V_2 \tag{9-5}$$

$$V_1 = 3.6 \sum_{i=1}^{i=n} q_{1i} t_{1i} \tag{9-6}$$

$$V_2 = 3.6 \sum_{i=1}^{i=m} q_{2i} t_{2i} \tag{9-7}$$

式中 V——建筑消防给水一起火灾灭火用水总量（m^3）；

V_1——室外消防给水一起火灾灭火用水总量（m^3）；

V_2——室内消防给水一起火灾灭火用水总量（m^3）；

q_{1i}——室外第 i 种水灭火系统的设计流量（L/s）；

t_{1i}——室外第 i 种水灭火系统的火灾延续时间（h）；

n——建筑需要同时作用的室外水灭火系统数量；

q_{2i}——室内第 i 种水灭火系统的设计流量（L/s）；

t_{2i}——室内第 i 种水灭火系统的火灾延续时间（h）；

m——建筑需要同时作用的室内水灭火系统数量。

不同场所消火栓系统和固定冷却水系统的火灾延续时间不应小于表9-11的规定。

民用建筑不同场所的火灾延续时间（h） **表9-11**

建筑物		场所与火灾危险性	火灾延续时间
民用建筑	公共建筑	高层建筑中的商业楼、展览楼、综合楼，建筑高度大于50m的财贸金融楼、重要的档案楼、图书馆、书库、科研楼和高级宾馆等	3.0
		其他公共建筑	2.0
		住宅	
人防工程		建筑面积小于3000m²	1.0
		建筑面积大于或等于3000m²	2.0
地下建筑、地铁车站			

1. 室内消防水量

（1）建筑物室内消火栓设计流量，应根据建筑物的用途功能、高度、体积、耐火等级、火灾危险性等因素综合确定。民用建筑室内消火栓设计流量不应小于表9-12的规定。

民用建筑室内消火栓设计流量　　　　表 9-12

建筑物名称			高度 h（m）、体积 V（m^3）、座位数 n（个）、火灾危险性	消火栓设计流量（L/s）	同时使用消防水枪数（支）	每根竖管最小流量（L/s）
民用建筑	单层及多层	科研楼	$V \leqslant 10000$	10	2	10
			$V > 10000$	15	3	10
		车站、码头、机场的候车（船、机）楼和展览建筑（博物馆）	$5000 < V \leqslant 25000$	10	2	10
			$25000 < V \leqslant 50000$	15	3	10
			$V > 50000$	20	4	15
		剧场、电影院、会堂、礼堂、体育馆等	$800 < n \leqslant 1200$	10	2	10
			$1200 < n \leqslant 5000$	15	3	10
			$5000 < n \leqslant 10000$	20	4	15
			$n > 10000$	30	6	15
		旅馆	$5000 < V \leqslant 10000$	10	2	10
			$10000 < V \leqslant 25000$	15	3	10
			$V > 25000$	20	4	15
		商店、图书馆、档案馆等	$5000 < V \leqslant 10000$	15	3	10
			$10000 < V \leqslant 25000$	25	5	15
			$V > 25000$	40	8	15
		病房楼、门诊楼等	$5000 < V \leqslant 25000$	10	2	10
			$V > 25000$	15	3	10
		办公楼、教学楼、公寓、宿舍等建筑	$h > 50$m 或 $V > 10000$	15	3	10
		住宅	$21 < h \leqslant 27$	5	2	5
	高层	住宅	$21 < h \leqslant 54$	10	2	10
			$h > 54$	20	4	10
		二类公共建筑	$h \leqslant 50$	20	4	10
		一类公共建筑	$h \leqslant 50$	30	6	15
			$h > 50$	40	8	15
国家级文物保护单位的重点砖木或木结构的古建筑			$V \leqslant 10000$	20	4	10
			$V > 10000$	25	5	15
地下建筑			$V \leqslant 5000$	10	2	10
			$5000 < V \leqslant 10000$	20	4	15
			$10000 < V \leqslant 25000$	30	6	15
			$V > 25000$	40	8	20
人防工程	展览厅、影院、剧场、礼堂、健身体育场等		$V \leqslant 1000$	5	1	5
			$1000 < V \leqslant 2500$	10	2	10
			$V > 2500$	15	3	10

续表

建筑物名称		高度 h（m）、体积 V（m^3）、座位数 n（个）、火灾危险性	消火栓设计流量（L/s）	同时使用消防水枪数（支）	每根竖管最小流量（L/s）
人防工程	商场、餐厅、旅馆、医院等	$V \leqslant 5000$	5	1	5
		$5000 < V \leqslant 10000$	10	2	10
	商场、餐厅、旅馆、医院等	$10000 < V \leqslant 25000$	15	3	10
		$V > 25000$	20	4	10
	丙、丁、戊类生产车间、自行车库	$V \leqslant 2500$	5	1	5
		$V > 2500$	10	2	10
	丙、丁、戊类物品库房、图书资料档案室	$V \leqslant 3000$	5	1	5
		$V > 3000$	10	2	10

注：① 消防软管卷盘、轻便消防水龙及多层住宅楼梯间中的干式消防竖管，其消火栓设计流量可不计入室内消防给水设计流量。

② 当一座多层建筑有多种使用功能时，室内消火栓设计流量应分别按本表中不同功能计算，且应取最大值。

（2）当建筑物室内设有自动喷水灭火系统、水喷雾灭火系统、泡沫灭火系统或固定消防炮灭火系统等一种及以上自动水灭火系统全保护时，高层建筑当高度不超过 50m 且室内消火栓用水量超过 20L/s 时，其室内消火栓设计流量可按表 9-12减少 5L/s，多层建筑室内消火栓设计流量可减少 50%，但不应小于 10L/s。

2. 室外消防水量

建筑物室外消火栓设计流量，应根据建筑物的用途功能、高度、体积、耐火等级、火灾危险性等因素综合确定。民用建筑室外消火栓设计流量不应小于表 9-13 的规定。

民用建筑室外消火栓设计流量　　表 9-13

耐火等级	建筑物名称及类别			建筑体积（m^3）					
				$V \leqslant 1500$	$1500 < V \leqslant 3000$	$3000 < V \leqslant 5000$	$5000 < V \leqslant 20000$	$20000 < V \leqslant 50000$	$V > 50000$
一、二级	民用建筑	住宅		15					
		公共建筑	单层及多层	15			25	30	40
			高层	—			25	30	40
	地下建筑（包括地铁）、平战结合的人防工程			15			20	25	30
三级	单层及多层民用建筑			15		20	25	30	—
四级	单层及多层民用建筑			15		20	25	—	

注：① 成组布置的建筑物应按消火栓设计流量较大的相邻两座建筑物的体积之和确定；

② 当单座建筑的总建筑面积大于 500000m^2 时，建筑物室外消火栓设计流量应按本表规定的最大值增加一倍；

③ 国家级文物保护单位的重点砖木、木结构的建筑物室外消火栓设计流量，按三级耐火等级民用建筑物消火栓设计流量确定。宿舍、公寓等非住宅类居住建筑的室外消火栓设计流量应按表 9-13 中的公共建筑确定。

9.3 自动喷水灭火系统

自动喷水灭火系统是由洒水喷头、报警阀组、水流报警装置（水流指示器或压力开关）等组件，以及管道、供水设施组成，并能在发生火灾时喷水的自动灭火系统。自动喷水灭火系统具有自动探测火灾、自动灭（控）火的双重效能，具有安全可靠、经济适用、灭火成功率高等优点，广泛应用于工业建筑和民用建筑中。

9.3.1 系统设置原则及场所

1. 设置原则

（1）自动灭火系统应设置在人员密集、不易疏散、外部增援灭火与救生较困难的性质重要或火灾危险性大、发生火灾可能导致经济损失大、社会影响大或人员伤亡大的建筑或场所。该系统的设置原则是重点部位、重点场所，重点防护；不同分区，措施可以不同；总体上要保证整座建筑物的消防安全，特别要考虑所设置的部位或场所在设置灭火系统后应能防止一个防火分区内的火灾蔓延到另一个防火分区中去。

（2）自动喷水灭火系统不适用于：遇水发生爆炸或加速燃烧的物品的场所；遇水发生剧烈化学反应或产生有毒有害物质的场所以及洒水将导致喷溅或沸溢的液体场所。

2. 系统设置场所危险等级划分

设置场所的火灾危险等级，应根据其用途、容纳物品的火灾荷载及室内空间条件等因素，在分析火灾特点和热气流驱动喷头开放及喷水到位的难易程度后确定。当建筑物内各场所的火灾危险性及灭火难度存在较大差异时，宜按各场所的实际情况确定系统选型与火灾危险等级。

我国将自动喷水灭火系统的设置场所的危险等级划分为四级，即轻危险级、中危险级、严重危险级及仓库危险级。其中，轻危险级，一般是指可燃物品较少、可燃性低和火灾发热量较低、外部增援和疏散人员较容易的场所。中危险级一般是指内部可燃物数量为中等，可燃性也为中等，火灾初期不会引起剧烈燃烧的场所。严重危险级，一般是指火灾危险性大，且可燃物品数量多，火灾时容易引起猛烈燃烧并可能迅速蔓延的场所。民用建筑火灾危险等级举例见表 9-14。

设置场所火灾危险等级举例 **表 9-14**

火灾危险等级		设置场所举例
轻危险级		建筑高度为 24m 及以下的旅馆、办公楼；仅在走道设置闭式系统的建筑
中危险级	Ⅰ级	（1）高层民用建筑：旅馆、办公楼、综合楼、邮政楼、金融电信楼、指挥调度楼、广播电视楼（塔）等。（2）公共建筑（含单、多、高层）：医院、疗养院；图书馆（书库除外）、档案馆、展览馆（厅）；影剧院、音乐厅和礼堂（舞台除外）及其他娱乐场所；火车站和飞机场及码头的建筑；总建筑面积小于 5000m^2 的商场、总建筑面积小于 1000m^2 的地下商场等。（3）文化遗产建筑：木结构古建筑、国家文物保护单位等

续表

火灾危险等级		设置场所举例
中危险级	Ⅱ级	(1) 民用建筑：书库、舞台（葡萄架除外）、汽车停车场、总建筑面积5000m^{2}及以上的商场、总建筑面积1000m^{2}及以上的地下商场、净空高度不超过8m、物品高度不超过3.5m的自选商场等。 (2) 工业建筑：棉毛丝麻及化纤的纺织、织物及制品、木材木器及胶合板、谷物加工、烟草及制品、饮用酒（啤酒除外）、皮革及制品、造纸及纸制品、制药等工厂的备料与生产车间
严重危险级	Ⅰ级	印刷厂、酒精制品、可燃液体制品等工厂的备料与生产车间、净空高度不超过8m、物品高度超过3.5m的自选商场等
	Ⅱ级	易燃液体喷雾操作区域、固体易燃物品、可燃的气溶胶制品、溶剂清洗、喷涂、油漆、沥青制品等工厂的备料及生产车间、摄影棚、舞台葡萄架下部

3. 设置自动喷水灭火系统的场所

除规范另有规定和不宜用水保护或灭火的场所外，下列民用建筑或场所应设置自动灭火系统，并宜采用自动喷水灭火系统：

(1) 一类高层公共建筑（除游泳池、溜冰场外）及其地下、半地下室；二类高层公共建筑及其地下、半地下室的公共活动用房、走道、办公室和旅馆的客房、可燃物品库房、自动扶梯底部；高层民用建筑内的歌舞娱乐放映游艺场所；建筑高度大于100m的住宅建筑。

(2) 单、多层民用建筑或场所有：特等、甲等剧场，超过1500个座位的其他等级的剧场，超过2000个座位的会堂或礼堂，超过3000个座位的体育馆，超过5000人的体育场的室内人员休息室与器材间等；任一层建筑面积大于1500m^{2}或总建筑面积大于3000m^{2}的展览、商店、餐饮和旅馆建筑以及医院中同样建筑规模的病房楼、门诊楼和手术部；设置送回风道（管）的集中空气调节系统且总建筑面积大于3000m^{2}的办公建筑等；藏书量超过50万册的图书馆；大、中型幼儿园，总建筑面积大于500m^{2}的老年人建筑；总建筑面积大于500m^{2}的地下或半地下商店；设置在地下或半地下或地上四层及以上楼层的歌舞娱乐放映游艺场所（除游泳场所外），设置在首层、二层和三层且任一层建筑面积大于300m^{2}的地上歌舞娱乐放映游艺场所（除游泳场所外）。

除规范另有规定和不宜用水保护或灭火的场所外，特等、甲等剧场、超过1500个座位的其他等级的剧场、超过2000个座位的会堂或礼堂的舞台葡萄架下部；建筑面积不小于400m^{2}的演播室，建筑面积不小于500m^{2}的电影摄影棚等建筑或部位应设置雨淋自动喷水灭火系统。

9.3.2 系统分类及选型

1. 分类

自动喷水灭火系统根据所使用喷头的形式，可分为闭式自动喷水灭火系统和开式自动喷水灭火系统；根据系统的用途和配置状况，自动喷水灭火系统又可分为湿式系统、干式系统、预作用系统、雨淋式系统、水幕式系统和自动喷水-泡沫联用系统等。

（1）闭式系统

1）湿式系统：即湿式自动喷水灭火系统，由闭式喷头、湿式报警阀组、水流指示器或压力开关、供水与配水管道以及供水设施等组成。在准工作状态时管道内充满用于启动系统的有压水的闭式系统。湿式系统必须安装在全年不结冰及不会出现过热危险的场所内，该系统在喷头动作后立即喷水，其灭火成功率高于干式系统。

2）干式系统：即干式自动喷水灭火系统，由闭式喷头、干式报警阀组、水流指示器或压力开关、供水与配水管道、充气设备以及供水设施等组成。在准工作状态下，配水管道内充满用于启动系统的有压气体的闭式系统。干式系统的启动原理与湿式系统相似，只是将传输喷头开放信号的介质由有压水改为有压气体，因此使用场所不受环境温度的限制，该系统适用于有冰冻危险与环境温度有可能超过 70℃、使管道内的充水汽化升压的场所。

发生火灾时，干式系统的配水管道必须经过排气充水过程，因此推迟了开始喷水的时间，对于可能发生蔓延速度较快火灾的场所，不适合采用干式系统。

3）预作用系统：预作用自动喷水灭火系统简称预作用系统，由闭式喷头、雨淋阀组、水流报警装置、供水与配水管道、充气设备和供水设施等组成。在准工作状态时配水管道内不充水，由比闭式喷头更为灵敏的火灾自动报警系统联动雨淋阀和供水泵，在闭式喷头开放前完成管道充水过程，转换为湿式系统，使喷头能在开放后立即喷水的闭式系统。

预作用系统既兼有湿式系统、干式系统的优点，又避免了湿式、干式系统的缺点，在不允许出现误喷或管道漏水的重要场所，可替代湿式系统使用；在低温或高温场所中替代干式系统使用，可避免喷头开启后延迟喷水的缺点。

4）自动喷水—泡沫连用系统：配置供给泡沫混合液的设置后，组成既可喷水又可喷泡沫的自动喷水灭火系统。

（2）开式系统

1）雨淋系统：由开式喷头、雨淋阀组、水流报警装置、供水与配水管道以及供水设施等组成。雨淋系统由火灾自动报警系统或传动管控制，自动开启雨淋报警阀和启动供水泵后，向开式洒水喷头供水的自动喷水灭火系统。雨淋系统应安装在发生火灾时火势发展迅猛、蔓延迅速的场所，如舞台等。

2）水幕系统：由开式洒水喷头或水幕喷头、雨淋报警阀组或感温雨淋阀、供水与配水管道、控制阀以及水流报警装置等组成，用于挡烟阻火和冷却分隔物的喷水系统。

水幕系统包括防火分隔水幕和防护冷却水幕两种类型。防火分隔水幕是利用密集喷洒形成的水墙或水帘阻火挡烟，起防火分隔作用。防火冷却水幕则是利用水的冷却作用，配合防火卷帘等分隔物进行防火分隔。

2. 系统选型

在环境温度不低于 4℃且不高于 70℃的场所应采用湿式系统；当场所的环境温度低于 4℃或高于 70℃时应采用干式系统。

9.3.3 系统主要组件与布置要求

自动喷水灭火系统由洒水喷头、报警阀组、水流指示器、压力开关、末端试

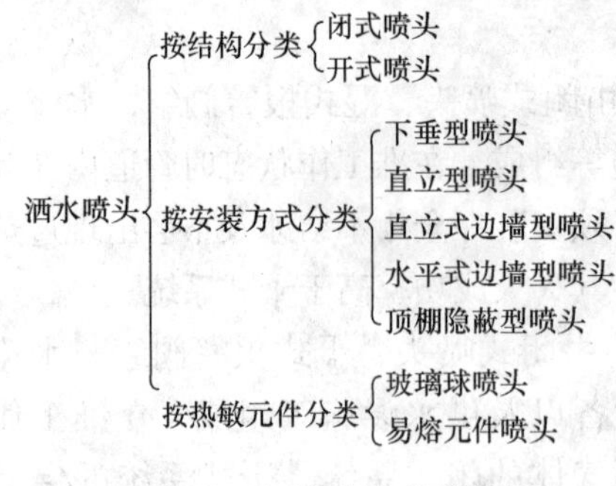

图 9-7 洒水喷头的分类

水装置和管网等组件组成。

1. 洒水喷头

根据结构组成和安装方式，自动喷水灭火系统的洒水喷头可分为不同的类型（如图 9-7 所示），其设置要求也有所不同。

（1）喷头类型

闭式喷头具有释放机构，由玻璃球、易熔元件、密封件等零件组成。平时，闭式喷头的出水口由释放机构封闭，到达公称动作温度时，玻璃球破裂或易熔元件熔化，释放机构自动脱落，喷头开启喷水。

（2）喷头选型

1）对于湿式自动喷水灭火系统，在顶棚下布置喷头时，应采用下垂型或顶棚型喷头；顶板为水平面的轻危险级、中危险级Ⅰ级居室和办公室，可采用边墙型喷头；易受碰撞的部位，应采用带保护罩的喷头或顶棚型喷头；在不设顶棚的场所内设置喷头，当配水支管布置在梁下时，应采用直立型喷头。

2）对于干式系统和预作用系统，应采用直立型喷头或干式下垂型喷头。

3）对于水幕系统，防火分隔水幕应采用开式洒水喷头或水幕喷头，防护冷却水幕应采用水幕喷头。

4）对于公共娱乐场所，中庭环廊，医院、疗养院的病房及治疗区域，老年、少儿、残疾人的集体活动场所，地下的商业及仓储用房，宜采用快速响应喷头。

5）闭式系统的喷头，其公称动作温度宜比环境最高温度高 30℃。

（3）喷头的布置

1）喷头应布置在顶板或顶棚下易于接触到火灾热气流并有利于均匀补水的位置。当喷头附近有障碍物时，应符合规范规定或增设补偿喷水强度的喷头。

2）直立型、下垂型喷头的布置，包括同一根配水支管上喷头的间距及相邻配水支管的间距，应根据系统的喷水强度、喷头的流量系数和工作压力确定，并不应大于表 9-15 的规定，不宜小于 2.4m。

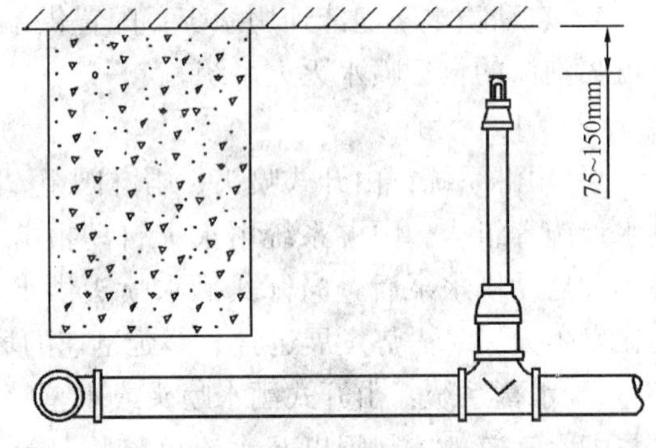

图 9-8 直立或下垂型标准喷头溅水盘与顶板的距离

3）除顶棚型喷头及顶棚下安装的喷头外，直立型、下垂型标准喷头，其溅水盘与顶板的距离不应小于 75mm，不应大于 150mm，如图 9-8、图 9-9 所示。

当在梁或其他障碍物底面下方的平面上布置喷头时，溅水盘与顶板的距离不应大于 300mm，同时溅水盘与梁等障碍物底面的垂直距离不应小于 25mm，不应大于 100mm。当在梁间布置喷头时，在符合喷头与梁等障碍物之间距离规定的前提下，溅水盘与顶板的距离不应大于 550mm。

4）图书馆、档案馆、商场、仓库中的通道上方宜设有喷头。喷头与被保护对象的水平距离，不应小于0.3m（如图9-10所示）；喷头溅水盘与保护对象的最小垂直距离，当采用标准喷头时不应小于0.45m，其他喷头不应小于0.90m。

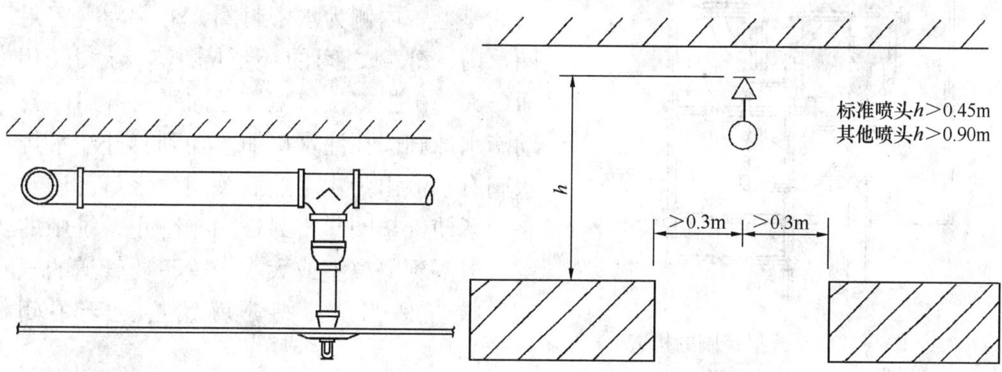

图9-9 顶棚下喷头安装示意图　　图9-10 堆物较高场所通道上方喷头的设置

同一根配水支管上喷头的间距及相邻配水支管的间距　　表9-15

喷水强度（L/min·m²）	正方形布置的边长（m）	矩形或平行四边形布置的边长（m）	一只喷头的最大保护面积（m²）	喷头与端墙的最大距离（m）
4	4.4	4.5	20.0	2.2
6	3.6	4.0	12.5	1.8
8	3.4	3.6	11.5	1.7
≥12	3.0	3.6	9.0	1.5

5）直立式边墙型喷头，其溅水盘与顶板的距离不应小于100mm，且不宜大于150mm，与背墙的距离不应小于50mm，并不应大于100mm（如图9-11所示）。

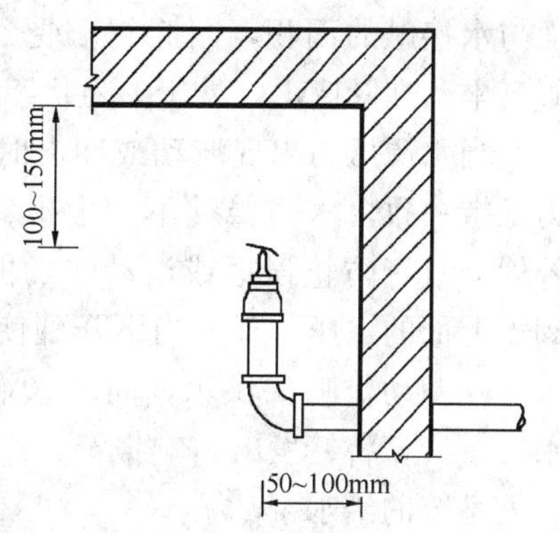

图9-11 直立式边墙型喷头的安装示意图

2. 报警阀组

自动喷水灭火系统应设报警阀。自动喷水灭火系统的报警阀组分为湿式报警阀组、干式报警阀组、雨淋报警阀组和预作用报警阀组，根据不同的系统选用不同的报警阀组。保护室内钢屋架等建筑构件的闭式系统，应设独立的报警阀组；水幕系统应设独立的报警阀组或感温雨淋阀。串联接入湿式系统配水干管的其他自动喷水灭火系统，应分别设置独立的报警阀组，其控制的喷头数计入湿式阀组控制的喷头总数。

（1）干式报警阀组

干式报警阀组主要由干式报警阀、水力警铃、压力开关、空压机、安全阀、控制阀等组成。干式报警阀的构造如图9-12所示，其中的阀瓣、水密封阀座、气

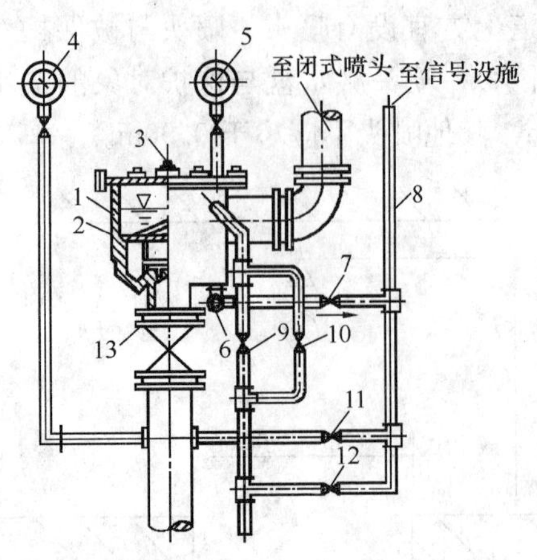

图9-12　干式报警阀的构造

1—阀体；2—差动双盘阀板；3—充气塞；4—阀前压力表；5—阀后压力表；6—角阀；7—止回阀；8—信号阀；9、10、11—截止阀；12—小孔阀；13—总闸阀

密封阀座组成隔断水、气的可动密封件。在准工作状态下，报警阀处于关闭位置，橡胶面的阀瓣紧紧地闭合于两个同心的水、气密封阀座上，内侧为水密封圈，外侧为气密封圈，内、外侧之间的环形隔离室与大气相通，大气由报警接口配管通向平时开启的自动滴水球阀。在注水口加水加到打开注水排水阀有水流出为止，然后关闭注水口。注水是为了使气垫圈起密封作用，防止系统中的空气泄漏到隔离室或大气中。只要管道的气压保持在适当值，阀瓣就始终处于关闭状态。

（2）湿式报警阀组

湿式报警阀组是湿式系统的专用阀门，是只允许水流入系统，并在规定压力、流量下驱动配套部件报警的一种单向阀。湿式报警阀组的主要元件为止回阀，其开启条件与入口压力及出口流量有关，它与延迟器水力警铃压力开关控制阀等组成报警阀组。湿式报警阀组中的报警阀的结构有两种，即隔板座圈型和导阀型。

隔板座圈型湿式报警阀上有进水口、报警口、测试口、检修口和出水口，阀内部设有阀瓣、阀座等组件，是控制水流方向的主要可动密封件。在准工作状态时，阀瓣上下充满水，水的压强近似相等。由于阀瓣上面与水接触的面积大于下面与水接触的面积，因此阀瓣受到的水合压力向下，在水压力及自重的作用下，阀瓣坐落在阀座上，处于关闭状态。

当水源压力出现波动或冲击时，通过补偿器（或补水单向阀）使上、下腔压力保持一致，水力警铃不发生报警，压力开关不接通，阀瓣仍处于准工作状态。补偿器具有防止误报或误动作功能。闭式喷头喷水灭火时，补偿器来不及补水，阀瓣上面的水压下降，当下降到使下腔的水压足以开启阀板时，下腔的水便向洒水管网及动作喷头供水，同时水沿着报警阀的环形槽进入报警口，流向延迟器、水力警铃，警铃发出声响报警，压力开关开启，给出电接点信号并启动自动喷水灭火系统的给水泵。

（3）雨淋报警阀组

雨淋报警阀是通过电动、机械或其他方法开启，使水能够自动流入喷水灭火系统并同时进行报警的一种单向阀。雨淋报警阀组的组成如图9-13所示。

雨淋阀是水流控制阀，可以通过电动、液动、气动及机械方式开启。雨淋阀的阀腔分成上腔、下腔和控制腔三部分。控制腔与供水管道连通，中间设限流传压的孔板。供水管道中的压力水推动控制腔中的膜片，进而推动驱动杆顶紧阀瓣锁定杆，锁定杆产生力矩，把筏板锁定在阀座上。阀瓣使下腔的压力水不能进入上腔。控制腔泄压时，使驱动杆作用在阀瓣锁定杆上的力矩低于供水压力作用在

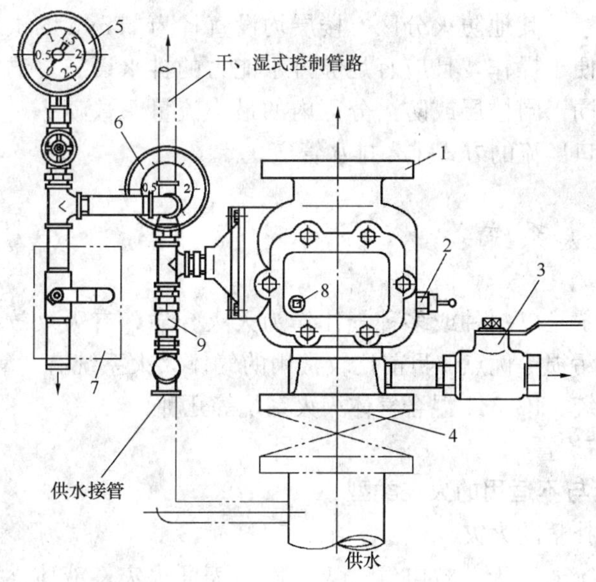

图 9-13 雨淋报警阀组

1—雨淋阀；2—自动滴水阀；3—排水球阀；4—供水控制阀；5—隔膜室压力表；6—供水压力表；7—紧急手动控制装置；8—阀瓣复位轴；9—节流阀

阀瓣上的力矩，于是阀瓣开启，供水进入配水管道。

(4) 预作用报警阀组

预作用报警装置由预作用报警阀组、控制盘、气压维持装置和空气供给装置等组成，它是通过电动、气动、机械或其他方式控制报警阀组开启，使水能够单向流入喷水灭火系统，并同时进行报警的一种单向阀组装置。

3. 水流指示器

水流指示器是在自动喷水灭火系统中，将水流信号转换成电信号的一种水流报警装置，其功能是及时报告发生火灾的部位。

水流指示器的叶片与水流方向垂直，喷头开启后引起管道中的水流动，当桨片或膜片感知水流的作用力时带动传动轴动作，接通延时线路，延时器开始计时。达到延时设定时间后，叶片仍向水流方向偏转无法回位，电触点闭合输出信号。当水流停止时，叶片和动作杆复位，触点断开，信号消除。当水流指示器入口前设置控制阀时，应采用信号阀。

4. 末端试水装置

末端试水装置是由试水阀、压力表以及试水接头等组成，其作用是检验系统的可靠性，测试干式系统和预作用系统的管道冲水时间。末端试水装置如图 9-14 所示。

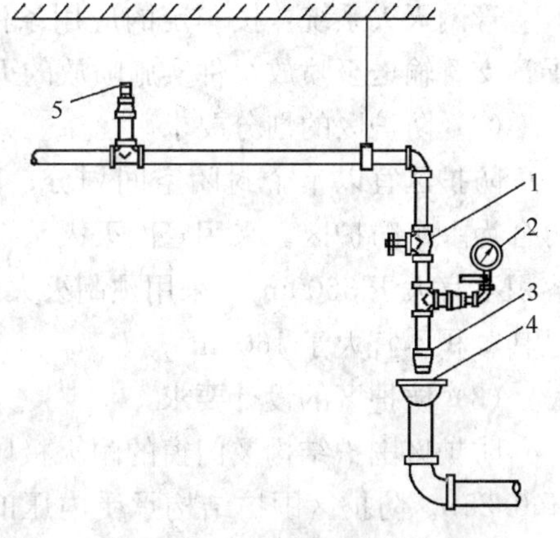

图 9-14 末端试水装置示意图

1—截止阀；2—压力表；3—试水接头；4—排水漏斗；5—最不利点处喷头

每个报警阀组控制的最不利点喷头处，

应设末端试水装置，其他防火分区、楼层均设直径为 25mm 的试水阀。末端试水装置和试水阀应便于操作，且应有足够排水能力的排水设施。试水接头出水口的流量系数，应等同于同楼层或防火分区内的最小流量系数喷头。末端试水装置的出水，应采取孔口出流的方式排入排水管道。

9.4　气体灭火系统

气体灭火系统是以一种或多种气体作为灭火介质，有灭火效率高、灭火速度快、保护对象无污损等优点。目前比较常用的气体灭火系统有二氧化碳灭火系统、七氟丙烷灭火系统、IG-541 混合气体灭火系统等几种。

9.4.1　系统设置

1. 系统适用与不适用的火灾类型

（1）适用于扑救的火灾

气体灭火系统适用于扑救电气火灾、固体表面火灾、液体火灾、灭火前能切断气源的气体火灾。除电缆隧道（夹层、井）及自备发电机房外，K 型和其他型热气溶胶预制灭火系统不得用于其他电气火灾。

（2）不适用于扑救的火灾

气体灭火系统不适用于扑救硝化纤维、硝酸钠等氧化剂或含氧化剂的化学制品火灾；钾、镁、钛、锆、铀等活泼金属火灾；氢化钠、氢化钾等金属氢化物火灾；过氧化氢、联胺等能自行分解的化学物质火灾；可燃固体物质的深位火灾。

2. 防护区的设置要求

（1）基本概念

全淹没灭火系统：是指在规定的时间内，向防护区喷放设计规定用量的灭火剂，并使其均匀地充满整个防护区的灭火系统。

预制灭火系统：指按一定的应用条件，将灭火剂储存装置和喷放组件等预先设计、组装成套且具有联动控制功能的灭火系统。

管网灭火系统：按一定的应用条件进行设计计算，将灭火剂从储存装置经由干管支管输送至喷放组件实施喷放的灭火系统。

（2）防护区的划分要求

防护区宜以单个封闭空间划分；同一区间的顶棚层和地板下需同时保护时，可合为一个防护区。采用管网灭火系统时，一个防护区的面积不宜大于 $800m^2$，且容积不宜大于 $3600m^3$。采用预制灭火系统时，一个防护区的面积不宜大于 $500m^2$，且其容积不宜大于 $1600m^3$。

（3）防护区的设计要求

防护区围护结构及门窗的耐火极限均不宜低于 0.5h，顶棚的耐火极限不宜低于 0.25h。防护区围护结构承受内压的允许压强，不宜低于 1200Pa。防护区应设置泄压口，七氟丙烷灭火系统的泄压口应位于防护区净高的 2/3 以上。防火区设置的泄压口，宜设在外墙上，泄压口面积按相应气体灭火系统设计规定计算。

喷放灭火剂前，防护区内泄压口外的开口应能自行关闭。防护区的最低环境温度不应低于−10℃。

9.4.2 系统类别及其灭火机理

1. 二氧化碳灭火系统

(1) 灭火机理

二氧化碳灭火主要在于窒息，其次是冷却。在常温常压条件下，二氧化碳的物态为气相，当储存于密封高压气瓶中，低于临界温度31.4℃时是以气、液两相共存的。在灭火过程中，二氧化碳从储存气瓶中释放出来，压力骤然下降，使得二氧化碳由液态转变成气态，分布于燃烧物的周围，稀释空气中的氧含量。另一方面，二氧化碳释放时又会因焓降的关系，温度急剧下降，形成细微的固体干冰粒子，干冰吸取其周围的热量而升华，即能产生冷却燃烧物的作用。

(2) 适用及不适用的火灾类型

二氧化碳灭火系统适用于扑救灭火前可切断气源的气体火灾；液体火灾或石蜡、沥青等可熔化的固体火灾；固体表面火灾及棉毛、织物、纸张等部分固体深位火灾；电气火灾。

二氧化碳灭火系统不适用于扑救硝化纤维、火药等含氧化剂的化学制品火灾；钾、钠、镁、钛、锆等活泼金属火灾；氯化钾、氰化钾等金属氰化物火灾。

(3) 系统设计要求

二氧化碳灭火系统按应用方式可分为全淹没灭火系统和局部应用灭火系统。全淹没灭火系统应用于扑救封闭空间内的火灾；局部应用灭火系统应用于扑救不需封闭空间条件的具体保护对象的非深位火灾。

1) 采用全淹没式灭火系统的防护区，对气体、液体、电气火灾和固体表面火灾，在喷放二氧化碳前不能自动关闭的开口，其面积不应大于防护区总内表面积的3%，且开口部应设在底面。对固体深位火灾，除泄压口以外的开口，在喷放二氧化碳前应自动关闭。防护区的围护结构及门、窗的耐火极限不应低于0.50h，顶棚的耐火极限不应低于0.25h。围护结构及门窗的允许压强不宜小于1200Pa。

2) 采用局部应用灭火系统的保护对象周围的空气流动速度不宜大于3m/s，必要时应采取挡风措施。在喷放与保护对象之间，喷头喷射角范围内不应有遮挡物。当保护对象为可燃液体时，液面至容器缘口的距离不得小于150mm。

3) 启动释放二氧化碳之前或同时，必须切断可燃、助燃气体的气源。

2. 七氟丙烷灭火系统

(1) 灭火机理

七氟丙烷灭火剂是一种无色无味、不导电的洁净药剂，释放后不含有离子或油状的残余物，且不会污染环境和被保护的精密设备。七氟丙烷灭火剂是以液态的形式喷射到防火区内的，在喷出喷头时，液态灭火剂迅速转变成气态需要吸收大量的热量，降低了保护区和火焰周围的温度。另一方面，七氟丙烷灭火时灭火剂分子中的一部分键断裂需要吸收热量，从而起到降温的作用。

(2) 适用及不适用的火灾类型

七氟丙烷灭火系统适用灭火前可切断气源的气体火灾；液体表面火灾或可熔化的固体火灾；固体表面火灾；电气火灾等火灾的扑救。

不适用于扑救氧化剂的化学制品及混合物火灾；活泼金属火灾；金属氰化物火灾以及能自行分解的化学物质火灾等物质的火灾。

（3）系统设计要求

七氟丙烷灭火系统的灭火设计浓度不应小于灭火浓度的 1.3 倍，惰化设计浓度不应小于惰化浓度的 1.1 倍。

1）灭火浓度与惰化浓度的规定：

灭火浓度是指在 101kPa 大气压和规定的温度条件下，扑灭某种火灾所需气体灭火剂在空气中的最小体积百分比。惰化浓度是指有火源引入时，在 101kPa 大气压和规定的温度条件下，能抑制空气中任意浓度的易燃可燃气体或易燃可燃液体蒸汽的燃烧发生所需的气体灭火剂在空气中的最小体积百分比。

固体表面火灾的灭火浓度为 5.8%，其他灭火浓度可按表 9-16 的规定取值，惰化浓度可按表 9-17 的规定取值。表中未列出的，应经试验确定。

七氟丙烷灭火浓度 **表 9-16**

可燃物	灭火浓度（%）	可燃物	灭火浓度（%）
甲烷	6.2	异丙醇	7.3
乙烷	7.5	丁醇	7.1
丙烷	6.3	甲乙醇	6.7
庚烷	5.8	甲基异丁酮	6.6
正庚烷	6.5	丙酮	6.5
硝基甲烷	10.1	环戊酮	6.7
甲苯	5.1	四氢呋喃	7.2
二甲苯	5.3	吗啉	7.3
乙腈	3.7	汽油（无铅，7.8%乙醇）	6.5
乙基醋酸酯	5.6	航空燃料汽油	6.7
丁基醋酸酯	6.6	2 号柴油	6.7
甲醇	9.9	喷气式发动机燃料（-4）	6.6
乙醇	7.6	喷气式发动机燃料（-5）	6.6
乙二醇	7.8	变压器油	6.9

七氟丙烷惰化浓度 **表 9-17**

可燃物	惰化浓度（%）
甲烷	8.0
二氯甲烷	3.5
1，1-二氟乙烷	8.6
1-氟-1，1-二氟乙烷	2.6
丙烷	11.6
1-丁烷	11.3
戊烷	11.6
乙烯氧化物	13.6

图书馆、档案、票据和文物资料库等防护区，灭火设计浓度宜采用10%。油浸变压器室、带油开关的配电室和自备发电机房等防护区，灭火设计浓度宜采用9%。通信机房和电子计算机房等防护区，灭火设计浓度宜采用8%。在通信机房和电子计算机房等防护区，设计喷放时间不应大于8s；在其他防护区，设计喷放时间不应大于10s。防护区实际应用的浓度不应大于灭火设计浓度的1.1倍。

2）灭火浸渍时间

木材、纸张、织物等固体表面火灾宜采用20min；通信机房、电子计算机房内的电气设备火灾应采用5min；其他固体表面火灾宜采用10min；气体和液体火灾不应小于1min。

3. IG-541 混合气体灭火系统

（1）灭火机理

IG-541混合气体灭火剂是由氮气、氩气和二氧化碳气体按一定比例混合而成的气体。由于这些气体都在大气层中自然存在，且来源丰富，因此它对大气层臭氧没有损耗，也不会加剧地球“温室效应”，更不会产生具有长久影响大气的化学物质。IG-541混合气体灭火属于物理灭火方式。

（2）适用及不适用的火灾类型

IG-541混合气体灭火系统适用于扑救灭火前可切断气源的气体火灾、液体火灾、固体表面火灾以及电气火灾等。

不适用于扑救硝化纤维、硝酸钠等氧化剂或含氧化剂的化学制品火灾；钾、钠、镁、钛、锆、铀等活泼金属火灾；氢化钾、氢化钠等金属氢化物火灾；过氧化氢、联胺等能自行分解的化学物质火灾；可燃固体物质的深位火灾。

（3）系统设计要求

IG-541混合气体灭火系统的灭火设计浓度不应小于灭火浓度的1.3倍，惰化设计浓度不应小于惰化浓度的1.1倍。

1）灭火浓度与惰化浓度的规定：

固体表面火灾的灭火浓度为28.1%，当IG-541混合气体灭火剂喷放至设计用量的95%时，其喷放时间不应大于60s，且不应小于48s。

2）灭火浸渍时间

木材、纸张、织物等固体表面火灾宜采用20min；通信机房、电子计算机房内的电气设备火灾宜采用10min；其他固体表面火灾宜采用10min。

9.4.3 气体灭火系统适用的建筑场所

根据建筑设计防火《建筑设计防火规范》GB 50016—2014的规定，下列场所应设置自动灭火系统，并宜采用气体灭火系统：

（1）国家、省级或人口超过100万的城市广播电视发射塔内的微波机房、分米波机房、米波机房、变配电室和不间断电源（UPS）室。

（2）国际电信局、大区中心、省中心和一万路以上的地区中心内的长途程控交换机房、控制室和信令转接点室。

（3）两万线以上的市话汇接局和六万门以上的市话端局内的程控交换机房、控制室和信令转接点室。

(4) 中央及省级公安、防灾和网局级及以上的电力等调度指挥中心内的通信机房和控制室。

(5) 中央和省级广播电视中心内建筑面积不小于120m²的音像制品库房。

(6) 主机房建筑面积不小于140m²的电子信息系统机房内的主机房和基本工作间的已记录磁(纸)介质库。

(7) 国家、省级或藏书量超过100万册的图书馆内的特藏库;中央和省级档案馆内的珍藏库和非纸质档案库;大、中型博物馆内的珍品库房;一级纸绢质文物的陈列室,以及其他特殊重要设备室。

9.4.4 安全要求

设置气体灭火系统的防护区应设置疏散通道和安全出口,保证防护区内所有人员能在30s内撤离完毕。防护区内的疏散通道及出口,应设消防应急照明灯具和疏散指示标志灯;防护区内应设火灾声音报警器,必要时,可增设闪光报警器;防护区的入口处应设火灾声光报警器和灭火剂喷放指示灯,以及防护区采用的相应气体灭火系统的永久性标志牌。

9.5 泡沫灭火系统

泡沫灭火系统是通过机械作用将泡沫灭火剂、水与空气充分混合并产生泡沫实施灭火的,具有安全可靠、经济实用、灭火效率高、无毒性等优点。

9.5.1 系统的灭火机理与泡沫液的选择

1. 灭火机理

泡沫灭火系统的灭火机理主要体现在以下几个方面:

(1) 隔氧窒息作用:在燃烧物表面形成泡沫覆盖层,使燃烧物的表面与空气隔绝,同时泡沫受热蒸发产生的水蒸气可以降低燃烧物附近氧气的浓度,起到窒息灭火作用。

(2) 辐射热阻隔作用:泡沫层能阻止燃烧区的热量作用于燃烧物质的表面,因此可防止可燃物本身和附近可燃物质的蒸发。

(3) 吸热冷却作用:泡沫析出的水对燃烧物表面进行冷却。

2. 泡沫液的类型及其选择

(1) 泡沫液

泡沫液:可按适宜的混合比与水混合形成泡沫溶液的浓缩液体。其中,混合比是指泡沫液在泡沫混合液中所占的体积百分数。根据发泡倍数,泡沫液可分为以下三种:

低倍数泡沫:指发泡倍数低于20的灭火泡沫。低倍数泡沫灭火系统是甲、乙、丙类液体储罐及石油化工装置区等场所的首选灭火系统。

中倍数泡沫:指发泡倍数为20～200的灭火泡沫。中倍数泡沫液灭火系统在实际工程中应用较少,且多用作辅助灭火设施。

高倍数泡沫:指发泡倍数高于200的灭火泡沫。

(2) 泡沫液的选择

1) 非水溶性甲、乙、丙类液体储罐低倍数泡沫液的选择。当采用液上喷射泡沫灭火时，选用蛋白、氟蛋白、成膜氟蛋白或水成膜泡沫液均可；当采用液下喷射泡沫液时，必须选用氟蛋白、成膜氟蛋白或水成膜泡沫液。

2）水溶性甲、乙、丙类液体和其他对普通泡沫有破坏作用的甲、乙、丙液体，以及用一套系统同时保护水溶性和非水溶性甲、乙、丙类液体的，必须选用抗溶泡沫液。扑救水溶性液体火灾应采用液上喷射或半液下喷射泡沫，不能采用液下喷射泡沫。

3）中倍数泡沫灭火系统泡沫液的选用：用于油罐的中倍数泡沫灭火剂应采用专用8%型氟蛋白泡沫液；除油罐外的其他场所，可选用中倍数泡沫液或高倍数泡沫液。

4）高倍数泡沫灭火系统利用热烟气发泡时，应采用耐温耐烟型高倍数泡沫液。当采用海水作为系统水源时，必须选择适用于海水的泡沫液。

图 9-15 为泡沫灭火系统灭火过程图。

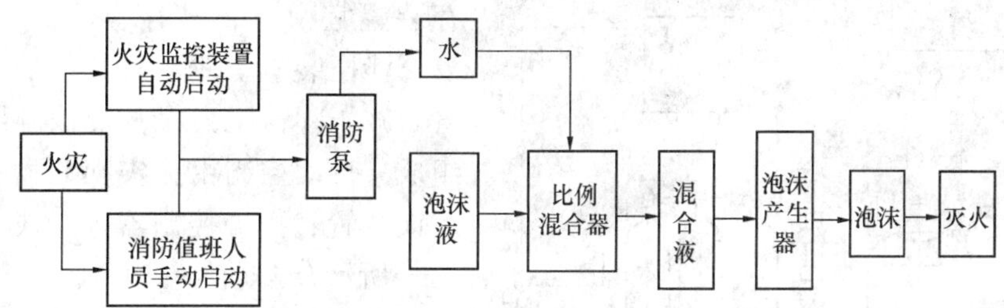

图 9-15 泡沫灭火系统灭火过程示意图

9.5.2 系统适用范围

1. 适用场所

(1) 全淹没式高倍数泡沫灭火系统可用于封闭空间场所，及设有阻止泡沫流失的固定围墙或其他围挡设施的场所。全淹没式中倍数泡沫灭火系统可用于小型封闭空间场所，以及设有阻止泡沫流失的固定围墙或其他围挡设施的小场所。

(2) 局部应用式高倍数泡沫灭火系统可用于四周不完全封闭 A 类火灾与 B 类火灾场所，以及天然气液化站与接收站的集液池或储罐围堰区。局部应用式中倍数泡沫灭火系统可用于四周不完全封闭 A 类火灾场所和天然限定位置的流散 B 类火灾场所，以及固定位置面积不大于 $100m^2$ 的流淌 B 类火灾场所。

(3) 移动式高倍数泡沫灭火系统可用于发生火灾的部位难以确定或人员难以接近的火灾场所，流淌的 B 类火灾场所，以及发生火灾时需要排烟、降温或排除有害气体的封闭空间。移动式中倍数泡沫灭火系统可用于发生火灾的部位难以确定或人员难以接近的较小火灾场所，流散的 B 类火灾场所，以及不大于 $100m^2$ 的流淌 B 类火灾场所。

(4) 泡沫一水喷淋系统可用于具有非水溶性液体泄漏火灾危险的室内场所，存放量不超过 $25L/m^2$ 或超过 $25L/m^2$ 但有缓冲物的水溶性液体室内场所。泡沫喷雾系统适用于独立变电站的油浸电力变压器，面积不大于 $200m^2$ 的非水溶性液体室内场所。

2. 不适用场所

含有硝化纤维、炸药等在无空气的环境中仍能迅速氧化的化学物质和强氧化剂的场所。以及钾、钠、烷基铝、五氧化二磷等遇水发生危险化学反应的活泼金属和化学物质的场所不应选用泡沫灭火系统。

9.6 干粉灭火系统

干粉灭火系统是由干粉供应源通过输送管道连接到固定的喷嘴上，通过喷嘴喷放干粉的灭火系统。

9.6.1 系统组成及设计要求

1. 系统组成

干粉灭火系统由干粉灭火设备和自动控制两大部分组成。干粉灭火系统的储存装置宜由干粉储存容器、容器阀、安全泄压装置、驱动气体储瓶、集流管、减压阀、压力报警及控制装置等组成；自动控制由火灾探测器、信号反馈装置、报警控制器等组成（如图9-16所示）。

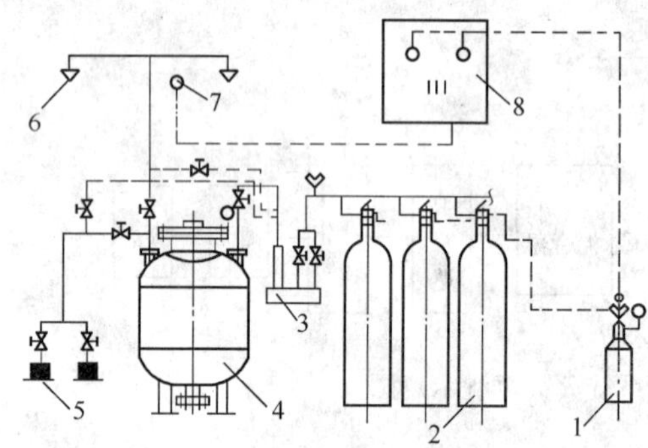

图 9-16 干粉灭火系统组成示意图

1—启动气体瓶组；2—驱动气体瓶组；3—减压器；4—干粉储存容器；5—干粉枪及卷盘；6—喷嘴；7—火灾探测器；8—控制装置

2. 一般规定

(1) 储存装置的布置应方便检查和维护，并应避免阳光直射，其环境温度为－20℃～50℃。储存装置宜设在专用的储存装置间内。专用储存装置间应靠近防护区，出口应直接通向室外或疏散通道。耐火等级不应低于二级，宜保持干燥和良好通风，并应设应急照明。

(2) 驱动气体应选用惰性气体，宜选用氮气；二氧化碳含水率不应大于0.015%（m/m），其他气体含水率不得大于0.006%（m/m）；驱动压力不得大于干粉储存容器的最高工作压力。

(3) 当防火区或保护对象有可燃气体，易燃、可燃液体供应源时，启动干粉灭火系统之前或同时，必须切断气体、液体的供应源。

(4) 组合分配系统的灭火剂储存量不应小于所需储存量最多一个防护区或保护对象的储存量。组合分配系统保护的防护区与保护对象之和不得超过8个。当防护区与保护对象之和超过5个时，或者在喷放后48h内不能恢复到正常工作状态时，灭火剂应有备用量。备用量不应小于系统设计的储存量。备用干粉储存容器应与系统管网相连，并能与主用干粉储存容器切换使用。

3. 系统分类

干粉灭火系统按应用方式可分为全淹没式灭火系统和局部应用灭火系统。扑救封闭空间内的火灾应采用全淹没灭火系统；扑救具体保护对象的火灾应采用局部应用灭火系统。

(1) 全淹没灭火系统

全淹没灭火系统是在规定的时间内，向防护区喷射一定浓度的干粉，并使其均匀地充满整个防护区的灭火系统。系统喷头布置应使防护区内灭火剂分布均匀。

全淹没灭火系统的灭火剂设计浓度不得小于0.65kg/m³，干粉喷射时间不应大于30s。采用全淹没灭火系统的防护区，喷放干粉时不能自动关闭防护区开口，其总面积不应大于该防护区总内表面积的15%，且开口不应设在底面。防火区的围护结构及门窗的耐火极限不应小于0.50h，顶棚的耐火极限不应小于0.25h，围护结构及门、窗的允许压力不宜小于1200Pa。

防护区应设泄压口，并宜设在外墙上，其高度应大于防护区净高的2/3。

(2) 局部应用灭火系统

局部应用灭火系统主要由一个适当的灭火剂供应源组成，它能将灭火剂直接喷放到着火物上或认为危险的区域。

室内局部应用灭火系统的干粉喷射时间不应小于30s；室外或有复燃危险的室内局部应用灭火系统的干粉喷射时间不应小于60s。

采用局部应用灭火系统的保护对象周围的空气流动速度不应大于2m/s，必要时应采取挡风措施。在喷头和保护对象之间，喷头喷射角范围内不应有遮挡物。当保护对象为可燃液体时，液面至容器缘口的距离不得小于150mm。

9.6.2 灭火机理及适用范围

1. 干粉的灭火机理

干粉在动力气体（氮气、二氧化碳）的推动下射向火焰进行灭火。干粉在灭火过程中，粉雾与火焰接触、混合，发生一系列物理和化学作用，既具有化学灭火剂的作用，同时又具有物理抑制剂的特点。其灭火机理如下：

(1) 化学抑制作用

燃烧过程是一种连锁反应过程，OH·和H·上的“·”是维持燃烧连锁反应的关键自由基，它们具有很高的能力，非常活泼，一经生成立即引发下一步反应，生成更多的自由基，使燃烧过程得以延续且不断扩大。干粉灭火剂的灭火组分是燃烧的非活性物质，当把干粉灭火剂加入到燃烧区与火焰混合后，干粉粉末M与火焰中的自由基接触时，捕获OH·和H·，自由基被瞬时吸附在粉末表面。当大量的粉末以雾状形式喷向火焰时，火焰中的自由基被大量吸附和转化，使自由基数量急剧减少，致使燃烧反应链中断，最终使火焰熄灭。

(2) 隔离作用

干粉灭火系统喷出的固体粉末覆盖在燃烧物表面，构成阻碍燃烧的隔离层。特别当粉末覆盖达到一定厚度时，还可以起到防止复燃的作用。

(3) 冷却与窒息作用

干粉灭火剂在动力气体推动下喷向燃烧区进行灭火时，干粉灭火剂的基料在火焰高温作用下，将会发生一系列分解反应。钠盐和钾盐干粉在燃烧区吸收部分热量，并放出水蒸气和二氧化碳气体，起到冷却和稀释可燃气体的作用。磷酸盐等化合物还具有导致炭化的作用，它附着于着火固体表面可炭化。碳化物是热的不良导体，可使燃烧过程变得缓慢，使火焰的温度降低。

2. 适用范围

干粉灭火系统可用于扑救灭火前可切断气源的气体火灾；易燃、可燃液体和可熔化固体火灾；可燃固体表面火灾以及带电设备火灾。

干粉灭火系统不得用于扑救硝化纤维、炸药等无空气仍能迅速氧化的化学物质与强氧化剂等物质的火灾；不得用于扑救钠、钾、镁、钛、锆等活泼金属及其氢化物的火灾。

9.6.3 安全要求

(1) 防护区内及入口处应设火灾声光警报器，防护区入口处应设置干粉灭火剂喷放指示门灯及干粉灭火系统永久性标志牌。局部应用灭火系统，应设置火灾声光警报器。

(2) 防护区的走道和出口，必须保证人员能够在30s内安全疏散。防护区的门应向疏散方向开启，并应能自动关闭，在任何情况下均应能在防护区内打开。

(3) 防护区入口处应装设自动、手动转换开关。转换开关安装高度宜使中心位置距地面1.5m。

(4) 地下防护区和无窗或设固定窗扇的地上防护区，应设置独立的机械排风装置，排风口应通向室外。当系统管道设置在有爆炸危险的场所时，管网等金属件应设防静电接地，防静电接地设计应符合国家现行有关标准规定。

复习思考题

1. 建筑灭火器由哪些部分组成？建筑灭火器在建筑安全防火设计中的作用。
2. 在选择灭火器时应考虑哪些因素？
3. 请详细说明建筑灭火器日常检查与维护的主要内容及其报废条件和要求？
4. 消火栓系统的主要组成部分有哪些？分别起到什么作用？
5. 消火栓系统用水量如何确定？
6. 消防水池、消防水箱的作用分别是什么？如何计算确定其有效容积？
7. 消防水泵的流量如何确定？
8. 自动喷水灭火系统有哪些组件、配件和设施？
9. 湿式系统、干式系统及预作用系统的报警阀组有何不同？
10. 水喷雾灭火系统与自动喷淋水系统在灭火机理上有何本质区别？
11. 试述水喷雾灭火系统、泡沫灭火系统、气体灭火系统的灭火原理及其在民用建筑中的应用特点？

第 10 章　火灾自动报警系统

火灾自动报警系统是火灾探测报警与消防联动控制系统的简称。通过探测火灾早期特征、发出火灾报警信号，为人员疏散、防止火灾蔓延和启动自动灭火设备提供控制与指示的消防系统。

10.1　系统构成及工作原理

火灾自动报警系统一般设置在工业与民用建筑场所，与自动灭火系统、疏散诱导系统、机械排烟系统、机械防烟系统、水幕系统、雨淋系统、预作用系统、水喷雾灭火系统、气体灭火系统、防火卷帘、常开防火门、自动排烟窗等设施设备一起构成完整的建筑消防系统。

10.1.1　系统构成及设置要求

火灾自动报警系统由火灾探测报警系统、消防联动控制系统、可燃气体探测报警系统及电气火灾监控系统组成。火灾自动报警系统的组成如图 10-1 所示。

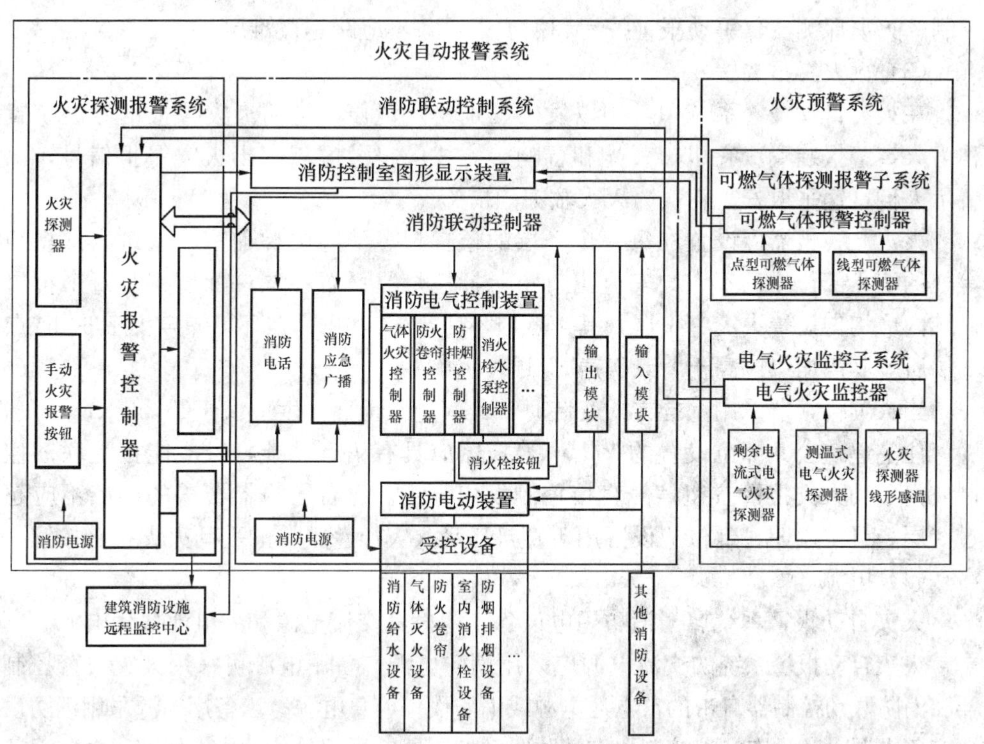

图 10-1　火灾自动报警系统的组成示意图

1. 火灾探测报警系统

火灾探测报警系统由火灾报警控制器、触发器件和火灾警报装置等组成，它能及时、准确地探测被保护对象的初期火灾，并作出报警响应，从而使建筑中的人员有足够的时间疏散至安全地带，是保障人员生命安全的最基本的建筑消防系统。

（1）触发器件

在火灾自动报警系统中，自动或手动产生火灾报警信号的器件称为触发器件，主要包括火灾探测器和手动火灾报警按钮。火灾探测器是能对火灾参数（如烟、温度、火焰辐射、气体浓度等）响应，并自动产生火灾报警信号的器件。手动火灾报警按钮是手动方式产生火灾报警信号、启动火灾自动报警系统的器件。

（2）火灾报警装置

在火灾自动报警系统中，用以接收、显示和传递火灾报警信号，并能发出控制信号和具有其他辅助功能的控制指示设备称为火灾报警装置。火灾报警控制器就是最基本的火灾报警装置，它担负着为火灾探测器提供稳定的工作电源；监视探测器及系统自身的工作状态；接收、转换、处理火灾探测器输出的报警信号；进行声光报警；指示报警的具体部位及时间；同时执行相应辅助控制等诸多任务。

任一台火灾报警控制器所连接的火灾探测器、手动火灾报警按钮和模块等设备总数和地址总数，均不应超过 3200 点，其中每一总线回路连接设备的总数不宜超过 200 点，且应留有不少于额定容量 10%的余量。

高度超过 100m 的建筑中，除消防控制室内设置的控制器外，每台控制器直接控制的火灾探测器、手动报警按钮和模块等设备不应跨越避难层。

（3）火灾警报装置

在火灾自动报警系统中，用以发出区别于环境声、光的火灾警报信号的装置称为火灾警报装置。它以声、光和音响等方式向报警区域发出火灾警报信号，以警示人们迅速采取安全疏散、灭火救灾的措施。

火灾光警报器应设置在每一个楼层的楼梯口、消防电梯前室、建筑内部拐角等处的明显部位，且不宜与安全出口指示标志灯具设置在同一面墙上。每个报警区域内应均匀设置火灾警报器，其声压级不应小于 60dB；在环境噪声大于 60dB 点的场所，其声压级应高于背景噪声 15dB。

当火灾警报器采用壁挂方式安装时，其底边距地面高度应大于 2.2m。

住宅建筑公共部位设置的火灾声警报器应具有语音功能，且应能接受联动控制或由手动火灾报警按钮信号直接控制发出警报。每台警报器覆盖的楼层不应超过 3 层，且首层明显部位应设置用于直接启动火灾声警报器的手动火灾报警按钮。

（4）电源

火灾自动报警系统属于消防用电设备，应设置交流电源和蓄电池备用电源。

火灾自动报警系统的交流电源应采用消防电源，备用电源可采用火灾报警控制器和消防联动控制器自带的蓄电池电源或消防设备应急电源。当备用电源采用消防设备应急电源时，火灾报警控制器和消防联动控制器应采用单独的供电回路，并应保证在系统处于最大负载状态下不影响火灾报警控制器和消防联动控制器的正常工作。

火灾自动报警系统主电源不应设置剩余电流动作保护和过负荷保护装置。

消防设备应急电源输出功率应大于火灾自动报警及联动控制系统全负荷功率的120%，蓄电池组的容量应保证火灾自动报警及联动控制系统在火灾状态同时工作负荷条件下连续工作3h以上。

2. 消防联动控制系统

消防联动控制系统由消防联动控制器、消防控制室图形显示装置、消防电气控制装置（防火卷帘控制器、气体灭火控制器）、消防电动装置、消防联动模块、消火栓按钮、消防应急广播设备、消防电话等设备和组件组成。

在火灾发生时，联动控制器按设定的控制逻辑准确发出联动控制信号给消防泵、喷淋泵、防火门、防火阀、防排烟阀和通风等消防设备，完成对灭火系统、疏散指示系统、防排烟系统及防火卷帘等其他有关设备的控制功能。当消防设备动作后由联动控制器将动作信号反馈给消防控制室并显示，实现对建筑消防设施的状态监视功能，即接收来自消防联动现场设备以及火灾自动报警系统以外的其他系统的火灾信息或其他信息的触发和输入功能。

任一台消防联动控制器地址总数或火灾报警控制器（联动型）所控制的各类模块总数不应超过1600点，每一联动总线回路连接设备的总数不宜超过100点，且应留有不少于额定容量10%的余量。

3. 可燃气体探测报警系统

可燃气体探测报警系统由可燃气体报警控制器、可燃气体探测器组成，是火灾自动报警系统的独立子系统，属于火灾预警系统。可燃气体探测报警系统的组成如图10-2所示。

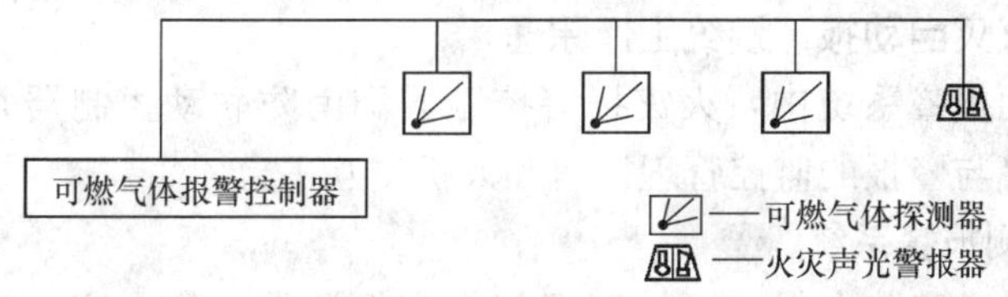

图10-2 可燃气体探测报警系统的组成示意图

可燃气体探测报警系统适用于使用、生产或聚集可燃气体或可燃液体蒸气场所泄露的可燃气体浓度的探测，能够在保护区域内泄漏或聚集可燃气体的浓度达到爆炸下限前发出报警信号，提醒专业人员排除火灾、爆炸隐患，实现火灾的早期预防，避免由于可燃气体泄漏引发的火灾和爆炸事故的发生。

建筑内可能散发可燃气体、可燃蒸气的场所应设置可燃气体报警装置。

可燃气体探测报警系统应独立组成，不应接入火灾报警控制器的探测回路。当可燃气体的报警信号需接入火灾自动报警系统时，应由可燃气体报警控制器接入。可燃气体报警控制器的报警信息和故障信息，应在消防控制室图形显示装置或起集中控制功能的火灾报警控制器上显示，但该类信息与火灾报警信息的显示应有区别。可燃气体报警控制器发出报警信号时，应能启动保护区域的火灾声光警报器；保护区域内有联动和警报要求时，应由可燃气体报警控制器或消防联动控制器联动实现。

探测器是为了测试被保护区域可燃气体的泄漏，并使探测器的灵敏度更高，可燃气体探测器宜设置在可能产生可燃气体部位附近。探测气体密度小于空气密度的可燃气体探测器应设置在被保护空间的顶部；探测气体密度大于空气密度的可燃气体探测器应设置在被保护空间的下部；探测气体密度与空气密度相当时，可燃气体探测器可设置在被保护空间的中间部位或顶部。

4. 电气火灾监控系统

电气火灾监控系统由电气火灾监控器、电气火灾监控探测器和火灾声警报器组成，是火灾自动报警系统的独立子系统，属于火灾预警系统。

电气火灾监控系统适用于具有电气火灾危险场所，尤其是变电站、石油石化、冶金等不能中断供电的重要供电场所的电气故障探测，能在电气线路及该线路中的配电设备或用电设备发生电气故障并产生一定电气火灾隐患的条件下发出报警，提醒专业人员排除电气火灾隐患，实现电气火灾的早期预防，避免电气火灾的发生，因此具有很强的电气防火预警功能。

电气火灾监控系统应根据建筑物的性质及电气火灾危险性设置，并应根据电气线路敷设和用电设备的具体情况，确定电气火灾监控探测器的形式与安装位置。在无消防控制室且电气火灾监控探测器设置数量不超过8只时，可采用独立式电气火灾监控探测器。

在设置消防控制室的场所，电气火灾监控器的报警信息和故障信息应在消防控制室图形显示装置或起集中控制功能的火灾报警控制器上显示，但该类信息与火灾报警信息的显示应有区别。非独立式电气火灾探测器不应接入火灾报警控制器的探测回路。当线型感温火灾探测器用于电气火灾监控时，可接入电气火灾监控探测器。

10.1.2　火灾自动报警系统工作原理

在火灾自动报警系统中，火灾报警控制器和消防联动控制器是核心组件，是系统中火灾报警与警报的监控管理枢纽和人机交互平台。

1. 火灾探测报警系统

火灾发生时，安装在保护区域现场的火灾探测器，将火灾产生的烟雾、热量和光辐射等火灾特征参数转变为电信号，经数据处理后传输至火灾报警控制器；或直接由火灾探测器做出火灾报警判断，将报警信号传输到火灾报警控制器。

火灾报警控制器在接收到探测器的火灾特征参数信息或报警信息后，经报警确认判断，显示报警探测器的部位，记录探测器火灾报警的时间。处于火灾现场的人员，在发现火灾后可立即触动安装在现场的手动火灾报警按钮，手动报警按钮便将报警信息传输到火灾报警控制器，经报警确认判断，显示动作的手动报警按钮的部位，记录手动火灾报警按钮报警的时间，驱动安装在被保护区域现场的火灾警报装置，发出火灾警报，向处于被保护区域内的人员警示火灾的发生。火灾探测报警系统的工作原理如图10-3所示。

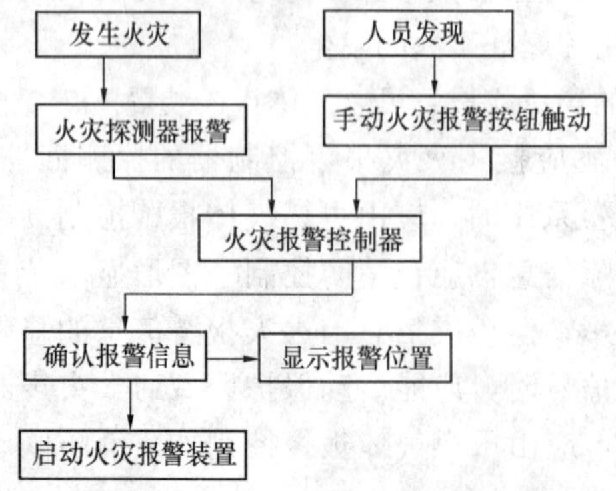

图10-3　火灾探测报警系统的工作原理

2. 消防联动控制系统

火灾发生时，火灾探测器和手动火灾报警按钮的报警信号等联动触发信号传输至消防联动控制器，消防联动控制器按照预设的逻辑关系对接收到的触发信号进行识别判断，在满足逻辑关系条件时，消防联动控制器按照预设的控制时序启动相应自动消防系统（设施），实现预设的消防功能；消防控制室的消防管理人员也可以通过操作消防联动控制器的手动盘直接启动相应的消防系统（设施），从而实现相应的消防系统（设施）预设的消防功能。消防联动控制接收并显示消防系统（设施）动作的反馈信息。系统的工作原理如图 10-4 所示。

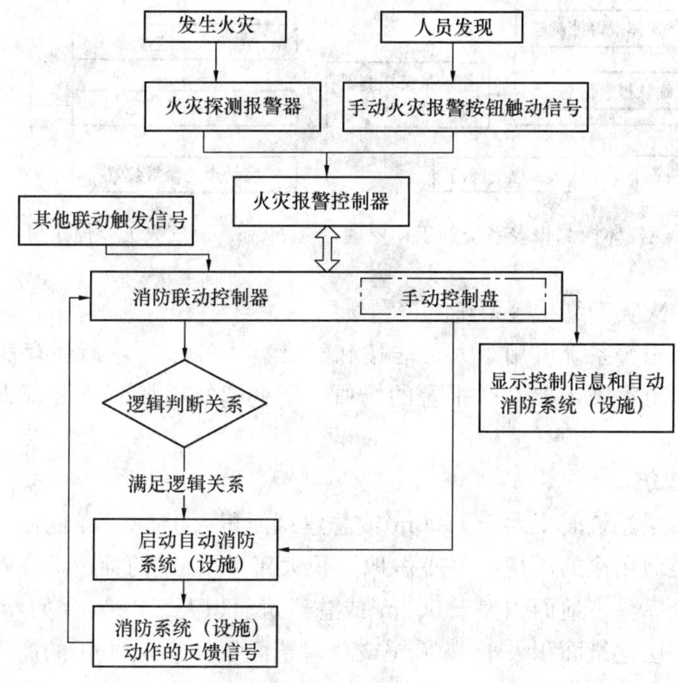

图 10-4 消防联动控制系统的工作原理

3. 可燃气体探测报警系统

发生可燃气体泄漏时，安装在保护区域现场的可燃气体探测器，将泄漏可燃气体的浓度参数转变为电信号，经数据处理后传输至可燃气体报警控制器；或直接由可燃气体探测器做出泄漏可燃气体浓度超限报警判断，将报警信息传输到可燃气体报警控制器。

可燃气体报警控制器在接收到探测器的可燃气体浓度参数信息或报警信息后，经确认判断，显示泄漏报警探测器的部位并发出泄漏可燃气体浓度信息，记录探测器报警的时间，同时驱动安装在保护区域现场的声光警报装置发出声光警报，警示人员采取相应的处置措施；必要时可以控制并关断燃气的阀门，防止燃气的进一步泄漏。可燃气体探测报警系统的工作原理如图 10-5 所示。

4. 电气火灾监控系统

发生电气故障时，电气火灾监控探测器将保护线路中的剩余电流、温度等电气故障参数信息转变为电信号，经数据处理后，探测器发出报警判断，将报警信息传输到电气火灾监控器。电气火灾监控器在接收到探测器的报警信息后，经确认判断，显示电气故障报警探测器的部位信息，记录探测器报警的时间，同时驱动安装在保护区域现场的声光警报装置，发出声光警报，警示人员采取相应的处置措施，排除电气故障、消除电气火灾隐患，防止电气火灾的发生。电气火灾监控系统的工作原理如图 10-6 所示。

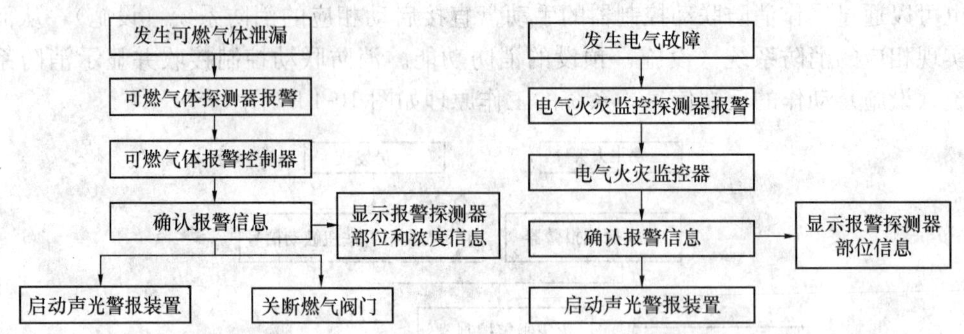

图 10-5　可燃气体探测报警系统的工作原理　　图10-6　电气火灾监控探测系统的工作原理

10.1.3　火灾自动报警系统的设置场所

火灾自动报警系统可用于人员居住和经常有人滞留的场所、存放重要物资或燃烧后产生严重污染需要及时报警的场所。下列建筑或场所应设置火灾自动报警系统：

1. 公共建筑

（1）任一层建筑面积大于 1500m² 或总建筑面积大于 3000m² 的制鞋、制衣、玩具、电子等类似用途的厂房。每座占地面积大于 1000m² 的棉、毛、丝、麻、化纤及其制品的仓库，占地面积大于 500m² 或总建筑面积大于 1000m² 的卷烟仓库。

（2）任一层建筑面积大于 1500m² 或总建筑面积大于 3000m² 的商店、展览、财贸金融、客运和货运等类似用途的建筑，总建筑面积大于 500m² 的地下或半地下商店。

（3）图书或文物的珍藏库，每座藏书超过 50 万册的图书馆，重要的档案馆。

（4）地市级及以上广播电视建筑、邮政建筑、电信建筑，城市或区域性电力、交通和防灾等指挥调度建筑。

（5）特等、甲等剧场，座位数超过 1500 个的其他等级的剧场或电影院，座位数超过 2000 个的会堂或礼堂，座位数超过 3000 个的体育馆。

（6）大、中型幼儿园的儿童用房等场所，老年人建筑，任一层建筑面积大于 1500m² 或总建筑面积大于 3000m² 的疗养院的病房楼、旅馆建筑和其他儿童活动场所，不少于 200 张床位的医院门诊楼、病房楼和手术部等。

（7）歌舞娱乐放映游艺场所。

（8）净高大于 2.6m 且可燃物较多的技术夹层，净高大于 0.8m 且有可燃物的闷顶或顶棚内。电子信息系统的主机房及其控制室、记录介质库，特殊贵重或火灾危险性大的机器、仪表、仪器设备室、贵重物品库房。

（9）二类高层公共建筑内建筑面积大于 50m² 的可燃物品库房和建筑面积大于

$500m^2$的营业厅。

（10）其他一类高层公共建筑。

（11）设置机械排烟、防烟系统、雨淋或预作用自动喷水灭火系统，固定消防水炮灭火系统、气体灭火系统等需与火灾自动报警系统联锁动作的场所或部位。

2. 住宅建筑

（1）建筑高度大于 100m 的住宅建筑，应设置火灾自动报警系统。

（2）建筑高度大于 54m 但不大于 100m 的住宅建筑，其公共部位应设置火灾自动报警系统，套内宜设置火灾探测器。建筑高度不大于 54m 的高层住宅建筑，其公共部位宜设置火灾自动报警系统。当设置需联动控制的消防设施时，公共部位应设置火灾自动报警系统。

（3）高层住宅建筑的公共部位应设置具有语音功能的火灾声警报装置或应急广播。

10.2 火灾自动报警系统设计

10.2.1 系统形式的选择

火灾自动报警系统的形式和设计要求与保护对象及消防安全目标的设立直接相关。消防系统设计的基本理念是“以人为本，生命第一”，建筑内设置消防系统的第一任务就是保障人身安全。基于这一理念，尽早发现火灾、及时报警、启动有关消防设施引导人员疏散，在人员疏散完后，如果火灾发展到需要启动自动灭火设施的程度，就应启动相应的自动灭火设施，扑救初期火灾，防止火灾蔓延。图 10-7 给出了与火灾相关的几个消防过程。

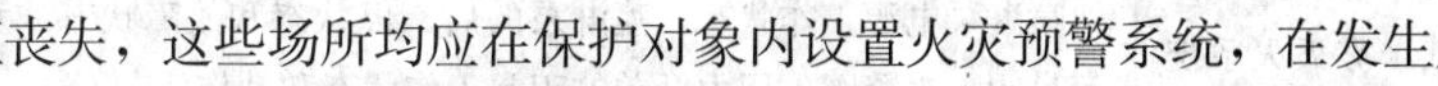

火灾预警 → 火灾发生 → 探测报警 → 人员疏散 → 自动灭火 → 消防救援

图 10-7　与火灾相关的消防过程示意

在保护财产方面，火灾自动报警系统也有着不可替代的作用。使用功能复杂的高层建筑、超高层建筑及大体量建筑，由于火灾危险性大，一旦发生火灾会造成重大财产损失；保护对象内存放重要物质，物质燃烧后会产生严重污染及施加灭火剂后导致物质价值丧失，这些场所均应在保护对象内设置火灾预警系统，在发生火灾前，探测可能引起火灾的征兆特征，彻底防止火灾发生或在火势很小尚未成灾时就及时报警。因此，设定的安全目标直接关系到火灾自动报警系统形式的选择。

当仅需要报警，不需要联动自动消防设备的保护对象宜采用区域报警系统；不仅需要报警，同时需要联动自动消防设备，且只设置一台具有集中控制功能的火灾报警控制器和消防联动控制器的保护对象，应采用集中报警系统，并应设置一个消防控制室。当设置两个及以上消防控制室的保护对象，或已设置两个及以上集中报警系统的保护对象，应采用控制中心报警系统。

10.2.2 系统的设计

1. 区域报警系统设计

区域报警系统应由火灾探测器、手动火灾报警按钮、火灾声光警报器及火灾报警控制器等组成，系统中可包括消防控制室图形显示装置和指示楼层的区域显示器。区域报警系统的组成如图 10-8 所示。

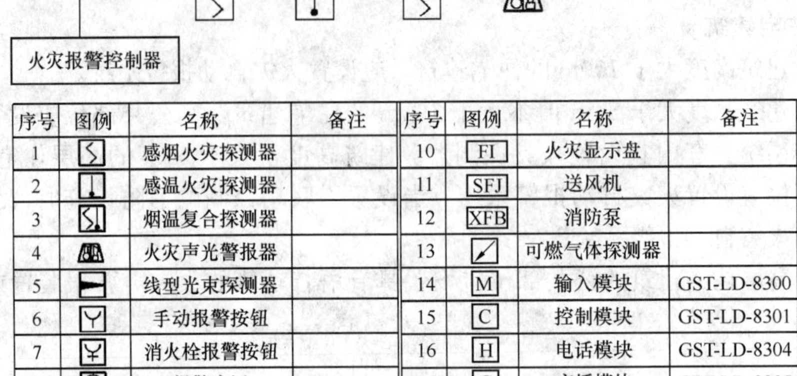

序号	图例	名称	备注	序号	图例	名称	备注
1		感烟火灾探测器		10	FI	火灾显示盘	
2		感温火灾探测器		11	SFJ	送风机	
3		烟温复合探测器		12	XFB	消防泵	
4		火灾声光警报器		13		可燃气体探测器	
5		线型光束探测器		14	M	输入模块	GST-LD-8300
6		手动报警按钮		15	C	控制模块	GST-LD-8301
7		消火栓报警按钮		16	H	电话模块	GST-LD-8304
8		报警电话		17	G	广播模块	GST-LD-8305
9		吸顶式音箱		18			

图 10-8 区域报警系统的组成示意图

火灾报警控制器应设在有人值班的场所。系统设置消防控制室图形显示装置时，该装置应具有传输表 10-1 和表 10-2 规定的有关信息的功能；系统未设置消防控制室图形显示装置时，应设置火警传输设备。

火灾报警、建筑消防设施运行状态信息 **表 10-1**

设施名称		内容
火灾探测报警系统		火灾报警信息、可燃气体探测报警信息、电气火灾监控报警信息、屏蔽信息、故障信息
消防联动控制系统	消防联动控制器	动作状态、屏蔽信息、故障信息
	消火栓系统	消防水泵电源的工作状态、消防水泵的启、停状态和故障状态，消防水箱（池）水位、管网压力报警信息及消火栓按钮的报警信息
	自动喷水灭火系统、水喷雾/细水雾灭火系统（泵供水方式）	喷淋泵电源工作状态，喷淋泵的启、停状态和故障状态，水流指示器、信号阀、报警阀、压力开关的正常工作状态和动作状态
	气体灭火系统、细水雾灭火系统（压力容器供水方式）	系统的手动、自动工作状态及故障状态，阀驱动装置的正常工作状态和动作状态，防护区域中的防火门（窗）、防火阀、通风空调等设备的正常工作状态和动作状态，系统的启、停信息，紧急停止信号和管网压力信号
	泡沫灭火系统	消防水泵、泡沫液泵电源的工作状态，系统的手动、自动工作状态及故障状态，消防水泵、泡沫液泵的正常工作状态和动作状态
	干粉灭火系统	系统的手动、自动工作状态及故障状态，阀驱动装置的正常工作状态和动作状态，系统的启、停信息，紧急停止信号和管网压力信号

续表

<table>
<tr><th colspan="2">设施名称</th><th>内 容</th></tr>
<tr><td rowspan="6">消防联动控制系统</td><td>防烟排烟系统</td><td>系统的手动、自动工作状态，防烟排烟风机电源的工作状态，风机、电动防火阀、电动排烟防火阀、常闭送风口、排烟阀（口）、电动排烟窗、电动挡烟垂壁的正常工作状态和动作状态</td></tr>
<tr><td>防火门及卷帘系统</td><td>防火卷帘控制器、防火门监控器的工作状态和故障状态；卷帘门的工作状态，具有反馈信号的各类防火门、疏散门的工作状态和故障状态等动态信息</td></tr>
<tr><td>消防电梯</td><td>消防电梯的停用和故障状态</td></tr>
<tr><td>消防应急广播</td><td>消防应急广播的启动、停止和故障状态</td></tr>
<tr><td>消防应急照明和疏散指示系统</td><td>消防应急照明和疏散指示系统的故障状态和应急工作状态信息</td></tr>
<tr><td>消防电源</td><td>系统内各消防用电设备的供电电源和备用电源工作状态和欠压报警信息</td></tr>
</table>

消防安全管理信息　　表 10-2

<table>
<tr><th>序号</th><th colspan="2">名 称</th><th>内 容</th></tr>
<tr><td>1</td><td colspan="2">基本情况</td><td>单位名称、编号、类别、地址、联系电话、邮政编码、消防控制室电话；单位职工人数、成立时间、上级主管（管辖）单位名称、占地面积、总建筑面积、单位总平面图（含消防车道、毗邻建筑等）；单位法人代表、消防安全责任人、消防安全管理人及专兼职消防管理人的姓名、身份证号码及电话</td></tr>
<tr><td rowspan="4">2</td><td rowspan="4">主要建筑/构筑物等信息</td><td>建筑/构筑物</td><td>建筑物名称、编号、使用性质、耐火等级、结构类型、建筑高度、地上层数及建筑面积、地下层数及建筑面积、隧道高度及长度等、建造日期、主要储存物名称及数量、建筑物内最大容纳人数、建筑立面图及消防设施平面布置图；消防控制室位置、安全出口的数量、位置及形式、毗邻建筑物的使用性质、结构类型、建筑高度、与本建筑的间距</td></tr>
<tr><td>堆场</td><td>堆场名称、堆放物品名称、总储量、最大堆高、堆场平面图（含消防车道）</td></tr>
<tr><td>储罐</td><td>储罐区名称、储罐类型（地上、地下、立式、卧式、浮顶、固定顶）、总容积、最大单罐容积及高度、储存物名称、性质和形态，储罐区平面图</td></tr>
<tr><td>装置</td><td>装置区名称、占地面积、最大高度、设计日产量、主要原料、主要产品、装置区平面图（含消防车道、防火间距）</td></tr>
<tr><td>3</td><td colspan="2">单位/场所内消防安全重点部位信息</td><td>重点部位名称、所在位置、使用性质、建筑面积、耐火等级、有无消防设施、责任人姓名、身份证号码及电话</td></tr>
</table>

续表

序号	名称		内容
4	室内外消防设施信息	火灾自动报警系统	设置部位、系统形式、维保单位名称、联系电话；控制器（含火灾报警、消防联动、可燃气体报警、电气火灾监控等）、探测器（含火灾探测、可燃气体探测、电气火灾探测等）、手动火灾报警按钮、消防电气控制装置等的类型、型号、数量、制造商；火灾自动报警系统图
		消防水源	市政给水管网形式（指环状、支状）及管径、市政管网向建（构）筑物供水的进水管数量及管径、消防水池位置及容量、屋顶水箱位置及容量、其他水源形式及供水量、消防泵房设置及水泵数量、消防给水系统平面布置图
		室外消火栓	室外消火栓管网形式（指环状、支状）及管径、消火栓数量、室外消火栓平面布置图
		室内消火栓	室内消火栓管网形式（指环状、支状）及管径、消火栓数量、水泵接合器位置及数量、有无与本系统相连的屋顶消防水箱
		自动喷水灭火系统（含雨淋、水幕）	设置部位、系统形式（指湿式、干式、预作用、开式、闭式等）、报警阀位置及数量、水泵接合器位置及数量、有无与本系统相连的屋顶消防水箱、自动喷水灭火系统图
		水喷雾（细水雾）灭火系统	设置部位、报警阀位置及数量、水喷雾（细水雾）灭火系统图
5	室内外消防设施信息	气体灭火系统	系统形式（指有管网、无管网，组合分配、独立式，高压、低压等）、系统保护的防护区数量及位置、手动控制装置的位置、钢瓶间位置、灭火剂类型、气体灭火系统图
		泡沫灭火系统	设置部位、泡沫种类（指低倍、中倍、高倍，抗溶、氟蛋白等）、系统形式（指液上、液下，固定、半固定等）、泡沫灭火系统图
		干粉灭火系统	设置部位、干粉储罐位置、干粉灭火系统图
		防烟排烟系统	设置部位、风机安装位置、风机数量、风机类型、防烟排烟系统图
		防火门及卷帘	设置部位、数量
		消防应急广播	设置部位、数量、消防应急广播系统图
		应急照明及疏散指示系统	设置部位、数量、应急照明及疏散指示系统图
		消防电源	设置部位、消防主电源在配电室是否有独立配电柜供电、备用电源形式（市电、发电机、EPS等）
		灭火器	设置部位、配置类型（手提式、推车式）、数量、生产日期、更换药剂日期
6	消防设施定期检查及维护保养信息		检查人姓名、检查日期、检查类别（指日检、月检、季检、年检等）、检查内容（指各类消防设施相关技术规范规定的内容）及处理结构，维护保养日期、内容

续表

序号	名称		内容
7	日常防火巡查记录	基本信息	值班人员姓名、每日巡查次数、巡查时间、巡查部位
		用火用电	用火、用电、用气有无违章情况
		疏散通道	安全出口、疏散通道、疏散楼梯是否畅通，是否堆放可燃物；疏散走道、疏散楼梯、顶棚装修材料是否合格
		防火门、防火卷帘	常闭防火门是否处于正常完好状态，是否被锁闭；防火卷帘是否处于正常工作状态，防火卷帘下方是否堆放物品影响使用
		消防设施	疏散指示标志、应急照明是否处于正常完好状态；火灾自动报警系统探测器是否处于正常完好状态；自动喷水灭火系统喷头、末端放（试）水装置、报警阀是否处于正常完好状态；室内、室外消火栓系统是否处于正常完好状态；灭火器是否处于正常完好状态
8	火灾信息		起火时间、起火部位、起火原因、报警方式（指自动、人工等）、灭火方式（指气体、喷水、水喷雾、泡沫、干粉灭火系统、灭火器、消防队等）

2. 集中报警系统

集中报警系统应由火灾探测器、手动火灾报警按钮、火灾声光警报器、消防应急广播、消防专用电话、消防控制室图形显示装置、火灾报警控制器、消防联动控制器等组成。集中报警系统的组成如图 10-9 所示。

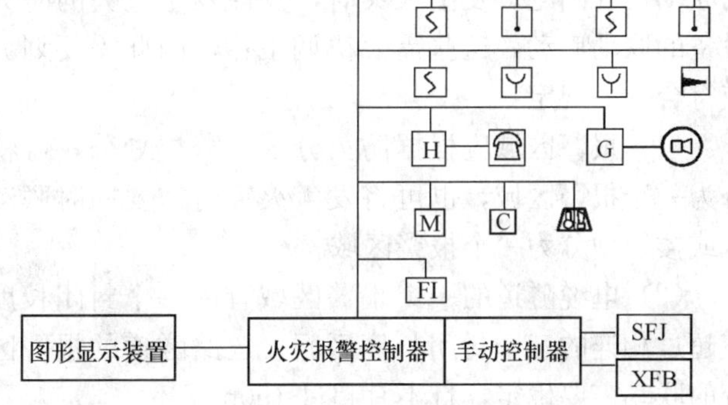

图 10-9 集中报警系统的组成示意图

系统中的消防应急广播的控制装置、消防专用电话总机、消防控制室图形显示装置、火灾报警控制器、消防联动控制器等起集中控制作用的消防设备，应设置在消防控制室内。系统设置的消防控制室图形显示装置时，应具有传输表 10-1 和表 10-2 规定的有关信息的功能。

3. 控制中心报警系统

控制中心报警系统由火灾探测器、手动火灾报警按钮、火灾声光警报器、消防应急广播、消防专用电话、消防控制室图形显示装置、火灾报警控制器、消防联动控制器等组成，且包含两个及两个以上集中报警系统。控制中心报警系统的组成如图 10-10 所示。

控制中心报警系统有两个及以上消防控制室时，应确定一个主消防控制室。主消防控制室应能显示所有火灾报警信号和联动控制状态信号，并应能控制重要的消防设备；各分消防控制室内消防设备之间可互相传输、显示状态信息，但不应互相控制。

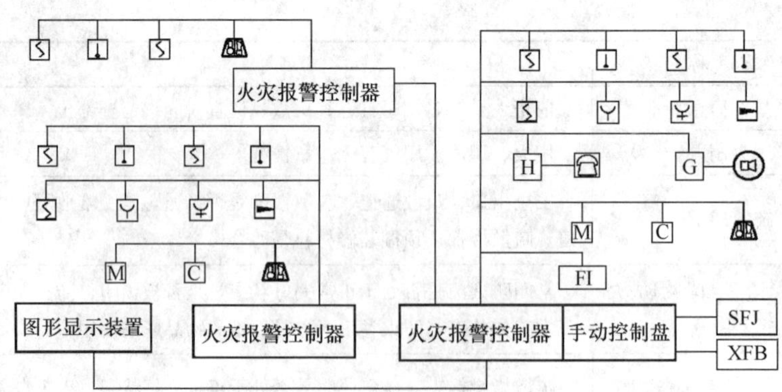

图 10-10　控制中心报警系统的组成示意图

系统设置的消防控制室图形显示装置时，应具有传输表 10-1 和表 10-2 规定的有关信息的功能。其他设计应符合集中报警系统的设计要求。

10.2.3　报警区域和探测区域的划分

1. 报警区域的划分

报警区域的划分主要是为了迅速确定报警及火灾发生部位，并解决消防系统的联动设计问题。发生火灾时，设计发生火灾的防火分区及相邻防火分区的消防设备的联动启动，这些需要协调工作，因此需要划分报警区域。报警区域的划分应符合下列规定：

（1）报警区域应根据防火分区或楼层划分，可将一个防火分区或一个楼层划分为一个报警区域，也可将发生火灾时需要同时联动消防设备的相邻几个防火分区或楼层划分为一个报警区域。

（2）电缆隧道的一个报警区域宜由一个封闭长度区间组成，一个报警区域不应超过相连的三个封闭长度区间；道路隧道的报警区域应根据排烟系统或灭火系统的联动需要确定，且不宜超过 150m。

（3）甲、乙、丙类液体储罐区的报警区域应由一个储罐区组成，每个 50000m^3 及以上的外浮顶储罐应单独划分为一个报警区域。

（4）列车的报警区域应按车厢划分，每节车厢应划分为一个报警区域。

2. 探测区域的划分

为了迅速而准确地探测出被保护区内发生火灾的部位，需将被保护区按顺序划分成若干探测区域。

探测区域应按独立房（套）间划分。一个探测区域的面积不宜超过 500m^2；从主要出入口能看清其内部，且面积不超过 1000m^2 的房间，也可划为一个探测区域。红外光束感烟探测器和缆式线型感温火灾探测器的探测区域的长度，不宜超过 100m；空气管差温火灾探测器的探测区域长度宜为 20～100m。

其中，敞开或封闭楼梯间、防烟楼梯间；防烟楼梯间前室、消防电梯前室、消防电梯和防烟楼梯间合用的前室、走道、坡道；电气管道井、通信管道井、电缆隧道；建筑物闷顶、夹层等场所应单独划分探测区域。

10.2.4　消防控制室

消防控制室是建筑消防系统的信息中心、控制中心、日常运行管理中心和各自动消防运行状态监视中心，也是建筑发生火灾和日常火灾演练时的应急指挥中心；在有城市远程控制系统的地区，消防控制室也是建筑与监控中心的接口，可见其地位是十分重要的。每个建筑使用性质和功能各不相同，其包括的消防控制设备也不尽相同。作为消防控制室，应将建筑内的所有消防设施包括火灾报警和其他联动控制装置的状态信息都能集中控制、显示和管理，并能将状态信息通过网络或电话传输到城市建筑消防设施远程监控中心。

1. 消防控制室功能

具有消防联动功能的火灾自动报警系统的保护对象中应设置消防控制室。消防控制室内设置的消防设备应包括火灾报警控制器、消防联动控制器、消防控制室图形显示装置、消防专用电话总机、消防应急广播控制装置、消防应急照明和疏散指示系统控制装置、消防电源监控器等设备或具有相应功能的组合设备。

消防控制室内设置的消防控制室图形显示装置应具有传输表 10-1 规定的建筑物内设置的全部消防系统及相关设备的动态信息和表 10-2 规定的消防安全管理信息，并应为远程监控系统预留接口，同时具有向远程监控系统传输表 10-1 和表 10-2 规定的有关信息的功能。

2. 消防控制室的设置要求

（1）消防控制室应设有用于火灾报警的外线电话。

（2）消防控制室应有相应的竣工图纸、各分系统控制逻辑关系说明、设备使用说明书、系统操作规程、应急预案、值班制度、维护保养制度及值班记录等文件资料。

（3）消防控制室送、回风管的穿墙处应设防火阀。消防控制室内严禁穿过与消防设备无关的电气线路及管路。消防控制室不应设置在电磁场干扰较强及其他影响消防控制室设备工作的设备用房附近。

3. 消防控制室内设备的布置

（1）设备面盘前的操作距离，单列布置时不应小于 1.5 m；双列布置时不应小于 2m。在值班人员经常工作的一面，设备面盘至墙的距离不应小于 3m。设备面盘后的维修距离不宜小于 1m。设备面盘的排列长度大于 4m 时，其两端应设置宽度不小于 1m 的通道。

（2）与建筑其他弱电系统合用的消防控制室内，消防设备应集中设置，并应与其他设备间有明显间隔。

10.3 火灾探测器的选择与设计

在选择火灾探测器种类时，要根据探测区域内可能发生的初期火灾的形成和发展特征、房间高度、环境条件以及可能引起误报的原因等因素来决定。

10.3.1 火灾探测器的选择

1. 火灾探测器选择的一般规定

对火灾初期有阴燃阶段，产生大量的烟和少量的热，很少或没有火焰辐射的场所，应选择感烟火灾探测器。对火灾发展迅速，可产生大量热、烟和火焰辐射的场所，可选择感温火灾探测器、感烟火灾探测器、火焰探测器或其组合。对火灾发展迅速，可产生强烈的火焰辐射和少量烟、热的场所，应选择火焰探测器。

储藏室、燃气供暖设备的机房、带有壁炉的客厅、地下停车场、车库、商场、超市等场所，由于其通风不佳，一旦发生火灾，在火灾初期极易造成燃烧不充分从而产生一氧化碳气体。因此，对火灾初期有阴燃阶段，且需要早期探测的场所，宜增设一氧化碳火灾探测器。对使用、生产可燃气体或可燃蒸气的场所，应选择可燃气体探测器。

由于各场所的功能、气流、构造、可燃物等情况不同，根据现场实际情况分析早期火灾的特征参数，有助于选择最适用于该场所的火灾探测器。因此，应根据保护场所可能发生火灾的部位和燃烧材料的分析，以及火灾探测器的类型、灵敏度和响应时间等选择相应的火灾探测器，对火灾形成特征不可预料的场所，可根据模拟实验的结果选择火灾探测器。同一探测区域内设置多个火灾探测器时，可选择具有符合判断火灾功能的火灾探测器和火灾警报控制器。

2. 点型火灾探测器的选择

我们在绝大多数场所使用的火灾探测器都是普通的点型感烟火灾探测器。这是因为在一般情况下，火灾发生初期均有大量的烟产生，最普遍使用的点型感烟火灾探测器都能及时探测到火灾，报警后，都有足够的疏散时间。虽然有些火灾探测器可能比普通的点型感烟火灾探测器更早发现火灾，但由于点型感烟火灾探测器在一般场所完全能满足及时报警的需求，加上其性能稳定、物美价廉、维护方便等因素，使其成为应用最广泛的火灾探测器。一般情况下说的早期火灾探测，都是指感烟火灾探测器对火灾的探测。

（1）对不同高度的房间探测器的选择

一般来说，感温火灾探测器对火灾的探测不如感烟火灾探测器灵敏，它们对阴燃火不可能响应，只有当火焰达到一定程度时，感温火灾探测期才能响应。因此，对不同高度的房间，可按表 10-3 选择点型火灾探测器。

根据房间高度选择火灾探测器　　表 10-3

房间高度 h（m）	点型感烟火灾探测器	点型感温火灾烟探测器			火焰探测器
		A_1、A_2	B	C、D、E、F、G	
$12<h\leqslant20$	不适合	不适合	不适合	不适合	适合
$8<h\leqslant12$	适合	不适合	不适合	不适合	适合
$6<h\leqslant8$	适合	适合	不适合	不适合	适合
$4<h\leqslant6$	适合	适合	适合	不适合	适合
$h\leqslant4$	适合	适合	适合	适合	适合

注：表中 A_1、A_2、B、C、D、E、F、G 为点型感温火灾探测器的不同类别，其参数应符合表 10-4 的规定。

点型感温火灾探测器的分类（℃） 表 10-4

探测器类别	典型应用温度	最高应用温度	动作温度下限值	动作温度上限值
A_1	25	50	54	65
A_2	25	50	54	70
B	40	65	69	85
C	55	80	84	100
D	70	95	99	115
E	85	110	114	130
F	100	125	129	145
G	115	140	144	160

（2）宜选择点型感烟火灾探测器的场所

饭店、旅馆、教学楼、办公楼的厅堂、卧室、办公室、商场、列车载客车厢；计算机房、通信机房、电影或电视放映室；楼梯、走道、电梯机房、车库等；书库、档案库等场所宜选择点型感烟火灾探测器。

3. 线型火灾探测器的选择

（1）无遮挡的大空间或有特殊要求的房间，宜选择线型光束感烟火灾探测器。有大量粉尘、水雾滞留；可能产生蒸气和油雾；在正常情况下有烟滞留；固定探测器的建筑结构由于振动等原因会产生较大位移的场所等不宜选择线型光束感烟火灾探测器。

（2）电缆隧道、电缆竖井、电缆夹层、电缆桥架；不易安装点型探测器的夹层、闷顶；各种皮带输送装置；及其他环境恶劣不适合点型探测器安装的场所或部位宜选择缆式感温火灾探测器。

（3）除液化石油气外的石油储罐；需要设置线型感温火灾探测器的易燃易爆场所或部位，宜选择线型光纤感温火灾探测器；需要检测环境温度的地下空间等场所宜设置具有实时温度监测功能的线型光纤感温火灾探测器。公路隧道、敷设动力电缆的铁路隧道和城市地铁隧道等场所或部位，宜选择线型光纤感温火灾探测器。

（4）线型定温火灾探测器的选择，应保证其不动作温度符合设置场所的最高环境温度的要求。

4. 吸气式感烟火灾探测器的选择

具有高速气流的场所，如通信机房、计算机房、无尘室等任何通过空气调节作用而保持正压的场所。在这些场所中，烟雾通常被气流高度稀释，这给点型感烟探测技术的可靠探测带来了困难。而吸气式感烟火灾探测器由于采用主动的吸气采样方式，并且系统通常具有很高的灵敏度，加之布管灵活，所以成功地解决了气流对于烟雾探测的影响。

一旦发生火灾会造成较大损失的场所，如通信设施、服务器机房、金融数据中心、艺术馆、图书馆、重要资料室等；对空气质量要求较高的场所，如无尘室、精密零件加工场所、电子元器件生产场所等，是需要早期探测火灾的特殊场所。

因此，具有高速气流的场所、低温场所、需要进行隐蔽探测的场所、需要进行火灾早期探测的重要场所和人员不宜进入的场所，以及点型感烟、感温火灾探测器不适宜的大空间、舞台上方、建筑高度超过12m或有特殊要求的场所等宜选择吸气式感烟火灾探测器。

虽然管路采样式吸气式感烟火灾探测器可以通过采用具备某些形式的灰尘辨别来实现对灰尘的有效探测，但灰尘比较大的场所将很快导致管路采样式吸气式感烟火灾探测器和管路受到污染，如果没有过滤网和管路自清洁功能，探测器很难在这样恶劣的条件下正常工作。因此，灰尘比较大的场所，不应选择没有过滤网和管路自动清洗功能的管路采样式吸气式感烟火灾探测器。

10.3.2　系统设备的设计及设置

系统设备的设计及设置，应充分考虑我国国情和实际工程的使用性质、常住人员、流动人员和保护对象现场实际情况等因素。

1. 火灾探测器的设置

（1）探测器的保护面积和半径

探测区的每个房间应至少设置一只火灾探测器。感烟火灾探测器和A_1、A_2、B型感温火灾探测器的保护面积和保护半径，应按表10-5确定；C、D、E、F、G型感温火灾探测器的保护面积和保护半径，应根据生产企业设计说明书确定，但不应超过表10-5的规定。

感烟火灾探测器和A_1、A_2、B型感温火灾探测器的保护面积和保护半径　　表10-5

火灾探测器的种类	地面面积 S（m^2）	房间高度 h（m）	一只探测器的保护面积 A 和保护半径					
			屋顶坡度 θ					
			$\theta\leqslant15°$		$15°<\theta\leqslant30°$		$\theta>30°$	
			A（m^2）	R（m）	A（m^2）	R（m）	A（m^2）	R（m）
感烟火灾探测器	$S\leqslant80$	$h\leqslant12$	80	6.7	80	7.2	80	8.0
	$S>80$	$6<h\leqslant12$	80	6.7	100	8.0	120	9.9
		$h<6$	60	5.8	80	7.2	100	9.0
感温火灾探测器	$S\leqslant30$	$h\leqslant8$	30	4.4	4.9	30	30	5.5
	$S>30$	$h\leqslant8$	20	3.6	4.9	30	40	6.3

注：建筑高度不超过14m的封闭探测空间，且火灾初期会产生大量的烟时，可设置点型感烟火灾探测器

（2）点型感烟、感温火灾探测器的安装间距

1）感烟火灾探测器、感温火灾探测器的安装间距，应根据探测器的保护面积A和保护半径R确定，并不应超过图10-11探测器安装间距的极限曲线$D_1\sim D_{11}$（含D'_9）规定的范围。

探测器的安装间距为两只相邻探测器中心之间的水平距离，如图10-12所示。当探测器矩形布置时，a称为横向安装间距，b为纵向安装间距。在图10-11中，感烟火灾探测器、感温火灾探测器的安装间距a、b是指图10-12中$1^\#$探测器和$2^\#\sim5^\#$相邻探测器之间的距离，不是$1^\#$探测器与$6^\#\sim9^\#$探测器之间的距离。

2）在宽度小于3m的内走道顶棚上设置点型探测器时，宜居中布置。感温火

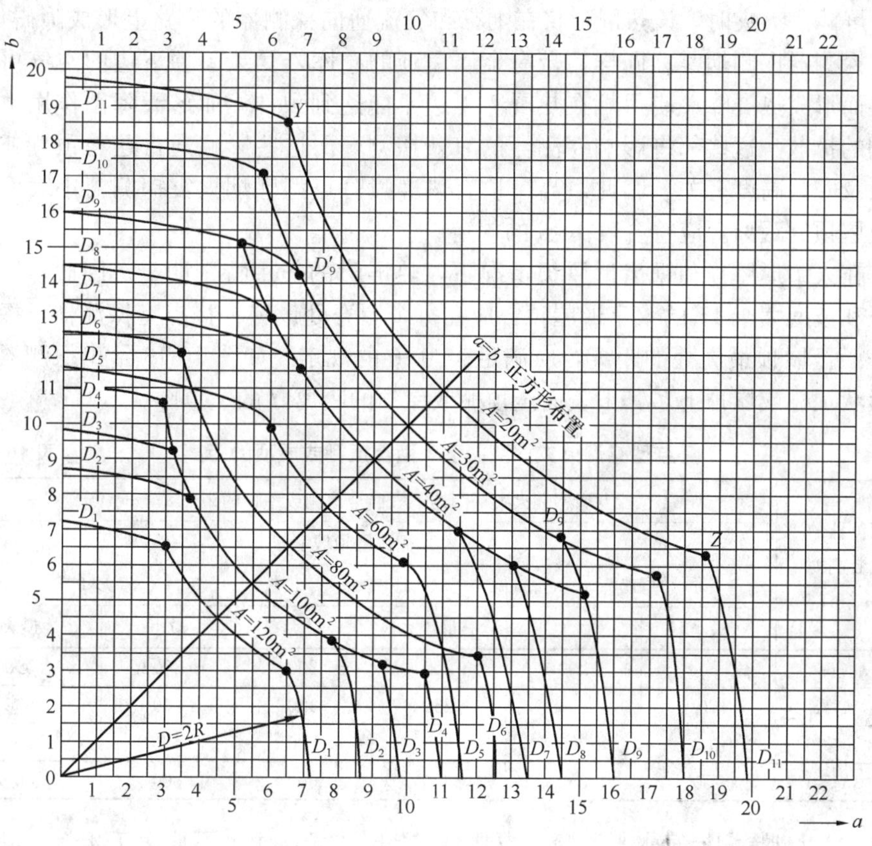

图 10-11 探测器安装间距的极限曲线

A—探测器的保护面积，m^2；a，b—探测器的安装间距，m；D_1～D_{11}—在不同保护面积 A 和保护半径下确定探测器安装间距 a，b 的极限曲线；Y，Z—极限曲线的端点（在 Y 和 Z 两点间的曲线范围内，保护面积可得到充分利用）

灾探测器的安装间距不应超过10m；感烟火灾探测器的安装间距不应超过15m；探测器至墙端的距离，不应大于探测器安装间距的1/2。

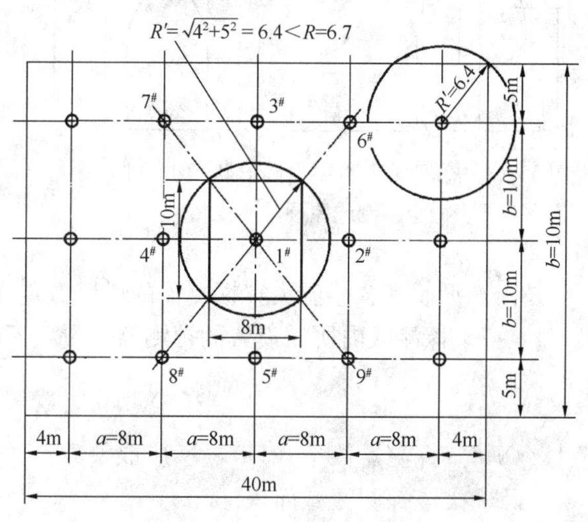

图 10-12 探测器布置示例

3）点型探测器至墙壁、梁边的水平距离，不应小于0.5m。探测器周围0.5m内，不应有遮挡物。点型探测器至空调送风口边的水平距离不应小于1.5m，并宜接近回风口安装。探测器至多孔送风顶棚孔口的水平距离不应小于0.5m。

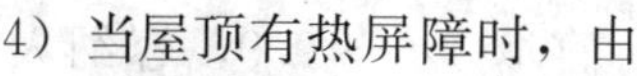

4）当屋顶有热屏障时，由于屋顶受辐射热作用或其他因素影响，在顶棚附近可能产生空气滞留层，从而形

成热屏障。火灾时，该热屏障将在烟雾和气流通向探测器的道路上形成障碍作用，影响探测器探测烟雾。同样，带有金属屋顶的仓库，夏天屋顶下边的空气可能被加热而形成热屏障，使得烟在热屏障下边不能达到顶部，而冬天降温作用也会妨碍烟的扩散。这些都将影响探测器的有效探测，而这些影响通常还与顶棚或屋顶形状及安装高度有关。因此，当屋顶有热屏障时点型感烟火灾探测器小表面至顶棚或屋顶的距离，应符合表 10-6 的规定。

在人字形屋顶和锯齿形屋顶情况下，热屏障的作用特别明显。因此，锯齿形屋顶和坡度大于 15°的人字形屋顶，应在每个屋脊处设置一排点型探测器，探测器下表面至屋顶最高处的距离，应满足表 10-6 的规定。如图 10-13 给出探测器在不同形状顶棚或屋顶下，其下表面至顶棚或屋顶的距离 d 的示意图。

点型感烟火灾探测器下表面至顶棚或屋顶的距离　　表 10-6

探测器的安装高度 h（m）	点型感烟火灾探测器下表面至顶棚或屋顶的距离 d（mm）					
	顶棚或屋顶坡度 θ					
	$\theta \leqslant 15°$		$15° < \theta \leqslant 30°$		$\theta > 30°$	
	最小	最大	最小	最大	最小	最大
$h \leqslant 6$	30	200	200	300	300	500
$6 < h \leqslant 8$	70	250	250	400	400	600
$8 < h \leqslant 10$	100	300	300	500	500	700
$10 < h \leqslant 12$	150	350	350	600	600	800

5）点型探测器宜水平安装。当倾斜安装时，倾斜角度不应大于 45°，如图 10-14 所示。

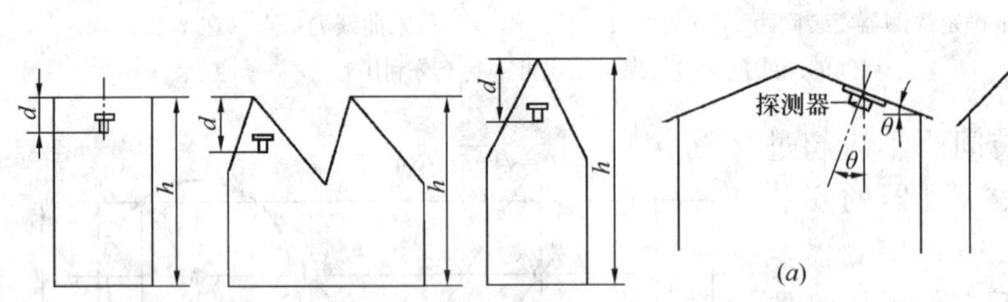

图 10-13　感烟探测器在不同形状顶棚或屋顶下其下表面至顶棚或屋顶的距离

图 10-14　探测器的安装角度
θ—屋顶的法线与垂直方向的夹角
（a）$\theta \leqslant 45°$时；（b）$\theta > 45°$时

（3）点型感烟、感温火灾探测器的设置数量

1）一个探测区内所需设置的探测器数量，不应小于公式（10-1）的计算值。

$$N = \frac{S}{K \cdot A} \tag{10-1}$$

式中　N——探测器数量（只），N 应取整数；

S——该探测区域面积（m^2）；

K——修正系数，容纳人数超过 10000 人的公共场所宜取 0.7～0.8，容纳人数超过 2000～10000 人的公共场所宜取 0.8～0.9，容纳人数为 500～2000 人的公共场所宜取 0.9～1.0，其他场所可取 1.0；

A——探测器的保护面积（m^2）。

2）房间被书架、设备或隔断等分隔，其顶部至顶棚或梁的距离小于房间净高的5%时，每个被隔开的部分应至少安装一只点型探测器。

（4）有梁的顶棚上探测器的设置

在有梁的顶棚上设置点型感烟火灾探测器、感温火灾探测器时，应符合下列规定：当梁突出顶棚的高度小于200mm时，可不计梁对探测器保护面积的影响；当梁突出顶棚的高度为200～600mm时，应按图10-15和表10-7确定梁对探测器保护面积的影响和一只探测器能够保护的梁间区域的数量。

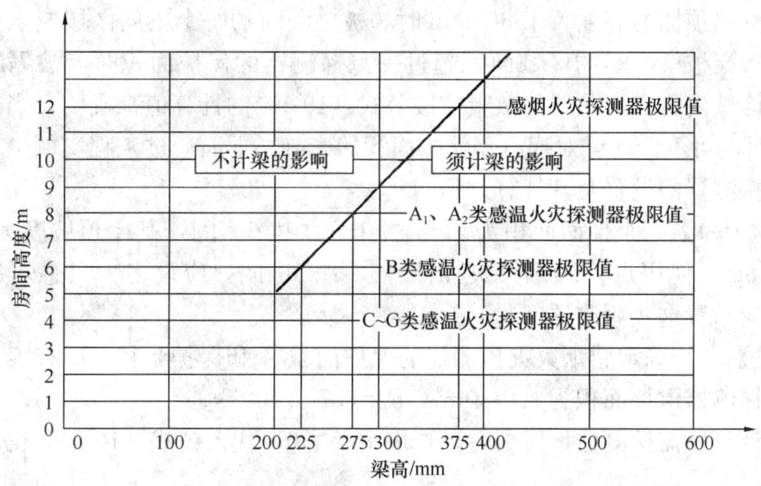

图10-15　不同高度的房间梁对探测器设置的影响

按梁间区域面积确定一只探测器保护的梁间区域的个数　　表10-7

探测器的保护面积 A（m^2）		梁隔断的梁间区域面积 Q（m^2）	一只探测器保护的梁间区域的个数（个）
感温探测器	20	$Q>12$	1
		$8<Q\leqslant12$	2
		$6<Q\leqslant8$	3
		$4<Q\leqslant6$	4
		$Q\leqslant4$	5
	30	$Q>18$	1
		$12<Q\leqslant18$	2
		$9<Q\leqslant12$	3
		$6<Q\leqslant9$	4
		$Q\leqslant6$	5
感烟探测器	60	$Q>36$	1
		$24<Q\leqslant36$	2
		$18<Q\leqslant24$	3
		$12<Q\leqslant18$	4
		$Q\leqslant12$	5

续表

探测器的保护面积 A（m^2）		梁隔断的梁间区域面积 Q（m^2）	一只探测器保护的梁间区域的个数（个）
感烟探测器	80	Q＞48	1
		32＜Q≤48	2
		24＜Q≤32	3
		16＜Q≤24	4
		Q≤16	5

当梁突出顶棚的高度大于 600mm 时，被梁隔断的每个梁间区域应至少设置一只探测器；当被梁隔断的区域面积超过一只探测器的保护面积时，被隔断的区域一个探测区域内所需探测器的数量应按公式（10-1）的计算值来确定。当梁间净距小于 1m 时，可不计入梁对探测器保护面积的影响。下面通过工程实例进一步说明点型火灾探测器的设置及其计算过程。

【例题 10-1】一个地面面积为 30m×40m 的生产车间，其屋顶坡度为 15°，房间高度为 8m，使用点型感烟火灾探测器保护。试问，应设多少只感烟火灾探测器？应如何布置这些探测器？

【解题】（1）确定感烟火灾探测器的保护面积 A 和保护半径 R。查表 10-7，得感烟火灾探测器保护面积为 $A=80m^2$，$R=6.7m$。

（2）计算所需探测器设置数量。选取 $K=1.0$，代入公式（10-1），得：

$$N=\frac{S}{K\cdot A}=\frac{1200}{1.0\times 80}=15\text{（只）}$$

（3）确定探测器的安装间距 a、b。由保护半径 R，确定保护直径 $D=2R=2\times 6.7=13.4m$，由图 10-11 可确定 $D_i=D_7$，应利用极限曲线确定 a 和 b 值。根据现场实际，选取 $a=8m$（极限曲线两端点间值），得 $b=10m$，其布置方式见图 10-12。

（4）校核。按安装间距 $a=8m$、$b=10m$ 布置后，探测器到最远点水平距离 R' 是否符合保护半径要求。按公式（10-2）计算：

$$a^2+b^2=(2R)^2 \tag{10-2}$$

代入可得：

$$R'=\sqrt{\left(\frac{a}{2}\right)^2+\left(\frac{b}{2}\right)^2}=\sqrt{\left(\frac{8}{2}\right)^2+\left(\frac{10}{2}\right)^2}=\sqrt{16+25}=6.4$$

即 $R'<R=6.7m$，在保护半径之内。

2. 消防专用电话的设置

消防专用电话线路的可靠性，关系到火灾时消防通信指挥系统是否畅通。消防专用网络应为独立的消防通信系统，不能利用一般电话线路或综合布线网络（PDS 系统）代替消防专用电话线路，消防专用电话网络应独立布线。为了保证消防通信指挥系统运行有效性和可靠性的技术要求，消防控制室应设置消防专用电话总机。多线制消防专用电话系统中的每个电话分机应与总机单独连接。电话分机或电话插孔的设置，应符合下列规定：

（1）消防水泵房、发电机房、计算机网络机房、配变电室、主要通风和空调机房、防排烟机房、灭火控制系统操作装置处或控制室、企业消防站、消防值班室、总调度室、消防电梯机房及其他与消防联动控制有关的且经常有人值班的机房应设置消防专用电话分机。消防专用电话分机应固定安装在明显且便于使用的部位，并应有区别于普通电话的标识。

（2）设有手动火灾报警按钮或消火栓按钮等处，宜设置电话插孔，并宜选择带有电话插孔的手动火灾报警按钮。

（3）各避难层应每隔 20m 设置一个消防专用电话分机或电话插孔。

（4）电话插孔在墙上安装时，其底边距地面高度宜为 1.3～1.5m。

消防控制室、消防值班室或企业消防站等处，应设置可直接报警的外线电话。

复习思考题

1. 火灾自动报警系统由哪几部分组成？各部分的主要功能是什么？
2. 火灾自动报警系统有哪几类？并说明各系统的作用、组成及其使用范围？
3. 火灾应急广播系统设置的作用与要求是什么？
4. 消防控制室的功能有哪些？在平面布置和防火构造设计上有哪些要求？

第 11 章　消防供配电

消防用电的可靠性是建筑消防设施可靠运行的基本保证。当建筑物内发生火灾时，首先应利用建筑物本身的消防设施进行灭火和疏散人员、物资，如果没有可靠的电源，则消防设施将无法正常工作，势必造成重大的损失。因此，合理地确定消防用电负荷等级、科学地设计消防电源供配电系统，对保障建筑消防用电设备的供电可靠性是非常重要的。

11.1　消防电源及负荷等级

11.1.1　消防电源

消防用电包括消防控制室照明、消防水泵、消防电梯、防烟排烟设施、火灾探测与报警系统、自动灭火系统或装置、疏散照明、疏散指示标志和电动的防火门窗、卷帘、阀门等设施、设备在正常和应急情况下的用电。

正常情况下，消防用电设备主要依靠城市电网供给电能。一旦发生火灾，就会直接影响城市电网电能输出的可靠性和安全性，也就直接影响消防用电设备在火灾条件下工作的可靠性和安全性，从而给早期报警、安全疏散、初期灭火等造成严重的影响。因此，在建筑电气防火设计的过程中，首要考虑的就是消防用电在火灾条件下的电能连续供给的安全性和可靠性。消防用电的安全性包括电能的限流和限压，以保证消防用电设备在发生故障起火时的安全，也包括电气线路的泄流引发触电，危及应急逃生人员及抢救人员的生命安全。

消防电源是指在火灾时能保证消防用电设备继续正常运行的独立电源。消防电源的基本要求包括以下几个方面：

（1）可靠性

在火灾条件下，若消防电源停止供电，会使消防用电设备失去作用，贻误了灭火救援的时机，给人民的生命和财产带来严重的后果，因此必须确保消防电源及配电系统的可靠性。

（2）耐火性

在火灾条件下，许多消防用电设备是在火灾现场或附近工作，因此消防电源的配电系统应具有耐火、耐热及防爆性能，同时还可以采用耐火材料在建筑整体防火条件下提高不间断供电的时间和能力。

（3）有效性

消防用电设备在抢险救援过程中需要持续一定的工作时间，因此消防电源应能在火灾条件下保证持续供电时间，以确保消防用电设备的有效性。

（4）安全性

消防电源和配电系统在火灾条件下工作环境极为恶劣（如火场温度高，火灾烟气毒性、腐蚀性大等)，必须采用相应的保护措施，防止过电流、过电压导致消防用电设备的故障起火，防止电气线路漏电引发的触电事故等。

(5) 科学性和经济性

在保证可靠性、耐火性、安全性和有效性的前提下，消防用电还应考虑系统设计的科学性和电源的节能效果及供电质量。同时，应力求施工和操作的便捷，尽可能使系统的投资、运行及其整个生命周期的维护保养费用为最佳经济效益。

11.1.2 消防用电的负荷等级

在供配电系统中，用电设备称为电力负荷，其大小以功率或电流表示。划分消防用电负荷等级并确定其供电方式应根据建筑物的结构、使用性质及其重要性、火灾危险性以及发生火灾后人员疏散和灭火扑救的难度、火灾后可能造成的损失与后果的严重程度、消防设施的用电情况等因素。

消防负荷是指消防用电设备。根据供电可靠性及终端供电所造成的损失或影响的程度，消防负荷分为一级负荷、二级负荷和三级负荷。

1. 一级负荷

(1) 适用的场所

下列建筑物、储罐(区)和堆场的消防用电应按一级负荷供电：建筑高度大于50m的乙、丙类厂房和丙类仓库。一类高层民用建筑、建筑面积大于5000m^{2}的人防工程，其消防用电应按一级负荷要求供电。

(2) 电源供电方式

一级负荷应由两个电源供电，且两个电源要符合下列条件之一：

1) 两个电源之间无联系。

2) 两个电源有联系，但符合下列要求：

①当一个电源发生故障时，另一个电源不应同时受到破坏；

②发生任何一种故障且保护装置正常时，有一个电源不中断供电，并且在发生任何一种故障且主保护装置失灵以至两只电源均中断供电后，应能在有人员值班的处所完成各种必要操作，迅速恢复一个电源供电。

结合目前我国经济和技术条件、不同地区的供电状况以及消防用电设备的具体情况，具备下列条件之一的供电，可视为一级负荷：

①电源来自两个不同发电厂。

②电源来自两个区域变电站(电压一般在35kV及以上)。

③电源来自一个区域变电站，另一个设置自备发电设备。

一级负荷中特别重要的负荷，除由两个电源供电外，尚应增设应急电源，并严禁将其他负荷接入应急供电系统。应急电源可以是独立于正常电源的发电机组、供电网中独立于正常电源的专用的馈电线路、蓄电池或干电池。

2. 二级负荷

(1) 适用的场所

下列建筑物、储罐(区)和堆场的消防用电应按二级负荷供电：

1) 室外消防用水量大于30L/s的厂房(仓库)。

2) 室外消防用水量大于35L/s的可燃材料堆场、可燃气体储罐(区)和甲、乙类液体储罐（区）。

3）粮食仓库及粮食筒仓。

4）二类高层民用建筑。

5）座位数超过1500个的电影院、剧场，座位数超过3000个的体育馆，任一层建筑面积大于3000m²的商店和展览建筑，省（市）级及以上的广播电视、电信和财贸金融建筑，室外消防用水量大于25L/s的其他公共建筑。

6）建筑面积小于或等于5000m²的人防工程可按二级负荷要求供电。

（2）电源供电方式

二级负荷的电源供电方式可以根据负荷容量及重要性进行选择。

二级负荷的供电系统，要尽可能采用两回线路供电。在负荷较小或地区供电条件困难时，二级负荷可以采用一回6kV及以上专用的架空线路或电缆供电。当采用架空线时，可为一回架空线供电；当采用电缆线路，应采用两根电缆组成的线路供电，其每根电缆应能承受100%的二级负荷。

3. 三级负荷

三级消防用电设备采用专用的单回路电源供电，并在其配电设备设有明显标志，其配电线路和控制回路应按照防火分区进行划分。

消防水泵、消防电梯、防排烟风机等消防设备，应急电源可采用第二路电源、带自启动的应急发电机组或由二者组成的系统供电方式。

消防控制室、消防水泵、消防电梯、防烟排烟风机等的供电，要在最末一级配电箱处设置自动切换装置。切换部位指各自的最末一级配电箱，如消防水泵应在消防水泵房的配电箱处切换，消防电梯应在电梯机房配电箱处切换。

11.1.3　消防备用电源

在建筑处于火灾条件下，为确保人员安全疏散和抢险救援，许多消防用电设备仍需要坚持工作，为消防用电设备应急供电的独立电源就称为消防备用电源。

消防备用电源有应急发电机组、消防应急电源等。在特定防火对象的建筑物内，消防备用电源种类不是单一的，多采用几个电源的组合方案。一般根据建筑负荷等级、供电质量、应急负荷的数量与分布以及负荷特性等因素来决定方案的选择。消防用电设备在正常条件下由主电源供电，火灾时由消防备用电源供电；当主电源不论任何原因切断时，消防备用电源应能自动投入以保证消防用电的可靠性。

1. 应急发电机组

应急发电机组有柴油发电机组和燃气轮机发电机组两种。

（1）柴油发电机组是将柴油机与发电机组合在一起的发电设备。其优点是机组运行不受城市电网运行状态的影响，是较理想的独立可靠电源；机组功率范围广，可从几千瓦到数十千瓦不等；机组操作简单，容易实现自动控制；机组工作效率高，对油质要求不高。其缺点是工作噪声大、过载能力小、适应启动冲击负荷能力较差。

（2）燃气轮机发电机组包括燃气轮机、发电机、控制屏、启动蓄电池、油箱等设备。燃气轮机的冷却不需要水冷，需要空气自行冷却，加之燃烧需要大量空气，所以燃气轮机组的空气使用量是柴油机组的3.5～5倍。燃气轮机组宜安装在进气和排气方便的地上层或屋顶，不宜设在地下等进气和排气有难度的场所。

2. 消防应急电源

消防应急电源是指平时以市政电源给蓄电池充电，市政电源断电后利用蓄电池继续供电的备用电源装置。

3. 消防备用电源的选型及设置

消防备用电源类型的选择，应根据负荷的容量、允许中断供电的时间以及要求的电源为交流或直流等条件来进行。

（1）消防备用电源类型的选择

消防用电设备与适宜备用电源种类见表11-1所示。

消防用电设备与适宜备用电源种类一览表　　表11-1

需要配接备用电源的消防设备	适宜的备用电源种类	
	应急发电机组	消防应急电源
室内消火栓系统	适宜	适宜
防排烟系统	适宜	适宜
自动喷水灭火系统	适宜	适宜
泡沫灭火系统	适宜	适宜
干粉灭火系统	适宜	适宜
消防电梯	适宜	不适宜
火灾自动报警系统	不适宜	适宜
电动防火门窗	适宜	适宜
消防联动控制系统	不适宜	适宜
消防应急照明和疏散指示系统	不适宜	适宜

建筑内设置的自备柴油发电机组一般作为备用电源外，可兼做建筑物内消防设备的应急电源，其确保的供电范围如下：

1）消防设施用电，如消防水泵、自动灭火装置、消防电梯、防排烟设施、火灾自动报警、火灾应急照明和电动防火门、窗、防火卷帘等的供电。

2）保安设施、通信、航空障碍灯、电钟等设备用电。

3）航空港、星级饭店、商业、金融大厦中的中央控制室及计算机管理系统；大、中型电子计算机室等用电。

4）医院手术室、重症监护室等用电。

5）具有重要意义场所的部分电力和照明用电。

当发生火灾时，自备柴油发电机组应能自动切除所带的非消防负荷。疏散照明灯具应急电源应采用自带电池或几种电源组成的应急电源系统，确保在救火过程中有可靠的电源供电来保证疏散人员的人身安全。疏散照明灯具的应急电源可采用EPS集中供电或灯具自带电池的应急电源系统。当灯具自带电池组时，任何情况下充电电源均不得被切断。

（2）电源的切换

考虑到一般快速自启动的发电机组的自启动时间在10s左右，因此，对于允许中断供电时间为15s以上的，可选用快速自启动的发电机组。特别重要负荷中有需要驱动的电动机负荷，若启动电流冲击负荷较大，而且允许停电时间在15s以上的，可采用快速自启动的发电机组。

允许中断供电时间为毫秒级的供电，可选用蓄电池静止型不间断供电装置、蓄电池机械储能电机型不间断供电装置或柴油发电机不间断供电装置。由于蓄电池装置供电稳定、可靠、无切换时间、投资较少，故允许停电时间为毫秒级，且容量不大的特别重要负荷，当可采用直流电源时，应由蓄电池装置作为应急电源。特别重要负荷中有驱动电机需要的负荷，启动电流冲击负荷较大，又允许停电时间为毫秒级的，可采用机械储能电机型不间断供电装置或柴油机不间断供电装置。

应急电源与正常电源之间必须采取防止并列运行的措施。禁止应急电源与工作电源并列运行，目的在于防止电源发生故障时，工作电源使应急电源严重过负荷。当柴油发电机或蓄电池采用热备用时，发电机或蓄电池挂在工作电源上，平时原动机不工作，不能认为是并网，为了防止误并网，原动机的启动指令必须由工作电源主开关的辅助触点发出，而不是由继电器的触点发出，因为继电器有可能误动作而造成与正常电源误并网。具有频率跟踪环节的静止型不间断电源，可与工作电源并列运行。

11.2　消防电源供配电系统

11.2.1　消防用电设备的配电方式

正确选择建筑物内低压配电系统主接线方案，是民用建筑电气设计的重要环节，设计中应根据建筑物的高度、规模和性质来合理确定。通常，建筑物高度越高，体量越大，发生火灾时扑救的难度越大，当建筑高度超过100m时，只能靠自救灭火。因此，保证消防用电设备的可靠供电非常重要。为了保证消防负荷供电不受非消防负荷的影响，低压配电系统主接线采用分组设计方案将会大幅度提高配电系统的可靠性。同时，要根据负荷性质及容量合理设置短路保护、过负荷保护、接地故障保护和过、欠电压保护。

1. 消防负荷的电源设计

消防用电设备应采用专用的供电回路，当建筑内的生产、生活用电被切断时，应仍能保证消防用电。“供电回路”是指从低压总配电室或分配电室至消防设备或消防设备室（如消防水泵房、消防控制室、消防电梯机房等）最末级配电箱的配电线路。

消防电源要在变压器的低压出线端设置单独的主断路器，不能与非消防负荷共用同一路进线断路器和同一低压母线段。消防电源应独立设置，即从建筑物变电所低压侧封闭母线处或进线柜处就将消防电源分出而各自成独立系统。如果建筑物为低压电缆进线，则从进线隔离器下端将消防电源分开，从而确保消防电源相对建筑物而言是独立的，提高了消防负荷供电的可靠性。

当建筑物双重电源中的备用电源为冷备用，且备用电源的投入时间不能满足消防负荷允许中断供电的时间时，要设置应急发电机组，机组的投入时间要满足消防负荷供电的要求。

2. 消防备用电源的设计

为尽快让自备发电设备发挥作用，根据目前我国的供电技术条件，消防用电按一、二级负荷供电的建筑，当采用自备发电设备作备用电源时，自备发电设备应设置自动和手动启动装置。当采用自动启动方式时，应能保证在30s内供电；当采用中压柴油发电机组时，火灾确认要在60s内供电。

工作电源与应急电源之间要采用自动切换方式，同时按照负载容量由大到小的原则顺序启动。电动机类负载启动间隔宜在10～20s之间。

当采用柴油发电机组作为消防备用电源时，其电压等级要符合下列规定：

（1）供电半径不大于400m时，宜采用低压柴油发电机组。

（2）供电半径大于400m时，宜采用中压柴油发电机组。

（3）线路电压降应不大于供电电压的5%。

备用消防电源的供电时间和容量，应满足该建筑火灾延续时间内各消防用电设备的要求：

用于商业楼、展览楼、综合楼、一类建筑的财贸金融楼、图书馆、书库、重要的档案楼、科研楼和旅馆的消防水泵火灾时，持续运行时间为3.0h，其他高层建筑为2.0h；用于防火卷帘的水幕泵火灾时，持续运行时间为3.0h；用于消防电梯火灾时，持续运行时间应大于消防水泵、水幕泵火灾时的持续运行时间；建筑高度大于100m的民用建筑，加压风机、防排烟风机火灾持续运行时间不应小于1.50h；医疗建筑、老年人建筑、总建筑面积大于100000m^{2}的公共建筑，火灾时持续运行时间不应少于1.0h；其他建筑不应少于0.5h。

当采用FEPS作为备用电源时，电池初装容量应为使用量的3倍；三相供电的EPS单机容量不宜大于120kW，单项供电的EPS单机容量不宜大于30kW，且应有单节电池保护和电能均衡装置。

3. 配电设计

（1）消防配电干线宜按防火分区划分，消防配电支线不宜穿越防火分区。

（2）消防控制室、消防水泵房、防烟和排烟风机房的消防用电设备及消防电梯等的供电，应在其配电线路的最末一级配电箱处设置自动切换装置。

火场的温度往往很高，如果安装在建筑中的消防设备的配电箱和控制箱无防火保护措施，当箱体内温度达到200℃及以上时，箱内电器元件的外壳就会变形跳闸，不能保证消防供电。对消防设备的配电箱和控制箱应采取防火隔离措施，可以较好地确保火灾时配电箱和控制箱不会因为自身防护不好而影响消防设备正常运行。

（3）按一、二级负荷供电的消防设备，其配电箱应独立设置；按三级负荷供电的消防设备，其配电箱宜独立设置。

消防水泵、喷淋水泵、水幕泵和消防电梯要由变配电站或主配电室直接出线，采用放射式供电；防排烟风机、防火卷帘以及疏散照明可采用放射式或树干式供电。消防水泵、防排烟风机及消防电梯的两路低压电源应能在设备机房内自动切换，其他消防设备的电源应能在每个防火分区分配电间内自动切换；消防控制室的两路低压电源应能在消防控制室内自动切换。

消防水泵、防排烟风机和正压送风机等设备不能采用变频调速器作为控制装置。电动机类的消防设备不能采用 EPS/UPS 作为备用电源。

主消防泵为电动机水泵，备用消防泵为柴油机水泵，主消防泵可采用一路电源供电。消防设备的配电箱和控制箱宜安装在配电室、消防设备机房、配电小间或电气竖井内；当必须在其他场所安装时，箱体要采取防火措施，并满足火灾时消防设备持续运行时间的要求。

消防负荷的配电线路所设置的保护电器要具有短路保护功能，但不宜设置过负荷保护装置，如设置只能动作于报警而不能用于切断消防供电。消防水泵因轴封锈蚀而使消防水泵堵转，启动电流会很大使电缆发热，温度在达到设定值时为保护电器动作而切断电源，这是不允许的。如果不设置过负荷保护，则出现堵转，电缆温度上升 100℃或 200℃对于耐火 750℃或 950℃的电缆影响不是很大，在最大转矩的作用下，有可能克服电动机轴封阻力，使电动机逐渐转动起来。

消防负荷的配电线路不能设置剩余电流动作保护和过、欠电压保护，因为在火灾这种特殊情况下，不管消防线路和消防电源处于什么状态或故障，为消防设备供电是最重要的。

消防配电的配电装置与非消防设备的配电装置宜分列安装；若必须并列安装，则分界处应设防火隔断。消防配电设备应有明显标志，专用消防配电柜宜采用红色柜体。

11.2.2　电线电缆的选择

火灾报警与消防联动控制系统的布线要选择铜芯绝缘导线或铜芯导线。对于火灾自动报警系统的传输线路和采用 50V 以下电压供电的控制线路，选择的导线电压等级不应低于交流 300V。

电线电缆种类及敷设方式要根据消防电线电缆在火灾条件下的持续工作时间因素进行选择。要根据使用场所对线缆的毒性、烟密度、引发和传播火灾的可能性等的要求来选择普通负荷的配电线路、控制线路和电子信息系统线路的类型及敷设方式。

消防配电线路应满足火灾时连续供电的需要，其敷设应符合下列规定：

（1）明敷时（包括敷设在顶棚内），应穿金属导管或采用封闭式金属槽盒保护，金属导管或封闭式金属槽盒应采取防火保护措施；当采用阻燃或耐火电缆并敷设在电缆井、沟内时，可不穿金属导管或采用封闭式金属槽盒保护；当采用矿物绝缘类不燃性电缆时，可直接明敷。

（2）暗敷时，应穿管并应敷设在不燃性结构内且保护层厚度不应小于 30mm。

（3）消防配电线路宜与其他配电线路分开敷设在不同的电缆井、沟内；确有困难需敷设在同一电缆井、沟内时，应分别布置在电缆井、沟的两侧，且消防配电线路应采用矿物绝缘类不燃性电缆。

消防用电设备配电系统的水平分支线路不宜跨越防火分区，当跨越防火分区时应采取防止火灾延燃的措施。

复 习 思 考 题

1. 建筑设置火灾应急照明的部位有哪些？疏散指示标志有何技术要求？

2. 什么是消防负荷？根据供电可靠性及终端供电所造成的损失或影响的程度，消防负荷可分为哪几级？分别适用于哪些场所？

3. 消防用电主要是指哪些设施或设备的用电？

4. 为什么消防配电线路应满足火灾时连续供电的需要？配电线路的敷设应符合哪些规定？

参 考 文 献

[1] James G. Quintiere. 火灾学基础[M]. 杜建科，王平，高亚萍译. 北京：化学工业出版社，2010.

[2] 中华人民共和国公安部. 建筑设计防火规范 GB 50016—2014[S]. 北京：中国计划出版社，2015.

[3] 张树平. 建筑防火设计(第 2 版)[M]. 北京：中国建筑工业出版社，2016.

[4] 北京市规划委员会. 地铁设计规范 GB 50157—2013[S]. 北京：中国建筑工业出版社，2014.

[5] 国家人民防空办公室，中华人民共和国公安部. 人民防空工程设计防火规范 GB 50098—2009[S]. 北京：中国计划出版社，2009.

[6] 中华人民共和国公安部. 汽车库、修车库、停车场设计防火规范 GB 50067—2014[S]. 北京：中国计划出版社，2015.

[7] 中华人民共和国公安部. 火灾自动报警系统设计规范 GB 50116—2013[S]. 北京：中国计划出版社，2014.

[8] 公安部天津消防研究所，中国建筑标准设计研究所.《建筑设计防火规范》图示(13J811-1)[S]. 北京：中国计划出版社，2015.

[9] 霍然，胡源，李元洲. 建筑火灾安全工程导论(第 2 版)[M]. 合肥：中国科学技术大学出版社，2009.

[10] 白宪臣. 土木工程材料[M]. 北京：中国建筑工业出版社，2011.

[11] 公安部消防局. 消防安全技术实务[M]. 北京：机械工业出版社，2016.

[12] 公安部消防局. 消防安全技术综合能力[M]. 北京：机械工业出版社，2016.

[13] 李引擎. 建筑防火性能化设计[M]. 北京：化学工业出版社，2005.

[14] 中华人民共和国公安部. 自动喷水灭火系统设计规范 GB 50084—2001[S]. 北京：中国计划出版社，2005.

[15] 中华人民共和国公安部. 细水雾灭火系统技术规范 GB 50898—2013[S]. 北京：中国计划出版社，2015.

[16] 中华人民共和国公安部. 消防给水及消火栓系统技术规范 GB 50974—2014[S]. 北京：中国计划出版社，2014.

[17] 中华人民共和国公安部. 气体灭火系统设计规范 GB 50370—2005[S]. 北京：中国计划出版社，2006.

[18] 中华人民共和国公安部. 泡沫灭火系统设计规范 GB 50151—2010[S]. 北京：中国计划出版社，2011.

[19] 中华人民共和国公安部. 自动喷水灭火系统施工及验收规范 GB 50261—2005[S]. 北京：中国计划出版社，2005.

[20] 中华人民共和国公安部. 建筑灭火器配置设计规范 GB 50140—2005[S]. 北京：中国计划出版社，2005.

[21] 中华人民共和国公安部. 建筑内装修设计防火规范 GB 50222—95[S]. 北京：中国建筑工业出版社，1995.

[22] 中华人民共和国公安部. 水喷雾灭火系统技术规范 GB 50219—2014[S]. 北京：中国计划出版社，2015.

[23] 中华人民共和国公安部．二氧化碳灭火系统设计规范 GB 50193—93[S]. 北京：中国计划出版社，2010.

[24] 中华人民共和国公安部．干粉灭火系统设计规范 GB 50347—2004[S]. 北京：中国计划出版社，2004.

[25] 中华人民共和国公安部．泡沫灭火系统施工及验收规范 GB 50281—2006[S]. 北京：中国计划出版社，2006.

[26] 李钰．建筑消防工程学(第 2 版)[M]. 徐州：中国矿业大学出版社，2016.

[27] 陈华晋．城市地下空间消防安全环境控制的性能化研究[D]. 上海：同济大学博士学位论文，2011.

[28] 陈志嵩．地下公交车站建筑防火设计[J]. 北京：工程建设标准化，2016(4).

[29] 泉安．大型地下商场建筑工程防火设计[J]. 百度文库，2010-11-19.

[30] 胡志俭．地下公交站的消防性能化设计研究[D]. 广州：中山大学硕士学位论文，2010.

[31] 阎卫东．建筑火灾时人员行为规律及疏散时间研究[D]. 沈阳：东北大学博士学位论文，2006.

[32] 邵力权．浅谈地下建筑防火设计[J]. 福建：福建建设科技，2007(1)：66-67.

[33] 张平，陈志龙，侯占勇．国内外综合交通枢纽站地下空间开发利用模式探讨[C]. 中国城市规划年会，2008.

[34] 杨志杰，沈纹．地铁消防安全状况及对策[J]. 天津：消防科学与技术，2002.

[35] 许清明．上海地铁消防系统的设计与使用管理[J]. 上海：中国市政工程，2010.

[36] 蔡芸．我国地铁的主要消防设施和消防问题[J]. 消防科学与技术，2006(02).

[37] 李萌，傅云飞．地铁消防安全疏散探讨[J]. 消防科学与技术，2011(01).

[38] 高蓓．地铁火灾特点及防范救援初探[J]. 北京：现代城市轨道交通，2010(04).

[39] 王皎．我国地铁火灾扑救及应急救援探讨[J]. 中国公共安全(学术版)，2011(01).

[40] http：//henan. china. com. cn/latest/2015/1015/886929 _ 3. shtml.

[41] “8·12”天津滨海新区爆炸事故[DB/OL]. http：//baike. so. com/doc/10878842-11404593. html.

[42] 霍然，袁宏永．性能化建筑防火分析与设计[M]. 合肥：安徽科学技术出版社，2003.